Texte détérioré - reliure défectueuse

NF Z 43-120-11

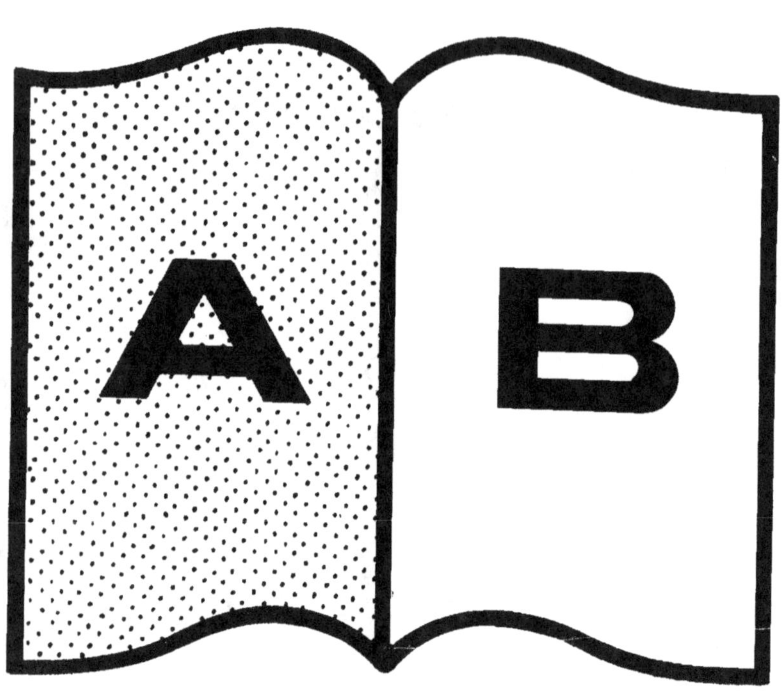

Contraste insuffisant

NF Z 43-120-14

THÉORIE ANALYTIQUE

DU

SYSTÈME DU MONDE,

PAR G. DE PONTÉCOULANT,

Ancien élève de l'École Polytechnique, Colonel d'État-Major, Officier de la
Légion d'honneur et de l'ordre de Léopold de Belgique, membre de la
Société Royale et de la Société astronomique de Londres, des Académies
des Sciences de Berlin, de Palerme, etc.

SECONDE ÉDITION CONSIDÉRABLEMENT AUGMENTÉE.

TOME PREMIER.

PARIS,

MALLET-BACHELIER, IMPRIMEUR-LIBRAIRE
DE L'ÉCOLE POLYTECHNIQUE, DU BUREAU DES LONGITUDES,
Quai des Augustins, 55.

1856

THÉORIE ANALYTIQUE

DU

SYSTÈME DU MONDE.

PARIS. — IMPRIMERIE DE MALLET-BACHELIER,
rue du Jardinet, n° 12.

THÉORIE ANALYTIQUE

DU

SYSTÈME DU MONDE,

PAR G. DE PONTÉCOULANT,

Ancien élève de l'École Polytechnique, Colonel d'État-Major, Officier de la
Légion d'honneur et de l'ordre de Léopold de Belgique, membre de la
Société Royale et de la Société astronomique de Londres, des Académies
des Sciences de Berlin, de Palerme, etc.

SECONDE ÉDITION CONSIDÉRABLEMENT AUGMENTÉE.

TOME PREMIER.

PARIS,

MALLET-BACHELIER, IMPRIMEUR-LIBRAIRE

DE L'ÉCOLE POLYTECHNIQUE, DU BUREAU DES LONGITUDES,
Quai des Augustins, 55.

1856

AVERTISSEMENT.

Depuis longtemps les sciences mathématiques et astronomiques réclamaient un ouvrage où les grandes découvertes faites depuis Newton, dans la théorie du système du monde, fussent exposées d'une manière claire, simple et à la portée de tous ceux qui ont suivi un cours élémentaire de *calcul différentiel* et de *mécanique*. Laplace, dans la *Mécanique céleste*, a présenté ce tableau sous des formes plus savantes ; il s'est attaché surtout à mettre en relief les méthodes qui lui étaient personnelles, et qui l'ont conduit aux grandes découvertes qui ont rendu son nom immortel. Mais ces méthodes ont déjà subi le sort réservé d'ordinaire aux procédés des inventeurs dans les sciences et dans les arts (*). Des voies plus courtes et plus faciles ont été imaginées pour arriver au but qu'avaient atteint avec tant de difficulté ceux qui marchaient les premiers. Je crois donc que la publi-

____

(*) « Je suis du nombre de ceux qui pensent que le même sujet peut être traité maintenant avec beaucoup plus d'élégance et plus de clarté. » (Voir la *Lettre de Legendre*, tome III, page viij.)

cation de cet ouvrage, quand elle n'aurait pour objet que l'utilité, sera profitable à ceux qui voudront faire une étude spéciale de la *Mécanique céleste,* en leur facilitant la lecture souvent pénible de cette grande œuvre, que l'on peut regarder comme le traité le plus complet et le plus sublime d'astronomie théorique que nous possédions, en même temps que ceux qui n'auraient pas le loisir d'en approfondir toutes les parties, trouveront dans le nôtre le moyen d'en éviter les principales difficultés et de se mettre rapidement au courant de l'état de perfectionnement où la science des mouvements célestes est aujourd'hui parvenue.

Les deux premiers volumes que l'on réimprime aujourd'hui, forment un traité de Mécanique céleste à peu près complet, les autres volumes comprennent les applications des théories exposées dans les deux premiers aux différents corps du système solaire. Le *troisième* renferme la théorie des mouvements planétaires; le *quatrième,* celle des satellites et de la Lune en particulier; le *cinquième,* qui sera mis incessamment sous presse, la théorie des satellites de Jupiter, celle du flux et du reflux de l'Océan, une théorie nouvelle des réfractions astronomiques, et quelques éclaircissements sur différents points traités dans les volumes précédents; enfin un tableau exact de l'état de la science à l'époque où nous nous arrêterons, formera la conclusion de l'ouvrage.

On trouvera, à la fin de chaque volume, des Notes destinées à développer quelques-unes des questions traitées dans le texte, et que la crainte de nous écarter par de trop longues digressions de l'ordre que nous nous étions tracé, ne nous a pas permis d'y comprendre. Enfin deux suppléments, l'un au livre II, l'autre au livre V, contiennent, le premier, une méthode remarquable pour *faire disparaître les arcs de cercle introduits par les méthodes ordinaires d'approximation dans les formules des mouvements planétaires*, et le second une solution très-intéressante du problème des attractions des sphéroïdes elliptiques sur les points extérieurs, que l'on doit à M. Poisson, et où il a surmonté avec beaucoup d'adresse une difficulté de calcul intégral qui avait arrêté les plus illustres géomètres.

TABLE DES MATIÈRES

CONTENUES DANS LE PREMIER VOLUME.

LIVRE PREMIER.

DES LOIS GÉNÉRALES DE L'ÉQUILIBRE ET DU MOUVEMENT.

CHAPITRE PREMIER. — *Des forces, de leur composition et de l'équilibre d'un point matériel.*

CHAPITRE II. — *De l'équilibre d'un système de points matériels liés entre eux d'une manière quelconque.*

CHAPITRE III. — *Du mouvement d'un point matériel.*

CHAPITRE IV. — *Du mouvement d'un système de corps.*

CHAPITRE V. — *Mouvement d'un corps solide.*

LIVRE SECOND.

MOUVEMENT DE RÉVOLUTION DES CORPS CÉLESTES.

I.b

CHAPITRE X. — *Inégalités périodiques du rayon vecteur, de la longitude, et de la latitude, dépendantes des puissances supérieures des excentricités et des inclinaisons.*

NOTES.

INTRODUCTION.

Os homini sublime dedit, cœlumque tueri
Jussit, et erectos ad sidera tollere vultus.
OVIDE, *Métam.*, liv. I.

. . . . Media inter prælia semper
Stellarum, cœlique plagis, superisque vacavi.
LUCAIN, *Phars*, liv. X.

Il n'y a guère plus d'un siècle que nous ignorions encore les lois éternelles qui règlent les mouvements des astres que nous contemplons dans les cieux. Les anciens astronomes ne nous avaient rien appris sur cet important objet, si digne de fixer les méditations des hommes. Quelques faits isolés, d'ingénieuses hypothèses pour expliquer les irrégularités apparentes des corps célestes, composaient alors toute la théorie physique du système du monde. Hipparque à Samos, plus tard Ptolémée à Alexandrie, se montrèrent observateurs habiles ; plusieurs points délicats de l'Astronomie pratique furent saisis par eux, et peut-être devrait-on s'étonner que des esprits aussi éclairés n'aient pas tenté de remonter des effets aux causes, si l'on ne songeait que ce n'est qu'après des siècles d'observations qu'on peut espérer de saisir les grandes lois de la nature dans les phénomènes qu'elle nous présente, et que c'eût été construire un édifice sans base, que de fonder un système sur un assemblage de faits incohérents et sans liaison entre eux, tel qu'étaient au temps d'Hipparque et de Ptolémée les connaissances astronomiques. Enfin, ce qui surtout a manqué aux savants de l'antiquité pour ravir à notre âge l'honneur d'avoir découvert les vrais principes de l'univers, c'est ce guide infaillible de l'esprit humain, la Philosophie, création des temps modernes, qui portant partout sa lumière, écartant les illusions de nos sens, méprisant les préjugés de l'habitude et de l'erreur, soumet à l'analyse de la raison toutes les idées reçues, tous les faits regardés jusque-là comme démontrés, et ne s'arrête, dans sa marche irrésistible, que lorsque l'accord de ses théories avec les phénomènes observés lui montre qu'elle a enfin atteint la vérité, noble but de toutes ses recherches.

Les astronomes arabes se contentèrent de nous transmettre avec fidélité le dépôt des connaissances qu'ils avaient reçues des Grecs; et tandis que le despotisme éteignait le flambeau des sciences dans les belles contrées qui en furent le berceau, ils recueillirent les débris épars de ce grand naufrage, et l'Europe leur dut les premiers rayons de lumière qui dissipèrent les ténèbres de douze siècles d'ignorance et de barbarie.

Copernic, vers le milieu du seizième siècle, ouvrit une route nouvelle; il ne chercha pas dans son propre génie l'explication des mouvements, en apparence si bizarres, des corps célestes; il se borna à comparer aux phénomènes observés les hypothèses que les anciens avaient proposées pour les expliquer, et reconnut que la plus probable était celle de l'école de Pythagore, qui enseignait le mouvement de la Terre et des planètes autour du Soleil, immobile au centre du monde. Après lui Tycho, l'un des plus grands observateurs qui aient existé, séduit par l'ambition de donner son nom à un nouveau système, voulut modifier celui qu'avait proposé Copernic, et en revenant aux erreurs des anciens, qui faisaient de la Terre le centre des mouvements, il faillit replonger la science dans le chaos dont elle venait de sortir. Plus heureux, son disciple Kepler, doué d'une patience à toute épreuve et d'un esprit de combinaison qui lui fait chercher des rapports secrets entre les mouvements divers de toutes les planètes, guidé enfin par un instinct admirable de la simplicité des moyens que la nature emploie pour arriver à ses fins, découvre, après dix-sept années de recherches, les véritables lois des mouvements des corps célestes, et laisse un nom immortel dans l'Histoire de l'Astronomie théorique et pratique. Galilée marche sur les traces de Copernic et de Kepler; il invente un merveilleux instrument qui porte jusqu'aux limites de l'espace les regards de l'astronome, et avec ce puissant auxiliaire il fait dans les cieux de nouvelles découvertes. Il reprend la science de la Mécanique au point où l'avait laissée Archimède, et comble en un jour le vide qui les sépare, en découvrant les lois de l'accélération des corps pesants au milieu des phénomènes compliqués qui les cachent à la perception de nos sens. Enfin, pour que rien ne manque à la gloire de ce grand homme, il soutient, dans les cachots même de l'Inquisition, le mouvement de la Terre sur son axe, et créant, par son exemple, de nouveaux sectateurs au système qu'il a embrassé, il a l'honneur d'en être le martyr. Descartes, ce vaste génie, qui peut-être n'a été trahi que par la fortune, s'empare à la fois de l'Algèbre, de la Mécanique et de la Philosophie pour en reculer les limites. Il fait enfin un pas immense dans l'Astronomie physique, il imagine le système des tourbillons; système erroné sans doute, vulnérable sur tous les points, qui se refuse aux spéculations de l'analyse, qui n'explique qu'imparfaitement quelques faits isolés, et qui certes n'a dû qu'à l'autorité du nom de son inventeur la séduction qu'il exerça quelque temps sur des esprits d'ailleurs éclairés, mais qui fera époque dans l'histoire de la science, parce qu'il est le premier effort qu'on ait tenté pour remonter des effets aux causes qui les produisent, et pour déduire des phénomènes le grand principe qui met en mouvement la matière. Il fallait un profond génie pour concevoir seulement l'idée de cette entreprise, et Descartes a mérité la reconnaissance des siècles à venir, en ouvrant une carrière nouvelle aux méditations de l'esprit humain, et en montrant la route que ses successeurs devaient parcourir avec tant de gloire.

Enfin Newton parut, et dès ses premiers pas dans l'empire des sciences, on reconnut l'empreinte du grand homme, *incessu patuit Deus!* Galilée avait découvert les lois de la chute des graves, Huygens celles des mouvements du pendule et la théorie des forces centrales; il ne restait plus qu'à appliquer ces principes généraux au système du monde, pour en déduire la loi de la pesanteur universelle. Dans les limites où elle était maintenant renfermée, cette grande vérité ne pouvait plus échapper au premier effort que l'on ferait pour la saisir, et peut-être doit-on dire que Newton n'a eu que le bonheur d'y arriver le premier. Un hasard singulier, mais un de ces hasards dont le génie seul sait profiter, en fixant sa pensée sur un phénomène qui se passe journellement sous nos yeux, le conduisit à étendre à la Lune les lois de la chute des corps à la surface de la Terre; il reconnut que l'espace qu'elle décrit, pendant un court intervalle de temps, dans le sens de son rayon vecteur, pour s'éloigner de la direction qu'elle avait au commencement de cet instant, est égal à très-peu près à la hauteur dont la Lune tomberait vers la Terre dans le même temps, si elle n'obéissait qu'à l'attraction de cette planète supposée étendue jusqu'à la Lune et décroissant proportionnellement au carré des distances. Mais cette grande découverte, qui dévoilait aux géomètres un point si important de la constitution du monde, n'était rien encore pour ce génie entreprenant : en généralisant ses idées, il vit que la pesanteur terrestre dont la Lune subit l'influence, n'est elle-même qu'un cas particulier d'une force répandue dans tout l'univers, et en vertu de laquelle toutes les molécules de la matière s'attirent mutuellement en raison directe des masses et en raison inverse du carré des distances. C'est en vertu de cette puissance que les planètes sont retenues dans leurs orbites autour du Soleil, et les satellites dans leurs orbites autour des planètes principales, tandis que le système entier de la planète et des satellites est lui-même emporté autour du Soleil en vertu de son action prédominante. En combinant cette force attractive du Soleil avec l'impulsion primitive qui a lancé les corps célestes dans l'espace, Newton en vit découler les lois si belles et si simples que l'observation avait révélées à Kepler : alors il ne lui resta plus de doute qu'il n'eût en effet découvert le grand secret de la nature; mais étonné lui-même du pas immense qu'il allait faire faire à l'esprit humain, il médita vingt ans cette grande idée avant d'oser la confier à son siècle.

Comme si les méthodes usitées jusque-là parmi les géomètres n'eussent plus été dignes de s'associer aux grandes découvertes qu'il venait de faire, et qu'il fallût un nouveau langage pour exprimer tant d'idées nouvelles, Newton jeta en même temps les premiers germes du calcul infinitésimal, cet admirable auxiliaire de l'intelligence humaine, sans lequel peut-être le géomètre serait resté devant la grande découverte de la gravitation universelle, comme un homme courbé sous le poids d'un trésor qu'il n'a pas la force de soulever. Cependant, pour rendre plus claires les vérités qu'il allait énoncer, pour ne pas éblouir par trop d'éclat à la fois les yeux de ses contemporains, pour mettre enfin à l'abri de toute controverse étrangère son système du monde, qu'il s'agissait surtout de faire adopter, Newton ne fit point servir la féconde méthode d'analyse qu'il venait d'imaginer, à déduire du principe de la pesanteur universelle les lois des mouvements des corps célestes, il eut recours aux méthodes synthétiques des anciens. L'évidence de ses démonstrations en devint plus frappante ; mais la savante théorie du mécanisme des cieux se refuse à ces méthodes vulgaires, et Newton lui-même, à peine entré dans la carrière, fut arrêté par des difficultés insurmontables. Cependant on n'en doit pas moins admirer le prodigieux génie de ce grand homme : ce que l'insuffisance de l'Analyse l'empêche de démontrer, il le devine, et peut-être n'est-on pas plus étonné, lorsqu'il expose à nos yeux le principe général du mouvement de la matière, que lorsqu'on le voit en saisir à la fois d'un coup d'œil d'aigle toutes les conséquences, et prévoir les phénomènes qu'il doit produire dans les siècles les plus reculés.

La pesanteur universelle, ou cette tendance qu'ont toutes les molécules de la matière à se rapprocher les unes des autres, est surtout admirable dans la constitution générale du système du monde, parce que les grands intervalles qui séparent les corps célestes font disparaître les effets des causes secondaires qui embarrassent si souvent les mouvements à la surface de la Terre, et ne laissent subsister que ceux qui proviennent de leurs attractions mutuelles. Cette loi n'est point une hypothèse arbitraire que l'on modifie à son gré pour l'appliquer à telle classe particulière de phénomènes, elle est unique, elle est invariable ; combinée avec les principes généraux de la Mécanique, elle rend compte des plus petites irrégularités que l'observation a fait découvrir dans les mouvements des corps célestes ; la simplicité est son premier mérite ; la facilité avec laquelle elle se plie aux calculs mathématiques, est un avantage non moins précieux. Les planètes et les comètes, poussées par l'impulsion qui leur fut donnée à l'origine des temps, s'éloigneraient indéfiniment du Soleil, si aucune autre force n'agissait sur elles ; mais l'attraction de cet astre fait fléchir à chaque instant la direction rectiligne qu'elles prendraient, en vertu de la force centrifuge et de l'impulsion primitive qu'elles ont reçues : unies au Soleil par ce lien puissant, elles circulent autour de lui dans des orbites rentrantes, comme un projectile circulerait autour de la Terre , si la force qui l'a lancé dans l'espace était assez grande pour contre-balancer la pesanteur terrestre. Il suffit donc de supposer une force arbitraire au centre du Soleil, pour expliquer les mouvements de révolution des planètes autour de cet astre; la Mécanique montre ensuite que si cette force croît en raison des masses et réciproquement au carré des distances, les orbites seront des courbes elliptiques, et les lois du mouvement telles, que les aires décrites seront proportionnelles aux temps employés à les engendrer, et les carrés des temps des révolutions sidérales des différentes planètes, proportionnels aux cubes des grandes axes de leurs orbites. Mais l'action du Soleil n'est pas la seule force qui anime les corps célestes; ils tendent aussi les uns vers les autres, en vertu de leurs attractions mutuelles. Ces secondes forces, il est vrai, sont très-petites par rapport à la première, parce que les masses des planètes et des comètes sont généralement peu considérables par rapport à la masse du Soleil, mais elles suffisent pour expliquer les irréguarités qui affectent les mouvements elliptiques des planètes, et qui les empêchent de satisfaire rigoureusement aux lois de Kepler. Il en est de même des satellites relativement aux planètes principales; leurs mouvements ont été observés par Galilée, Cassini, Herschel qui ont aussi reconnu par l'observation l'aplatissement des principales planètes. Les corps célestes sont doués d'un mouvement de rotation autour de leur centre de gravité, ce qui tient à ce que l'impulsion primitive, qu'ils ont reçue, n'était pas dirigée vers ce point; si l'on suppose que ces corps étaient originairement fluides, et que la matière qui les compose s'est ensuite graduellement refroidie, hypothèse que tous les phénomènes observés à la surface de la Terre rend plausible, on concevra que les éléments fluides s'écartant du centre de rotation en vertu de la force centrifuge, ces corps ont pris la forme de sphéroïdes aplatis vers les pôles et renflés à leur équateur, comme ils le sont aujourd'hui. La figure des planètes n'étant plus celle de la sphère, la résultante des forces qui les animent n'a plus passé par leur centre de gravité, et il en doit naturellement résulter des dérangements dans leurs axes de rotation et dans la position de leurs équateurs : la précession des équinoxes, la nutation de l'axe terrestre, et la libration de la Lune en sont la conséquence nécessaire. La mer, soulevée par l'action du Soleil et de la Lune, lorsque ces astres dominent son horizon, abandonnée ensuite à elle-même lorsqu'ils s'abaissent au-dessous, doit avoir un mouvement de flux et de reflux semblable à celui que l'observation nous présente.

Ainsi, tout s'explique dans le système de l'attraction : les inégalités des mouvements planétaires, la forme particulière des corps célestes, les balancements de leur axe de rotation, les oscillations des fluides qui les recouvrent, ne sont qu'une conséquence de cette loi universelle, et ces phénomènes si divers, qui paraissent, au premier coup d'œil, avoir si peu d'analogie entre eux, sont enchaînés l'un à l'autre par ce principe général, et ne pourraient exister séparément. Il ne faut pas croire cependant que les lois compliquées de tous ces phénomènes soient faciles à déduire du principe très-simple que nous venons d'énoncer : Newton reconnut bien qu'elles en sont la conséquence immédiate ; mais de ce premier aperçu du génie à des preuves rigoureuses, la distance était immense ; l'analyse la plus profonde pouvait seule la franchir, et du temps de Newton à peine elle venait d'éclore ; aussi la plupart des recherches de ce grand homme sur le système du monde brillent-elles beaucoup plus par la sagacité des déductions, que par la rigueur des démonstrations ; souvent même il fut conduit à de graves erreurs. On s'étonnera moins, toutefois, qu'il ait laissé un si grand ouvrage incomplet, si l'on songe que les génies des Euler, des Bernoulli, des Clairaut, des d'Alembert, n'ont pas suffi pour l'achever. Mais la nature, pour récompenser l'homme de l'effort qu'il venait de faire, ne voulut point qu'une si grande découverte demeurât stérile en résultats, et, par une prodigalité sans exemple, elle dota, dans un court espace de temps, les sciences mathématiques de plus d'hommes de génie que n'en avaient produit les cinquante siècles qui précédèrent la naissance de Newton. Aussi l'intervalle qui séparait la découverte de la démonstration, a-t-il été comblé, et la postérité s'étonnera sans doute que tant de sublimes travaux aient été accomplis en moins de cent ans. Arrêtons un moment avec orgueil nos regards sur cette nouvelle époque ; nous y verrons les géomètres français remplir les premiers rôles, et, tandis que l'Angleterre se reposait d'avoir produit Newton, la France remonter au rang que cette nation, tant de fois sa rivale, venait de lui ravir dans l'empire des sciences.

Euler, moins grand philosophe que Newton, mais doué de toutes les facultés intellectuelles qui font le grand géomètre, enrichit l'Analyse de méthodes précieuses, et donna le premier le moyen de calculer les inégalités planétaires. Content d'avoir ouvert des voies nouvelles à l'Analyse, il s'embarrassa peu, dans la réduction de ses formules en nombres, de l'exactitude des calculs; aussi les résultats auxquels il parvint s'accordent assez mal avec les observations. Mais il ne faudrait que corriger quelques erreurs faciles à découvrir, pour leur rendre l'exactitude convenable, et ses méthodes contiennent le germe de toutes les grandes idées qui sont devenues, entre les mains de ses successeurs, la base de la théorie analytique du système du monde. D'Alembert, auquel on n'a pas rendu toute la justice qu'il méritait comme l'un des plus beaux génies qu'aient produits les sciences mathématiques, peut-être parce qu'ambitionnant trop de gloires à la fois, il n'apporta pas dans ses ouvrages analytiques la même clarté et la même correction de style qui distinguaient ses œuvres purement littéraires, fit pour la Mécanique ce qu'Euler avait fait pour l'Analyse : il agrandit son domaine. En donnant un moyen simple de ramener aux lois de la statique celle du mouvement des corps, il rendit facile la réduction en formules de toutes les questions de la Dynamique, et ce fut désormais à l'Analyse à achever la solution des problèmes. Ce grand géomètre entreprit d'assujettir au calcul les phénomènes de la précession des équinoxes et de la nutation de l'axe terrestre, dont Newton avait entrevu la cause sans pouvoir réussir à en déterminer la loi, et il eut l'honneur d'arriver à des résultats exacts et concordants avec les observations, dans une question qu'on peut regarder comme l'une des plus difficiles que présente la Mécanique céleste. Clairaut, esprit judicieux, et qui, par ses belles découvertes dans la théorie de l'équilibre et du mouvement des fluides, a mérité d'être nommé après Euler et d'Alembert, donna une solution particulière du problème des trois corps qu'il appliqua au mouvement lunaire, le plus difficile problème de toute la théorie des perturbations planétaires, à cause des nombreuses inégalités de notre satellite.

On lui doit aussi une théorie mathématique de la figure de la Terre, et il fit partie de ces belles expéditions que, pour l'honneur éternel des sciences, l'Académie de Paris envoya, vers le milieu du dernier siècle, chercher, jusque dans les régions glacées du pôle, des notions exactes sur la forme de notre globe. Il couronna tant de travaux, en fixant, par des calculs rigoureux, l'instant du retour périodique de la comète de Halley à son périhélie en 1759 ; détermination très-importante à cette époque, parce qu'en montrant que les comètes ne diffèrent des planètes que par la longueur des grands axes de leurs orbites, et qu'elles circulent autour du Soleil suivant les mêmes lois que les autres corps du système, elle devenait la preuve la plus irréfragable du principe de la pesanteur universelle. Enfin, l'Académie des Sciences de Paris et, à son exemple, les autres Académies savantes de l'Europe, en prenant successivement pour sujet des grands prix de mathématiques, qu'elles décernaient dans leurs solennités annuelles, les questions les plus épineuses de la théorie du système du monde, contribuèrent, plus que tout le reste, à appeler sur cet important objet l'attention des plus illustres géomètres, et à faire disparaître successivement les difficultés dont il était encore hérissé.

Tel était l'état de la science vers la fin du dix-huitième siècle, tels étaient les progrès qu'on avait faits dans la Mécanique céleste depuis les grandes découvertes de Newton. Des méthodes difficiles et sans liaison entre elles avaient été proposées pour la détermination des inégalités planétaires ; des ébauches informes de calcul avaient été tentées ; elles avaient conduit à des résultats souvent inexacts, presque toujours incomplets ; mais, au milieu de ce chaos de formules et de nombres, on voyait percer une lueur de la vérité. Les géomètres n'avaient point encore élevé sur la base posée par Newton un édifice régulier, mais leurs travaux faisaient naître de grandes espérances ; il suffisait qu'ils eussent montré que le problème n'était pas insoluble, pour qu'on pût assurer qu'il serait un jour complétement résolu. C'est à cette époque, déjà grande du passé et pleine d'avenir, qu'on vit tout à coup apparaître, presque en même temps, sur l'horizon des sciences, deux génies également hardis dans leurs conceptions, également heureux dans leurs efforts, Lagrange et Laplace, qui achevèrent l'ouvrage commencé par leurs devanciers, et portèrent la Mécanique céleste au degré de perfection qu'elle a atteint aujourd'hui. Pendant leur longue carrière, ces deux grands géomètres présentèrent à l'Europe savante le spectacle d'une noble lutte, où chacun des deux adversaires déployait tour à tour toutes les ressources de son génie, sans que l'autre jamais s'en laissât ébranler, et sans qu'on pût soupçonner auquel des deux resterait la victoire. Si l'une de ces grandes pensées, inscrites en lettres d'or dans les annales des sciences, était énoncée par Laplace, elle s'emparait aussitôt de toutes les facultés de Lagrange, et elle n'échappait plus à son examen qu'après avoir produit tous les fruits dont elle contenait le germe. On eût dit que la nature, pour l'avancement de la science, s'était plu à donner à ces deux génies supérieurs des directions absolument différentes. Lagrange est, avant tout, géomètre; à ses yeux l'Analyse est la première des sciences; qu'il traite une simple question de nombres, ou qu'il s'agisse de l'un des phénomènes les plus intéressants du système du monde, on le voit occupé d'abord du soin de faire briller, dans tout son jour, l'éclat de sa méthode, et de donner à ses formules toute la généralité et toute l'élégance qu'elles peuvent atteindre. Pour lui, la Mécanique céleste n'est qu'une vaste carrière ouverte à la Géométrie, et la théorie l'attache toujours plus par elle-même que par les résultats qu'elle produit. Laplace, au contraire, semble avoir pour but unique de surprendre les secrets de la nature, et l'Analyse entre ses mains n'est qu'un instrument qu'il plie avec une admirable adresse aux applications les plus variées. La Mécanique céleste est redevable à Laplace de ses plus beaux résultats; aucune des inégalités planétaires les plus difficiles à saisir n'a échappé à ses méditations; il en a assigné les causes, il en a calculé les effets, et ses formules ont enfin donné aux Tables astronomiques le degré de précision qu'elles ont acquis de nos jours. Ce savant géomètre, par tant d'heureux efforts, a mérité la première place à côté de Newton; mais sans les théories de Lagrange, la grande œuvre analytique du système du monde aurait-elle été accomplie? Il est permis d'en douter, et Lagrange n'a rien dû qu'à son génie.

Analysons en peu de mots les travaux de ces deux hommes également illustres, et réunissons-les pour mieux en juger l'ensemble.

On les voit d'abord occupés à donner aux formules qui déterminent les mouvements des corps célestes, une forme aussi simple que générale, et à substituer une analyse uniforme aux méthodes diverses que l'on avait employées jusque-là pour résoudre le problème difficile de leurs perturbations. Ce travail préparatoire a pour premier résultat de conduire Lagrange à la découverte de l'un des plus beaux théorèmes de la Mécanique céleste, l'invariabilité des grands axes et des moyens mouvements planétaires. Expliquons en quoi consiste cette propriété si importante pour l'Astronomie. Laplace avait reconnu, par un calcul numérique, que l'action mutuelle de Jupiter et de Saturne ne produit aucune inégalité séculaire dans l'expression de leurs moyens mouvements. Lagrange, à l'aide des formes nouvelles qu'il était parvenu à introduire dans le calcul des perturbations, généralisa ce résultat, et montra que si l'on regarde les éléments du mouvement elliptique comme variables en vertu des forces perturbatrices, l'expression du grand axe et celle du moyen mouvement ne contiendra que des *inégalités périodiques* et ne sera soumise à aucune *inégalité séculaire* que la suite des temps puisse rendre considérable. Les grands axes et les moyens mouvements planétaires seront donc toujours invariables relativement aux inégalités de cette espèce.

Lagrange, par un heureux choix de variables, avait ramené la détermination des variations des inclinaisons et des longitudes des nœuds des orbites à un système d'équations différentielles linéaires dont l'intégration peut toujours s'effectuer par les méthodes connues. Laplace étend la même transformation aux excentricités et aux longitudes des périhélies, il en déduit l'expression exacte des variations séculaires de ces divers éléments, et il est conduit à ce second résultat non moins remarquable que le premier, c'est que les changements que subiront, dans la suite des temps, les excentricités et les inclinaisons des orbes des planètes, seront toujours peu considérables, en sorte que les orbites auront éternellement la forme à peu près circulaire qu'elles ont aujourd'hui et que leurs inclinaisons à l'écliptique demeureront toujours peu considérables. Il suffit pour cela que les planètes se meuvent toutes dans le même sens autour du Soleil, et comme cette condition est également remplie dans chacun des systèmes des satellites, qui tournent tous dans le même sens autour de leur planète principale, on en peut conclure que les systèmes de satellites sont stables comme celui des planètes. La stabilité du système solaire est donc à jamais assurée; les orbites des planètes et des satellites, dans les âges futurs, ne pourront que s'aplatir légèrement, en conservant les mêmes grands axes, et les plans de ces orbites ne feront que de petites oscillations autour d'une position moyenne : immenses pendules de l'éternité qui battent les siècles comme les nôtres battent les secondes.

Cependant, malgré les simplifications que Lagrange était parvenu à introduire dans les formules générales des mouvements planétaires, la détermination des perturbations des planètes et des satellites présentait encore de grands obstacles, par la difficulté de distinguer dans le nombre infini de ces inégalités, celles qui, quoique très-petites dans les équations différentielles, acquièrent par l'intégration des diviseurs qui les rendent considérables et donnent ainsi l'explication d'anomalies singulières, que les Astronomes avaient remarquées dans les mouvements de quelques-unes des principales planètes, sans en pouvoir démêler la cause. Ce genre de recherches convenait surtout au génie de Laplace, dont la patience et la sagacité étaient les qualités distinctives. Aussi ne laissa-t-il aucune de ces questions, si longtemps controversées, sans être soumise à un nouvel examen et sans être définitivement résolue. L'accélération du mouvement de la Lune avait longtemps occupé les géomètres et l'on avait cru indispensable, pour l'expliquer, de modifier sur ce point la loi de la gravitation universelle. Laplace en trouve la véritable cause dans la variation séculaire de l'excentricité de l'orbe terrestre, qui, peu importante par elle-même, produit un effet très-sensible en se réfléchissant, pour ainsi dire, dans le mouvement de notre satellite. — Parmi les nombreuses inégalités du même astre, Laplace calcule, avec un soin nouveau, celles qui dépendent de la parallaxe solaire, et il distingue le premier celles qui ont pour cause l'aplatissement du sphéroïde terrestre, en sorte que, sans sortir de son cabinet, l'astronome peut désormais, par la seule observation des mouve ments lunaires, déterminer la figure de la Terre et sa distance au

Soleil. — La cause des deux grandes inégalités remarquées par les astronomes dans les mouvements de Jupiter et de Saturne, et en vertu desquelles le mouvement du premier de ces astres se ralentit quand celui de l'autre s'accélère, et réciproquement, était encore ignorée malgré les efforts souvent renouvelés que les géomètres les plus distingués avaient tentés pour la découvrir. La direction particulière que Laplace avait donnée à ses travaux la lui fait découvrir. Il la trouve dans un rapport presque commensurable qui existe entre les moyens mouvements de ces deux planètes, et qui rend considérables des inégalités qui, sans cette circonstance, demeureraient éternellement insensibles. — Une circonstance analogue se reproduit dans la théorie des satellites de Jupiter, Laplace la saisit avec la même perspicacité. — D'autres inégalités singulières sont également reconnues par lui dans les mouvements des différents corps de notre système planétaire, et il s'attache à déterminer avec plus d'exactitude celles qui avaient déjà été calculées avant lui. C'est alors, comme il le dit lui-même, qu'on vit enfin les observations anciennes et modernes représentées par la théorie avec toute la précision qu'elles peuvent atteindre. Celles qui semblaient auparavant inexplicables par la loi de la pesanteur universelle, en sont devenues maintenant l'une des preuves les plus convaincantes. Tel a été le sort de cette brillante découverte, que chaque difficulté qui s'est présentée, est devenue pour elle un nouveau sujet de triomphe, ce qui est le plus sûr caractère du système de la nature.

Les comètes forment dans la constitution de l'univers une espèce d'astres à part : non-seulement elles se distinguent des planètes par leurs apparences physiques, les irrégularités de leur marche, la courte durée de leurs apparitions, mais elles en diffèrent encore, pour la plupart, par les grandes excentricités de leurs orbites, et les inclinaisons considérables des plans de ces orbites sur le plan de l'écliptique d'où nous les observons. Il en résulte que les méthodes employées pour calculer les mouvements planétaires, généralement fondées sur des développements en séries que la petitesse des excentricités et des inclinaisons rend très-convergentes, ne peuvent plus être appliquées avec succès à la détermination du mouvement elliptique ou du mouvement troublé des comètes. La recherche de nouvelles méthodes, pour soumettre ces astres au calcul, occupa sérieusement Lagrange; dès l'année 1778, il présenta successivement à l'Académie de Berlin deux Mémoires sur la détermination de l'orbite d'une comète, d'après trois observations, et il revint en l'année 1783 sur le même sujet, ce qui prouve combien il y attachait d'importance. Sa méthode sous le rapport analytique ne laisse rien à désirer, elle est simple et ressort directement de la question comme tous les ouvrages de ce grand géomètre; mais ayant négligé d'en faire l'application à quelque comète connue, les essais qu'on tenta sans sa participation ne parurent point heureux. Laplace, amené dans son traité de *Mécanique céleste* à traiter la même question, l'envisagea sous un point de vue tout différent, et sa solution se recommande non-seulement par son originalité, mais encore par la facilité avec laquelle elle se prête aux applications numériques et la sécurité qu'elle offre aux calculateurs qui l'emploient. D'autres procédés, basés sur différentes propriétés du mouvement parabolique, ont été proposés depuis, en sorte que nous n'avons aujourd'hui que l'embarras du choix entre des méthodes d'un usage également sûr et facile; mais les solutions primitives de Lagrange et de Laplace n'en resteront pas moins des œuvres très-remarquables, comme les types de toutes celles que l'on a imaginées depuis, et surtout comme portant l'empreinte distinctive du génie de leurs auteurs, l'un toujours séduit par les attraits de la théorie, l'autre préoccupé avant tout des besoins de la pratique.

Clairaut, le premier, avait abordé la question des perturbations du mouvement elliptique d'une comète qui passe près d'une planète, et nous avons vu qu'il était parvenu, après d'immenses calculs, à prédire d'avance, à une vingtaine de jours près, l'époque du retour de la comète de Halley à son périhélie en 1759. Ce résultat suffisait pour confirmer la loi de la gravitation universelle; mais le grand nombre de quantités négligées par ce géomètre dans son calcul, l'imperfection des méthodes analytiques, et l'incorrection des valeurs encore mal connues des masses planétaires qu'il avait employées, devaient faire penser que l'approximation de Clairaut serait aisément dépassée lors des apparitions futures de la comète, à mesure que les procédés de l'Analyse et que la précision des observations feraient de nouveaux progrès. C'est principalement au calcul des perturbations des comètes que s'applique la belle méthode de la variation des constantes arbitraires introduite par Euler dans la théorie des inégalités planétaires; cette méthode permet de calculer chacun des éléments de l'orbite troublée par des quadratures mécaniques, qui n'exigent que des substitutions numériques et qui se simplifient encore lorsque la comète s'éloigne à de grandes distances de la planète perturbatrice. Lagrange développa cette méthode dans un beau Mémoire qui remporta le prix que l'Académie des Sciences avait proposé sur ce sujet pour l'année 1780, et il ne resta plus qu'à en faire l'application aux diverses comètes périodiques dont notre système solaire allait successivement s'enrichir. L'approche du retour de la comète de Halley ayant engagé l'Académie des Sciences de Paris à provoquer de nouvelles recherches sur cet objet en proposant pour sujet du prix qu'elle devait décerner en 1826, et qui fut depuis remis au concours pour 1829, l'exposé des méthodes les plus propres au calcul des perturbations des comètes, avec des applications à la détermination du prochain passage au périhélie de la comète de Halley, et aux différentes révolutions connues de la comète de 1200 jours, qui venait d'être rangée récemment au nombre des comètes périodiques, le désir de m'assurer par moi-même de la précision qu'on devait attendre des nouvelles méthodes, me détermina à répondre à cet appel. J'appliquai successivement à ces deux comètes, si différentes par les éléments de leurs orbites et la durée de leurs périodes, les belles formules de Lagrange, et, après avoir vérifié la plupart des résultats obtenus par M. Encke, le savant directeur de l'Académie de Berlin, sur la théorie de la comète à courte période, dont il avait fait une étude particulière, je réussis à prédire à quelques heures près l'instant du passage de la comète de Halley à son périhélie de 1835. Les éphémérides construites d'avance par M. Bouvard sur mes éléments et répandues dans les différents observatoires de l'Europe, permirent aux astronomes d'épier sans fatigue son retour, qui fut signalé, sous l'heureux climat de Rome, à l'instant même où la comète s'y montra et lorsqu'elle était encore invisible pour les

I. c

autres observatoires placés dans des conditions moins favorables. Ainsi le retour de cette même comète, dont l'apparition en 1759 avait servi de vérification à la loi de la gravitation universelle, qui trouvait encore des incrédules à cette époque, a servi, par son retour en 1835, à constater les immenses progrès que l'application de cette grande loi de la nature aux mouvements célestes avait faits dans l'intervalle de soixante et seize ans qui séparait ces deux apparitions.

Nous avons vu que la théorie de la Lune avait été pour Laplace une mine féconde de brillantes découvertes; après avoir trouvé dans le principe de la gravitation la cause inconnue de toutes les inégalités singulières que cet astre nous présente, et en avoir fait surgir des inégalités nouvelles qui n'avaient point encore été reconnues par l'observation, il restait à résoudre un problème difficile, mais important pour l'honneur de l'Analyse : c'était de déterminer par ses seuls moyens toutes les perturbations du mouvement lunaire, de manière à former, par la théorie seule, des Tables de la Lune aussi exactes que celles qu'on avait construites jusque-là par le double secours de la théorie et des observations. Clairaut et Euler avaient déjà tenté cette entreprise, mais ils s'étaient arrêtés aux premiers termes des approximations, qui demandent dans la théorie de la Lune à être poussées beaucoup plus loin que dans celle des planètes, à cause du peu de convergence des séries et du nombre infini d'inégalités très-sensibles dont la marche de notre satellite est affectée. Laplace, stimulé par l'importance de l'objet, en fit de nouveau le sujet de ses méditations; il proposa des formules dont il calcula les premiers termes, et dont le développement, achevé depuis par MM. Damoiseau et Plana dans deux Mémoires qui ont partagé le prix proposé sur ce sujet par l'Académie des Sciences en 1820, a complétement résolu la question que les géomètres avaient longtemps regardée comme au-dessus des forces de l'Analyse. Les Tables que M. Damoiseau a construites sur les résultats de ses calculs, sont aussi exactes que les meilleures Tables lunaires formées à l'aide d'observations réunies depuis l'origine des sciences astronomiques jusqu'à nos jours. Cependant une lacune restait à combler : on remarquait avec peine que Laplace eût emprunté à Clairaut et aux géomètres qui l'avaient précédé, les formules fondamentales de sa théorie, où la longitude vraie de la Lune est prise pour la variable indépendante au lieu du temps, comme on le fait ordinairement. Ce choix avait l'inconvénient d'exiger, pour ramener les expressions de la longitude, du rayon vecteur et de la latitude à la forme qu'il convient de leur donner pour la construction des Tables, des conversions d'autant plus pénibles que les approximations sont poussées plus loin, et un travail supplémentaire qu'il eût été à désirer qu'on pût éviter. La théorie de la Lune, d'ailleurs, traitée ainsi par des formules particulières, formait comme une exception dans la théorie générale des perturbations planétaires ; il était nécessaire de faire disparaître cette anomalie et de montrer que toutes les inégalités des différents corps du système solaire, planètes, comètes et satellites, peuvent se déduire des mêmes formules comme elles dérivent de la même cause. C'est ce qui m'a décidé à entreprendre, pour atteindre ce but, une nouvelle théorie de la Lune, qui forme le IVe volume de cet ouvrage et où les approximations ont été poussées aussi loin qu'il était nécessaire pour rendre complet l'accord des résultats de la théorie et des observations les plus anciennes qui nous soient parvenues. J'ai apporté aussi dans ce travail un soin particulier au calcul des *inégalités séculaires* que Laplace désirait qu'on vérifiât, et à celui des *inégalités à longues périodes*, qui constituent une classe particulière d'inégalités dans le mouvement de la Lune, et dont le calcul n'avait pas été exécuté jusqu'ici d'une manière suffisamment rigoureuse.

Le mouvement de rotation des corps célestes autour de leur centre de gravité nous offre une nouvelle classe de phénomènes non moins intéressants que le mouvement de translation autour du Soleil, mais que leur éloignement rend beaucoup plus difficiles à observer. Aussi ce n'est que par rapport à deux d'entre eux, la Terre et la Lune, que l'on a pu réunir jusqu'ici un assez grand nombre de faits suffisamment constatés pour comparer à cet égard les résultats de la théorie et de l'observation. D'Alembert, comme nous l'avons vu, appliqua le premier l'Analyse à la question de la *précession des équinoxes* et de la *nutation de l'axe terrestre* : il montra que ces deux phénomènes ne sont qu'un résultat nécessaire du principe de la pesanteur universelle ; il parvint par la théorie aux formules exactes qui en déterminent les lois, et il en déduisit même les dimensions de la petite ellipse que le grand astronome Bradley avait imaginée pour représenter le double mouvement de l'axe de la Terre. Mais sa méthode, empruntée plutôt aux formes de la synthèse qu'à celles de l'analyse, rendait la lecture de son Mémoire extrêmement laborieuse. Euler, en adaptant à cette question les belles formules qu'il avait trouvées pour déterminer la rotation des corps solides, confirma par une analyse aussi élégante que facile les résultats de d'Alembert, et compléta la solution de toute la partie de cet important problème qui concerne le mouvement de l'axe et de l'équateur terrestres par rapport aux étoiles. Mais il restait encore à examiner une question que les géomètres semblaient jusque-là avoir regardée comme une vérité acquise à la science, et qui cependant intéressait, au plus haut point, l'exactitude de nos Tables astronomiques et la sécurité même des races futures appelées à nous succéder sur ce globe. L'axe terrestre, dans la position duquel les observations les plus précises n'ont pu faire reconnaître de variations sensibles à l'intérieur du globe, conservera-t-il toujours son immobilité? Enfin, les pôles seront-ils à jamais invariables à la surface de la Terre, et l'uniformité de la rotation diurne se maintiendra-t-elle dans tous les temps comme elle existe aujourd'hui? On conçoit, en effet, qu'une variation très-lente, mais progressive dans la position des pôles ou dans la vitesse du mouvement de rotation, altérerait à la longue toutes les latitudes géographiques, menacerait la permanence des continents, et l'invariabilité de la durée du jour sidéral qui sert de base à la construction de toutes les Tables astronomiques. C'est à une belle analyse de M. Poisson que l'on doit la solution de ces deux importantes questions, qu'il eût été impossible de résoudre par le seul secours de l'observation. Il a montré que les oscillations de l'axe de rotation de la Terre, par rapport à un axe supposé fixe dans son intérieur, seront toujours insensibles, et que par conséquent les mêmes forces qui produisent la précession et la nutation de l'axe terrestre, sont impuissantes à produire la moindre altération dans la position des pôles à la surface de la Terre, non plus que dans l'uniformité de la durée du jour.

Le Mémoire qui renferme cet important résultat, ainsi qu'un

autre Mémoire publié précédemment et dans lequel M. Poisson a démontré de nouveau l'*invariabilité* des grands axes planétaires, en portant l'approximation jusqu'au carré des masses, ce qui était indispensable pour s'assurer que les moyens mouvements, qui s'en déduisent par la troisième loi de Kepler, ne renferment aucune inégalité qui puisse devenir sensible par la double intégration que subit leur expression différentielle, ont mérité que son nom fût placé, après les noms illustres de Lagrange et de Laplace, parmi ceux des géomètres qui ont le plus contribué, dans le siècle actuel, aux progrès de l'Astronomie théorique. Dans un troisième Mémoire, non moins remarquable que les précédents, M. Poisson a donné l'application aux équations du mouvement de rotation de la nouvelle théorie des constantes arbitraires, fruit des derniers travaux de Lagrange, ce qui établit une analogie complète entre les mouvements des corps solides et les mouvements d'un système de points libres, et permet de traiter ainsi par la même analyse les deux principales questions de la Mécanique céleste.

D'Alembert avait échoué en essayant d'étendre à la Lune les considérations qui lui avaient si bien réussi dans le problème de la précession des équinoxes. Lagrange, par un choix de variables adroitement appropriées au sujet, parvint à triompher des difficultés qui avaient arrêté ses devanciers, et à vérifier par la théorie toutes les belles observations de Cassini sur la libration de la Lune et les mouvements singuliers du plan de son équateur. Lagrange prouva que ces divers phénomènes sont tous liés les uns aux autres par la loi de la gravitation, et ce beau travail, par l'élégance de la forme et par l'importance des résultats, a été justement considéré comme l'un des plus beaux monuments de son génie.

Si l'on conçoit que les corps célestes, originairement fluides, ont pris, en se durcissant, la forme qu'ils ont aujourd'hui, hypothèse qui semble s'accorder d'ailleurs, comme nous l'avons dit, avec tous les phénomènes que leur observation nous présente, la détermination de leur véritable figure ne sera plus qu'une question de mécanique dépendante des lois générales de l'Hydrostatique. Clairaut, qui s'était beaucoup occupé de cette partie de la Mécanique rationnelle, montra le premier que la figure elliptique satisfait aux lois de l'équilibre d'un fluide homogène doué d'un

mouvement de rotation autour d'un axe fixe. La question, dans
ce cas, est susceptible d'une solution complète ; mais le problème
dans toute sa généralité surpasse les forces de l'analyse, et les géomètres, pour le résoudre, ont été obligés de le restreindre par
des hypothèses que du reste les phéomènes observés rendent
plausibles. Ils ont supposé à la masse fluide à l'origine une figure
peu différente de la sphère, et ils sont parvenus à démontrer que
dans ce cas la figure elliptique est en effet la seule qui convienne
à l'équilibre de cette masse supposée homogène ou composée de
couches superposées dont la densité varie du centre à la surface.
On détermine encore, dans ce cas, la loi de l'accroissement des
degrés du méridien et celle des variations de la pesanteur de l'é-
quateur aux pôles, et les résultats se sont trouvés d'accord avec
ce que nous observons sur la Terre. Toutefois, la question de
la figure des corps célestes, restreinte même dans d'étroites limites, présente de telles difficultés, que, bien qu'elle soit l'une
de celles qui ont le plus occupé les géomètres, elle n'a pu, malgré
les travaux persévérants de Clairaut, d'Alembert, Maclaurin,
Legendre et Laplace, atteindre encore à l'état de perfection des
autres parties de la théorie du système du monde.

La surface de la Terre, et sans doute celle des autres planètes,
est en partie recouverte d'un fluide en équilibre, et le phénomène
du flux et du reflux, qui se renouvelle chaque jour sous nos yeux,
nous présente une vérification si simple et si facile de la loi de la
pesanteur universelle, que ce spectacle, sans doute, éveillerait
davantage encore notre attention, s'il se répétait moins souvent,
Les géomètres, aussitôt après la découverte du grand principe
des mouvements célestes, tentèrent de soumettre aux lois de la
gravitation les oscillations périodiques de l'Océan, en supposant
que les actions du Soleil et de la Lune sont les seules qui troublent son état d'équilibre. Malgré la difficulté du problème, Bernoulli en donna une première solution satisfaisante, et quoique
un grand nombre de quantités aient été négligées dans ses calculs,
ses formules approximatives sont encore celles que l'on emploie
aujourd'hui pour la prédiction des hautes marées dans nos ports,
si utile à la navigation. Laplace a repris depuis le même sujet par
une analyse plus savante, et les lois du flux et du reflux que le

grand nombre d'arbitraires dont elles dépendent semblait sous-
traire à une évaluation exacte, ont enfin été réduites à des formules
analytiques qui représentent, avec une précision merveilleuse, des
observations séparées par un intervalle de plus de cent ans.

Telles sont les principales questions que nous présente la théorie
du système du monde, tel est l'exposé succinct des travaux des géomètres qui en ont fait, depuis Newton, l'objet constant de leurs
méditations. La *Mécanique céleste*, par la grandeur des objets
qu'elle embrasse, par la fécondité des résultats qu'elle produit,
par la perfection enfin des méthodes qu'elle emploie, est devenue
le plus sublime ouvrage qui soit sorti de la main des hommes.
Le géomètre exprime maintenant dans ses formules tous les mouvements du système solaire et leurs variations successives. Il re-
monte aux siècles écoulés pour comparer les résultats de ses théories aux observations les plus anciennes qui nous soient parvenues,
et repassant de là aux siècles à venir, il prédit les états futurs du
système et les changements que des millions d'années suffiront à
peine pour dévoiler aux regards des observateurs. Pour produire
un si brillant résultat, il a suffi d'appliquer aux lois générales de
la Mécanique le principe de la pesanteur universelle; la théorie
est devenue alors pour l'Astronomie un moyen de découvertes
aussi certain que l'observation même. Toutes deux se prêtent un
mutuel appui; la théorie a souvent devancé l'observation dans la
recherche des lois de la nature : mais toutes les fois que le temps l'a
permis, celle-ci a pleinement confirmé les phénomènes que la première avait annoncés, et elle a enfin établi le principe de la gravitation sur un genre de preuves qu'on chercherait en vain dans tous
les autres systèmes, l'accord rigoureux du calcul et des phénomènes.

Le développement analytique des conséquences du principe
de là pesanteur universelle constitue la théorie du système du
monde; mais ce n'est d'abord qu'avec le secours des plus savantes
méthodes, et souvent par des voies tellement laborieuses et difficiles, qu'il pouvait en rester quelques doutes dans les esprits les
plus éclairés, que les géomètres sont parvenus à surmonter les
grandes difficultés qu'il présentait. Cependant les progrès qu'ont
faits depuis cinquante ans les sciences mathématiques, nous ont
permis d'aplanir aujourd'hui ces obstacles et de ramener aux for-

mes d'un simple traité de Mécanique rationnelle les principaux résultats de la Mécanique céleste. La théorie du système du monde peut être présentée maintenant avec une clarté et un ensemble qui lui avaient manqué jusqu'ici, et qui permettent d'en saisir d'un regard toutes les parties. Les méthodes qu'elle emploie ont subi ces heureuses améliorations que le temps et l'expérience apportent toujours dans les ouvrages des hommes; elles sont devenues plus simples en se généralisant. Nous avons essayé de réunir dans un même corps d'ouvrage les résultats de tant d'utiles travaux épars dans des Mémoires divers; nous avons donné aux théories assez de développements pour en bannir toute obscurité, et les exemples numériques que nous y avons ajoutés, suffiront pour en rendre les applications faciles.

La plus sublime des sciences naturelles verra croître le nombre de ses admirateurs à mesure que ses abords deviendront moins pénibles: c'est donc encore travailler à ses progrès que de concourir à cette œuvre. Une seule chose, peut-être, reste encore à désirer pour l'amener à toute la perfection qu'elle comporte: c'est que les données qu'elle emprunte à l'observation soient déterminées avec une exactitude toujours croissante. Mais ce soin appartient à l'Astronomie pratique, dont l'étude et le culte ont été malheureusement négligés et presque entièrement abandonnés dans notre pays pendant les trente dernières années. La cause en est sans doute dans la direction à la fois inhabile et perfide donnée aux travaux de l'Observatoire de Paris, où de misérables préoccupations personnelles avaient fait trop longtemps sacrifier à la recherche d'une vaine popularité les intérêts sacrés de la science. La nouvelle organisation, introduite dans cet important établissement, empêchera sans doute de pareils abus de se reproduire; la France fait pour la science de trop nobles sacrifices, pour qu'ils puissent être détournés de leur but pour servir les passions d'une ambition particulière. L'Astronomie pratique, nous l'espérons, réparera bientôt le temps qu'elle a perdu, elle marchera désormais du même pas que l'Astronomie théorique: en réunissant leurs efforts, elles se prêteront l'une à l'autre un mutuel appui; séparées d'intérêts, elles ne feraient dans la carrière scientifique que des pas incertains.

THÉORIE ANALYTIQUE

DU

SYSTÈME DU MONDE.

LIVRE PREMIER.

DES LOIS GÉNÉRALES DE L'ÉQUILIBRE ET DU MOUVEMENT.

Tous les corps de la nature sont soumis à des lois immuables qui règlent leurs mouvements ou les maintiennent dans l'état de repos. La connaissance des lois du mouvement, malgré son importance, avait longtemps échappé à l'esprit humain par la difficulté de les démêler au milieu de la complication et de la variété des phénomènes que la nature nous présente. Doué d'un esprit aussi vaste que pénétrant, Galilée, au commencement du XVII$^\text{e}$ siècle, tenta le premier cette entreprise, et jeta, par ses belles découvertes sur la chute des corps, les fondements d'une science nouvelle qu'on a nommée *Mécanique*. Tout dans la nature obéit à ses lois, et elle règle d'une manière aussi précise les mouvements imperceptibles d'un atome de matière que ceux qui transportent les corps célestes aux extrémités de l'espace. Les géomètres qui sont

I.

venus après ce grand homme, ont successivement reculé, par leurs travaux, les bornes de cette science, et ils ont enfin réduit la Mécanique entière à un petit nombre de formules générales qui n'offrent plus dans leur usage de difficultés que celles qui résultent de l'imperfection de l'analyse. Nous nous proposons, dans ce livre, de rappeler d'une manière succincte les lois fondamentales de l'équilibre et du mouvement, pour appliquer ensuite ces principes généraux à la théorie du système du monde.

—••—

CHAPITRE PREMIER.

DES FORCES, DE LEUR COMPOSITION ET DE L'ÉQUILIBRE
D'UN POINT MATÉRIEL.

1. Un corps est en repos lorsqu'il ne change pas de position par rapport à d'autres points regardés comme fixes; il est en mouvement lorsqu'il occupe successivement différents lieux dans l'espace.

Toute cause motrice qui tend à faire passer un corps de l'état de repos à l'état de mouvement, ou à altérer d'une manière quelconque le mouvement que ce corps a reçu, s'appelle *force* ou *puissance*.

La nature des forces nous est généralement inconnue, et nous ne pouvons juger de leur grandeur que par les effets qu'elles produisent. Ainsi, nous disons qu'une force est double, triple ou quadruple d'une autre, lorsque les effets qui en résultent dans des circonstances semblables, sont entre eux dans le même rapport.

En comparant de cette manière toutes les forces de la nature à l'une d'entre elles prise pour unité ou pour terme de comparaison, ces forces se trouveront exprimées par des nombres abstraits qui marqueront leur rapport à une unité commune, et elles ne seront plus pour nous que des quantités mathématiques ordinaires.

Le rapport que nous venons de définir est ce qu'on

appelle l'*intensité de la force;* son *point d'application* est le point sur lequel elle agit immédiatement; sa *direction,* la ligne droite qu'elle tend à faire décrire au point matériel auquel elle est appliquée.

Un point matériel soumis à l'action de plusieurs forces qui ne se font pas équilibre tend à se mouvoir dans une direction quelconque, et cette direction est unique, puisqu'il ne peut se mouvoir à la fois dans deux sens différents. Si l'on imagine une force dirigée suivant la ligne que le point tend à décrire, et dont l'effet équivaille à l'action combinée des autres forces qui le sollicitent, il est évident que l'on pourra remplacer par cette force unique le système de forces que l'on avait considéré d'abord, et en faire désormais abstraction. La force ainsi déterminée s'appelle la *résultante* de celles qui ont mis le corps en mouvement, et celles-ci sont nommées les *composantes* de la première.

La résultante de deux forces dont les directions sont sur la même ligne droite, est égale à leur somme ou à leur différence, selon qu'elles agissent dans le même sens ou dans des sens opposés : c'est une conséquence de ce que nous avons dit qu'on devait entendre par l'intensité d'une force. Mais si les directions de ces deux forces forment un angle entre elles, la direction et l'intensité de la résultante sont liées à celles des composantes par une relation que nous allons nous proposer de déterminer.

Soient X et Y deux forces dont nous supposerons les directions perpendiculaires entre elles, et soit M leur point d'application. Désignons par R leur résultante et par x l'angle qu'elle forme avec la direction de la force X. Les intensités des deux forces X et Y étant données, il est clair, d'après ce que nous avons dit, que la résultante R sera complétement déterminée de grandeur et de direction. On aura donc généralement

$$R = F(X, Y), \quad x = f(X, Y);$$

d'où, en éliminant Y, on tire

$$X = \varphi(R, x).$$

Dans cette équation X et R sont les seules quantités dont l'expression numérique varie selon l'unité de force qu'on a choisie : leur rapport $\dfrac{X}{R}$ doit être indépendant de cette unité ; il faut donc qu'il soit exprimé par une simple fonction de x, ce qui exige que $\varphi(R, x)$ soit de la forme $R \times \varphi x$. On aura donc ainsi

$$X = R \times \varphi x,$$

équation dans laquelle on peut changer X en Y pourvu qu'on y change en même temps x en $\dfrac{\pi}{2} - x$, π étant égal à la demi-circonférence dont le rayon est l'unité.

Cela posé, déterminons d'abord la valeur de la résultante R. Pour cela, remarquons que l'on peut considérer la force X comme la résultante de deux forces X' et X'', dont la valeur est inconnue, et qui agissent, la première suivant la résultante R, et la seconde dans une direction perpendiculaire à cette résultante. La force X, qui provient de la composition de ces deux nouvelles forces, formant l'angle x avec la direction de X′ et l'angle $\frac{\pi}{2} - x$ avec la direction de X″, on aura

$$X' = X \times \varphi\, x = \frac{X^2}{R}, \quad X'' = X \times \varphi\left(\frac{\pi}{2} - x\right) = \frac{XY}{R}.$$

On peut de même regarder la force Y comme la résultante de deux forces Y′ et Y″ dirigées, la première suivant la résultante R, la seconde perpendiculairement à cette force ; et pour déterminer les intensités de ces deux composantes, on aura

$$Y' = Y \times \varphi\left(\frac{\pi}{2} - x\right) = \frac{Y^2}{R}, \quad Y'' = Y \times \varphi\, x = \frac{XY}{R}.$$

On pourra ainsi, aux deux forces données X et Y, substituer les quatre suivantes :

$$\frac{X^2}{R}, \quad \frac{Y^2}{R}, \quad \frac{XY}{R}, \quad \frac{XY}{R}.$$

Les deux dernières agissent en sens contraire et se détruisent ; les deux premières agissant dans le même sens, s'ajoutent, et leur somme forme la résultante R. On aura donc

$$R^2 = X^2 + Y^2 ;$$

d'où l'on peut conclure que la résultante des deux forces X et Y est représentée en grandeur par la diagonale du rectangle construit sur les droites qui représentent ces forces.

Déterminons maintenant la forme de $\varphi\, x$. Pour cela considérons une nouvelle force Z agissant sur le point matériel M, et dont la direction soit perpendiculaire au plan des forces X et Y. Pour avoir la résultante des trois forces X, Y, Z, on composera d'abord en une seule deux quelconques d'entre elles; on composera ensuite leur résultante avec la troisième, et il est évident que la force qui en résultera sera la même dans quelque ordre que cette composition se soit opérée. Soient donc, comme précédemment, R la résultante des forces X et Y, x l'angle que forme cette force avec la direction de X. Soient S la résultante des forces R et Z, et y l'angle que forme sa direction avec la force R ; on aura

$$X = R \times \varphi x, \quad R = S \times \varphi y.$$

Mais si, après avoir composé en une seule les forces Y et Z, on regarde S comme provenant de la composition de leur résultante et de la force X, et qu'on désigne par z l'angle que forment entre elles les forces X et S, on aura

$$X = S \times \varphi z.$$

Cette équation, comparée à celles qui précèdent, donne

$$\varphi z = \varphi x \times \varphi y. \quad (a)$$

Pour déduire de cette équation la valeur de φx, je remarque que les angles x et y devant être absolument indépendants l'un de l'autre, on peut faire varier ces deux angles séparément; si l'on différentie donc par rapport à x l'équation précédente, qu'on la différentie ensuite par rapport à y, et qu'on divise les deux résultats l'un par l'autre; en faisant, pour abréger,

$$\frac{d.\varphi x}{dx} = \varphi' x, \quad \frac{d.\varphi y}{dy} = \varphi' y,$$

on aura

$$\frac{\dfrac{dz}{dx}}{\dfrac{dz}{dy}} = \frac{\varphi' x \cdot \varphi y}{\varphi x \cdot \varphi' y}, \quad (b)$$

équation de laquelle la fonction inconnue φz a déjà disparu.

Considérons maintenant le triangle sphérique rectangle intercepté entre les directions des trois forces X, R, S; on aura entre les trois côtés x, y, z de ce triangle, la relation

$$\cos z = \cos x \cos y ;$$

d'où, en différentiant, on tire

$$\frac{dz}{dx} = \frac{\sin x \cos y}{\sin z}, \quad \frac{dz}{dy} = \frac{\cos x \sin y}{\sin z}.$$

En substituant pour $\dfrac{dz}{dx}$ et $\dfrac{dz}{dy}$ leurs valeurs dans l'équation (b), on en déduit

$$\frac{\cos x \cdot \varphi' x}{\sin x \cdot \varphi x} = \frac{\cos y \cdot \varphi' y}{\sin y \cdot \varphi y}.$$

Puisque les deux angles x et y sont indépendants l'un de l'autre, il est clair que l'un quelconque des deux membres de cette équation peut demeurer constant, quelque valeur que l'on donne à la variable contenue dans l'autre membre; on aura donc généralement

$$\frac{\cos x \cdot \varphi' x}{\sin x \cdot \varphi x} = c,$$

c étant une constante indépendante de l'angle x. Cette équation, après y avoir substitué pour $\varphi' x$ sa valeur $\frac{d.\varphi x}{dx}$ donne, en l'intégrant,

$$\varphi x = C \cos^{-c} x,$$

C étant une constante arbitraire. Cette valeur, substituée dans l'équation

$$X = R\,\varphi x,$$

donne

$$X = RC \cos^{-c} x.$$

Il ne s'agit plus que de déterminer les deux constantes C et c. Or, si l'on suppose Y nul, on a évidemment R = X et $x = 0$; donc $\cos x = 1$ et C $= 1$. Si l'on suppose Y = X, on a R $= \sqrt{X^2 + Y^2} = X . \sqrt{2}$ et $x = 45°$; on aura donc X $= X . \sqrt{2} . \cos^{-c} 45°$; mais $\cos 45° = \frac{1}{\sqrt{2}}$, donc $c = -1$, et, par conséquent,

$$X = R \cos x.$$

Cette équation détermine l'angle x; elle fait voir que la résultante des deux forces X et Y est dirigée suivant la diagonale du rectangle dont les côtés représentent ces forces.

Concluons donc enfin que la résultante de deux forces rectangulaires appliquées à un même point matériel M, et dont les intensités sont représentées par des lignes prises sur leurs directions, est représentée en grandeur et en direction par la diagonale du rectangle construit sur ces droites.

Il suit de là qu'à une force donnée on peut toujours substituer deux autres forces qui forment les côtés d'un rectangle dont elle est la diagonale. Soient R la force donnée, X et Y ses deux composantes, et a l'angle que forme la force R avec la force X ; les trois forces R, X, Y et l'angle a seront liés par les équations de condition

$$X = R \cos a, \quad Y = R \sin a, \quad R = \sqrt{X^2 + Y^2}.$$

Ces équations, qui n'équivalent réellement qu'à deux équations distinctes, serviront à déterminer deux des quatre quantités X, Y, R et a, lorsque les deux autres seront données.

En étendant à trois dimensions le théorème précédent, il est aisé d'en conclure que la résultante de trois forces rectangulaires appliquées à un même point matériel est représentée en grandeur et en direction par la diagonale du parallélipipède dont les arêtes représentent ces forces. Soient donc X, Y, Z ces trois composantes, R leur résultante, et a, b, c les trois angles que fait sa direction avec celle des forces X, Y et Z ; on aura

$$R = \sqrt{X^2 + Y^2 + Z^2},$$
$$X = R \cos a, \quad Y = R \cos b, \quad Z = R \cos c,$$

équations qui s'accordent entre elles, puisque les trois angles a, b, c sont liés par la condition

$$\cos^2 a + \cos^2 b + \cos^2 c = 1.$$

Les équations précédentes serviront à déterminer trois des six quantités X, Y, Z, R, a et b lorsque les trois autres seront connues. Elles détermineront la valeur et la direction de la résultante lorsque les trois composantes X, Y et Z seront données; et réciproquement on pourra, par leur moyen, décomposer une force donnée R en trois autres perpendiculaires entre elles, et formant avec sa direction des angles donnés.

2. De là résulte une manière très-simple de déterminer la grandeur et la direction de la résultante d'un nombre quelconque de forces appliquées à un même point matériel M. En effet, soient P, P′, P″, etc., les intensités de ces forces; a, a', a'', etc.; b, b', b'', etc.; c, c', c'', etc., les angles que font respectivement leurs directions avec les trois axes coordonnés; on décomposera chacune des forces données en trois autres parallèles à ces axes. Désignant ensuite par X, Y et Z la somme de toutes les composantes, respectivement parallèles aux axes des x, des y et des z, en sorte qu'on ait

$$X = \Sigma.P \cos a, \quad Y = \Sigma.P \cos b, \quad Z = \Sigma.P \cos c,$$

toutes les forces qui agissaient sur le point M se trouveront ramenées à trois forces rectangulaires X, Y, Z, et, si l'on désigne par R la résultante de ces trois forces, et par A, B, C les angles que fait sa direction avec les trois axes coordonnés, on aura, pour déterminer ces quatre inconnues, les équations

$$R = \sqrt{X^2 + Y^2 + Z^2},$$

$$X = R \cos A, \quad Y = R \cos B, \quad Z = R \cos C.$$

Si l'on place l'origine des coordonnées au point M; qu'on désigne par x, y, z les coordonnées de l'extrémité de la force P; par x', y', z les coordonnées de l'extrémité de la force P', et ainsi de suite; on aura

$$x = P \cos a, \; y = P \cos b, \; z = P \cos c, \; x' = P' \cos a', \ldots,$$

et, par conséquent,

$$X = x + x' + \ldots, \quad Y = y + y' + \ldots, \quad Z = z + z' + \ldots;$$

dans ce cas, X, Y, Z représentent les coordonnées de l'extrémité de la résultante, dont le carré sera la somme des carrés de ces coordonnées : on aura donc ainsi immédiatement la grandeur et la direction de la résultante.

Si le point M est en équilibre, en vertu des forces qui le sollicitent, leur résultante doit être égale à zéro ; mais la fonction $\sqrt{X^2 + Y^2 + Z^2}$, valeur de cette résultante, ne peut être nulle, à moins qu'on n'ait séparément

$$X = o, \quad Y = o, \quad Z = o,$$

ou bien

$$\Sigma.P \cos a = o, \quad \Sigma.P \cos b = o, \quad \Sigma.P \cos c = o.$$

C'est-à-dire que, dans le cas de l'équilibre d'un point matériel M sollicité par un nombre quelconque de forces, la somme des composantes de ces forces parallèles à trois axes coordonnés rectangulaires, doit être séparément égale à zéro.

3. Ce théorème offre un moyen curieux de construire géométriquement la résultante d'un nombre quelconque de forces appliquées à un même point, ou de vérifier l'équilibre qu'on supposerait exister entre ces forces. En effet, soient P, P', P'',..., $P^{(n)}$ les forces données, que nous supposerons en nombre $n+1$, et représentées par des lignes prises sur leurs directions; soient a, b, c, a' b', c', etc., les angles qu'elles forment respectivement avec les trois axes coordonnés. Si l'on ajoute toutes ces droites à l'extrémité l'une de l'autre, dans un ordre quelconque, mais dans des directions parallèles à celles qu'elles ont autour de leur point commun d'application, on formera un polygone d'un nombre $n+1$ de côtés, ces côtés pouvant être situés ou non situés dans le même plan. Plaçons l'origine des coordonnées à l'origine de l'une quelconque des forces P, P', etc., à l'origine de la force P par exemple, et désignons par x^0, y^0, z^0; x^1, y^1, z^1,..., $x^{(n)}$, $y^{(n)}$, $z^{(n)}$, les coordonnées des différents sommets de ce polygone; il est aisé de vérifier qu'on aura généralement

$$x^{(n)} = P \cos a + P' \cos a' + \ldots + P^{(n)} \cos a^{(n)},$$
$$y^{(n)} = P \cos b + P' \cos b' + \ldots + P^{(n)} \cos b^{(n)},$$
$$z^{(n)} = P \cos c + P' \cos c' + \ldots + P^{(n)} \cos c^{(n)}.$$

Si les forces P, P',..., $P^{(n)}$ sont en équilibre, on a (n° **2**)

$$x^{(n)} = 0, \quad y^{(n)} = 0, \quad z^{(n)} = 0,$$

et, par conséquent, le polygone est fermé. Si l'équilibre n'a pas lieu, les coordonnées $x^{(n)}$, $y^{(n)}$, $z^{(n)}$ étant égales respectivement aux trois coordonnées de l'extrémité de la résultante des forces P, P',..., $P^{(n)}$ (n° **2**), cette résultante se confond avec la ligne menée de l'origine pour fermer le polygone; elle est donc représentée en grandeur et en direction par cette ligne. Quant à son sens d'action, il n'est pas équivoque, puisqu'elle doit toujours tendre à augmenter les coordonnées $x^{(n)}$, $y^{(n)}$, $z^{(n)}$; d'où l'on peut conclure encore que cette résultante est égale et directement opposée à la force qu'il faudrait ajouter aux forces P, P',..., $P^{(n)}$ pour établir l'équilibre dans ce système, ce qui d'ailleurs est manifeste.

Il suit aussi de là, comme corollaire, que si le système de forces que l'on considère se réduit à deux forces P, P', formant entre elles un angle quelconque, la résultante est la diagonale du parallélogramme construit sur les deux forces, et que, si ce système se compose de trois forces P, P', P″ non situées dans le même plan, leur résultante est représentée par la diagonale du parallélipipède construit sur ces trois forces.

4. Supposons maintenant que le point M sur lequel agissent les forces P, P', etc., ne soit pas libre et qu'il soit assujetti à rester sur une surface donnée, il en éprouvera une résistance que nous désignerons par N, et qui s'exercera suivant la perpendiculaire à cette surface. S'il en était autrement, cette résistance pourrait se décomposer en deux autres forces, l'une diri-

gée suivant la normale à la surface, et qui empêche-
rait le point de la pénétrer, l'autre parallèle à cette
surface, et qui s'opposerait à ce que le point pût s'y
mouvoir librement, ce qui est contre la supposition.
Si l'on considère la résistance N comme une force
nouvelle dont le point M est animé, il est clair qu'on
pourra le regarder ensuite comme parfaitement libre,
et faire abstraction de la surface donnée. Soient
donc α, β, γ les angles que forme la direction de la
normale au point M avec les axes coordonnés;
soient X, Y, Z la somme des composantes, respectivement parallèles à ces axes, des forces qui sollicitent le point M; on aura, pour les conditions d'é-
quilibre,

$$N \cos\alpha + X = 0, \quad N \cos\beta + Y = 0, \quad N \cos\gamma + Z = 0. \quad (m)$$

De ces équations on tire d'abord

$$N = \sqrt{X^2 + Y^2 + Z^2};$$

c'est la mesure de la résistance dont la surface doit
être capable pour n'être pas pénétrée par le point M :
elle est égale à la résultante des forces qui agissent
sur ce point, ou à la pression qu'il exerce contre la
surface, suivant la direction de sa normale.

Soient L $= 0$ l'équation de la surface donnée; x,
y, z les coordonnées du point M situé sur cette surface; on aura, par les formules connues,

$$\cos\alpha = K\left(\frac{dL}{dx}\right), \quad \cos\beta = K\left(\frac{dL}{dy}\right), \quad \cos\gamma = K\left(\frac{dL}{dz}\right),$$

en faisant, pour abréger,

$$K = \frac{1}{\left[\left(\frac{dL}{dx}\right)^2 + \left(\frac{dL}{dy}\right)^2 + \left(\frac{dL}{dz}\right)^2\right]^{\frac{1}{2}}}.$$

Si l'on substitue à la place de $\cos\alpha$, $\cos\epsilon$, $\cos\gamma$ leurs valeurs dans les équations (m), et qu'on élimine entre elles l'arbitraire N, les conditions d'équilibre du point M se réduiront aux deux équations suivantes :

$$\left. \begin{aligned} X\left(\frac{dL}{dy}\right) - Y\left(\frac{dL}{dx}\right) &= 0, \\ X\left(\frac{dL}{dz}\right) - Z\left(\frac{dL}{dx}\right) &= 0. \end{aligned} \right\} \quad (n)$$

Pour voir ce qu'expriment ces équations, désignons par R la résultante des trois forces X, Y, Z; les cosinus des angles que forme R avec les axes coordonnés seront exprimés par $\frac{X}{R}$, $\frac{Y}{R}$, $\frac{Z}{R}$. En nommant donc A, B, C ces trois angles, les équations précédentes donneront

$$\cos A \cos\epsilon = \cos B \cos\alpha,$$
$$\cos A \cos\gamma = \cos C \cos\alpha.$$

D'ailleurs

$$\cos^2 A + \cos^2 B + \cos^2 C = 1,$$
$$\cos^2\alpha + \cos^2\epsilon + \cos^2\gamma = 1.$$

On aura donc

$$\cos A = \cos\alpha, \quad \cos B = \cos\epsilon, \quad \cos C = \cos\gamma.$$

C'est-à-dire que, pour assurer l'équilibre du point M,

il ne sera plus nécessaire, comme dans le cas général, que la résultante des forces qui le sollicitent soit nulle; il suffira que la direction de cette résultante soit normale à la surface donnée, afin que le point M ne puisse glisser en aucun sens sur cette surface.

Si la position du point M n'était pas fixée sur la surface, et qu'il s'agît au contraire de déterminer ce point de manière à ce qu'il se maintînt sous l'action des forces X, Y, Z, les deux équations (n), jointes à l'équation $L = o$, serviraient à faire connaître les coordonnées du point cherché.

Supposons actuellement le point M assujetti à rester sur deux surfaces données ou sur la courbe de leur intersection. Il éprouvera de la part de chacune de ces surfaces une résistance dont l'action s'exercera suivant les directions de leurs normales; en comprenant ces nouvelles forces, dont la grandeur est arbitraire, parmi celles qui sollicitent le point M, on pourra faire abstraction de la courbe donnée, et regarder ce point comme entièrement libre. Désignons donc par N et N' les résistances que le point M éprouve, par α, β, γ et α', β', γ' les angles que forment les normales aux deux surfaces avec les axes coordonnés, et par X, Y, Z les sommes des composantes, respectivement parallèles à ces axes, des forces qui sollicitent le point. Les conditions générales d'équilibre deviendront

$$\left. \begin{aligned} N\cos\alpha + N'\cos\alpha' + X &= o, \\ N\cos\beta + N'\cos\beta' + Y &= o, \\ N\cos\gamma + N'\cos\gamma' + Z &= o. \end{aligned} \right\} \ (p)$$

1. 2

Ces équations, en désignant par ω l'angle que forment entre elles les deux forces N et N', et observant que

$$\cos\alpha\,\cos\alpha' + \cos\beta\,\cos\beta' + \cos\gamma\,\cos\gamma' = \cos\omega,$$

donnent

$$N^2 + N'^2 + 2\,NN'\cos\omega = X^2 + Y^2 + Z^2.$$

Le premier membre de cette équation représente le carré de la diagonale du parallélogramme construit sur les deux forces N et N', c'est-à-dire le carré de leur résultante, laquelle est nécessairement comprise dans le plan normal à la courbe donnée. La fonction $\sqrt{X^2 + Y^2 + Z^2}$ exprime donc la résistance dont cette courbe doit être capable pour n'être pas pénétrée par le point M, ou, ce qui revient au même, elle exprime la pression normale que ce point exerce sur la courbe donnée.

Soient

$$L = o \quad \text{et} \quad L' = o$$

les équations des deux surfaces dont l'intersection forme la courbe que le point M ne peut quitter, et désignons par x, y, z les coordonnées de ce point; nous aurons

$$\cos\alpha = K\,\frac{d\mathrm{L}}{dx}, \quad \cos\beta = K\,\frac{d\mathrm{L}}{dy}, \quad \cos\gamma = K\,\frac{d\mathrm{L}}{dz};$$

$$\cos\alpha' = K'\,\frac{d\mathrm{L}'}{dx}, \quad \cos\beta' = K'\,\frac{d\mathrm{L}'}{dy}, \quad \cos\gamma' = K'\,\frac{d\mathrm{L}'}{dz};$$

en supposant, pour abréger,

$$K = \frac{1}{\left[\left(\frac{d\mathrm{L}}{dx}\right)^2 + \left(\frac{d\mathrm{L}}{dy}\right)^2 + \left(\frac{d\mathrm{L}}{dz}\right)^2\right]^{\frac{1}{2}}}$$

$$K' = \frac{1}{\left[\left(\frac{d\mathrm{L'}}{dx}\right)^2 + \left(\frac{d\mathrm{L'}}{dy}\right)^2 + \left(\frac{d\mathrm{L'}}{dz}\right)^2\right]^{\frac{1}{2}}}.$$

Substituant ces valeurs dans les équations (p), et éliminant ensuite N et N′, les conditions d'équilibre du point M se réduiront à cette équation unique,

$$\mathrm{X}\,dx + \mathrm{Y}\,dy + \mathrm{Z}\,dz = 0. \quad (q)$$

Si l'on désigne par ds l'élément de la courbe sur laquelle le point M est assujetti, $\frac{dx}{ds}$, $\frac{dy}{ds}$, $\frac{dz}{ds}$ seront respectivement les cosinus des angles que forme cet élément avec les axes des x, des y et des z; les cosinus des angles formés par la résultante R et par les mêmes axes, sont $\frac{\mathrm{X}}{\mathrm{R}}$, $\frac{\mathrm{Y}}{\mathrm{R}}$, $\frac{\mathrm{Z}}{\mathrm{R}}$. L'équation précédente exprime donc que cette résultante et l'élément de courbe forment un angle droit entre eux. D'où il résulte que la somme des composantes, tangentes à ce même élément, est égale à zéro, condition nécessaire, en effet, pour que le point M ne puisse glisser sur cette courbe.

Si la position du point M n'était pas fixée, et qu'il s'agît de la déterminer de manière que les forces X, Y, Z fussent en équilibre, l'équation de condition (q), jointe aux équations de la courbe donnée, suffirait pour déterminer les coordonnées de ce point.

Quelles que soient d'ailleurs les données et les inconnues du problème, la fonction

$$\sqrt{X^2 + Y^2 + Z^2}$$

sera toujours la mesure de la pression normale que le point M exerce sur la courbe qu'il parcourt.

CHAPITRE II.

DE L'ÉQUILIBRE D'UN SYSTÈME DE POINTS MATÉRIELS LIÉS ENTRE EUX D'UNE MANIÈRE QUELCONQUE.

5. Considérons d'abord un système de forme invariable, et commençons par le cas le plus simple, celui où le système se compose de deux points seulement, et où les forces qui lui sont appliquées se réduisent à deux, agissant dans le même plan.

Si l'on prolonge les directions de ces forces, que nous désignerons par P et P′, jusqu'à ce qu'elles se rencontrent en un point O, on ne changera rien à l'état du système, en supposant les forces P et P′ appliquées immédiatement à ce point. En désignant donc par R leur résultante, et par a, a', A les angles que forment respectivement avec l'axe des x les forces P, P′, R, on aura

$$\left. \begin{array}{l} R\cos A = P\cos a + P'\cos a', \\ R\sin A = P\sin a + P'\sin a'. \end{array} \right\} \quad (1)$$

Ces deux équations donneront la valeur et la direction de la résultante R. La position de cette force serait donc parfaitement déterminée, si l'on connaissait un seul point de sa direction; or nous savons qu'elle doit passer par le point de concours des deux forces P et P′. Pour exprimer analytiquement cette condition, menons de l'origine des coordonnées au point O une ligne L, et soit α l'angle que forme cette droite avec l'axe des x. Abaissons de cette même origine une perpendiculaire sur chacune des forces P, P', R; si l'on désigne par p, p' et r les longueurs de ces droites, il est aisé de voir qu'on aura

$$p = L \sin(\alpha - a), \quad p' = L \sin(\alpha - a'), \atop r = L \sin(\alpha - A). \qquad (o)$$

Si, au moyen des deux premières équations, on élimine de la troisième les deux quantités L et α, on aura la valeur de r exprimée en fonction de quantités connues, et la résultante R sera entièrement déterminée de grandeur et de position. Mais à l'équation qui résulterait de cette élimination, on peut en substituer une qui a l'avantage d'être plus simple, et dont la conséquence est la même; en effet, remarquons que si l'on retranche l'une de l'autre les équations (1), après avoir multiplié la première par $\sin\alpha$, la seconde par $\cos\alpha$, on a

$$R \sin(\alpha - A) = P \sin(\alpha - a) + P' \sin(\alpha - a').$$

Substituons, dans cette équation, pour $\sin(\alpha - A)$, $\sin(\alpha - a)$, $\sin(\alpha - a')$, leurs valeurs tirées des équations (o), et multiplions tous les termes par L; nous aurons

$$R\,r = P\,p + P'\,p'. \qquad (2)$$

Cette équation donnera la valeur de r, et fera connaître par conséquent à quelle distance la résultante passe de l'origine des coordonnées.

S'il y avait équilibre dans le système, la résultante R serait nulle; les équations (1) montrent qu'il faut, dans ce cas, que les forces P et P' soient égales et agissent dans des directions parallèles, mais en sens inverse; l'équation (2) montre qu'elles doivent être, de plus, directement opposées, ce qui d'ailleurs est évident.

La fonction Rr que nous avons introduite dans l'équation (2), et généralement le produit d'une force par la perpendiculaire abaissée de l'origine des coordonnées sur sa direction, est ce qu'on appelle le *moment* de la force par rapport à cette origine. Ce produit peut s'exprimer d'une autre manière, qui a l'avantage de rendre manifeste le signe des perpendiculaires p, p', r. En effet, si l'on désigne par x, y et x', y' les coordonnées des points d'application des forces P et P', et par X, Y les coordonnées d'un point quelconque de leur résultante, il est aisé de voir qu'on aura

$$p = y \cos a - x \sin a, \quad p' = y' \cos a' - x' \sin a',$$

et

$$r = Y \cos A - X \sin A,$$

l'équation (2) deviendra ainsi

$$R(Y \cos A - X \sin A) = P(y \cos a - x \sin a), \\ + P'(y' \cos a' - x' \sin a'). \quad (3)$$

Considérons maintenant un système composé d'un nombre quelconque de points matériels liés entre eux d'une manière invariable, et sollicités par des forces que nous supposerons toujours agir dans le même plan. Soient P, P', P'',..., $P^{(n)}$, les intensités de ces forces; a, a', a'', ..., $a^{(n)}$, les angles qu'elles forment avec l'axe des x; p, p', p'', ..., $p^{(n)}$, les perpendiculaires abaissées de l'origine sur leurs directions. Composons d'abord en une seule deux de ces forces P et P′ prises à volonté; soit R′ leur résultante, A′ l'angle qu'elle forme avec l'axe des x, et r' la perpendiculaire abaissée de l'origine sur sa direction ; composons ensuite cette résultante avec la force suivante P″; soient R″ leur résultante, A″ l'angle qu'elle forme avec l'axe des x, et r''' la perpendiculaire abaissée de l'origine sur sa direction ; composons cette nouvelle résultante avec la force P‴, et ainsi de suite : de cette manière nous réduirons finalement le système à deux forces R^{n-1} et $P^{(n)}$, dont nous déterminerons la résultante en grandeur et en direction, d'après ce que nous avons dit précédemment. Désignons par R cette résultante finale, par A l'angle qu'elle forme avec l'axe des x, par r la perpendiculaire abaissée de l'origine sur sa direction, et déterminons par le même numéro la valeur des quantités R′cos A′, R′sin A′, R′r', R″cos A″, etc., nous aurons, par de simples substitutions,

$$\text{R}\cos\text{A} = \Sigma.\text{P}\cos a, \quad \text{R}\sin\text{A} = \Sigma.\text{P}\sin a, \atop \text{R}r = \Sigma.\text{P}p, \qquad\qquad\quad \Big\} \ (4)$$

le signe Σ désignant généralement la somme des quantités qu'on obtient en marquant successivement d'un accent les lettres P, a, p.

Les deux premières équations déterminent l'intensité et la direction de la résultante; la troisième, la distance à laquelle elle passe de l'origine. Cette dernière équation montre que le moment de la résultante d'un nombre quelconque de forces est égal à la somme des moments des composantes. Si l'on désigne par X, Y les coordonnées d'un point quelconque de la direction de R, et par x, y, x', y', etc., les coordonnées des points d'application des forces P, P', etc.; cette équation pourra s'écrire ainsi :

$$R\,(Y \cos A - X \sin A) = \Sigma.P\,(y \cos a - x \sin a). \quad (5)$$

Si le système que l'on considère est en équilibre, en vertu des forces qui le sollicitent, la résultante de ces forces sera nulle ; on aura donc, dans ce cas,

$$\Sigma.P \cos a = 0, \quad \Sigma.P \sin a = 0, \quad \Sigma.P p = 0.$$

Équations d'où il est facile de conclure que toutes les forces du système peuvent se réduire à deux forces égales et directement opposées.

Ainsi donc, pour qu'un nombre quelconque de forces agissant dans le même plan puissent se faire équilibre, il faut : 1° que la somme des composantes de ces forces, par rapport à deux axes rectangulaires menés arbitrairement dans le plan, soit respectivement égale à zéro ; 2° que la somme des moments de ces forces, par rapport à un point quelconque du plan, soit nulle.

Si le plan dans lequel agissent les forces P, P', etc., contenait un point fixe, il ne serait plus nécessaire que leur résultante fût nulle ; il suffirait que la direction de cette force passât par le point fixe pour assurer l'équilibre du système. Si l'on place donc en ce point l'origine des coordonnées, les conditions d'équilibre se réduiront à l'équation unique $\Sigma.\mathrm{P}p = 0$, et la valeur $\sqrt{(\Sigma.\mathrm{P}\cos a)^2 + (\Sigma.\mathrm{P}\sin a)^2}$ de la résultante, dont le point fixe annule l'effet, exprimera l'effort que supporte ce point. Il est à remarquer que cet effort est le même que celui que le point fixe aurait à supporter si toutes les forces du système lui étaient immédiatement appliquées.

On déduit de ce que nous venons de dire, d'une manière très-simple, et comme un cas particulier, toute la théorie du levier.

6. Il peut arriver que les directions des forces P, P′, P″, etc., soient toutes parallèles entre elles ; il convient d'examiner ce que deviennent alors les équations (4). On aura, dans ce cas,

$$\alpha = \alpha' = \alpha'' = \ldots,$$

et les équations (4) donneront

$$\mathrm{R}\cos\mathrm{A} = \cos a\, \Sigma.\mathrm{P}, \quad \mathrm{R}\sin\mathrm{A} = \sin a\, \Sigma.\mathrm{P}, \quad \mathrm{R}r = \Sigma.\mathrm{P}p;$$

d'où l'on tire

$$\cos\mathrm{A} = \cos a, \quad \sin\mathrm{A} = \sin a \quad \text{et} \quad \mathrm{R} = \Sigma.\mathrm{P},$$

c'est-à-dire que la résultante est parallèle aux composantes, et qu'elle est égale à leur somme. La troisième équation devient ainsi

$$r = \frac{\Sigma.\mathrm{P}p}{\Sigma.\mathrm{P}},$$

ce qui détermine la distance de la résultante à l'origine, et achève de fixer sa position.

Si l'on suppose $R = 0$ dans les équations précédentes, elles deviennent

$$\Sigma.P = 0, \quad \Sigma.Pp = 0. \quad (6)$$

D'où il suit que pour l'équilibre d'un système de forces agissant dans le même plan et dans les directions parallèles, il faut : 1° que la somme de ces forces soit égale à zéro ; 2° que la somme de leurs moments, par rapport à un point quelconque du plan, soit nulle.

7. Considérons enfin un système de points de forme invariable, sollicités par des forces dirigées d'une manière quelconque dans l'espace, et déterminons les conditions à remplir pour qu'un pareil système soit en équilibre. Soient P, P', P'', etc., les intensités des forces appliquées au système ; x, y, z, x', y', z', etc., les coordonnées respectives de leurs points d'application ; a, b, c, les angles que forme la direction de la force P avec les axes des x, des y et des z ; a', b', c', les angles que forme avec les mêmes axes la direction de P', et ainsi de suite. Je décompose chacune des forces P, P', P'', etc., en trois autres, $P \cos a$, $P \cos b$, $P \cos c$, $P' \cos a'$, $P' \cos b'$, etc., respectivement parallèles aux axes des coordonnées. Je prolonge la direction de la force $P \cos a$ jusqu'à ce qu'elle rencontre le plan des yz en un point dont y et z sont les coordonnées ; je décompose ensuite cette force en deux autres égales entre elles et parallèles à sa direction, agissant, l'une dans le plan des xy, l'autre dans le plan des xz. Chacune de ces composantes sera, n° **6**, égale à $\frac{1}{2} P \cos a$; la première agira perpendiculairement à l'axe des y, à une distance $2y$ de l'axe des x, la seconde perpendiculairement à l'axe des z, à une distance $2z$ du même axe.

J'opère une décomposition semblable sur les forces $P' \cos a'$, $P'' \cos a''$, etc., en sorte que le groupe de forces $P \cos a$, $P' \cos a'$, etc., parallèles à l'axe des x, se trouve ainsi remplacé par deux groupes de forces, $\frac{1}{2} P \cos a$, $\frac{1}{2} P' \cos a'$, etc., agissant parallèlement au même axe, l'un dans le plan des xy, l'autre dans le plan des xz, aux distances respectives $2y$, $2y'$, etc., $2z$, $2z'$, etc., de l'axe des x.

Je remplace de même le groupe des composantes $P \cos b$, $P' \cos b'$, etc., parallèles à l'axe des y, par deux groupes de forces $\frac{1}{2} P \cos b$, $\frac{1}{2} P \cos b'$, etc., agissant parallèlement au même axe, l'un dans le plan des xy, l'autre dans le plan des yz, à des distances respectives, $2x$, $2x'$, etc., $2z$, $2z'$, etc., de l'axe des y, et le groupe des composantes $P \cos c$, $P' \cos c'$, etc., parallèles à l'axe des z, par deux groupes de forces $\frac{1}{2} P \cos c$, $\frac{1}{2} P' \cos c'$, etc., agissant parallèlement au même axe, l'un dans le plan des xz, l'autre dans celui des yz, aux distances respectives $2x$, $2x'$, etc., $2y$, $2y'$, etc., de l'axe des z.

Ainsi donc, toutes les forces qui agissaient dans des directions quelconques sur le système que nous considérons, se trouvent remplacées par des forces agissant dans les trois plans coordonnés, et partagées sur chacun d'eux en deux groupes de forces respectivement parallèles aux axes que renferment ces plans.

Il est clair, d'après cela, que si l'équilibre a lieu sur chacun des plans coordonnés, il aura lieu dans le système entier. Or les conditions d'équilibre sur chacun des plans des xy, des xz, et des yz, seront exprimées, n° 5, par les équations respectives

$$\tfrac{1}{2}\,\Sigma.\mathrm{P}\cos a = 0, \qquad \tfrac{1}{2}\,\Sigma.\mathrm{P}\cos b = 0,$$

$$\tfrac{1}{2}\,\Sigma.\left[\mathrm{P}\,(2y\cos a - 2x\cos b)\right] = 0,$$

$$\tfrac{1}{2}\,\Sigma.\mathrm{P}\cos a = 0, \qquad \tfrac{1}{2}\,\Sigma.\mathrm{P}\cos c = 0,$$

$$\tfrac{1}{2}\,\Sigma.\left[\mathrm{P}\,(2x\cos c - 2z\cos a)\right] = 0,$$

$$\tfrac{1}{2}\,\Sigma.\mathrm{P}\cos b = 0, \qquad \tfrac{1}{2}\,\Sigma.\mathrm{P}\cos c = 0,$$

$$\tfrac{1}{2}\,\Sigma.\left[\mathrm{P}\,(2z\cos b - 2y\cos c)\right] = 0.$$

Ces neuf équations n'en forment véritablement que six différentes entre elles; l'équilibre du système sera donc assuré, lorsque les forces P, P', etc., satisferont aux équations suivantes :

$$\left.\begin{array}{l} \Sigma.\mathrm{P}\cos a = 0, \quad \Sigma.\mathrm{P}\cos b = 0, \quad \Sigma.\mathrm{P}\cos c = 0, \\ \Sigma.\left[\mathrm{P}\,(y\cos a - x\cos b)\right] = 0, \\ \Sigma.\left[\mathrm{P}\,(x\cos c - z\cos a)\right] = 0, \\ \Sigma.\left[\mathrm{P}\,(z\cos b - y\cos c)\right] = 0. \end{array}\right\} \quad (7)$$

C'est-à-dire qu'un système de forme invariable, sollicité par des forces dirigées d'une manière quelconque dans l'espace, est en équilibre toutes les fois que la somme des composantes de ces forces respectivement parallèles à chacun des axes coordonnés est nulle, et que la somme de leurs moments sur chacun des plans perpendiculaires aux mêmes axes est respectivement égale à zéro.

Ces conditions suffisent pour assurer l'équilibre du

système, et il est aisé de démontrer que cet équilibre ne saurait avoir lieu sans elles. En effet, il existerait nécessairement sur celui des plans coordonnés pour lequel les équations d'équilibre (7) ne seraient pas satisfaites, une force libre. Si les trois plans coordonnés se trouvent dans ce cas, le système sera nécessairement mis en mouvement, parce que trois forces situées dans des plans différents ne peuvent jamais se faire équilibre. Si les équations d'équilibre sont satisfaites sur l'un des plans coordonnés, sans l'être sur les deux autres, les résultantes des forces agissant sur ces plans ne sauraient se faire équilibre, à moins d'être situées toutes deux sur leur intersection commune, égales et de direction contraire; ce qui est impossible d'après la transformation précédente. Enfin, si les conditions d'équilibre étaient satisfaites sur deux des plans sans l'être sur le troisième, les forces situées dans ce plan mettraient nécessairement le système en mouvement.

Si le système n'est pas en équilibre, et si les forces P, P', etc., qui le sollicitent ont une résultante R, il est clair que l'on rétablira l'équilibre dans le système en ajoutant aux forces P, P', etc., une force égale et directement opposée à la force R. Soient donc A, B, C, les angles que forme avec les axes coordonnés la direction de R; soient x, y, z, les coordonnées d'un point quelconque pris sur cette droite; désignons de plus, pour abréger, par X, Y, Z, la somme des composantes des forces P, P', etc., respectivement parallèles aux axes coordonnés, et par L, M, N, la somme de leurs moments relatifs aux mêmes axes. Les six équations de condition (7) devront être satisfaites en y introduisant la force R en sens inverse de sa direction ; on aura donc

$$\left.\begin{array}{lll} X - R\cos A = 0, & Y - R\cos B = 0, \\ & Z - R\cos C = 0; \\ L - (Yz - Zy) = 0, & M - (Zx - Xz) = 0, \\ & N - (Xy - Yx) = 0. \end{array}\right\} \quad (8)$$

Les trois dernières équations, qui appartiennent aux moments, expriment aussi une relation qui doit exister entre les coordonnées d'un point quelconque de la résultante R ; elles peuvent être regardées par conséquent comme les équations des projections de cette force sur les trois plans coordonnés. Si l'on élimine entre ces équations les variables x, y, z, on aura

$$LX + MY + NZ = 0.$$

C'est l'équation de condition nécessaire pour que les trois dernières équations (8) puissent appartenir à une même droite, et par conséquent pour que les forces P, P', etc., aient une résultante unique. Lorsqu'on sera assuré que cette équation est satisfaite, les trois premières équations (8) serviront à déterminer immédiatement la grandeur et le sens d'action de cette force.

Si les forces P, P', etc., n'ont pas une résultante unique, on pourra toujours les réduire à deux forces, mais ces forces seront indéterminées de grandeur et de direction. Soient en effet R', R″, R‴ les trois résultantes partielles que l'on obtient par la composition de toutes les forces qui agissent sur chaque plan coordonné; par les directions des forces R'' et R''', menons deux plans parallèles à la direction de la troisième force R'; menons ensuite par cette dernière un nouveau plan qui coupe à la fois les directions des forces R'' et R''' : la force R' pourra se décomposer en deux autres agissant dans les plans parallèles à sa direction que nous avons menés suivant les forces R'' et R'''. Les trois forces R', R'', R''' se trouveront ainsi réduites à deux couples de forces agissant dans le même plan, lesquels pourront par conséquent se réduire à deux forces agissant dans des plans différents.

Si le système que nous considérons n'était pas libre, s'il était, par exemple, retenu par un point fixe autour duquel il serait obligé de pivoter, les six équations (8) ne seraient plus nécessaires pour assurer l'équilibre de ce système. Il suffirait, dans ce cas, que la résultante des forces P, P', etc., passât par le point fixe. Si l'on prend ce point pour l'origine des coordonnées, la projection de R sur les trois plans coordonnés passant par l'origine, on aura

$$L = o, \quad M = o, \quad N = o.$$

Ce sont les seules conditions nécessaires pour assurer dans ce cas l'équilibre du système, et la valeur $\sqrt{X^2 + Y^2 + Z^2}$ de la résultante sera la mesure de la pression que supporte le point fixe.

Si le système était retenu par deux points ou par un axe fixe, toutes les forces perpendiculaires et parallèles à cet axe seraient détruites par sa résistance. En prenant donc cet axe pour l'un des axes coordonnés, pour l'axe des z, par exemple, tout l'effet des forces qui agissent dans les plans des yz et des xz sera annulé; il suffira donc, pour assurer l'équilibre du système, que la résultante des forces qui agissent dans le plan des xy soit dirigée sur l'axe des z, ou passe par l'origine des coordonnées, ce qui réduit les conditions d'équilibre à l'équation unique

$$N = 0.$$

C'est-à-dire qu'il faut simplement, dans ce cas, que la somme des moments relatifs à l'axe fixe soit nulle.

8. Supposons maintenant que toutes les forces qui agissent sur le système soient parallèles entre elles; si l'on fait dans les équations (8), $a = a' = a'' =$ etc., $b = b' = b'' =$ etc., $c = c' = c'' =$ etc., on aura, pour déterminer la valeur et la direction de la résultante, les équations suivantes :

$$R = \Sigma . P,$$
$$\cos b\,[\,z\,\Sigma . P - \Sigma . Pz\,] = \cos c\,[\,y\,\Sigma . P - \Sigma . Py\,],$$
$$\cos c\,[\,x\,\Sigma . P - \Sigma . Px\,] = \cos a\,[\,z\,\Sigma . P - \Sigma . Pz\,],$$
$$\cos a\,[\,y\,\Sigma . P - \Sigma . Py\,] = \cos b\,[\,x\,\Sigma . P - \Sigma . Px\,].$$

D'où il suit : 1° que la résultante est parallèle aux composantes, et égale à leur somme ; 2° que les moments de la résultante, par rapport à chaque axe coordonné, sont égaux à la somme des moments des composantes relatifs à cet axe.

On satisfait aux trois dernières équations précédentes, indépendamment de toute valeur donnée aux angles *a*, *b*, *c*, en faisant

$$X = \frac{\Sigma.Px}{\Sigma.P}, \quad Y = \frac{\Sigma.Py}{\Sigma P}, \quad Z = \frac{\Sigma.Pz}{\Sigma.P}.$$

Ce sont les coordonnées d'un point situé sur la résultante, et ce point est remarquable en ce qu'il est indépendant de la direction des forces P, P′, etc., et que par conséquent il ne varie pas, quelles que soient les positions de ces forces dans l'espace, pourvu qu'elles restent parallèles entre elles, et que leurs points d'application soient les mêmes. Ce point s'appelle *centre des forces parallèles;* c'est la commune intersection de toutes les lignes suivant lesquelles la résultante peut être dirigée lorsque les intensités de ces forces et leurs points d'application ne changent pas.

Si le système contenait un point fixe, il suffirait que la direction de la résultante passât par ce point pour assurer l'équilibre. Le point que nous venons de nommer centre des forces parallèles jouit donc encore de cette propriété remarquable, qu'étant soutenu, le système reste en équilibre, quelque situation qu'on lui donne autour de ce point, et quelle que soit d'ailleurs la direction des forces qui le sollicitent.

Supposons que le système ne soit soumis qu'à l'action de la pesanteur; cette action étant la même pour tous les corps, et les directions de la pesanteur pouvant être supposées les mêmes dans toute l'étendue du système, les forces dont les différents points qui le composent sont animés, pourront être regardées comme parallèles, et comme proportionnelles aux masses *m*, *m*′, *m*″, etc., de ces points. On aura donc,

par ce qui précède, $R = \Sigma \cdot m$, c'est-à-dire que la résultante est égale au poids du système. On aura ensuite, pour déterminer le point que nous avons
nommé généralement centre des forces parallèles, et
qui, dans ce cas, prend le nom de *centre de gravité*,
les équations

$$X = \frac{\Sigma \, mx}{\Sigma . m}, \quad Y = \frac{\Sigma . my}{\Sigma . m}, \quad Z = \frac{\Sigma . mz}{\Sigma . m}.$$

La propriété caractéristique du centre de gravité
consiste en ce que, s'il est supposé fixe, le système
animé par la pesanteur reste en équilibre, quelque
situation qu'on lui donne autour de ce point, parce
que dans toutes ces positions, la résultante des forces
qui agissent sur le système vient passer par le point
fixe. Si l'on place l'origine des coordonnées en ce
point, on aura

$$\Sigma . mx = 0, \quad \Sigma . my = 0, \quad \Sigma . mz = 0.$$

La position du centre de gravité est donc déterminée
par la condition que, si l'on fait passer par ce point un
plan quelconque, la somme des produits de chacun
des points du système par sa distance à ce plan est
nulle; car cette distance est une fonction linéaire des
coordonnées x, y, z de ce point, en la multipliant
donc par la masse du point, la somme de ces produits
sera nulle en vertu des équations précédentes.

Cette propriété sert à fixer d'une manière très-
simple la position du centre de gravité. En effet, soient
X, Y, Z ses trois coordonnées, rapportées à des axes et
à une origine quelconque; soient x, y, z les coor-

données de m par rapport aux mêmes axes, x', y', z' celles de m', et ainsi de suite; $x - \mathrm{X}$, $y - \mathrm{Y}$, et $z - \mathrm{Z}$, seront les coordonnées de m par rapport au centre de gravité, $x' - \mathrm{X}$, $y' - \mathrm{Y}$, $z' - \mathrm{Z}$ celles de m', et ainsi de suite; on aura donc

$$\Sigma . m(x - \mathrm{X}) = 0, \quad \Sigma . m(y - \mathrm{Y}) = 0,$$
$$\Sigma . m(z - \mathrm{Z}) = 0.$$

On a d'ailleurs

$$\Sigma . m\,\mathrm{X} = \mathrm{X}\,\Sigma . m, \quad \Sigma . m\,\mathrm{Y} = \mathrm{Y}\,\Sigma . m, \quad \Sigma . m\,\mathrm{Z} = \mathrm{Z}\,\Sigma . m;$$

on aura donc

$$\mathrm{X} = \frac{\Sigma . mx}{\Sigma . m}, \quad \mathrm{Y} = \frac{\Sigma . my}{\Sigma . m}, \quad \mathrm{Z} = \frac{\Sigma . mz}{\Sigma . m}.$$

Ces coordonnées X, Y, Z ne déterminant qu'un seul point, on voit qu'il n'y a aussi qu'un seul point qui jouisse de la propriété d'être le centre de gravité du système.

Les valeurs précédentes donnent

$$\mathrm{X}^2 + \mathrm{Y}^2 + \mathrm{Z}^2 = \frac{(\Sigma . mx)^2 + (\Sigma . my)^2 + (\Sigma . mz)^2}{(\Sigma . m)^2};$$

équation que l'on peut écrire ainsi :

$$\mathrm{X}^2 + \mathrm{Y}^2 + \mathrm{Z}^2 =$$
$$\frac{\Sigma . m(x^2 + y^2 + z^2)}{\Sigma . m} - \frac{\Sigma . mm'\,[(x' - x)^2 + (y' - y)^2 + (z' - z)^2]}{(\Sigma . m)^2};$$

l'intégrale finie

$$\Sigma . mm'\,[(x' - x)^2 + (y' - y)^2 + (z' - z)^2]$$

désignant la somme de tous les produits semblables à celui renfermé sous la caractéristique Σ, que l'on peut former en considérant deux à deux tous les points du système.

On aura donc ainsi la distance du centre de gravité à un point donné au moyen des distances des différents points du système à ce point, et de leurs distances mutuelles. En calculant de cette manière la distance du centre de gravité à trois points fixes quelconques, on aura sa position dans l'espace, ce qui fournit un nouveau moyen de la déterminer.

9. Il est aisé d'étendre à un corps solide de figure quelconque les résultats précédents, et de déterminer ainsi les conditions de son équilibre. Il suffit, pour cela, de le considérer comme un assemblage de points pesants liés entre eux d'une manière invariable. Soient donc dm un des éléments de la masse M du corps, x, y, z les coordonnées de cet élément, X, Y, Z les trois forces qui agissent sur l'unité de masse parallèlement aux axes des x, des y et des z; les trois forces qui sollicitent l'élément dm dans la direction des mêmes axes, devant être proportionnelles à sa masse, seront $X\,dm$, $Y\,dm$, $Z\,dm$, et les équations (7) du n° **7** deviendront

$$S.X\,dm = 0, \quad S.Y\,dm = 0, \quad S.Z\,dm = 0;$$
$$S.(Xy - Yx)\,dm = 0, \quad S.(Zx - Xz)\,dm = 0,$$
$$S.(Yz - Zy)\,dm = 0;$$

le signe intégral S se rapportant à la molécule dm, et devant s'étendre à la masse entière du corps.

Si le corps était assujetti à tourner autour de l'origine des coordonnées, les trois dernières équations suffiraient pour assurer l'équilibre.

S'il n'était soumis qu'à l'action de la pesanteur, on aurait, pour déterminer son centre de gravité, en nommant M la masse entière du corps, et en remarquant que $S.dm = M$, les équations

$$X = \frac{S.x\,dm}{M}, \quad Y = \frac{S.y\,dm}{M}, \quad \frac{S.z\,dm}{M}.$$

Enfin, si le système que l'on considère est composé d'un nombre quelconque de corps solides m, m', etc., sollicités par des forces quelconques, on cherchera, d'après ce que nous venons de dire, les résultantes partielles des forces qui agissent sur chacun de ces corps, et l'on n'aura plus à considérer que des forces de grandeur donnée agissant sur des points liés entre eux d'une manière invariable, dont on déterminera l'équilibre par les considérations précédentes.

10. Nous n'avons considéré jusqu'ici que des systèmes de forme invariable ; mais, quel que soit le système qui se présente, il est évident que l'on ne changera rien à son état d'équilibre, en joignant par des droites inflexibles les différents points dont il se compose, de manière à rendre invariables leurs distances mutuelles. Les forces qui lui sont appliquées doivent donc, s'il est libre, satisfaire toujours aux six équations générales (7) n° **7**, quel que soit d'ailleurs le mode de liaison de ses différentes parties.

Mais ces équations, sans lesquelles l'équilibre ne saurait avoir lieu, ne suffiront plus dans ce cas pour assurer son existence. Les forces qui animent le système de forme variable devront, en outre, satisfaire à certaines équations de condition qui dépendront de sa nature. Voici comment on pourra, dans tous les cas, parvenir à les former de la manière la plus facile.

On observera que l'équilibre du système n'est pas troublé lorsqu'on suppose invariable un nombre quelconque de ses parties; l'équilibre subsistera donc encore en rendant fixes tous les points qui le composent, moins un. On exprimera ainsi les équations d'équilibre de chacun des points du système, en ayant égard à leur liaison mutuelle, et les équations de condition qui résulteront de leur combinaison ou de l'élimination des arbitraires qui dépendent du mode de liaison des parties du système, seront celles que les forces qui le sollicitent doivent remplir pour assurer son équilibre.

Ces considérations générales serviront à faciliter la mise en équation de tous les problèmes que peut présenter l'équilibre d'un nombre quelconque de forces appliquées à un système de forme variable, quelle que soit sa nature. On en déduit d'une manière très-simple la solution de deux questions de ce genre, fort remarquables, celles de l'équilibre du polygone funiculaire et de la lame élastique. Nous regrettons que les bornes de cet ouvrage ne nous aient pas permis de les développer ici.

CHAPITRE III.

DU MOUVEMENT D'UN POINT MATÉRIEL.

11. Un point matériel ne peut se donner à lui-même aucun mouvement; il est également incapable d'altérer de quelque manière que ce soit le mouvement qu'il a reçu. Cette tendance de la matière à persévérer dans son état de repos ou de mouvement, se nomme *inertie*. C'est la première loi du mouvement des corps.

L'inertie doit être regardée comme une loi de la nature, et l'expérience vient sans cesse la confirmer sous nos yeux. En effet, nous voyons sur la terre les mouvements des corps se prolonger de plus en plus, à mesure qu'on diminue les obstacles qui s'y opposent, ce qui nous porte à croire que sans eux ces mouvements dureraient toujours. La marche des corps célestes, qui depuis un si grand nombre de siècles se conserve sans aucune altération sensible, nous offre de cette loi une preuve plus manifeste encore.

Il suit de là que toutes les fois qu'on observe une altération quelconque dans l'état de repos ou de mouvement d'un corps, c'est à l'intervention d'une puissance étrangère qu'il faut en attribuer la cause.

Si un point matériel, après avoir obéi à l'action de la force qui le sollicite, est ensuite abandonné à lui-même, il continuera à se mouvoir d'un mouvement uniforme dans la direction de cette force, s'il n'éprouve aucune résistance. Il doit se mouvoir en ligne droite, puisqu'en effet il n'y a aucune raison pour qu'il s'écarte plutôt dans un sens que dans un autre de sa direction primitive. Son mouvement doit être uniforme, puisque, par la loi de l'inertie, il est incapable, sans le secours d'une nouvelle force, d'accélérer ou de ralentir le mouvement qu'il a reçu.

Nous entendons par mouvement uniforme, celui où le mobile décrit des espaces égaux dans les mêmes intervalles de temps. Dans ce mouvement, les espaces parcourus sont donc proportionnels aux temps employés à les parcourir, en sorte que si s représente l'espace, t le temps, on a généralement $s = \mathrm{v}\,t$. La quantité v est ce qu'on nomme la vitesse dans le mouvement uniforme ; c'est le rapport de l'espace au temps employé à le décrire, ou, ce qui revient au même, l'espace parcouru dans l'unité de temps.

Cette simple définition du mouvement uniforme nous montre comment sont introduites dans les recherches relatives au mouvement des corps, trois nouvelles quantités dont nous n'avions pas eu à nous occuper lorsque nous les avons considérés à l'état de repos : l'espace, la vitesse et le temps. Ces quantités sont hétérogènes, et nous devons répéter à leur égard l'observation que nous avons faite dans le n° **1**. Pour les comparer entre elles, il faut les supposer respectivement divisées par la quantité de même espèce qu'on a choisie pour unité ou pour terme de comparaison ; en sorte qu'elles ne sont plus alors que des nombres abstraits. Ainsi, par exemple, si l'on prend pour unité de temps la seconde, et le mètre pour unité de mesure, l'espace et le temps seront deux nombres abstraits qui désigneront combien chacun d'eux contient d'unités de son espèce. La vitesse, qui dans le mouvement uniforme est, comme nous l'avons vu, égale à l'espace divisé par le temps employé à le parcourir, devient alors un nombre abstrait qui marque le rapport de deux nombres de même nature, et son unité est la vitesse du corps qui parcourt un mètre dans une seconde. Cette observation est générale, et il ne faut jamais la perdre de vue, lorsque, par la nature d'une question quelconque de Mécanique, on est conduit à considérer des quantités de nature différente, telles que l'espace, le temps, la vitesse, les forces, les masses ou les volumes des corps. En réduisant, comme nous l'avons dit, toutes ces quantités à des nombres abstraits, leur comparaison ne donnera plus aucun embarras, et leur présence dans la même équation n'offrira plus aucune idée choquante.

Le temps que met un corps à décrire un espace déterminé est plus ou moins long, suivant la grandeur de la force qui le met en mouvement : la vitesse constante pour un même mouvement uniforme varie donc aussi avec la force motrice ; mais, dans l'ignorance où nous sommes sur la nature de ces forces, il ne nous est pas possible d'assigner *à priori* la loi de ces variations. En effet, dans le mouvement d'un corps, nous ne voyons clairement que deux choses, l'espace parcouru, et le temps employé à le décrire ; la cause du mouvement, ou ce que nous avons généralement appelé *force*, nous est presque toujours inconnue, et nous n'avons d'autre moyen de l'apprécier que par les effets qui en résultent. L'hypothèse la plus simple que l'on puisse faire sur le mode d'action des forces motrices, est de supposer les effets proportionnels aux causes qui les produisent, ou, ce qui revient au même, d'admettre que plusieurs forces agissant dans le même sens et dans la même direction, feront parcourir au corps qu'elles sollicitent, un espace égal à la somme des espaces que chacune d'elles lui aurait fait parcourir séparément ; en comparant ensuite aux observations les résultats qui dérivent de cette hypothèse, on peut s'assurer par leur accord avec elles, que c'est en effet la loi de la nature. Au reste, cette hypothèse, et celle de l'inertie, que nous avons regardée comme une propriété de la matière, sont les deux seules données que la Mécanique emprunte à l'expérience, et leur constant accord avec les observations leur a donné la certitude de vérités rigoureuses.

Dans le mouvement uniforme, les vitesses sont proportionnelles aux espaces parcourus dans les mêmes intervalles de temps ; les espaces, d'après ce que nous venons de dire, sont proportionnels aux forces motrices ; les vitesses sont donc aussi proportionnelles à ces forces. Dans ce mouvement, la vitesse et la force peuvent donc servir de mesure l'une à l'autre, et par conséquent toutes les règles que nous avons données sur la composition des forces peuvent s'appliquer à la composition des vitesses. Ainsi, lorsque l'on connaîtra les vitesses que deux forces communiquent séparément à un mobile, on déduira par la règle du parallélogramme des forces, la vitesse qui serait due à la résultante de ces forces. Réciproquement, lorsque la vitesse imprimée à un mobile par la résultante de deux forces sera connue, on pourra, en la décomposant, déterminer l'intensité de chacune d'elles. Cette manière de mesurer les forces ne donne pas, il est vrai, leurs valeurs absolues, elle indique seulement leurs rapports entre elles ; mais c'est la seule chose qu'il soit important de connaître en Mécanique.

Considérons maintenant le mouvement d'un point sollicité par une force qui agit sur lui d'une manière continue, comme la pesanteur, par exemple. Il nous est impossible de savoir si cette force et les forces semblables que nous observons dans la nature, agissent en effet sans interruption sur les corps qui leur sont soumis, ou si leurs actions sont séparées par des intervalles de temps dont la durée est insensible ; mais quoi qu'il en soit de ces deux suppositions, il est facile de voir que les résultats doivent être les mêmes dans les deux cas ; car si l'on représente les vitesses d'un corps sollicité par une force sans cesse agissante, par les ordonnées d'une courbe dont les abscisses représentent les temps, cette courbe, dans le second cas, se changera en un polygone d'une infinité de côtés, et qui pourra par conséquent être censé se confondre avec elle. Nous adopterons la seconde hypothèse, comme la plus conforme aux principes du calcul différentiel ; et surtout parce qu'elle fournit le moyen de ramener d'une manière très-simple aux lois du mouvement uniforme celles du mouvement varié que nous considérons. En effet, si l'on désigne par dt l'intervalle de temps infiniment petit qui sépare les actions successives d'une force motrice quelconque, le mouvement pendant cet intervalle pourra être regardé comme uniforme, et en nommant ds l'espace parcouru pendant cet instant, la vitesse de ce mouvement sera représentée par $\frac{ds}{dt}$.

Si l'on suppose donc le temps t, pendant lequel la force motrice, dans le mouvement varié, agit sur le point qu'elle anime, divisé en une infinité d'intervalles infiniment petits, le mouvement qui en résultera se trouvera partagé en une infinité de mouvements uniformes dont les vitesses constantes pendant chacun de ces intervalles, varieront seulement d'un intervalle à l'autre.

Quant à la force qui produit ce mouvement, et que nous nommerons désormais *force accélératrice*, son effet étant de faire varier continuellement la vitesse, ces variations instantanées doivent naturellement lui servir de mesure. Or, pendant l'instant infiniment petit dt, on peut regarder l'action de la force accélératrice comme constante. Si l'on désigne donc par dv l'accroissement de la vitesse au bout de l'instant dt, et par P la force accélératrice, on aura $dv = P\,dt$ puisque l'accroissement de vitesse engendré pendant l'instant dt doit être le même que celui qui aurait eu lieu si l'action de la force accélératrice n'avait pas été interrompue pendant la durée de cet instant. On aura donc ainsi $P = \frac{dv}{dt}$; et comme on a déjà $v = \frac{ds}{dt}$, on aura $P = \frac{d^2s}{dt^2}$. C'est-à-dire que la force accélératrice, dans le mouvement varié, sera mesurée par la différentielle seconde de l'espace, divisée par le carré de l'élément du temps supposé constant. On pourra d'ailleurs étendre à cette quantité ce que nous avons dit sur la composition des vitesses dans le mouvement uniforme.

Ces considérations sur les lois du mouvement suffisent pour résoudre toutes les questions relatives au mouvement d'un point matériel sollicité par des forces quelconques. En général, tout problème relatif au mouvement doit avoir d'abord pour objet de déterminer à chaque instant la position du mobile, sa vitesse et sa direction. Ce qu'il y a de plus simple, pour y parvenir, c'est d'établir une relation entre les accroissements de ses coordonnées et les forces dont ils dérivent, en sorte qu'on puisse ensuite remonter, par l'intégration de ces valeurs infiniment petites, à leurs valeurs finies, ce qui n'est plus qu'une question d'analyse. Aussi la Mécanique a-t-elle fait de rapides progrès à mesure que cette branche de nos connaissances s'est développée.

12. Soit donc M un point matériel que nous regarderons comme entièrement libre ; supposons les forces qui le sollicitent réduites à trois forces X, Y, Z, respectivement parallèles aux trois coordonnées rectangles x, y, z, qui déterminent sa position ; supposons, de plus, que ces forces agissent en sens contraire de l'origine des coordonnées, et tendent à les accroître. Les directions des trois composantes X, Y, Z, étant perpendiculaires entre elles, chacune d'elles est indépendante de l'action des deux autres, et peut être regardée comme si elle agissait seule. Elles auront donc pour mesure la différentielle seconde de l'espace qu'elles feraient parcourir séparément au point M, divisée par le carré de l'élément du temps, et l'on aura, par conséquent,

$$\frac{d^2x}{dt^2} = X, \quad \frac{d^2y}{dt^2} = Y, \quad \frac{d^2z}{dt^2} = Z; \quad (\text{A})$$

ce sont les équations générales du mouvement du point M ; elles expriment la relation qui doit exister entre les accroissements différentiels des coordonnées qui fixent sa position, et les forces accélératrices qui les produisent ; elles suffisent pour déterminer à chaque instant toutes les circonstances de son mouvement dans l'espace.

Si ce point est libre, les trois intégrales premières des équations (A) feront connaître à chaque instant la vitesse dont il est animé, et leurs intégrales finies donneront la valeur des coordonnées x, y, z, en fonction du temps t. Si l'on élimine t entre les équations d'où ces valeurs dépendent, il en restera deux entre les variables x, y, z, qui seront les équations de la courbe décrite par le point M dans l'espace ; cette courbe sera généralement à double courbure : c'est ce qu'on nomme la *trajectoire du mobile*.

Si le point M n'est pas libre, s'il est assujetti, par exemple, à se trouver sur une surface ou une courbe donnée, au moyen des équations de cette surface ou de cette courbe, on éliminera, de l'équation entre x, y et z, résultant de l'intégration des équations (A), autant de ces variables qu'il y aura d'équations données, et il en résultera, entre les forces X, Y, Z, des équations de condition nécessaires pour que le mobile puisse remplir les conditions demandées.

13. Si l'on ajoute les équations (A) après avoir multiplié la première par $2dx$, la seconde par $2dy$, la troisième par $2dz$, et qu'on intègre leur somme, on aura

$$\frac{dx^2 + dy^2 + dz^2}{dt^2} = C + 2\int(X\,dx + Y\,dy + Z\,dz); \quad (1)$$

C étant une constante arbitraire.

Le premier membre de cette équation est le carré de la vitesse dont le point M est animé, puisque $\frac{dx}{dt}$, $\frac{dy}{dt}$, $\frac{dz}{dt}$ sont les composantes de cette vitesse, relatives à trois axes rectangulaires, et que nous avons vu qu'on pouvait appliquer aux vitesses les mêmes principes que nous avons démontrés pour la composition des forces. En désignant donc par v cette vitesse, on aura

$$v^2 = C + 2\int(X\,dx + Y\,dy + Z\,dz).$$

Supposons que la fonction $X\,dx + Y\,dy + Z\,dz$ soit la différence exacte d'une fonction des trois variables x, y, z, que nous désignerons par $f(x, y, z)$; on aura, en intégrant,

$$v^2 = C + 2f(x, y, z).$$

Cette équation est remarquable en ce qu'elle donne la vitesse du mobile en un point quelconque de la trajectoire, au moyen seulement des coordonnées de ce point, et sans qu'il soit besoin de connaître la nature de cette courbe. Si l'on désigne par A la vitesse qui répond au point dont les coordonnées sont a, b, c, on aura, pour déterminer la constante C,

$$A^2 = C + 2f(a, b, c),$$

et, par conséquent,

$$v^2 - A^2 = 2f(x, y, z) - 2f(a, b, c);$$

d'où l'on voit que la vitesse que le mobile acquiert en passant d'un point dont les coordonnées sont a, b, c, à un autre point quelconque, est la même, quelle que soit la courbe qu'il ait parcourue dans l'intervalle.

La courbe que décrit dans ce cas le mobile jouit d'une propriété particulière qu'on déduit aisément des équations précédentes par les premiers principes du calcul des variations. Cette propriété consiste en ce que l'intégrale $\int v\, ds$, prise entre deux points donnés, est moindre sur cette courbe que sur toute autre courbe menée entre les deux mêmes points, si le mobile est libre; et que s'il est assujetti à se mouvoir sur une surface donnée, cette intégrale est moindre par rapport à la courbe qu'il trace sur cette surface en passant d'un point à un autre, que par rapport à toute autre courbe menée entre ces deux points sur la même surface.

Il suffit, pour le faire voir, de démontrer que la variation $\partial.\int v\, ds$ est nulle entre ces limites. Or on a

$$\partial.\int v\, ds = \int \partial.v\, ds \quad \text{et} \quad \partial.v\, ds = ds.\partial v + v.\partial.ds.$$

ds désignant l'élément de la courbe décrite, et dt l'élément du temps, on a d'ailleurs

$$ds = \sqrt{dx^2 + dy^2 + dz^2}, \quad ds = v\,dt;$$

d'où l'on tire

$$\partial . ds = \frac{dx}{ds}\,\partial . dx + \frac{dy}{ds}\,\partial . dy + \frac{dz}{ds}\,\partial . dz,$$

$$ds\,\partial v = v\,\partial v\,dt.$$

Si dans la première de ces équations on substitue pour ds sa valeur $v\,dt$, elle donnera

$$v\,\partial . ds = \frac{dx}{dt}\,\partial . dx + \frac{dy}{dt}\,\partial . dy + \frac{dz}{dt}\,\partial . dz.$$

Si l'on différentie par rapport à la caractéristique ∂ l'équation (1), elle donne

$$v\,\partial v = X\,\partial x + Y\,\partial y + Z\,\partial z,$$

ou bien, en mettant pour X, Y, Z leurs valeurs,

$$ds\,\partial v = \frac{d^2 x}{dt}\,\partial . x + \frac{d^2 y}{dt}\,\partial y + \frac{d^2 z}{dt}\,\partial z.$$

Réunissant les deux parties de la valeur $\partial . v\,ds$, on trouve

$$\partial . (v\,ds) = \frac{d.(dx\,\partial x + dy\,\partial y + dz\,\partial z)}{dt}.$$

D'où, en intégrant par rapport à la caractéristique d, on tire

$$\partial . \int v\,ds = \frac{dx\,\partial x + dy\,\partial y + dz\,\partial z}{dt} + \text{constante}.$$

Si l'on suppose fixes les deux points extrêmes de

la courbe, les variations ∂x, ∂y, ∂z seront nulles par rapport à ces points, on aura donc entre ces limites $\partial . \int v\, ds = $ o , et, par conséquent, l'intégrale $\int v\, ds$ sera un *minimum*.

Si le mobile n'est soumis à l'action d'aucune force accélératrice, sa vitesse v est constante, et l'on a $\int v\, ds = vs$, en sorte que l'arc de courbe décrit par le mobile est alors le plus court que l'on puisse mener du point de départ au point d'arrivée; et comme les espaces sont dans ce cas proportionnels au temps, il en résulte encore que le mobile parvient du premier point au second dans un temps moindre que s'il était obligé de suivre toute autre courbe.

Ces résultats, très-remarquables, supposent que la fonction $X\, dx + Y\, dy + Z\, dz$ est une différentielle exacte. Il existe dans la nature un cas fort étendu, où cette condition est remplie, c'est celui où toutes les forces accélératrices qui agissent sur le mobile sont dirigées vers des centres fixes, et où l'intensité de chacune d'elles est une fonction de la distance du mobile à son centre d'action.

En effet, si l'on représente par P l'intensité d'une de ces forces, par a, b, c les coordonnées du point fixe vers lequel elle est dirigée, par p la distance de ce point au mobile dont les variables x, y, z déterminent à chaque instant la position, en sorte qu'on ait

$$p^2 = (x - a)^2 + (y - b)^2 + (z - c)^2,$$

les cosinus des angles que forme la droite p avec les axes coordonnés seront respectivement $\dfrac{x - a}{p}$, $\dfrac{y - b}{p}$,

$\dfrac{z-c}{p}$, ou, en différentiant l'équation précédente, $\dfrac{dp}{dx}$, $\dfrac{dp}{dy}$, $\dfrac{dp}{dz}$. Les composantes de la force P, parallèles aux mêmes axes, seront donc

$$\mathrm{P}\,\frac{dp}{dx}, \quad \mathrm{P}\,\frac{dp}{dy}, \quad \mathrm{P}\,\frac{dp}{dz}.$$

On aura, par conséquent, en vertu des actions réunies des forces P, P′, P″, etc., qu'on supposera toutes de la même nature que la force P,

$$\mathrm{X} = \Sigma.\,\mathrm{P}\,\frac{dp}{dx}, \quad \mathrm{Y} = \Sigma.\,\mathrm{P}\,\frac{dp}{dy}, \quad \mathrm{Z} = \Sigma.\,\mathrm{P}\,\frac{dp}{dz}.$$

Si l'on multiplie respectivement par dx, dy, dz ces valeurs, et qu'on les ajoute, on a

$$\mathrm{X}\,dx + \mathrm{Y}\,dy + \mathrm{Z}\,dz = \Sigma.\,\mathrm{P}\,dp.$$

Les forces P, P′, etc., étant fonctions des distances p, p', etc., chacun des termes du second membre de cette équation est une différentielle exacte; son premier membre l'est donc pareillement.

Il n'en serait pas de même si quelqu'une des forces P, P′, etc., était dirigée vers des centres mobiles; dans ce cas, les coordonnées a, b, c deviendraient variables, et la différentielle de dp qui entre dans la valeur de $\mathrm{X}\,dx + \mathrm{Y}\,dy + \mathrm{Z}\,dz$ n'étant plus complète, cette formule ne serait pas une différentielle exacte.

14. Lorsque les forces qui agissent sur le mobile se réduisent à une force unique dirigée vers un centre fixe, le mouvement qui en résulte jouit d'une propriété très-importante dans la théorie du système du monde, et qui se déduit d'une manière très-simple des équations différentielles (A). Elle consiste en ce que les aires décrites autour du centre fixe par la droite menée de ce point au mobile, sont proportionnelles au temps employé à les parcourir.

Pour le faire voir, multiplions la première des équations (A) par y, la seconde par x, et retranchons-les ensuite l'une de l'autre; nous aurons

$$\frac{x\,d^2 y - y\,d^2 x}{dt} = (x\,Y - y\,X)\,dt. \quad (a)$$

On trouverait d'une manière semblable les deux autres équations

$$\left.\begin{aligned} \frac{z\,d^2 x - x\,d^2 z}{dt} &= (z\,X - x\,Z)\,dt, \\[2mm] \frac{y\,d^2 z - z\,d^2 y}{dt} &= (y\,Z - z\,Y)\,dt. \end{aligned}\right\} (b)$$

Si l'on prend pour origine des coordonnées le point fixe vers lequel la force accélératrice P est constamment dirigée, on a $X = P\,\dfrac{x}{r}$, $Y = P\,\dfrac{y}{r}$, $Z = P\,\dfrac{z}{r}$; en faisant, pour abréger, $r = \sqrt{x^2 + y^2 + z^2}$, on tire de là

$$x\,Y = y\,X, \quad z\,X = x\,Z, \quad y\,Z = z\,Y. \quad (c)$$

Les seconds membres des équations (a) et (b) sont donc nuls, en vertu des équations précédentes, et ces équations donnent, en les intégrant,

$$x\,dy - y\,dx = c\,dt, \quad z\,dx - x\,dz = c'\,dt, \quad y\,dz - z\,dy = c''\,dt, \quad (2)$$

c, c', c'' étant trois constantes arbitraires.

Si l'on ajoute ces intégrales après avoir multiplié la première par z, la seconde par y, la troisième par x, on a

$$cz + c'y + c''x = 0,$$

équation qui nous montre que la trajectoire décrite par le mobile est contenue dans un plan passant par l'origine des coordonnées.

Il est aisé de s'assurer que les premiers membres des équations (2) représentent le double de l'aire élémentaire tracée pendant l'instant dt par la projection du rayon vecteur du mobile sur chacun des plans coordonnés; cette aire est donc une quantité constante; par conséquent l'aire décrite par les projections du même rayon pendant un temps fini t sera proportionnelle à ce temps. La direction des plans coordonnés étant arbitraire, on peut prendre pour l'un d'eux le plan même de la trajectoire du mobile, d'où il suit, par conséquent, que les aires décrites par le rayon vecteur autour du centre des forces sont proportionnelles au temps.

Réciproquement, si les aires, tracées par le rayon vecteur autour du point fixe, croissent comme les temps, on en peut conclure que la force qui les fait décrire est constamment dirigée vers ce point. En effet, les équations (2) étant satisfaites d'après cette hypothèse, leurs différentielles, et par suite les premiers membres des équations (a) et (b), seront nuls; on retrouvera donc ainsi, entre les forces X, Y, Z et les coordonnées x, y, z du mobile, les équations (c); d'où l'on tire

$$X : Y : Z :: x : y : z.$$

La résultante des forces X, Y, Z est, par conséquent, dirigée suivant la ligne droite menée du mobile à l'origine des coordonnées.

Les propriétés du mouvement d'un point matériel, que nous venons de développer, sont générales, et s'appliquent à une classe très-étendue de forces accélératrices. Nous allons faire maintenant, sur la nature de ces forces, quelques suppositions particulières, et résoudre plusieurs problèmes qui sont d'un grand intérêt dans la théorie du système du monde.

15. Proposons-nous d'abord de déterminer le mouvement d'un point matériel sollicité par l'action de la pesanteur, et qui se meut dans un milieu résistant.

La pesanteur nous offre l'exemple d'une force qui exerce une action continue sur les corps qu'elle anime. Elle agit d'une manière semblable sur toutes les molécules de la matière, soit dans l'état de repos, soit dans l'état de mouvement, et paraît tendre à les attirer vers le centre de la terre. L'action de la pesanteur varie suivant les différents points que nous occupons sur le globe, et suivant les distances où nous sommes de son centre. Sa direction change avec l'horizon du lieu auquel elle est toujours perpendiculaire; mais comme les courbes que l'on considère dans le mouvement des projectiles, ont infiniment peu d'étendue comparativement aux dimensions de la terre, nous regarderons, dans ce qui va suivre, l'action de la pesanteur comme constante, et nous la supposerons dirigée suivant des droites parallèles. La résistance que le mobile éprouve de la part du milieu qu'il traverse dépend à la fois et de la densité de ce milieu et de la vitesse dont il est animé.

Cela posé, désignons par g l'intensité de la pesanteur, et par $\mathfrak{6}$ la résistance du milieu, que nous regarderons comme une force dirigée suivant la tangente à la courbe que le mobile décrit, et agissant en sens contraire de son mouvement, son intensité dépendant de la vitesse du mobile. Supposons le plan des x et des y horizontal, et plaçons l'origine des coordonnées au point le plus élevé de la trajectoire. Si l'on désigne par ds un élément quelconque de cette courbe, $\frac{dx}{ds}$, $\frac{dy}{ds}, \frac{dz}{ds}$, seront les cosinus des angles que forme sa tangente avec les axes coordonnés, et la force $\mathfrak{6}$ donnera parallèlement à ces axes les trois composantes suivantes : $\mathfrak{6}\frac{dx}{ds}$, $\mathfrak{6}\frac{dy}{ds}$, $\mathfrak{6}\frac{dz}{ds}$. Ces forces tendent à diminuer les variables x, y, z. L'action de la pesanteur au contraire, qui s'exerce tout entière suivant l'axe des z, tend à augmenter cette coordonnée ; en désignant donc par X, Y, Z les forces accélératrices dont le mobile est animé parallèlement aux trois axes coordonnés, on aura

$$ \mathrm{X} = -\,\mathfrak{6}\frac{dx}{ds}, \quad \mathrm{Y} = -\,\mathfrak{6}\frac{dy}{ds}, \quad \mathrm{Z} = -\,\mathfrak{6}\frac{dz}{ds} + g. $$

Les trois équations du mouvement (n° **12**) deviendront donc

$$ \frac{d^2 x}{dt^2} = -\,\mathfrak{6}\frac{dx}{ds}, \quad \frac{d^2 y}{dt^2} = -\,\mathfrak{6}\frac{dy}{ds}, \quad \frac{d^2 z}{dt^2} = -\,\mathfrak{6}\frac{dz}{ds} + g. $$

Si l'on multiplie la première par dy, la seconde par dx, et qu'on les retranche l'une de l'autre, on aura

$$\frac{dx}{dt}\frac{d^2y}{dt} - \frac{dy}{dt}\frac{d^2x}{dt} = 0;$$

d'où l'on tire, en intégrant,

$$y = ax + b,$$

a et b étant deux constantes arbitraires.

Cette équation, qui appartient à une ligne droite, est celle de la projection sur le plan des xy, de la courbe décrite par le mobile; cette courbe est donc entièrement contenue dans un plan vertical. En prenant, par conséquent, ce plan pour celui des coordonnées x et z, on aura généralement $y = 0$. Si de plus on suppose, comme on le fait ordinairement, la résistance du milieu proportionnelle au carré de la vitesse dont le mobile est animé, ce qui donne $\mathfrak{6} = m\frac{ds^2}{dt^2}$, m étant une quantité qui dépend de la densité du milieu, et qui varie avec elle, les équations du mouvement se réduiront aux suivantes :

$$\frac{d^2x}{dt^2} = -m\frac{ds}{dt}\frac{dx}{dt}, \quad \frac{d^2z}{dt^2} = -m\frac{ds}{dt}\frac{dz}{dt} + g. \quad (a)$$

La première s'intègre immédiatement, et il en résulte

$$\frac{dx}{dt} = C\,c^{-ms}, \quad (b)$$

C étant une constante arbitraire, et c la base des logarithmes dont le module est l'unité. Pour intégrer la seconde, faisons $dz = y\,dx$, y étant une fonction quelconque de x, en différentiant par rapport à t, il en résultera

$$\frac{d^2 z}{dt^2} = \frac{dy}{dt}\frac{dx}{dt} + y\,\frac{d^2 x}{dt^2}.$$

Substituant cette valeur dans la seconde des équations (a), elle se réduit, en vertu de la première, à

$$\frac{dy}{dt}\frac{dx}{dt} = g\,;$$

ou bien, éliminant dt au moyen de l'équation (b), et faisant, pour abréger, $a = \dfrac{g}{2\,C^2}$, on aura

$$\frac{dy}{dx} = 2\,ac^{2\,ms}.$$

Cette équation différentielle du premier ordre donnera, en l'intégrant, la valeur de y en fonction de x; cette valeur, substituée dans l'équation $dz = y\,dx$, fournira une nouvelle équation du premier ordre entre z et x sans t, qui sera, par conséquent, l'équation différentielle de la trajectoire.

Si l'on suppose nulle la résistance du milieu, on a $m = o$, et l'équation précédente donne, en intégrant,

$$y = 2\,ax + b.$$

Mettant pour y sa valeur $\dfrac{dz}{dx}$, et intégrant de nouveau, on aura

$$z = ax^2 + bx + h,$$

b et h étant deux constantes arbitraires.

Cette équation est celle d'une parabole dont le

grand axe est vertical ; c'est la courbe que décrirait un corps pesant projeté dans l'espace avec une vitesse quelconque, si l'air ne lui opposait aucune résistance.

L'équation (b) donne, en supposant $m = 0$, et en l'intégrant, $t = x \sqrt{\dfrac{2a}{g}} + k$, k étant une constante arbitraire. Si l'on suppose $x = 0$, $z = 0$ quand $t = 0$, on aura $h = 0$, $k = 0$, et, par conséquent,

$$t = x \sqrt{\frac{2a}{g}}, \qquad z = ax^2 + bx; \quad (1)$$

d'où l'on tire

$$z = \tfrac{1}{2} g t^2 + bt \sqrt{\frac{g}{2a}}. \quad (2)$$

La première de ces équations montre que le mouvement est uniforme dans le sens horizontal, et il résulte de la dernière, que, dans le sens vertical, il est le même que si le corps tombait suivant la verticale.

On déduit de ces trois équations toutes les lois du mouvement des projectiles dans le vide. Elles comprennent aussi, comme cas particulier, le mouvement accéléré ou retardé d'un corps pesant suivant la verticale. En effet, si l'on suppose l'impulsion primitive dirigée verticalement, la parabole, qui résultait dans le cas général d'une vitesse initiale quelconque combinée avec la pesanteur, se change en une ligne droite et se confond avec la verticale. Si le corps part de l'état du repos, $b = 0$, et l'on a simplement

$$\frac{dz}{dt} = gt, \qquad z = \tfrac{1}{2} g t^2.$$

La vitesse croît donc comme le temps, et l'espace comme le carré du temps. Si l'on imagine un triangle rectangle dont un côté représente le temps, l'autre côté pourra représenter les vitesses ; et la surface de ce triangle, égale à la moitié de la base multipliée par la hauteur, représentera l'espace que la pesanteur fait décrire au mobile. Si, après le temps t, la pesanteur cessant son action, le corps était abandonné à lui-même, il continuerait à se mouvoir uniformément, et décrirait, en vertu de sa vitesse acquise, dans un temps égal à celui de sa chute, un espace gt^2 double de celui qu'il a parcouru. Telles sont les lois de la chute des graves dans le vide, découvertes par Galilée.

16. Considérons maintenant le mouvement d'un point matériel assujetti à demeurer sur une surface ou une courbe donnée. Désignons par N la résistance qu'il éprouve dans le sens de la normale de la part de cette surface ou de cette courbe ; en ajoutant cette résistance aux forces accélératrices dont il est animé, nous pourrons le regarder ensuite comme entièrement libre, et faire abstraction de la surface ou de la courbe qu'il doit parcourir. En nommant donc α, ε, γ, les angles que fait la normale avec les axes coordonnés, les équations du mouvement deviendront

$$\frac{d^2 x}{dt^2} = X + N\cos\alpha, \quad \frac{d^2 y}{dt^2} = Y + N\cos\varepsilon, \\ \frac{d^2 z}{dt^2} = Z + N\cos\gamma, \quad \left.\right\} (A)$$

Si l'on ajoute ces équations après avoir multiplié

la première par $2\,dx$, la seconde par $2\,dy$, la dernière par $2\,dz$, et qu'on intègre leur somme, on aura

$$\frac{dx^2 + dy^2 + dz^2}{dt^2} = \mathrm{C} + 2 \int (\mathrm{X}\,dx + \mathrm{Y}\,dy + \mathrm{Z}\,dz)$$
$$+ 2 \int \mathrm{N}\,(\cos\alpha\ dx + \cos\mathcal{6}\ dy + \cos\gamma\ dz).$$

Mais, en représentant par $\mathrm{L} = 0$ l'équation de la surface sur laquelle le mobile est assujetti, et en substituant pour $\cos\alpha$, $\cos\mathcal{6}$, $\cos\gamma$, leurs valeurs données n° **4**, on a

$$\cos\alpha\,dx + \cos\mathcal{6}\,dy + \cos\gamma\,dz = \mathrm{K}\,d\mathrm{L} = 0.$$

·L'inconnue N disparaît donc de l'équation précédente, et l'on a simplement

$$\frac{dx^2 + dy^2 + dz^2}{dt^2} = \mathrm{C} + 2 \int (\mathrm{X}\,dx + \mathrm{Y}\,dy + \mathrm{Z}\,dz).$$

Supposons que $\mathrm{X}\,dx + \mathrm{Y}\,dy + \mathrm{Z}\,dz$ soit la différentielle exacte d'une fonction de trois variables $f(x, y, z)$, on aura

$$\frac{dx^2 + dy^2 + dz^2}{dt^2} = \mathrm{C} + 2f(x, y, z).$$

Soient a, b, c, les coordonnées d'un point connu de la courbe décrite, A la vitesse du mobile en ce point, en nommant v la vitesse qui répond aux coordonnées x, y, z, on aura

$$v^2 - \mathrm{A}^2 = 2\,f(x, y, z) - 2\,f(a, b, c).$$

Cette équation est analogue à celle que nous avons trouvée n° **13**, pour le cas d'un point matériel libre;

concluons de même, 1° que si aucune force accélératrice n'agit sur le mobile, sa vitesse est constante : c'est ce qu'il est facile de concevoir, d'ailleurs, en observant que la diminution de vitesse qu'un point qui se meut sur une surface ou une courbe donnée, éprouve à la rencontre de chacun des plans de cette surface ou des éléments infiniment petits de cette courbe, est une quantité infiniment petite du second ordre; 2° que si les forces accélératrices n'étant pas nulles, la formule $X\,dx + Y\,dy + Z\,dz$ est intégrable, la vitesse du mobile n'est plus constante, mais qu'elle est indépendante de la surface ou de la courbe sur laquelle il est forcé de rester; il suffit, pour déterminer cette vitesse en un point quelconque de la trajectoire, de connaître les coordonnées de ce point et la vitesse du mobile au point de départ.

Enfin ces propriétés remarquables subsistent par rapport aux courbes qu'un point matériel peut tracer sur la surface à laquelle il est assujetti, comme par rapport à celles qu'il peut décrire dans l'espace lorsqu'il est libre, ainsi que nous l'avons annoncé dans le numéro cité.

Déterminons actuellement la pression que le point exerce contre la surface ou la courbe sur laquelle il se meut. Supposons d'abord qu'aucune force accélératrice n'agit sur le mobile, sa vitesse v sera constante; et si l'on désigne par ds l'élément de la courbe décrite, ou l'espace parcouru pendant l'instant dt, on aura $ds = v\,dt$; d'où l'on tire $dt = \dfrac{ds}{v}$. L'élément ds est donc aussi constant, et les équations du mouvement en substituant pour dt sa valeur, deviendront

$$v^2 \cdot \frac{d^2 x}{ds^2} = N \cos\alpha, \quad v^2 \cdot \frac{d^2 y}{ds^2} = N \cos\delta, \quad v^2 \cdot \frac{d^2 z}{ds^2} = N \cos\gamma;$$

d'où l'on tirera

$$N = \frac{v^2 \sqrt{(d^2 x)^2 + (d^2 y)^2 + (d^2 z)^2}}{ds^2}.$$

Mais ds étant constant, si l'on nomme ρ le rayon osculateur de la courbe décrite par le mobile, on a

$$\rho = \frac{ds^2}{\sqrt{(d^2 x)^2 + (d^2 y)^2 + (d^2 z)^2}}.$$

L'expression de N devient donc ainsi

$$N = \frac{v^2}{\rho}.$$

C'est-à-dire que la pression exercée par le point contre la surface ou la courbe, est égale au carré de sa vitesse divisé par le rayon de courbure de la trajectoire qu'il décrit. Cette pression, qui est uniquement due à l'état de mouvement du point, et qui est indépendante des forces qui agissent sur lui, se nomme *force centrifuge*.

Si le point se meut sur une courbe et qu'il soit sollicité par des forces accélératrices quelconques, leurs composantes tangentielles à la courbe détermineront les variations de la vitesse qui cessera d'être constante, leurs composantes, dans le sens de la normale, détermineront la pression que la courbe éprouve indépendamment des circonstances du mouvement. En ajoutant à l'expression de la *force centrifuge* celle de la pression due à l'action des forces accélératrices, on aura la pression totale que le point exerce contre la courbe.

Si le point se meut sur une surface, la pression due à la *force centrifuge* sera égale à celle qu'il exercera contre la courbe qu'il décrit, décomposée suivant la normale à la surface en ce point, c'est-à-dire au carré de la vitesse divisé par le rayon du cercle osculateur, et multiplié par le sinus de l'angle que fait le plan du cercle osculateur avec le plan tangent à la surface. On aura la pression totale que le point exerce contre la surface, en ajoutant à cette expression celle de la pression due à l'action des forces qui le sollicitent.

Lorsque le point n'est sollicité par aucune force accélératrice, la *force centrifuge* est, comme nous l'avons vu, égale au carré de la vitesse, divisé par le rayon du cercle osculateur de la trajectoire; le plan qui contient ce cercle est donc alors toujours perpendiculaire à la surface donnée. Cette propriété appartient à la courbe la plus courte qu'on peut mener d'un point à un autre sur cette surface; c'est donc aussi celle que décrit le mobile comme nous l'avons d'ailleurs démontré directement au n° 13, et cette loi remarquable du mouvement d'un point matériel dépend d'un principe général de Mécanique qu'on a nommé *principe de la moindre action*.

Si un point matériel qui n'est animé d'aucune force accélératrice, se meut dans l'intérieur d'un cercle, la pression qu'il exerce contre la circonférence sera égale, d'après ce qui précède, au carré de sa vitesse divisé par le rayon de cette circonférence.

Au lieu de supposer le point renfermé dans un cercle, on peut imaginer qu'il soit attaché à l'extrémité d'un fil inextensible, et qu'il se meuve circulairement autour d'un point fixe ; la tension qu'éprouvera le fil remplacera la résistance que le point exercerait contre la circonférence du cercle, et équivaudra par conséquent à la force que nous avons désignée par N. L'effort que fait le point pour tendre le fil et pour s'éloigner du centre de la circonférence, est ce que Huyghens, qui le premier en a donné la mesure exacte, avait originairement nommé la *force centrifuge ;* on a depuis étendu cette dénomination au mouvement d'un point matériel sur une courbe quelconque. La *force centrifuge* dans le cercle est égale au carré de la vitesse du mobile divisé par le rayon de la circonférence qu'il décrit. En désignant donc par f cette force, et par r le rayon du cercle, on a

$$f = \frac{v^2}{r}.$$

Comparons la force centrifuge à la pesanteur. Pour cela, supposons que la vitesse v soit celle qu'acquerrait le corps en tombant de la hauteur h ; on aura, n° **15**, $v^2 = 2gh$, et l'équation précédente donnera

$$\frac{f}{g} = \frac{2h}{r}.$$

Si $h = \frac{1}{2} r$, la force centrifuge devient égale à la pesanteur, en sorte que la tension que le fil éprouve par l'action du corps qui se meut circulairement dans un plan horizontal, est la même que si ce corps était suspendu verticalement à son extrémité. Il suffit, pour cela, que la vitesse dont il est animé soit celle qu'il acquerrait en tombant d'une hauteur égale à la moitié de la longueur du fil.

Supposons que le mobile emploie le temps T à décrire la circonférence dont le rayon est r, et soit π le rapport de la circonférence au diamètre, on aura

$$v = \frac{2\pi r}{T}, \quad \text{d'où} \quad f = \frac{4\pi^2 r}{T^2};$$

c'est-à-dire que la *force centrifuge* est proportionnelle au rayon, et en raison inverse du carré du temps employé à décrire la circonférence.

La *force centrifuge* qui résulte du mouvement de rotation de la terre, doit donc aller en augmentant des pôles à l'équateur, et elle tend à diminuer de plus en plus l'action de la pesanteur. En réduisant en nombre la seconde des équations précédentes, on a trouvé que le rapport de la force centrifuge à la pesanteur qui aurait lieu si la terre était immobile, était à l'équateur à fort peu près égal à $\frac{1}{289}$ ou $\frac{1}{(17)^2}$· Il suit d'ailleurs de l'expression de f que les forces centrifuges dans le même cercle sont entre elles en raison inverse des carrés des durées des révolutions; d'où l'on peut conclure que si le mouvement de la terre était 17 fois plus rapide, la force centrifuge serait égale à la pesanteur, et les corps resteraient en équilibre sous l'action de ces deux forces à l'équateur. La diminution de la *force centrifuge* de l'équateur aux pôles est proportionnelle au carré du *cosinus* de la latitude.

17. Pour mieux montrer l'usage des formules précédentes, nous allons en faire l'application à quelques problèmes très-simples de Mécanique théorique.

Considérons d'abord comme une application intéressante des formules générales (A), n° **16**, le mouvement d'un point matériel pesant dans l'intérieur d'une surface sphérique.

Nommons r le rayon de la sphère, et fixons à son centre l'origine des coordonnées ; l'équation de la surface sur laquelle le mobile est forcé de rester, et que nous avons représentée généralement par $L = o$, deviendra dans ce cas,

$$x^2 + y^2 + z^2 - r^2 = o,$$

et l'on aura, par conséquent,

$$\frac{dL}{dx} = \frac{x}{r}; \quad \frac{dL}{dy} = \frac{y}{r}; \quad \frac{dL}{dz} = \frac{z}{r};$$

ce qui donne

$$K = 1, \quad \cos\alpha = \frac{x}{r}, \quad \cos 6 = \frac{y}{r}, \quad \cos\gamma = \frac{z}{r}.$$

La pesanteur étant la seule force accélératrice qu'on suppose agir sur le mobile, on aura $X = o$, $Y = o$, $Z = g$, et les équations générales du mouvement (A) donneront, par la substitution de ces valeurs, les trois suivantes :

$$\frac{d^2x}{dt^2} = N\frac{x}{r}, \quad \frac{d^2y}{dt^2} = N\frac{y}{r}, \quad \frac{d^2z}{dt^2} = N\frac{z}{r} + g. \quad (B)$$

Si l'on multiplie respectivement ces équations par $2\,dx$, $2\,dy$, $2\,dz$, qu'on les ajoute, et qu'on intègre leur somme en observant que l'équation de la sphère

5.

donne, en la différentiant,

$$x\,dx + y\,dy + z\,dz = 0, \quad (1)$$

on aura, pour déterminer la vitesse dont le mobile est animé,

$$\frac{dx^2 + dy^2 + dz^2}{dt^2} = 2\,gz + c, \quad (2)$$

c étant une constante arbitraire.

La vitesse du corps est donc la même que s'il était tombé verticalement de la hauteur z, ce qui est conforme à ce que nous avons dit n° **16**.

Déterminons la pression que le mobile exerce contre la surface. Pour cela, multiplions les équations (B), la première par x, la seconde par y, la troisième par z; ajoutons-les ensuite, en observant que l'équation de la sphère donne $x^2 + y^2 + z^2 = r^2$; nous aurons

$$\frac{xd^2x + yd^2y + zd^2z}{dt^2} = Nr + gz.$$

L'équation de la sphère différentiée deux fois donne

$$\frac{xd^2x + yd^2y + zd^2z}{dt^2} = -\,\frac{dx^2 + dy^2 + dz^2}{dt^2}.$$

L'équation précédente donne donc, en vertu de l'équation (2),

$$N = -\,\frac{3\,gz + c}{r}.$$

Il nous reste à connaître à chaque instant la situation du mobile sur la surface qu'il parcourt. Pour y parvenir, observons qu'on obtient aisément une nouvelle intégrale première des équations (B); en effet, si l'on multiplie la première par y, la seconde par x, qu'on les retranche l'une de l'autre, et qu'on intègre l'équation résultante, on trouve

$$y\,dx - x\,dy = c'\,dt, \quad (3)$$

c' étant une constante arbitraire.

On a donc entre les variables x, y, z et t, les trois équations différentielles du premier ordre (1), (2), (3); il ne s'agit plus, par conséquent, que d'intégrer ces équations pour déterminer les coordonnées du mobile en fonction du temps. La première a pour intégrale l'équation de la sphère; les deux autres, il est vrai, ne sont pas intégrales sous forme finie, mais on parvient aisément à séparer les variables, et l'intégration est ramenée aux quadratures.

En effet si, après avoir mis l'équation (1) sous cette forme $x\,dx + y\,dy = -z\,dz$, on l'élève au carré, ainsi que l'équation (3), et qu'on les ajoute ensuite, on trouve

$$(x^2 + y^2)(dx^2 + dy^2) = z^2\,dz^2 + c'^2\,dt^2.$$

Substituons pour $x^2 + y^2$ sa valeur $r^2 - z^2$, et pour $\dfrac{dx^2 + dy^2}{dt^2}$, sa valeur $2gz + c - \dfrac{dz^2}{dt^2}$, nous aurons une équation entre z, dz, dt, d'où il est aisé de conclure

$$dt = \frac{-r\,dz}{\sqrt{(r^2 - z^2)(2gz + c) - c'^2}}.$$

Nous donnons au second membre le signe $-$, parce que le corps étant supposé s'éloigner de la verticale, z diminue quand t augmente.

Cette formule donnera, en l'intégrant par approximation, le temps t en fonction de z, et réciproquement z en fonction de t.

On connaîtra ainsi à chaque instant le plan horizontal dans lequel se trouve le mobile; il suffira donc, pour assigner sa position sur la sphère, d'avoir un second plan sur lequel il doive se rencontrer dans le même instant.

Pour cela, soit ω l'angle que forme le plan vertical qui passe par le mobile et le centre de la sphère, avec le plan vertical des x et des z; on aura

$$x = \sqrt{r^2 - z^2}\, \cos\omega, \quad y = \sqrt{r^2 - z^2}\, \sin\omega,$$

d'où l'on tire

$$x\,dy - y\,dy = (r^2 - z^2)\,d\omega.$$

L'équation $x\,dy - y\,dx = c'dt$ donnera donc ainsi

$$d\omega = \frac{c'dt}{r^2 - z^2}.$$

Si l'on substitue pour dt sa valeur précédente en z, et qu'on intègre ensuite par approximation l'équation résultante, on aura l'angle ω en fonction de z. On connaîtra ainsi pour un instant quelconque les deux variables z et ω, et la position du mobile sera par conséquent entièrement déterminée.

Au lieu de supposer que le point se meut dans l'intérieur d'une surface sphérique, on peut imaginer qu'il soit suspendu à l'extrémité d'un fil inextensible dont l'autre extrémité est fixe, et dont la longueur est égale au rayon de la sphère : les mouvements dans les deux cas seront parfaitement les mêmes. Le fil et le point qu'il supporte forment alors un pendule simple, et l'on nomme *demi-oscillation* le temps que met le mobile à revenir de la plus petite à la plus grande valeur de z. On en déterminera la durée en développant en série l'expression de dt, et en l'intégrant ensuite entre ces limites.

Pour y parvenir, reprenons la valeur de dt, et supposons

$$(r^2 - z^2)(2gz + c) - c'^2 = (a - z)(z - b)(2gz + k).$$

En comparant dans les deux membres les coefficients des mêmes puissances de z, on aura pour déterminer a, b, k, ces trois équations :

$$\left.\begin{aligned} k &= \frac{2g(r^2 + ab)}{a + b}, \\ c &= \frac{2g(r^2 - a^2 - ab - b^2)}{a + b}, \\ c'^2 &= \frac{2g(r^2 - a^2)(r^2 - b^2)}{a + b}. \end{aligned}\right\} \quad (\Theta)$$

On peut aux arbitraires c et c' substituer les deux nouvelles arbitraires a et b, dont la première répond à la plus grande, et la seconde à la plus petite valeur de z, puisqu'en effet la supposition de $z = a$ et $z = b$ donne $dz = 0$.

Cela posé, faisons

$$x = \sqrt{\frac{a - z}{a - b}}.$$

L'expression de dt deviendra

$$dt = \frac{r\sqrt{2(a + b)}}{\sqrt{g[(a + b)^2 + r^2 - b^2]}} \frac{dx}{\sqrt{1 - x^2}\sqrt{1 - \alpha^2 x^2}},$$

en faisant, pour abréger, $\quad \alpha^2 = \dfrac{a^2 - b^2}{(a + b)^2 + r^2 - b^2}.$

Cette expression, intégrée depuis $z=a$ jusqu'à $z=b$, ou depuis $x=0$ jusqu'à $x=1$, donnera le temps que le pendule emploie à faire une demi-oscillation. Nommons $\frac{1}{2}T$ ce temps, développons en série la fonction $(1-\alpha^2 x^2)^{-\frac{1}{2}}$, ce qui donne

$$(1-\alpha^2 x^2)^{-\frac{1}{2}} = 1 + \frac{1}{2}\alpha^2 x^2 + \frac{1.3}{2.4}\alpha^4 x^4 + \frac{1.3.5}{2.4.6}\alpha^6 x^6 + \dots$$

Multiplions chacun des termes de ce développement par $\dfrac{dx}{\sqrt{1-x^2}}$, et intégrons ensuite; nous aurons

$$T = \pi \sqrt{\frac{r}{g}} \sqrt{\frac{2r(a+b)}{(a+b)^2 + r^2 - b^2}}$$
$$\times \left[1 + \left(\frac{1}{2}\right)^2 \alpha^2 + \left(\frac{1.3}{2.4}\right)^2 \alpha^4 + \left(\frac{1.3.5}{2.4.6}\right)^2 \alpha^6 + \dots \right],$$

π étant la demi-circonférence dont le rayon est l'unité.

Si, lorsque $z = b$, on suppose nulle la vitesse du mobile, ce qui revient à prendre le commencement d'une oscillation pour origine du mouvement, on aura $c = -2gb$, $c' = 0$, ce qui donne $\omega = $ constante; c'est-à-dire que le mobile oscille alors dans un plan vertical : les équations (o) donnent ensuite $a = r$; d'où $\alpha^2 = \dfrac{r-b}{2r}$. L'ordonnée z divisée par r exprime le cosinus de l'angle que forme le pendule avec l'axe des z; le cosinus de son plus grand écart de la verticale sera donc $\dfrac{b}{r}$, et la fraction $\dfrac{r-b}{2r}$ exprimera le carré du sinus de la moitié de cet angle; la durée totale de l'oscillation sera alors

$$T = \pi \sqrt{\frac{r}{g}} \left[1 + \left(\frac{1}{2}\right)^2 \left(\frac{r-b}{2\,r}\right) + \left(\frac{1.3}{2.4}\right)^2 \left(\frac{r-b}{2\,r}\right)^2 \right.$$
$$\left. + \left(\frac{1.3.5}{2.4.6}\right)^2 \left(\frac{r-b}{2\,r}\right)^3 + \dots \right].$$

Si le pendule s'écarte peu de la verticale, $\dfrac{r-b}{2\,r}$ est une très-petite quantité que l'on peut négliger; on aura donc, dans ce cas,

$$T = \pi \sqrt{\frac{r}{g}}.$$

La durée des petites oscillations est par conséquent indépendante de leur amplitude; ces oscillations sont donc isochrones ou de même durée, quelle que soit leur étendue, et cette durée ne dépend que de la longueur du pendule et de l'intensité de la pesanteur.

L'expression précédente de T donne le moyen de déterminer, à l'aide du pendule, les variations de la pesanteur dans les divers lieux de la terre, d'une manière beaucoup plus exacte qu'on ne pourrait le faire par des expériences directes sur la chute verticale des corps. En effet, en l'élevant au carré, on en tire $g = \dfrac{r\pi^2}{T^2}$; g représentant (n° **15**) la vitesse que la pesanteur imprime aux graves, ou le double de l'espace qu'ils parcourent dans la première seconde de leur chute. En faisant donc osciller un pendule de longueur donnée r pendant un intervalle de temps connu, on aura la valeur de T en divisant ce temps par le nombre d'oscillations du pendule, et l'équation précédente, dont le second membre sera entièrement déterminé, donnera la valeur de g ou de l'intensité de la pesanteur. A l'Observatoire de Paris, dont la latitude est de 48° 5o′ 14″, la longueur du pendule à secondes, mesurée avec beaucoup d'exactitude par Borda, et réduite au niveau des mers, est de $0^m,9938 55$, on a de plus $\pi^2 = 9,8696$: ce qui donne $g = 9^m,8089 6$; d'où il suit que la pesanteur y fait tomber les corps de $4^m,90448$ dans la première seconde sexagésimale. Des expériences précises ont montré que cette valeur est la même, quelle que soit la substance dont est formé le pendule que l'on fait osciller; il en faut conclure que la pesanteur agit également sur tous les corps de la nature dans un même lieu de la terre, et que, par conséquent, sans la résistance de l'air, elle leur imprimerait à tous, dans le même temps, une vitesse égale. Quant aux variations de la pesanteur sur les différents parallèles, on observe que son intensité diminue en allant du pôle à l'équateur : cette diminution est proportionnelle au carré du *cosinus* de la latitude, et la variation totale que la pesanteur subit entre ces deux points extrêmes s'élève à environ $\frac{1}{176}$ de sa valeur moyenne.

Nous venons de voir que l'isochronisme des oscillations du pendule circulaire n'a lieu qu'en supposant leur amplitude très-petite; il est curieux de déterminer quelle est la courbe sur laquelle un corps pesant doit se mouvoir pour arriver dans le même temps au point le plus bas, quel que soit l'arc qu'il ait décrit depuis son point de départ. Pour résoudre cette question, plaçons l'origine des coordonnées au point le plus bas de la trajectoire; nommons *ds* un quelconque des éléments de cette courbe, et désignons toujours par *g* l'action de la pesanteur. La force accélératrice, le long de l'arc de la courbe, sera la pesanteur décomposée suivant sa tangente; elle sera égale, par conséquent, à $g \dfrac{dz}{ds}$. Cette force tend à diminuer l'arc *s* que nous supposons compté, ainsi que *z*, du point le plus bas; on aura donc

$$\frac{d^2s}{dt^2} = -\, g\, \frac{dz}{ds}.$$

Si l'on multiplie les deux membres de cette équation par $2\, ds$, et qu'on intègre, on trouve

$$\frac{ds^2}{dt^2} = c - 2gz;$$

c étant une constante arbitraire.

Soit *h* l'ordonnée du point où le mouvement commence, et supposons nulle en ce point la vitesse du mobile; on aura $c = 2gh$, et l'équation précédente, résolue par rapport à *dt*, donnera, en observant que l'arc *s* diminue quand *t* augmente,

$$dt = -\, \frac{ds}{\sqrt{2\, g\, (h - z)}}; \quad (n)$$

ou bien, en développant le radical du second membre,

$$dt = -\, \frac{1}{\sqrt{2gh}} \cdot ds \cdot \left(1 + \frac{1}{2}\frac{z}{h} + \frac{1.3}{2.4}\frac{z^2}{h^2} + \frac{1.3.5}{2.4.6}\frac{z^3}{h^3} + \dots \right).$$

Quelle que soit la nature de la courbe cherchée, *s* est

une fonction de z, et l'on peut supposer que cette fonction développée et différentiée ensuite, donne

$$\frac{ds}{dz} = az^i + bz^{i'} + \ldots$$

En substituant pour ds sa valeur dans l'expression de dt, on aura

$$dt = -\frac{a}{\sqrt{2g}} \frac{z^i}{h^{\frac{1}{2}}} \left(1 + \frac{1}{2}\frac{z}{h} + \frac{1.3}{2.4}\frac{z^2}{h^2} + \frac{1.3.5}{2.4.6}\frac{z^3}{h^3} + \ldots\right) dz$$

$$-\frac{b}{\sqrt{2g}} \frac{z^{i'}}{h^{\frac{1}{2}}} \left(1 + \frac{1}{2}\frac{z}{h} + \frac{1.3}{2.4}\frac{z^2}{h^2} + \frac{1.3.5}{2.4.6}\frac{z^3}{h^3} + \ldots\right) dz$$

$$-\ldots$$

Si l'on intègre cette expression depuis $z = h$ jusqu'à $z = 0$, on aura le temps que le mobile emploie à parvenir au point le plus bas. Ce temps, d'après les conditions du problème, doit être indépendant de la hauteur h dont le corps est descendu, ce qui exige que l'on ait $i + 1 = \frac{1}{2}$, et que tous les termes de la valeur de dt soient nuls, à l'exception du premier. Or il est évident que cette condition ne peut être satisfaite à moins de supposer $b = 0$, etc.; l'équation différentielle de la courbe tautochrone devient donc ainsi

$$ds = az^{-\frac{1}{2}} dz;$$

d'où l'on tire, en intégrant, $s = 2az^{\frac{1}{2}}$, équation d'une cycloïde à base horizontale. La cycloïde est donc la seule courbe tautochrone dans le vide.

Soit r le double du diamètre du cercle générateur

de la cycloïde, ce qui donne, d'après les propriétés connues de cette courbe, $r = 2\,a^2$, et substituons la valeur de ds dans l'expression (n) de dt; nous aurons

$$dt = -\frac{1}{2} \sqrt{\frac{r}{g}} \; \frac{dz}{\sqrt{hz - z^2}};$$

d'où l'on tire, en intégrant,

$$t = \frac{1}{2} \sqrt{\frac{r}{g}} \; \mathrm{arc} \left(\cos = \frac{2z - h}{h} \right).$$

Nous n'ajoutons pas de constante, parce que nous supposons que l'on compte le temps t de l'origine du mouvement, ce qui donne $t = 0$ quand $z = h$.

Si l'on nomme $\frac{1}{2}$ T le temps que le mobile emploie à descendre au point le plus bas de la courbe, z étant nul en ce point, on aura

$$\mathrm{T} = \sqrt{\frac{r}{g}} \, \mathrm{arc} \, (\cos = -1) = \pi \sqrt{\frac{r}{g}}.$$

Le temps de la chute par l'arc de cycloïde est donc égal à la demi-oscillation du pendule dont la longueur serait r, et dont l'écart de la verticale serait très-petit. C'est ce qui doit résulter en effet de ce qu'au point le plus bas l'arc dt de la cycloïde se confond avec l'arc infiniment petit du cercle osculateur dont le diamètre est vertical et égal à $2\,r$.

Il est un autre problème du même genre que celui que nous venons de résoudre, et qui a longtemps exercé la curiosité des géomètres du dernier siècle, c'est de déterminer la courbe que doit suivre un corps pesant pour parvenir d'un point donné à un autre dans le temps le plus court. Ils ont trouvé que cette courbe, qu'on a nommée *brachystochrone*, ou *ligne de plus vite descente*, était encore une cycloïde dont l'origine était au point le plus élevé.

18. Considérons maintenant le mouvement d'un point parfaitement libre qui est soumis à l'action de forces accélératrices données, et proposons-nous de déterminer l'expression de la force centrifuge dans les différents points de la trajectoire.

Supposons, pour plus de simplicité, que l'orbite décrite est une courbe plane, et que les forces qui agissent sur le mobile se réduisent à deux φ et π dirigées, l'une suivant le rayon vecteur r, l'autre perpendiculairement à ce rayon. Soit V la vitesse du mobile en un point donné de l'orbite, ρ le rayon de courbure qui lui correspond, et δ l'angle que forme le rayon vecteur r avec la direction de la normale; les deux forces φ et π, multipliées respectivement par le sinus et le cosinus de l'angle δ, exprimeront les composantes de ces forces suivant le rayon de courbure, et comme le point est entièrement libre, ces deux composantes devront faire équilibre à la force centrifuge, puisque son action ne peut être détruite par la résistance de la trajectoire. Il faudra donc (n° **16**) égaler la somme de ces deux forces, dont la plus grande doit toujours être supposée dirigée vers le centre de courbure, à la *force centrifuge*, c'est-à-dire au carré de la vitesse divisé par le rayon de courbure, on aura ainsi :

$$\varphi \cos \delta + \pi \sin \delta = \frac{V^2}{\rho}. \quad (a)$$

Si l'on nomme ds l'élément de la courbe décrite par le mobile dans l'instant dt, $\frac{ds^2}{dt^2}$ sera le carré de sa vitesse, et si l'on désigne par v l'angle que forme le rayon r avec une droite fixe, il est aisé de voir qu'on aura

$$\sin \delta = \frac{dr}{ds}, \quad \cos \delta = \frac{r\,dv}{ds}.$$

L'expression du rayon de courbure, en coordonnées polaires, donne d'ailleurs, en supposant ds constant,

$$\frac{1}{\rho} = \frac{dv^3}{ds^3}\left(r^2 + \frac{2\,dr^2}{dv^2} - \frac{r\,d^2 r}{dv^2} \right).$$

En substituant ces valeurs dans l'équation (a), on aura

$$\varphi\, r\, dv + \pi\, dr = \frac{dr^3}{dt^2}\left(r^2 + \frac{2\,dr^2}{dv^2} - \frac{r\,d^2 r}{dv^2} \right). \quad (b)$$

Si les forces φ et π sont données, cette formule, en y substituant pour dt sa valeur déduite des équations du mouvement, fera connaître la relation qui doit exister entre le rayon vecteur r et la variable v, et par conséquent l'équation polaire de l'orbite décrite par le mobile. Si au contraire la nature de l'orbite est déterminée d'avance, on pourra en conclure la loi de la force accélératrice en vertu de laquelle cette courbe est décrite.

Supposons, par exemple, que la trajectoire soit une courbe elliptique, et que la force qui la fait décrire soit dirigée vers le foyer de la courbe et varie avec la distance du point mobile au centre d'attraction. Il s'agit de déterminer la loi de ces variations.

On aura d'abord, dans l'hypothèse précédente, $\pi = 0$. La quantité $\frac{1}{2} r^2 \, dv$ exprimant le petit secteur décrit par le mobile dans l'instant dt, on aura ensuite, par la théorie des forces centrales, $r \, dv = c \, dt$, en désignant par c une constante arbitraire qui dépend des circonstances initiales du mouvement. La formule (b) deviendra ainsi

$$\varphi = \frac{c^2}{r^2}\left(\frac{1}{r} + \frac{2 \, dr^2}{r^3 \, dv^2} - \frac{d^2 r}{r^2 \, dv^2}\right).$$

L'équation de l'ellipse, en désignant par a le demi-grand axe, et par e l'excentricité, donne

$$\frac{1}{r} = \frac{1 + e \cos v}{a\,(1 - e^2)}.$$

Si l'on différentie cette équation, en regardant dv comme constant, on trouve aisément

$$\frac{1}{r} + \frac{2 \, dr^2}{r^3 \, dv^2} - \frac{d^2 r}{r^2 \, dv^2} = \frac{1}{a\,(1 - e^2)}.$$

La valeur précédente de φ, en faisant, pour abréger, $h = \dfrac{c^2}{a\,(1 - e^2)}$, devient ainsi

$$\varphi = \frac{h}{r^2};$$

c'est-à-dire que la *force centrale* qui fait décrire au mobile une courbe elliptique, croît en raison inverse du carré de sa distance au foyer d'attraction. Cette loi est, comme on sait, celle qui préside aux mouvements des corps célestes, et c'est par un calcul semblable au précédent que Newton la démontra le premier d'une manière rigoureuse. Nous montrerons, dans le livre suivant, comment on peut parvenir, par une analyse plus directe et plus simple, à déterminer la loi des forces qui maintiennent les planètes, les comètes et les satellites, dans leurs orbites autour du Soleil ou des planètes principales, mais nous avons voulu faire voir en passant combien les théorèmes d'Huyghens sur la *force centrifuge* avaient aplani les voies de cette grande découverte.

19. Après avoir considéré le mouvement d'un point matériel dans les trois cas qui peuvent se présenter, c'est-à-dire lorsqu'il est libre, et lorsqu'il est astreint à demeurer sur une courbe ou une surface donnée, nous allons, pour terminer ce chapitre, résoudre une question très-importante dans la théorie du système du monde. Nous nous proposerons de déterminer l'attraction qu'une couche de figure sphérique exerce sur un point situé dans l'intérieur ou à l'extérieur de sa surface, en supposant cette action en raison inverse du carré des distances.

Soit a la distance du centre de la couche au point attiré ; si l'on joint par une droite ces deux points, il est évident que tout étant symétrique autour d'elle, l'action totale du sphéroïde sur le point attiré sera nécessairement dirigée suivant cette ligne. Nommons dm l'un quelconque des éléments du sphéroïde, et soit f sa distance au point attiré ; $\frac{dm}{f^2}$ exprimera l'action que l'élément dm exerce sur ce point suivant la droite f, et en nommant γ l'angle que forment entre elles les deux droites f et a, $\frac{dm}{f^2}\cos\gamma$ sera la com-

posante de cette action parallèle à cette dernière droite.
Soit donc A l'attraction totale que le sphéroïde exerce
sur le point attiré, on aura

$$A = \int \frac{dm}{f^2} \cos \gamma;$$

le signe intégral se rapportant à l'élément dm et aux
quantités qui varient avec lui, et devant être étendu à
la masse entière du sphéroïde.

Cela posé, soit r le rayon mené du centre du sphéroïde à l'élément dm, θ l'angle que forme ce rayon
avec la droite a, et ω l'angle que forme le plan passant par ces deux droites, avec un plan fixe quelconque passant par la droite a. L'élément dm peut
être considéré comme un petit parallélipipède rectangulaire dont les trois dimensions sont dr, $rd\theta$ et
$r \sin\theta\, d\omega$; en supposant donc, pour plus de simplicité, la densité du sphéroïde constante, et égale à
l'unité, on aura $dm = r^2\, dr\, d\theta\, d\omega \sin\theta$; on aura ensuite, en considérant le triangle formé par les trois
droites a, f, r,

$$f^2 = a^2 - 2ar \cos\theta + r^2, \quad \cos\gamma = \frac{a - r\cos\theta}{f}.$$

L'expression précédente de A deviendra donc ainsi

$$A = \int r^2\, dr\, d\omega\, d\theta \sin\theta \cdot \frac{a - r\cos\theta}{f^3}.$$

Pour étendre la valeur de A à la masse entière de
la couche, il faut intégrer, 1° par rapport à r, depuis
la valeur de ce rayon à la surface intérieure, jusqu'à
sa valeur à la surface extérieure; 2° par rapport à ω,

depuis $\omega = o$ jusqu'à ω égal à la circonférence; 3° enfin relativement à θ, depuis $\theta = o$ jusqu'à θ égal à deux angles droits.

On peut donner une autre forme à l'expression précédente. En effet, si l'on différentie par rapport à a la valeur de f, on a

$$\frac{df}{da} = \frac{a - r\cos\theta}{f};$$

on aura donc

$$A = -\int r^2 \, dr \, d\omega \, d\theta \, \sin\theta \, \frac{d\frac{1}{f}}{da};$$

ou bien, comme les variables r, ω et θ sont indépendantes de a,

$$A = -\frac{d.\int \frac{r^2 \, dr \, d\omega \, d\theta \, \sin\theta}{f}}{da};$$

d'où il suit qu'on aura l'action entière du sphéroïde sur le point attiré, en différentiant, par rapport à a, l'intégrale $\int \frac{r^2 \, dr \, d\omega \, d\theta \, \sin\theta}{f}$, et en divisant sa différentielle par da.

Faisons, pour abréger,

$$V = \int \frac{r^2 \, dr \, d\omega \, d\theta \, \sin\theta}{f}.$$

Si l'on intègre cette formule par rapport à ω, depuis $\omega = o$ jusqu'à $\omega = 2\pi$, π étant la demi-circonférence

6.

dont le rayon est l'unité, on aura

$$V = 2\,\pi \int \frac{r^2\, dr\, d\theta \sin\theta}{f}.$$

Pour intégrer maintenant par rapport à θ, remarquons que la valeur de f différentiée relativement à cette variable, donne

$$\frac{d\theta \sin\theta}{f} = \frac{1}{ar}\, df;$$

d'où il résulte, par conséquent,

$$V = \frac{2\,\pi}{a} \int r\, dr\, df.$$

L'intégrale relative à θ doit être prise depuis $\theta = 0$ jusqu'à $\theta = \pi$; à ces deux limites on a $f^2 = (a - r)^2$ et $f^2 = (a + r)^2$, ce qui donne, en remarquant que f doit toujours être positif, $f = r - a$ et $f = a + r$, dans le cas où l'on a $r > a$, c'est-à-dire dans le cas où le point attiré est placé dans l'intérieur de la couche sphérique; $f = a - r$ et $f = a + r$, dans le cas où l'on a $r < a$, c'est-à-dire dans le cas où le point attiré est extérieur au sphéroïde. Ainsi dans le premier cas on aura

$$V = 4\,\pi \int r\, dr,$$

et dans le second

$$V = \frac{4\,\pi}{a} \int r^2\, dr.$$

La différentielle de V, prise par rapport à a, et divisée par da, donnera, comme nous l'avons vu, en changeant son signe, l'attraction du sphéroïde sur le point attiré; or la première des formules précédentes, étant indépendante de a, donne

$$\frac{dV}{da} = 0;$$

d'où il faut conclure *qu'un point placé dans l'intérieur d'une sphère creuse n'en éprouve aucune action, ou, ce qui revient au même, qu'il est également attiré de toutes parts.*

La seconde des mêmes formules, différentiée par rapport à a, donne

$$-\frac{dV}{da} = \frac{4\pi}{a^2} \int r^2 \, dr.$$

Soient l et l' les rayons des surfaces intérieures et extérieures du corps attirant; en intégrant l'expression précédente depuis $r = l$ jusqu'à $r = l'$, on aura

$$-\frac{dV}{da} = \frac{4\pi}{3a^2} (l'^3 - l^3);$$

c'est la mesure de la force attractive qui agit sur un point extérieur au sphéroïde, suivant la droite a. Mais, si l'on désigne par M la masse de la couche sphérique dont l'épaisseur est $l' - l$, M sera évidemment égal à la différence des deux sphères dont les rayons sont l et l'; on aura donc

$$M = \frac{4\pi}{3} (l'^3 - l^3),$$

et, par conséquent,

$$A = \frac{M}{a^2}.$$

D'où il suit *que l'attraction qu'une couche sphérique exerce sur un point extérieur, est la même que si toute sa masse était réunie à son centre.*

Si l'on suppose nul le rayon l de la surface intérieure de la couche, le sphéroïde se changera en une sphère dont le rayon est l' ; l'attraction qu'une sphère homogène exerce sur un point placé à sa surface ou au delà, est donc la même que si sa masse était réunie à son centre.

Ces théorèmes subsisteraient encore dans le cas où le corps attirant serait composé de couches concentriques d'une densité variable, suivant une loi quelconque, du centre à la surface ; en effet, ils auraient lieu pour chacune de ces couches, et seraient vrais, par conséquent, pour le corps entier.

CHAPITRE IV.

DU MOUVEMENT D'UN SYSTÈME DE CORPS.

20. Jusqu'ici, les corps dont nous avons déterminé les mouvements ont été regardés comme des points matériels, et nous avons vu que la force motrice avait alors pour mesure la vitesse qu'elle produit dans un temps donné, divisée par ce temps. Mais, lorsqu'on veut comparer entre elles des forces qui agissent sur des corps différents, il n'est plus possible de faire abstraction de leur nature, et leurs masses doivent entrer nécessairement dans l'évaluation des forces qui les sollicitent. Considérons, en effet, un corps que nous supposerons se mouvoir en ligne droite, comme un assemblage de points matériels qui forment les éléments de sa masse ; tous ces points seront animés de vitesses égales dirigées suivant les droites parallèles ; les forces qui les produisent seront donc aussi égales et parallèles entre elles, leur somme représentera la force totale qui agit sur le mobile : d'où il suit que cette force est égale à la masse entière du corps, multipliée par la force qui anime chacun de ses éléments. Si le mobile se meut uniformément, la vitesse de chacun de ses éléments est constante, et peut représenter la force qui la produit ; ainsi les forces dont l'action est instantanée ont pour mesure le produit de la masse par la vitesse du corps sur lequel elles agissent Ce produit est ce qu'on nomme la *quantité de mouvement du corps*, parce que c'est en effet la somme des mouvements de toutes les parties matérielles qui le composent. Si le mobile se meut d'un mouvement varié quelconque, la force accélératrice qui sollicite chaque élément de sa masse, est représentée par la différentielle de la vitesse, divisée par l'élément du temps; les forces qui agissent d'une manière continue sur un corps matériel, ont donc pour mesure le produit de la masse du mobile par l'élément de la vitesse qu'elles lui impriment, divisé par l'élément du temps. Ce produit est ce qu'on nomme spécialement *force motrice;* on réserve le nom de *force accélératrice* à celle qui agit sur l'unité de masse. Cette même quantité prend le nom de *pression* quand la force motrice agit sur un corps qui se trouve arrêté par un obstacle, et qu'elle ne produit qu'une simple tendance au mouvement.

Lorsque l'on considère dans l'état de mouvement plusieurs corps liés entre eux d'une manière quelconque, on voit que le mouvement de chacun d'eux dépend à la fois de la force qui le sollicite, et de la réaction que les autres corps du système lui font éprouver. Il suit de là qu'en général aucun de ces corps ne prend le mouvement qu'il aurait, s'il était libre, en vertu de l'impulsion primitive qu'il a reçue, et des forces accélératrices qui l'animent. Il faut donc connaître les variations que ce mouvement subit par la liaison du corps au système dont il fait partie, pour déterminer le mouvement réel qui doit avoir lieu. Cette appréciation délicate a longtemps embarrassé les géomètres, et ils s'étaient contentés de résoudre cette difficulté dans quelques cas particuliers, par des considérations trop restreintes pour rien apprendre sur les lois générales du mouvement, lorsque d'Alembert établit le premier un principe applicable à toute espèce de système, quel que soit le mode de liaison des parties qui le composent, et propre à rendre facile la mise en équation de tous les problèmes relatifs à ses mouvements. Voici l'énoncé de ce principe.

« Si l'on imprime aux différents corps d'un système des mouvements qui se trouvent modifiés par leur liaison mutuelle, il est clair qu'on pourra regarder ces mouvements comme composés de ceux que les corps prendront réellement, et d'autres mouvements qui sont détruits ; d'où il suit que ces derniers doivent être tels, que les corps du système animés de ces seuls mouvements se fassent équilibre. »

Ce principe a également lieu, soit que le mouvement soit produit par des forces qui agissent instantanément sur les corps, ou par des forces dont l'action est continue ; et toutes les questions de mouvement peuvent ainsi être réduites à de simples questions d'équilibre. Cette manière de ramener les lois de la Dynamique à celles de la Statique, imaginée par d'Alembert, est extrêmement ingénieuse ; mais la difficulté de déterminer les forces qui doivent être détruites, et les conditions d'équilibre entre ces forces, rendait souvent l'application de son principe embarrassante. Pour éviter cet inconvénient, les géomètres, qui se sont empressés de l'adopter, l'ont modifié d'une manière heureuse en l'énonçant ainsi :

« Si l'on imprime à chaque corps d'un système un mouvement égal, mais dirigé en sens contraire de celui qu'il doit prendre, le système entier sera réduit au repos; par conséquent il faut que ces mouvements détruisent ceux que les corps avaient reçus, et qu'ils auraient suivis sans leur liaison mutuelle. Ainsi il doit y avoir équilibre entre ces différents mouvements, ou entre les forces qui peuvent les produire. »

Ce second énoncé du même principe a l'avantage d'éviter les décompositions de mouvement que le premier exigeait, et d'établir immédiatement l'équilibre entre les forces qui agissent sur le système et qui sont les données du problème, et les mouvements engendrés qui en sont les inconnues. Nous avons donné, dans le chapitre deuxième, les conditions d'équilibre d'un nombre quelconque de forces appliquées à un système de forme arbitraire; il suffira donc d'y introduire les forces qui animent le système, et les mouvements qui en résultent, pris dans des directions contraires, pour former les équations de son mouvement. Ces équations, jointes aux conditions dépendantes de la nature du système, fourniront toutes les données nécessaires à la détermination du mouvement de chaque corps, et il ne restera qu'à intégrer ces équations, ce qui n'est plus qu'une simple question d'analyse.

21. Ces notions admises, considérons un système

de corps réagissant d'une manière arbitraire les uns sur les autres, et sollicités par des forces accélératrices quelconques.

Soient m, m', m'', etc., les masses des différents corps du système; x, y, z, x', y', z', etc., les coordonnées rectangulaires qui déterminent leur position respective; soient X, Y, Z, les trois forces accélératrices qui agissent sur l'unité de la masse m, parallèlement aux axes de ses coordonnées; mX, mY, mZ, seront les forces qui sollicitent le corps m dans la même direction. Soient m'X', m'Y', m'Z', les forces qui sollicitent m' parallèlement aux mêmes axes, et ainsi de suite; désignons par t le temps dont nous supposerons l'élément dt constant. Les vitesses qui animent le corps m, à la fin d'un instant quelconque, seront représentées par $\frac{dx}{dt}, \frac{dy}{dt}, \frac{dz}{dt}$; les forces qui le sollicitent, suivant les axes des x, des y et des z, seront donc $m\frac{dx}{dt}, m\frac{dy}{dt}, m\frac{dz}{dt}$, et ces forces, en vertu de l'action des forces accélératrices, deviendront, dans l'instant suivant,

$$m\frac{dx}{dt} + m\,\mathrm{X}\,dt, \quad m\frac{dy}{dt} + m\,\mathrm{Y}\,dt, \quad m\frac{dz}{dt} + m\mathrm{Z}\,dt.$$

Mais les accroissements véritables que prend parallèlement aux axes coordonnés la vitesse du corps m, à cause de sa liaison avec les autres parties du système, et qu'il s'agit de déterminer, sont $\frac{d^2 x}{dt}, \frac{d^2 y}{dt}, \frac{d^2 z}{dt}$; les forces motrices effectives qui sollicitent le corps m, à la fin de l'instant dt, sont donc

$$m\,\frac{dx}{dt} + m\,\frac{d^2x}{dt}, \quad m\,\frac{dy}{dt} + m\,\frac{d^2y}{dt}, \quad m\,\frac{dz}{dt} + m\,\frac{d^2z}{dt}.$$

En supposant donc les trois premières forces appliquées au corps m, en sens contraire de leur direction, les forces motrices qui agissent sur ce corps seront

$$m\left(\frac{d^2x}{dt} - X\,dt\right), \quad m\left(\frac{d^2y}{dt} - Y\,dt\right), \quad m\left(\frac{d^2z}{dt} - Z\,dt\right); \text{(A)}$$

en marquant successivement d'un accent, de deux accents, etc., les lettres m, x, y, z, X, Y, Z, on aura les expressions des forces semblables qui proviennent des variations du mouvement de chacun des corps m', m'', etc.

Or, en vertu du principe de d'Alembert, le système entier est en équilibre sous l'action de toutes ces forces réunies ; il suffit donc, pour exprimer cette condition, de substituer leurs valeurs dans les six équations générales du n° **7**. En remplaçant ainsi respectivement par les forces (A) les trois composantes P cos a, P cos b, P cos c, on aura

$$
\left.
\begin{aligned}
&\Sigma.m\,\frac{d^2x}{dt^2} = \Sigma.m\,X, \ \ \Sigma.m\,\frac{d^2y}{dt^2} = \Sigma.m\,Y, \ \ \Sigma.m\,\frac{d^2z}{dt^2} = \Sigma.mz;\\[4pt]
&\Sigma.m\left(\frac{x\,d^2y - y\,d^2x}{dt^2}\right) = \Sigma.m\,(xY - yX),\\[4pt]
&\Sigma.m\left(\frac{z\,d^2x - x\,d^2z}{dt^2}\right) = \Sigma.m\,(zX - xZ),\\[4pt]
&\Sigma.m\left(\frac{y\,d^2z - z\,d^2y}{dt^2}\right) = \Sigma.m\,(yZ - zY).
\end{aligned}
\right\} \text{(B)}
$$

Telles sont les équations du mouvement d'un système quelconque de corps m, m' m'', etc., qui ne contient aucun point fixe. Si quelqu'un de ces corps était astreint à se mouvoir sur une surface ou une courbe donnée, en comprenant parmi les forces qui lui sont appliquées la résistance qu'il éprouve de la part de cette surface ou de cette courbe, on pourrait le regarder ensuite comme entièrement libre, et les équations précédentes seraient encore, dans ce cas, celles du mouvement du système.

22. Les six équations (B) renferment plusieurs principes généraux de mouvement que nous allons successivement développer. Faisons d'abord abstraction des trois dernières.

Si l'on désigne par X, Y, Z, les trois coordonnées du centre de gravité du système de corps m, m', m'', etc., on aura, n° **8**,

$$X = \frac{\Sigma.mx}{\Sigma.m}, \quad Y = \frac{\Sigma.my}{\Sigma.m}, \quad Z = \frac{\Sigma.mz}{\Sigma.m};$$

d'où l'on tire, en différentiant deux fois par rapport à t,

$$\frac{d^2 X}{dt^2} = \frac{\Sigma.m\frac{d^2x}{dt^2}}{\Sigma.m}, \quad \frac{d^2 X}{dt^2} = \frac{\Sigma.m\frac{d^2y}{dt^2}}{\Sigma.m}, \quad \frac{d^2 Z}{dt^2} = \frac{\Sigma.m\frac{d^2z}{dt^2}}{\Sigma.m}.$$

On aura donc, en vertu des trois premières équations (B),

$$\frac{d^2 X}{dt^2} = \frac{\Sigma.mX}{\Sigma.m}, \quad \frac{d^2 Y}{dt^2} = \frac{\Sigma.mY}{\Sigma.m}, \quad \frac{d^2 Z}{dt^2} = \frac{\Sigma.mZ}{\Sigma.m}; \quad (C)$$

c'est-à-dire que le centre de gravité du système se

meut dans l'espace comme si toutes les masses m, m', m'', etc., y étaient réunies, et comme si toutes les forces qui sollicitent ces corps, lui étaient directement appliquées.

Si l'action mutuelle des différents corps du système est la seule force accélératrice qui agit sur ces corps, les trois quantités $\Sigma.m\,X$, $\Sigma.m\,Y$, $\Sigma.m\,Z$, seront nulles. Il suffit, pour s'en convaincre, de considérer que, dans la nature, l'action devant toujours être égale à la réaction, la somme des actions et des réactions qu'un nombre quelconque de corps exercent les uns sur les autres se réduit nécessairement à zéro. En effet, désignons par P l'action qu'exerce un élément de la masse m' sur un élément quelconque de m : quelle que soit la nature de cette action, m'P sera la force accélératrice dont m est animé par l'action de m' ; en nommant donc p la distance mutuelle de ces deux corps, on aura, en vertu de cette action seule,

$$X = \frac{m'\mathrm{P}\,(x'-x)}{p}, \quad Y = \frac{m'\mathrm{P}\,(y'-y)}{p}, \quad Z = \frac{m'\mathrm{P}\,(z'-z)}{p}.$$

L'action de m sur m' donnerait de même

$$X' = \frac{m\mathrm{P}\,(x-x')}{p}, \quad Y' = \frac{m\mathrm{P}\,(y-y')}{p}, \quad Z' = \frac{m\mathrm{P}\,(z-z')}{p};$$

d'où l'on conclura

$$m X + m' X' = 0, \quad m Y + m' Y' = 0, \quad m Z + m' Z' = 0.$$

On trouverait des équations semblables en considérant les actions réciproques de m et m'', de m' et m'', etc.

Si le système n'est sollicité par aucune force étrangère, on aura donc

$$\Sigma.mX = 0, \quad \Sigma.mY = 0, \quad \Sigma.mZ = 0.$$

Les équations (C) deviennent, dans ce cas,

$$\frac{d^2x}{dt^2} = 0, \quad \frac{d^2y}{dt^2} = 0, \quad \frac{d^2z}{dt^2} = 0;$$

d'où l'on tire, en intégrant,

$$x = a + bt, \quad y = a' + b't, \quad z = a'' + b''t;$$

a, b, a', b', a'', b'', étant les constantes arbitraires introduites par l'intégration.

Si l'on élimine le temps t entre ces équations, il en résultera une équation linéaire, soit entre x et y, soit entre x et z, soit entre y et z; d'où il suit que le mouvement du centre de gravité se fait en ligne droite, et la vitesse dont ce point est animé est égale à $\sqrt{\dfrac{dx^2 + dy^2 + dz^2}{dt^2}}$ ou à $\sqrt{b^2 + b'^2 + b''^2}$. Cette vitesse est donc constante, et le mouvement est à la fois rectiligne et uniforme.

Ainsi donc, de même que par la loi d'inertie un point matériel ne peut, sans l'intervention d'une cause étrangère, changer le mouvement qu'il a reçu, de même un système de corps ne saurait altérer le mouvement de son centre de gravité, par la seule action de ses parties les unes sur les autres. Ce résultat remarquable constitue une loi générale du mouvement que l'on a nommée *principe de la conservation du centre de gravité*.

23. Considérons maintenant les trois dernières équations (B).

Si l'on multiplie par dt, et qu'on intègre ensuite par rapport au temps t ces équations, on trouve

$$\left. \begin{aligned}
\Sigma \,.\, m \,\frac{x\,dy - y\,dx}{dt} &= c + \Sigma \,.\, \int m \,(x\mathrm{Y} - y\mathrm{X})\,dt, \\[2mm]
\Sigma \,.\, m \,\frac{z\,dx - x\,dz}{dt} &= c' + \Sigma \,.\, \int m \,(z\mathrm{X} - x\mathrm{Z})\,dt, \\[2mm]
\Sigma \,.\, m \,\frac{y\,dz - z\,dy}{dt} &= c'' + \Sigma \,.\, \int m \,(y\mathrm{Z} - z\mathrm{Y})\,dt;
\end{aligned} \right\} (\mathrm{D})$$

c, c', c'', étant trois constantes arbitraires.

Lorsque le système n'est soumis qu'à l'attraction mutuelle des corps qui le composent, et à une force dirigée vers l'origine des coordonnées, les seconds membres des équations précédentes sont nuls. Pour le faire voir, désignons, comme précédemment, par P l'action réciproque de deux éléments des masses m et m', et par p leur distance mutuelle, on aura, en vertu de cette action seule,

$$\Sigma \,.\, m \,(x\mathrm{Y} - y\mathrm{X}) = - \, mm' \,\mathrm{P}$$
$$\times \left(x\,\frac{y - y'}{p} - y\,\frac{x - x'}{p} + x'\,\frac{y' - y}{p} - y'\,\frac{x' - x}{p} \right) = 0.$$

L'action mutuelle des corps du système disparaît donc de l'intégrale finie $\Sigma \,.\, m \,(x\mathrm{Y} - y\mathrm{X})$.

Nommons F la force qui sollicite m vers l'origine des coordonnées, et $f = \sqrt{x^2 + y^2 + z^2}$ la distance de ce corps à cette origine ; on aura, relativement à la force F,

$$X = -F\,\frac{x}{f}, \quad Y = -F\,\frac{y}{f}, \quad Z = -F\,\frac{z}{f}.$$

Substituons ces valeurs dans les expressions $x\mathrm{Y} - y\mathrm{X}$, $z\mathrm{X} - x\mathrm{Z}$, $y\mathrm{Z} - z\mathrm{Y}$, la force F en disparaît évidemment; il en serait de même des forces F′, F″, etc., relatives à m', m'', etc. Ainsi donc, lorsque les différents corps du système ne sont sollicités que par leur attraction réciproque et par des forces dirigées vers l'origine des coordonnées, on a

$$\Sigma.m\,(x\mathrm{Y} - y\mathrm{X}) = 0, \quad \Sigma.m\,(z\mathrm{X} - x\mathrm{Z}) = 0,$$
$$\Sigma.m\,(y\mathrm{Z} - z\mathrm{Y}) = 0.$$

Les équations (D) deviennent donc, dans ce cas,

$$\left.\begin{aligned}\Sigma.m\,(xdy - ydx) = cdt, \quad \Sigma.m\,(zdx - xdz) = c'dt, \\ \Sigma.m\,(ydz - zdy) = c''dt.\end{aligned}\right\}(\mathrm{E})$$

La différentielle $xdy - ydx$ représente le double de l'aire décrite autour de l'origine des coordonnées pendant l'instant dt par la projection du rayon vecteur de m sur le plan des x et des y; les différentielles $zdx - xdz$ et $ydz - zdy$ sont le double des aires décrites pendant le même instant par les projections de ce rayon vecteur sur les plans des xz et des yz. Les premiers membres des équations précédentes représentent donc la somme des aires tracées par les projections des rayons vecteurs des différents corps du système sur chacun des plans coordonnés, multipliées respectivement par les masses de ces corps; cette

I.

somme est par conséquent proportionnelle à l'élément du temps, et dans un temps fini, elle est proportionnelle au temps. Ce théorème constitue la loi générale du mouvement qu'on a nommée *principe de la conservation des aires*.

Lorsque la seule force qui agit sur le système, est l'attraction mutuelle des corps qui le composent, et que par conséquent la force F est nulle, on peut choisir arbitrairement l'origine des coordonnées, et le théorème que nous venons d'énoncer a lieu pour tous les points de l'espace. Dans les deux cas, le principe des aires subsiste pour tous les plans que l'on peut mener par le point que l'on a pris pour l'origine des coordonnées.

Les aires décrites par les projections des rayons vecteurs de m, m', m'', etc., sur chacun des plans coordonnés, sont évidemment les projections sur ces plans des aires décrites dans l'espace par ces mêmes rayons. Ces projections changent de valeur selon la direction des plans coordonnés ; et comme nous venons de voir qu'on pouvait choisir ces plans à volonté, il y en a nécessairement un pour lequel la somme de ces projections, multipliées respectivement par les masses m, m', m'', etc., est un *maximum*. Proposons-nous de déterminer ce plan.

Soient l, l', l'', les angles qu'il forme respectivement avec les trois plans coordonnés ; désignons par L la somme des aires tracées sur ce plan pendant l'unité de temps, par les projections des rayons vecteurs des différents corps du système, et multipliées respectivement par leurs masses, somme que nous supposons être la plus grande possible. On aura, par les propriétés connues des projections,

$$\Sigma . m\,(x\,dy - y\,dx) = \mathrm{L}\,dt\,\cos l,$$
$$\Sigma . m\,(z\,dx - x\,dz) = \mathrm{L}\,dt\,\cos l',$$
$$\Sigma . m\,(y\,dz - z\,dy) = \mathrm{L}\,dt\,\cos l''.$$

En substituant aux premiers membres de ces équations leurs valeurs $c\,dt$, $c'\,dt$, $c''\,dt$, on aura trois nouvelles équations, d'où l'on tirera d'abord

$$\mathrm{L}^2 = c^2 + c'^2 + c''^2,$$

et ensuite

$$\cos l = \frac{c}{\sqrt{c^2 + c'^2 + c''^2}}, \quad \cos l' = \frac{c'}{\sqrt{c^2 + c'^2 + c''^2}}, \left.\begin{array}{c} \\ \\ \cos l'' = \dfrac{c''}{\sqrt{c^2 + c'^2 + c''^2}}. \end{array}\right\}\ (g)$$

Les angles l, l', l'', sont donc constants par rapport au temps t, et le plan principal de projection reste toujours parallèle à lui-même pendant toute la durée du mouvement, quels que soient les changements survenus dans les positions respectives des corps du système. C'est à cause de cette propriété remarquable que ce plan a été nommé *plan invariable*. Il existe un plan semblable dans tout système de corps qui ne sont soumis qu'à leurs actions mutuelles et à une force dirigée vers le centre des coordonnées. La considération de ce plan peut donc être de la plus grande utilité dans la théorie du système du monde, parce qu'il sera facile de retrouver dans tous les siècles sa position, et qu'on aura ainsi un plan stable auquel on pourra rapporter celle des corps célestes.

Il est aisé de fixer à chaque instant la position du plan principal de projection, lorsque l'on connaît, pour cet instant, les coordonnées de tous les corps du système, et les vitesses dont ils sont animés, suivant les axes de ces coordonnées. En effet, soient x, y, z, les coordonnées de m dans un instant donné ; $\frac{dx}{dt}$, $\frac{dy}{dt}$, $\frac{dz}{dt}$, les composantes de la vitesse dont ce corps est animé, dans le même instant ; x', y', z', $\frac{dx'}{dt}$, $\frac{dy'}{dt}$, $\frac{dz'}{dt}$, les coordonnées et les vitesses correspondantes de m', et ainsi de suite ; on aura, pour les valeurs des trois constantes c, c', c'',

$$c = \Sigma . m \left(x \frac{dy}{dt} - y \frac{dx}{dt} \right), \quad c' = \Sigma . m \left(z \frac{dx}{dt} - x \frac{dz}{dt} \right),$$

$$c'' = \Sigma . m \left(y \frac{dz}{dt} - z \frac{dy}{dt} \right).$$

Si l'on prend le plan invariable déterminé par les équations (g), pour l'un des plans coordonnés, pour celui des x et des y par exemple, les angles l' et l'' seront chacun de 90° ; on aura donc alors $\cos l' = 0$, $\cos l'' = 0$, ce qui exige que c' et c'' soient nuls. Les deux quantités $\frac{1}{2} c'$, $\frac{1}{2} c''$, multipliées par le temps t, représentent les sommes des aires tracées par les projections des rayons vecteurs des différents corps du système sur les plans des xz et des yz, et multipliées respectivement par leurs masses. Le plan invariable jouit donc encore de cette propriété singulière, savoir : que cette somme est nulle par rapport à tout plan qui lui est perpendiculaire, puisque la direction des axes des x et des y est arbitraire. Il est donc naturel de choisir ce plan pour l'un des plans des coordonnées, de même qu'on rapporte ordinairement leur origine au centre de gravité du système, l'égalité à zéro des deux constantes c' et c'' devant rendre en effet les équations dans lesquelles entrent ces constantes beaucoup plus faciles à traiter. Nous en verrons bientôt des exemples.

24. Les principes de la conservation des aires et du mouvement du centre de gravité dérivent naturellement des équations (B), dont ils ne sont, pour ainsi dire, qu'une simple traduction ; mais il existe une autre loi générale de mouvement, nommée *principe de la conservation des forces vives*, qui, n'étant plus comprise dans ces équations, exige que, pour la démontrer, on considère sous un nouveau point de vue le mouvement d'un système de corps.

A cet effet, nous remarquerons que si, aux forces qui sollicitent l'un quelconque des corps qui le composent, on ajoute les réactions qu'il éprouve de la part des autres parties du système, considérées comme des forces qui agissent sur lui, on pourra faire ensuite abstraction du reste du système, et les mouvements de ce corps seront déterminés par les équations que nous avons trouvées pour les mouvements d'un point matériel libre.

Soient donc $m\mathrm{X}$, $m\mathrm{Y}$, $m\mathrm{Z}$, les composantes des forces qui agissent sur m, ces forces étant estimées comme nous venons de le dire ; soient de même $m'X'$, $m'Y'$, $m'Z'$, les forces qui agissent sur m', et ainsi de suite. On aura, pour déterminer les mouvements des corps m, m', m'', etc., le système d'équations différentielles suivant :

$$\left. \begin{aligned} m\,\frac{d^2x}{dt^2} &= m\mathrm{X}, \quad m\,\frac{d^2y}{dt^2} = m\mathrm{Y}, \quad m\,\frac{d^2z}{dt^2} = m\mathrm{Z}, \\ m'\,\frac{d^2x'}{dt^2} &= m'\mathrm{X}', \quad m'\,\frac{d^2y'}{dt^2} = m'\mathrm{Y}', \quad m'\,\frac{d^2z'}{dt^2} = m'\mathrm{Z}', \end{aligned} \right\} \ (m)$$

. . .

Maintenant, si l'on multiplie l'équation en x par $2\,dx$, l'équation en y par $2\,dy$, l'équation en z par $2\,dz$, puis l'équation en x' par $2\,dx'$, et ainsi de suite, qu'on ajoute ensuite les équations résultantes, et qu'on intègre leur somme, on aura

$$\Sigma.\,m\,\frac{dx^2 + dy^2 + dz^2}{dt^2} = c + 2\,\Sigma.\!\int m\,(\mathrm{X}\,dx + \mathrm{Y}\,dy + \mathrm{Z}\,dz), \ \ (p)$$

c étant une constante arbitraire.

Si la quantité $\Sigma.\,m\,(\mathrm{X}\,dx + \mathrm{Y}\,dy + \mathrm{Z}\,dz)$ est la différentielle exacte d'une fonction des coordonnées x, y, z, x', y', z', etc., que nous désignerons par $\varphi\,(x,\ y,\ z,\ x', y', z',$ etc.$)$, le second membre de l'équation précédente s'intégrera immédiatement ; et en nommant v la vitesse du corps m, on aura

$$\Sigma.\,mv^2 = c + 2\,\varphi\,(x,\ y,\ z,\ x',\ y',\ z',\ \text{etc.}). \ \ (q)$$

Cette équation est semblable à celle que nous avons

trouvée n° **13** en considérant le mouvement d'un point matériel isolé, elle conduit à des résultats analogues.

On appelle *force vive* d'un corps le produit de sa masse par le carré de sa vitesse. Il résulte de l'équation précédente que si le système que l'on considère n'est sollicité par l'action d'aucune force accélératrice, la somme des forces vives des corps qui le composent, ou la force vive totale du système, est constante, et que, s'il est sollicité par des forces quelconques, l'accroissement de la force vive du système, en passant d'un point à un autre, est indépendant des courbes décrites par ces différents corps ; cet accroissement est nul, et la force vive totale redevient la même toutes les fois que le système reprend la même position. Ce théorème constitue la loi de mouvement qu'on a nommée *principe de la conservation des forces vives*.

L'équation (q), d'où l'on déduit le principe que nous venons d'établir, suppose que la fonction $\Sigma . m\,(\mathrm{X}\,dx + \mathrm{Y}\,dy + \mathrm{Z}\,dz)$ est une différentielle exacte. Cette condition est remplie, ainsi que nous l'avons fait voir n° **13**, lorsque les composantes X, Y, Z, etc., proviennent de forces attractives dirigées vers des centres fixes, et représentées en intensité par des fonctions de leurs distances à ces centres. Elle le serait encore si ces composantes résultaient de l'attraction mutuelle des différents corps du système, cette attraction étant supposée s'exercer proportionnellement aux masses, et suivant une fonction quelconque de la distance.

Pour le faire voir, soit p la distance des deux corps

m et m' du système, en sorte qu'on ait

$$p^2 = (x' - x)^2 + (y' - y)^2 + (z' - z)^2.$$

Soit P une fonction donnée de p, représentant l'action réciproque de deux éléments des masses m et m', cette force étant dirigée suivant la droite qui joint ces points; m'P sera la force accélératrice de m provenant de l'action m'; mP, la force accélératrice de m' provenant de l'action m. La première donnera, suivant les axes des x, des y et des z, les trois composantes

$$- m' P \frac{dp}{dx}, \quad - m' P \frac{dp}{dy}, \quad - m' P \frac{dp}{dz};$$

la seconde, les trois composantes

$$- m P \frac{dp}{dx'}, \quad - m P \frac{dp}{dy'}, \quad - m P \frac{dp}{dz'}.$$

En ne considérant donc que l'action mutuelle de m et m', on aura

$$\Sigma . m \left(\mathrm{X}\, dx + \mathrm{Y}\, dy + \mathrm{Z}\, dz \right) = - m m' \, \mathrm{P}\, dp,$$

quantité qui est une différentielle complète, puisque P est fonction de p.

Ainsi l'équation (q), et le principe des forces vives que nous en avons déduit, ont lieu dans le mouvement de tout système de corps soumis à leurs actions mutuelles et à des attractions dirigées vers des centres fixes, ce qui comprend à peu près toutes les forces de la nature, et notamment celles qui animent les corps célestes. Le *principe des forces vives* ne subsisterait plus si quelques-uns de ces corps se mouvaient dans des milieux résistants, ou s'ils étaient attirés vers des centres mobiles.

25. Il nous reste à démontrer une dernière loi générale qui s'observe dans le mouvement d'un système de corps, et qu'on a nommée *principe de la moindre action*. Pour cela, reprenons l'équation (p); en la différentiant par rapport à la caractéristique δ, on aura

$$\Sigma . m v \delta v = \Sigma . m \left(X \delta x + Y \delta y + Z \delta z \right).$$

Mais si, après avoir multiplié les équations (m), la première par δx, la seconde par δy, la troisième par δz, et ainsi de suite, on les ajoute, on trouve

$$\Sigma . m \left(\frac{d^2 x}{dt^2} \delta x + \frac{d^2 y}{dt^2} \delta y + \frac{d^2 z}{dt^2} \delta z \right) = \Sigma . m \left(X \delta x + Y \delta y + Z \delta z \right).$$

Partant,

$$\Sigma . m v \, dt \, \delta v = \Sigma . m \left(\frac{d^2 x}{dt} \delta x + \frac{d^2 y}{dt} \delta y + \frac{d^2 z}{dt} \delta z \right).$$

Soient ds l'élément de la courbe décrite par m, ds' l'élément de la courbe décrite par m', etc., on aura

$$v \, dt = ds, \quad ds = \sqrt{dx^2 + dy^2 + dz^2},$$
$$v' dt = ds', \quad ds' = \sqrt{dx'^2 + dy'^2 + dz'^2},$$
$$\cdots$$

Par conséquent

$$\Sigma . m ds \, \delta v = \Sigma . m \left(\frac{d^2 x}{dt} \delta x + \frac{d^2 y}{dt} \delta y + \frac{d^2 z}{dt} \delta z \right). \ (a)$$

Mais en différentiant l'expression de ds, on a

$$\frac{ds}{dt}\partial.ds = \frac{dx}{dt}\partial.dx + \frac{dy}{dt}\partial.dy + \frac{dz}{dt}\partial.dz.$$

Et comme les caractéristiques ∂ et d sont indépendantes,

$$\left.\begin{aligned}
\Sigma.mv\,d\partial s &= \Sigma.m\,\frac{d.(dx\,\partial x + dy\,\partial y + dz\,\partial z)}{dt}\\
&\quad - \Sigma.m\left(\frac{d^2x}{dt}\partial x + \frac{d^2y}{dt}\partial y + \frac{d^2z}{dt}\partial z\right).
\end{aligned}\right\}\ (b)$$

Ajoutons les deux équations (a) et (b), en remarquant que

$$\Sigma.m\,ds\,\partial v + \Sigma.mv\,d\partial s = \Sigma.m\,\partial.v\,ds,$$

on aura

$$\Sigma.m\,\partial.v\,ds = \Sigma.m\,d.\left(\frac{dx\,\partial x + dy\,\partial y + dz\,\partial z}{dt}\right);$$

et en intégrant, ce qui revient à supprimer la caractéristique d devant la parenthèse,

$$\Sigma.\partial.\int mv\,ds = \Sigma.m\left(\frac{dx}{dt}\partial x + \frac{dy}{dt}\partial y + \frac{dz}{dt}\partial z\right).$$

Les points extrêmes des courbes décrites par les corps du système étant supposés fixes, les valeurs de ∂x, ∂y, ∂z, qui s'y rapportent, sont égales à zéro; on a donc alors

$$\Sigma\,\partial.\int mv\,ds = 0;$$

c'est-à-dire que la fonction $\Sigma.\int mv\,ds$ ou $\Sigma.\int mv^2\,dt$ est un *minimum*; ce qui constitue le principe de la moindre action dans le mouvement d'un système de corps. Ce principe, qu'on avait longtemps cherché à déduire de considérations métaphysiques, résulte directement, comme on voit, des équations différentielles du mouvement, et l'on peut l'énoncer ainsi : La somme des forces vives d'un système de corps, pendant le temps qu'il emploie à passer d'une position à une autre, est un *minimum*. C'est-à-dire que dans la nature un système de corps est transporté d'un point à un autre en dépensant la moindre quantité possible de forces vives. Si les corps ne sont sollicités par aucune force accélératrice, la force vive du système, pendant un temps déterminé, est proportionnelle à ce temps ; ce système parvient donc alors d'une position donnée à une autre, dans le temps le plus court.

26. Nous avons, jusqu'ici, regardé comme fixe l'origine des coordonnées auxquelles nous rapportions la position des corps du système, dont nous considérions les mouvements ; mais il est aisé de démontrer que le principe de la conservation des aires, celui de la conservation des forces vives, et celui de la moindre action, auraient encore lieu en supposant à cette origine un mouvement rectiligne et uniforme dans l'espace. En effet, soient X, Y, Z, les coordonnées de cette origine mobile, par rapport à un point invariable quelconque, pris pour l'origine des coordonnées x, y, z, x', y', z', etc.; si l'on désigne par $x_{,}$, $y_{,}$, $z_{,}$, $x'_{,}$, $y'_{,}$, $z'_{,}$, etc., les coordonnées des corps m, m', m'', etc., relatives à la première origine, on aura

$$x = \mathrm{x} + x_{,}, \quad y = \mathrm{y} + y_{,}, \quad z = \mathrm{z} + z_{,}, \atop x' = \mathrm{x} + x'_{,}, \quad y' = \mathrm{y} + y'_{,}, \quad z' = \mathrm{z} + z'_{,}, \left.\right\} \ (\mathrm{o})$$

. . .

Différentions deux fois ces valeurs, et substituons les valeurs résultantes dans les six équations (B). Les trois premières deviendront

$$\Sigma.m\left(\frac{d^2\mathrm{x} + d^2x_{,}}{dt^2}\right) = \Sigma.m\,\mathrm{X}, \quad \Sigma.m\left(\frac{d^2\mathrm{x} + d^2y_{,}}{dt^2}\right) = \Sigma.m\,\mathrm{Y},$$

$$\Sigma.m\left(\frac{d^2\mathrm{z} + d^2z_{,}}{dt^2}\right) = \Sigma.m\,\mathrm{Z}.$$

Mais en vertu du mouvement rectiligne et uniforme supposé à l'origine des coordonnées, on a

$$\frac{d^2\mathrm{x}}{dt^2} = 0, \quad \frac{d^2\mathrm{y}}{dt^2} = 0, \quad \frac{d^2\mathrm{z}}{dt^2} = 0.$$

Les trois équations précédentes se réduisent donc à celles-ci :

$$\Sigma.m\frac{d^2x_{,}}{dt^2} = \Sigma.m\,\mathrm{X}, \quad \Sigma.m\frac{d^2y_{,}}{dt^2} = \Sigma.m\,\mathrm{Y}, \quad \Sigma.m\frac{d^2z_{,}}{dt^2} = \Sigma.m\,\mathrm{Z}.$$

Effectuons les mêmes substitutions dans la quatrième des équations (B). On aura d'abord

$$\frac{\mathrm{x}\,\Sigma.m\,d^2y_{,} - \mathrm{y}\,\Sigma.m\,d^2x_{,}}{dt^2} + \Sigma.m\,\frac{x_{,}d^2y_{,} - y_{,}d^2x_{,}}{dt^2}$$

$$= \Sigma.m\,(\mathrm{Y}x_{,} - \mathrm{X}y_{,}) + \mathrm{x}\,\Sigma.m\,\mathrm{Y} - \mathrm{y}\,\Sigma.m\,\mathrm{X};$$

équation qui, en vertu des trois précédentes, se réduit à

$$\Sigma.m\left(\frac{x_{,}d^2y_{,} - y_{,}d^2x_{,}}{dt^2}\right) = \Sigma.m\,(x_{,}\mathrm{Y} - y_{,}\mathrm{X}).$$

On trouvera de même

$$\Sigma . m \left(\frac{z_, d^2 x_, - x_, d^2 z_,}{dt^2} \right) = \Sigma . m \left(z_, \mathrm{X} - x_, \mathrm{Z} \right),$$

$$\Sigma . m \left(\frac{y_, d^2 z_, - z_, d^2 y_,}{dt^2} \right) = \Sigma . m \left(y_, \mathrm{Z} - z_, \mathrm{Y} \right).$$

Les six équations qui déterminent le mouvement d'un système de corps, conservent donc absolument la même forme, soit qu'on suppose fixe ou mobile l'origine des coordonnées; il en serait de même des équations (*m*) du n° **24**; on pourra donc, dans les deux cas, en déduire par les mêmes raisonnements, les principes de la conservation des aires et des forces vives, ainsi que le principe de la moindre action.

Voyons maintenant ce que devient, par cette transposition de l'origine des coordonnées, le plan que nous avons nommé *plan invariable*. Pour cela, reprenons les trois équations (E) n° **23**, dont la considération nous a conduits à la découverte de ce plan; si, dans ces équations, on substitue pour x, y, z, leurs valeurs (o), en remarquant que par l'hypothèse du mouvement rectiligne de l'origine, on a

$$\mathrm{x}\, d\mathrm{y} - \mathrm{y}\, d\mathrm{x} = 0, \quad \mathrm{x}\, d\mathrm{z} - \mathrm{z}\, d\mathrm{x} = 0, \quad \mathrm{z}\, d\mathrm{y} - \mathrm{y}\, d\mathrm{z} = 0 ;$$

on trouvera

$$\Sigma . m \left(x_, dy_, - y_, dx_, \right) = c\, dt,$$

$$\Sigma . m \left(z_, dx_, - x_, dz_, \right) = c'\, dt,$$

$$\Sigma . m \left(y_, dz_, - z_, dy_, \right) = c''\, dt.$$

Les trois constantes c, c', c'', déterminent la position du plan invariable; d'où l'on peut conclure que ce plan conservera toujours des directions parallèles pendant le mouvement de l'origine des coordonnées.

Nous avons vu que lorsque le système n'est soumis à l'action d'aucune force étrangère, le centre de gravité était transporté dans l'espace d'un mouvement rectiligne et uniforme; il suit donc de ce qui précède, que si l'on fixe à ce centre l'origine des coordonnées, les principes de la conservation des aires et des forces vives auront encore lieu par rapport à cette origine, et le plan invariable, passant constamment par ce point, sera emporté avec lui dans le mouvement général du système, en restant toujours parallèle à lui-même.

Le principe de la conservation des aires et celui des forces vives peuvent se réduire à de simples relations entre les coordonnées des distances mutuelles des différents corps du système. En effet, prenons pour origine des coordonnées le centre de gravité du système; les trois équations (E), n° **23**, peuvent s'écrire ainsi :

$$\frac{\Sigma.\,mm'\left[\left(x'-x\right)\left(dy'-dy\right)-\left(y'-y\right)\left(dx'-dx\right)\right]}{\Sigma.\,m}=c\;dt,$$

$$\frac{\Sigma.\,mm'\left[\left(z'-z\right)\left(dx'-dx\right)-\left(x'-x\right)\left(dz'-dz\right)\right]}{\Sigma.\,m}=c'\,dt,$$

$$\frac{\Sigma.\,mm'\left[\left(y'-y\right)\left(dz'-dz\right)-\left(z'-z\right)\left(dy'-dy\right)\right]}{\Sigma.\,m}=c''\,dt;$$

équations qui ne dépendent que des coordonnées des distances mutuelles des corps.

Les premiers membres de ces équations représentent la somme des aires tracées sur chacun des plans coordonnés par les projections de la droite qui joint deux corps du système, dont l'un est supposé se mouvoir autour de l'autre regardé comme immobile; chaque aire étant multipliée par le produit des deux masses que l'on considère, et divisée par la somme des masses du système.

Il suit encore de ces équations, que le plan qui passe par l'un quelconque des corps du système, et par rapport auquel la fonction précédente est un *maximum*, est parallèle au plan passant par le centre de gravité, et que nous avons nommé *plan maximum des aires*. Ce nouveau plan reste également toujours parallèle à lui-même pendant toute la durée du mouvement, et les seconds membres des équations précédentes sont nuls par rapport à tout plan passant par le même corps, et qui lui est perpendiculaire.

On peut donner à l'équation (p) du n° **24** cette forme,

$$\Sigma.mm'\left[\frac{(dx'-dx)^2+(dy'-dy)^2+(dz'-dz)^2}{dt^2}\right] \left.\begin{array}{c} \\ \\ \end{array}\right\}(p)$$
$$= \text{const.} - 2\,\Sigma.m.\Sigma.\int mm'\,\mathrm{F}\,df.$$

Le premier membre de cette équation exprime le carré des vitesses relatives des corps du système les uns autour des autres, en les considérant deux à deux, et en regardant l'un des deux comme immobile, chaque carré étant multiplié par le produit des deux masses que l'on a considérées.

Nous terminerons ce chapitre par une remarque

importante sur l'extension à donner aux quatre principes que nous venons de développer. Celui de l'uniformité du mouvement du centre de gravité et celui de la conservation des aires subsistent quelle que soit l'action que les corps du système exercent les uns sur les autres, même en se choquant, ce qui les rend très-utiles dans beaucoup de circonstances. Mais il n'en est pas de même du principe de la conservation des forces vives, et de celui de la moindre action; pour qu'ils puissent subsister, il faut que les variations des vitesses des différents corps du système s'opèrent par des nuances insensibles; ils n'auraient plus lieu si le système éprouvait quelque brusque changement dans ses mouvements, soit par l'action mutuelle des corps qui le composent, soit par la rencontre d'obstacles extérieurs.

CHAPITRE V.

DU MOUVEMENT D'UN CORPS SOLIDE.

27. Les six équations que nous avons trouvées dans le chapitre précédent, pour déterminer les mouvements d'un système de points matériels liés entre eux d'une manière quelconque, peuvent aisément s'étendre au cas où ce système forme un corps solide. En effet, il suffit alors de supposer que les distances mutuelles des parties du système sont inaltérables, et de substituer aux masses m, m', m'', etc., les éléments infiniment petits du corps que l'on considère.

Soit donc dm un de ces éléments; désignons par X, Y, Z, les forces accélératrices qui agissent sur lùi, parallèlement aux trois axes de ses coordonnées rectangulaires x, y, z, et remplaçons dans les équations (B) du n° **21**, le signe Σ, qui désigne des intégrales finies, par le signe S, relatif aux intégrales ordinaires; ces équations deviendront

$$\left.\begin{array}{l} \mathrm{S}.\dfrac{d^2x}{dt^2}\,dm = \mathrm{S}.\mathrm{X}\,dm, \qquad \mathrm{S}.\dfrac{d^2y}{dt^2}\,dm = \mathrm{S}.\mathrm{Y}\,dm, \\[2ex] \qquad\qquad \mathrm{S}.\dfrac{d^2z}{dt^2}\,dm = \mathrm{S}.\mathrm{Z}\,dm, \\[2ex] \mathrm{S}.\left(\dfrac{x\,d^2y - y\,d^2x}{dt^2}\right)dm = \mathrm{S}.\left(x\,\mathrm{Y} - y\,\mathrm{X}\right)dm, \\[2ex] \mathrm{S}.\left(\dfrac{z\,d^2x - x\,d^2z}{dt^2}\right)dm = \mathrm{S}.\left(z\,\mathrm{X} - x\,\mathrm{Z}\right)dm, \\[2ex] \mathrm{S}.\left(\dfrac{y\,d^2z - z\,d^2y}{dt^2}\right)dm = \mathrm{S}.\left(y\,\mathrm{Z} - z\,\mathrm{Y}\right)dm; \end{array}\right\} \;(a)$$

le signe intégral S se rapportant à la molécule dm, et devant s'étendre à la masse entière du corps.

Ces six équations serviront à déterminer complétement les mouvements d'un corps solide de figure quelconque. Les trois dernières renferment le principe des aires. Si le corps était retenu par un point fixe, elles suffiraient pour déterminer son mouvement de rotation autour de ce point.

Si, au lieu de prendre arbitrairement l'origine des coordonnées, on fixe cette origine au centre de gravité du corps, qu'on désigne par X, Y, Z, les coordonnées de ce point, par $x_{,}, y_{,}, z_{,}$, les coordonnées de l'élément dm rapportées au centre de gravité, en sorte qu'on ait

$$x = \mathrm{X} + x_{,}, \quad y = \mathrm{Y} + y_{,}, \quad z = \mathrm{Z} + z_{,}; \ (f)$$

qu'on substitue ensuite ces valeurs et leurs différentielles dans les trois premières équations (a), en désignant par m la masse entière du corps, et en observant que X, Y, Z, étant les mêmes pour tous les éléments, on a

$$\mathrm{S}.\frac{d^2\mathrm{X}}{dt^2}\,dm = m\,\frac{d^2\mathrm{X}}{dt^2}, \quad \mathrm{S}.\frac{d^2\mathrm{Y}}{dt^2}\,dm = m\,\frac{d^2\mathrm{Y}}{dt^2},$$
$$\mathrm{S}.\frac{d^2\mathrm{Z}}{dt^2}\,dm = m\,\frac{d^2\mathrm{Z}}{dt^2};$$

que de plus, par la nature du centre de gravité,

$$\mathrm{S}.x_{,}\,dm = 0, \quad \mathrm{S}.y_{,}\,dm = 0, \quad \mathrm{S}.z_{,}\,dm = 0,$$

ce qui donne

$$\mathrm{S}.\frac{d^2x_{,}}{dt^2}\,dm = 0, \quad \mathrm{S}.\frac{d^2y_{,}}{dt^2}\,dm = 0, \quad \mathrm{S}.\frac{d^2z_{,}}{dt^2}\,dm = 0.$$

Ces équations deviennent

$$m \frac{d^2x}{dt^2} = S.X\,dm, \quad m \frac{d^2y}{dt^2} = S.Y\,dm, \quad m \frac{d^2z}{dt^2} = S.Z\,dm. \quad (b)$$

On déterminera par leur moyen le mouvement du centre de gravité du corps. On voit que ce point se meut dans l'espace comme si, la masse entière du corps y étant réunie, toutes les forces qui sollicitent le corps lui étaient immédiatement appliquées. Cette remarque est analogue à celle que nous ont fournie, n° **22**, les équations différentielles du mouvement du centre de gravité d'un système de corps.

Substituons de même, dans les trois dernières équations (a), à la place des variables x, y, z, et de leurs différentielles, leurs valeurs tirées des équations (f). La première de ces trois équations deviendra ainsi

$$\left. \begin{aligned} &S.\left[\frac{(X+x_{,})(d^2Y+d^2y_{,}) - (Y+y_{,})(d^2X+d^2x_{,})}{dt^2}\right] dm \\ &\qquad = S.\left[(X+x_{,})Y - (Y+y_{,})X\right] dm. \end{aligned} \right\}(4)$$

Mais X, Y, Z étant les mêmes pour tous les éléments du corps, on a

$$S.(X\,d^2Y - Y\,d^2X)\,dm = m\,(X\,d^2Y - Y\,d^2X),$$
$$S.(XY - YX)\,dm = X\,S.Y\,dm - Y\,S.X\,dm,$$

et enfin,

$$\begin{aligned} S.(x_{,}d^2Y - y_{,}d^2X + X\,d^2y_{,} - Y\,d^2x_{,})\,dm &= d^2Y\,S.x_{,}dm \\ - d^2X\,S.y_{,}dm &+ X\,S.d^2y_{,}dm - Y\,S.d^2x_{,}dm. \end{aligned}$$

Les variables $x_{,}$, $y_{,}$, $z_{,}$ se rapportant au centre de gravité de la masse m, pris pour origine des coordon-

8.

nées, tous les termes du second membre de cette équation sont nuls ; la quatrième des équations (a) devient donc simplement

$$\mathrm{S}.\left(\frac{x_{,}\,d^{2}y_{,}-y_{,}\,d^{2}x_{,}}{dt^{2}}\right)dm = \mathrm{S}.(x_{,}\mathrm{Y}-y_{,}\mathrm{X})\,dm.$$

On trouverait de même que les deux dernières équations (a) se réduisent aux suivantes :

$$\mathrm{S}.\left(\frac{z_{,}\,d^{2}x_{,}-x_{,}\,d^{2}z_{,}}{dt^{2}}\right)dm = \mathrm{S}.(z_{,}\mathrm{X}-x_{,}\mathrm{Z})\,dm,$$

$$\mathrm{S}.\left(\frac{y_{,}\,d^{2}z_{,}-z_{,}\,d^{2}y_{,}}{dt^{2}}\right)dm = \mathrm{S}.(y_{,}\mathrm{Z}-z_{,}\mathrm{Y})\,dm.$$

Les trois équations précédentes sont les mêmes que celles qui détermineraient les mouvements du corps autour de son centre de gravité si ce point était immobile ; or les équations (b) font connaître à chaque instant la position du centre de gravité dans l'espace ; on pourra donc le regarder comme un point fixe autour duquel le mobile est obligé de tourner, et en déterminant la position du corps par rapport à ce point, sa situation dans l'espace sera entièrement fixée. Quelles que soient donc les lois du mouvement d'un corps, on pourra toujours le décomposer en deux autres mouvements, l'un de translation relatif à son centre de gravité, l'autre de rotation autour de ce point. Envisagés de cette manière, les mouvements les plus compliqués deviendront faciles à saisir, et c'est ainsi que nous considérerons les mouvements des corps célestes.

28. On peut donner aux trois dernières équations (a)

une forme particulière qui a l'avantage de faire connaître plusieurs propriétés importantes du mouvement de rotation. Pour cela, on rapporte les coordonnées de l'élément dm à trois nouveaux axes rectangulaires, fixes dans l'intérieur du corps et mobiles dans l'espace, en sorte qu'il suffit de connaître à chaque instant la position de ces axes, pour assigner celle du solide.

Plaçons l'origine des coordonnées au point fixe, différent ou non du centre de gravité, autour duquel le corps est obligé de tourner, et soient x', y', z', les coordonnées de dm, relatives aux nouveaux axes que nous considérons; on aura, par les règles ordinaires de la transformation des coordonnées,

$$\left.\begin{array}{l} x = ax' + by' + cz', \\ y = a'x' + b'y' + c'z', \\ z = a''x' + b''y' + c''z'. \end{array}\right\} \ (1)$$

Dans ces équations, a, b, c représentent les cosinus des angles que fait respectivement l'axe des x avec les axes des x', des y' et des z'; a', b', c', les cosinus des angles que forme l'axe des y avec les mêmes axes, et enfin a'', b'', c'', les cosinus des angles que fait respectivement avec eux l'axe des z.

Dans les deux systèmes de coordonnées, le carré de la distance de l'élément dm à l'origine, est égal à la somme des carrés des trois coordonnées qui déterminent sa position, c'est-à-dire qu'on a

$$x^2 + y^2 + z^2 = x'^2 + y'^2 + z'^2.$$

Cette considération donne entre les neuf quantités

a, b, c, a', b', c', a'', b'', c'', les équations de condition suivantes :

$$\left.\begin{array}{ll} a^2 + a'^2 + a''^2 = 1, & ab + a'b' + a''b'' = 0, \\ b^2 + b'^2 + b''^2 = 1, & ac + a'c' + a''c'' = 0, \\ c^2 + c'^2 + c''^2 = 1, & bc + b'c' + b''c'' = 0. \end{array}\right\}(m)$$

Réciproquement, pour déterminer x', y', z', en fonction de x, y, z, on aura

$$\left.\begin{array}{l} x' = ax + a'y + a''z, \\ y' = bx + b'y + b''z, \\ z' = cx + c'y + c''z. \end{array}\right\}(2)$$

D'où il est aisé de conclure que les coefficients a, a', a'', etc., sont encore liés entre eux par les six équations

$$\left.\begin{array}{ll} a^2 + b^2 + c^2 = 1, & aa' + bb' + cc' = 0, \\ a'^2 + b'^2 + c'^2 = 1, & aa'' + bb'' + cc'' = 0, \\ a''^2 + b''^2 + c''^2 = 1, & a'a'' + b'b'' + c'c'' = 0. \end{array}\right\}(n)$$

Ainsi donc, des neuf quantités a, b, c, a', b', c', a', b'', c'', trois seulement sont arbitraires, et les six autres peuvent être regardées comme déterminées par les équations de condition (m), ou les équations (n) qui leur sont équivalentes.

Enfin, si, par le procédé ordinaire de l'élimination, on tire des équations (1) les valeurs de x', y' et z', en fonction de x, y et z, et qu'on les compare à celles de ces coordonnées qui résultent des équations (2), on aura, entre ces mêmes quantités, ces nouvelles relations,

$$
\left.
\begin{aligned}
a &= b'c'' - b''c', \quad a' = b''c - bc'', \quad a'' = bc' - b'c, \\
b &= a''c' - a'c'', \quad b' = ac'' - a''c, \quad b'' = a'c - ac', \\
c &= a'b'' - a''b', \quad c' = a''b - ab'', \quad c'' = ab' - a'b.
\end{aligned}
\right\} \quad (l)
$$

Comme il n'y a que trois des coefficients a, b, c, a', b', c', a'', b'', c'', d'indéterminés, il est souvent plus commode d'exprimer ces neuf quantités en fonction de trois autres indépendantes entre elles. En effet, la position des trois plans que forment les axes des nouvelles coordonnées, est déterminée lorsqu'on connaît l'inclinaison d'un de ces plans, de celui des $x'y'$ par exemple, sur celui des xy, et les angles que forme avec les axes des x et des x' l'intersection de ces deux plans. En désignant donc par θ le premier de ces angles, le second par ψ, et le troisième par φ, on trouvera aisément, par les formules de la Trigonométrie sphérique,

$$
\begin{aligned}
a &= \cos\theta\,\sin\psi\,\sin\varphi + \cos\psi\,\cos\varphi, \\
b &= \cos\theta\,\sin\psi\,\cos\varphi - \cos\psi\,\sin\varphi, \\
c &= \sin\theta\,\sin\psi, \\
a' &= \cos\theta\,\cos\psi\,\sin\varphi - \sin\psi\,\cos\varphi, \\
b' &= \cos\theta\,\cos\psi\,\cos\varphi + \sin\psi\,\sin\varphi, \\
c' &= \sin\theta\,\cos\psi, \\
a'' &= -\sin\theta\,\sin\varphi, \\
b'' &= -\sin\theta\,\cos\varphi, \\
c'' &= \cos\theta.
\end{aligned}
$$

Si l'on substitue ces valeurs à la place de a, b, c, etc., dans les équations de condition précédentes, on verra que ces équations sont identiquement satis-faites, et qu'il n'en résulte aucune relation entre les angles φ, ψ et θ.

29. Cela posé, reprenons les trois dernières équations (a). Si, après les avoir multipliées par dt, on les intègre, et que, pour abréger, on représente par M, M′, M″ la somme des moments des forces qui agissent sur chacun des éléments du corps, et qui se rapportent respectivement aux axes des x, des y et des z, ce qui donne

$$M = S.(yZ - zY)\,dm, \quad M' = S.(zX - xZ)\,dm,$$
$$M'' = S.(xY - yX)\,dm,$$

on aura

$$\left.\begin{array}{l} S.\left(\dfrac{y\,dz - z\,dy}{dt}\right) dm = \int M\,dt, \\[2mm] S.\left(\dfrac{z\,dx - x\,dz}{dt}\right) dm = \int M'\,dt, \\[2mm] S.\left(\dfrac{x\,dy - y\,dx}{dt}\right) dm = \int M''\,dt; \end{array}\right\} \ (A)$$

le signe S se rapportant à l'élément dm, et le signe $\int$ uniquement au temps t.

Maintenant, de ce que les axes des x', des y' et des z' sont supposés conserver pendant toute la durée du mouvement la même position dans l'intérieur du corps, il résulte que les coordonnées x', y', z' seront indépendantes du temps t, tandis que les quantités a, b, c, a', b', c', a'', b'', c'', au contraire, varieront avec lui. Si l'on différentie donc, dans cette hypothèse, les équations (1), et qu'on substitue ensuite pour y, z, $\frac{dy}{dt}$, $\frac{dz}{dt}$, leurs valeurs dans la première des équations (A), on aura

$$S.\left[\left(\frac{a'\,da''-a''\,da'}{dt}\right)x'^2+\left(\frac{b'\,db''-b''\,db'}{dt}\right)y'^2\right.$$

$$+\left(\frac{c'\,dc''-c''\,dc'}{dt}\right)z'^2+\left(\frac{a'db''-b''da'+b'da''-a''db'}{dt}\right)x'y'$$

$$+\left(\frac{a'\,dc''-c''\,da'+c'\,da''-a''\,dc'}{dt}\right)x'z'$$

$$\left.+\left(\frac{b'\,dc''-c''db'+c'\,db''-b''\,dc'}{dt}\right)y'z'\right]dm=\int M\,dt.$$

Si, dans cette équation, on remplace a', a'', b', etc., par leurs valeurs (l) données n° **28**, qu'on fasse, pour abréger,

$$\left.\begin{array}{l}cdb+c'db'+c''db''=-bdc-b'dc'-b''dc''=pdt,\\adc+a'dc'+a''dc''=-cda-c'da'-c''da''=qdt,\\bda+b'da'+b''da''=-adb-a'db'-a''db''=rdt,\end{array}\right\}(p)$$

qu'on suppose de plus,

$$A=S.(y'^2+z'^2)\,dm,\quad B=S.(x'^2+z'^2)\,dm,\quad C=S.(x'^2+y'^2)\,dm,$$
$$F=S.y'z'\,dm,\qquad G=S.x'z'\,dm,\qquad H=S.x'y'\,dm,$$

on trouvera, après quelques réductions,

$$\left.\begin{array}{r}a(Ap-Gr-Hq)+b(Bq-Fr-Hp)\\+c(Cr-Fq-Gp)\end{array}\right\}=\int M\,dt.$$

On aurait, par une analyse semblable,

$$a'(\mathrm{A}p - \mathrm{G}r - \mathrm{H}q) + b'(\mathrm{B}q - \mathrm{F}r - \mathrm{H}p) \atop + c'(\mathrm{C}r - \mathrm{F}q - \mathrm{G}p) \Big\} = \int \mathrm{M'}\,dt,$$

$$a''(\mathrm{A}p - \mathrm{G}r - \mathrm{H}q) + b''(\mathrm{B}q - \mathrm{F}r - \mathrm{H}p) \atop + c''(\mathrm{C}r - \mathrm{F}q - \mathrm{G}p) \Big\} = \int \mathrm{M''}\,dt.$$

En faisant, pour simplifier,

$$\mathrm{A}p - \mathrm{G}r - \mathrm{H}q = \mathrm{P}, \quad \mathrm{B}q - \mathrm{F}r - \mathrm{H}p = \mathrm{Q},$$
$$\mathrm{C}r - \mathrm{F}q - \mathrm{G}p = \mathrm{R},$$

ces équations deviennent

$$\left. \begin{array}{l} a\,\mathrm{P} + b\,\mathrm{Q} + c\,\mathrm{R} = \int \mathrm{M}\,dt, \\ a'\mathrm{P} + b'\mathrm{Q} + c'\mathrm{R} = \int \mathrm{M'}\,dt, \\ a''\mathrm{P} + b''\mathrm{Q} + c''\mathrm{R} = \int \mathrm{M''}\,dt. \end{array} \right\} \quad (t)$$

Pour faire disparaître les quantités a, b, c, etc., je différentie ces équations, et je les ajoute après avoir multiplié la première par a, la seconde par a', la troisième par a'' ; je trouve ainsi,

$$\frac{d\mathrm{P}}{dt} - r\mathrm{Q} + q\mathrm{R} = a\mathrm{M} + a'\mathrm{M'} + a''\mathrm{M''}. \quad (1)$$

Je multiplie les mêmes équations différentielles, la première par b, la seconde par b', la troisième par b'' ; je les ajoute ensuite, et j'obtiens

$$\frac{d\mathrm{Q}}{dt} + r\mathrm{P} - p\mathrm{R} = b\mathrm{M} + b'\mathrm{M'} + b''\mathrm{M''}. \quad (2)$$

Enfin, j'ajoute les mêmes équations, après avoir multiplié la première par c, la seconde par c', la troisième par c'', et je trouve

$$\frac{d\mathrm{R}}{dt} - q\mathrm{P} + p\mathrm{Q} = c\mathrm{M} + c'\mathrm{M}' + c''\mathrm{M}''. \quad (3)$$

Ces trois équations, qui ne sont qu'une simple transformation des équations (A), serviront à déterminer complétement le mouvement de rotation du corps. Leur intégration donnera les valeurs des quantités p, q, r, et en les substituant dans les équations (p), ces équations, réunies aux six équations de condition (m), donneront, par une nouvelle intégration, les valeurs des neuf variables a, b, c, a', b', c', a'', b'', c''. On connaîtra donc, à chaque instant, la direction des axes mobiles des x', des y' et des z'; et comme leur situation dans l'intérieur du corps est supposée donnée, la position du mobile sera entièrement déterminée.

30. Nous avons, jusqu'ici, regardé la position de ces trois axes dans l'intérieur du corps, comme entièrement arbitraire, et nos formules ont, à cet égard, toute la généralité possible; mais les équations (1), (2), (3) prennent une forme beaucoup plus simple, et qui facilite leur intégration dans un grand nombre de cas, lorsqu'on dispose des quantités a, b, c, a', b', c', a'', b'', c'', dont trois sont restées indéterminées, n° **28**, de manière à satisfaire aux équations suivantes :

$$\mathrm{S}.y'z'\,dm = 0, \quad \mathrm{S}.x'z'\,dm = 0, \quad \mathrm{S}.x'y'\,dm = 0;$$

ce qui est toujours possible, comme nous le verrons tout à l'heure. La position des axes des x', des y' et des z' est alors entièrement fixée, et ces axes s'appellent *axes principaux du corps*. Dans ce cas, les trois quantités F, G, H, étant nulles, on a $P = Ap$, $Q = Bq$, $R = Cr$, et les équations (1), (2), (3) se réduisent aux suivantes :

$$\left. \begin{aligned}
A\frac{dp}{dt} + (C - B)\,qr &= a\,M + a'\,M' + a''\,M'', \\
B\frac{dq}{dt} + (A - C)\,rp &= b\,M + b'\,M' + b''\,M'', \\
C\frac{dr}{dt} + (B - A)\,pq &= c\,M + c'\,M' + c''\,M''.
\end{aligned} \right\} \quad (B)$$

Nous avons désigné par M, M′, M″, la somme des moments respectivement relatifs aux axes des x, des y et des z, des forces accélératrices qui agissent sur chacun des éléments du corps. Par une propriété connue, on aura la somme de ces mêmes moments rapportés aux axes des x', des y' et des z', en ajoutant les trois quantités M, M′, M″, après les avoir multipliées par les cosinus des angles que forment respectivement les nouveaux axes avec les premiers. En nommant donc N, N′, N″, ces trois sommes, on aura

$$N = a\,M + a'\,M' + a''\,M'', \qquad N' = b\,M + b'\,M' + b''\,M'',$$
$$N'' = c\,M + c'\,M' + c''\,M''.$$

Les trois équations (B) deviendront ainsi,

$$\left. \begin{aligned}
A\,dp + (C - B)\,qr\,dt &= N\,dt, \\
B\,dq + (A - C)\,rp\,dt &= N'\,dt, \\
C\,dr + (B - A)\,pq\,dt &= N''\,dt.
\end{aligned} \right\} \quad (C)$$

C'est sous cette forme que nous emploierons ces

équations, dans la recherche des mouvements de rotation des corps célestes.

Ces trois équations donneront, en les intégrant, les valeurs des trois inconnues p, q, r, et celles-ci feront connaître ensuite, comme nous l'avons dit n° **29**, la direction dans l'espace des trois axes principaux qui passent par l'origine des coordonnées, et, par conséquent, la position du corps. Mais, au lieu de recourir, pour cela, aux équations (p), et aux équations de condition (m), il est plus simple de substituer dans les premières pour a, b, c, etc., da, db, etc., leurs valeurs en fonction des trois quantités indépendantes φ, ψ, θ, données n° **28**, de manière à n'avoir plus qu'un seul système d'équations à considérer. On trouvera ainsi, après quelques réductions,

$$\left.\begin{aligned}
\sin\varphi \sin\theta \, d\psi - \cos\varphi \, d\theta &= p\,dt, \\
\cos\varphi \sin\theta \, d\psi + \sin\varphi \, d\theta &= q\,dt, \\
d\varphi - \cos\theta \, d\psi &= r\,dt,
\end{aligned}\right\} \quad (c)$$

et l'on déterminera par ces équations les valeurs des trois angles φ, ψ, θ, lorsque celles de p, q, r seront connues.

En substituant les mêmes valeurs dans les expressions des trois quantités N, N', N'', elles deviendront des fonctions des angles φ, ψ, θ. La recherche du mouvement d'un corps solide, de figure quelconque, autour d'un point fixe conduit donc finalement à six équations différentielles du premier ordre entre les six indéterminées p, q, r, φ, ψ, θ et la variable t. En éliminant les trois premières quantités, au moyen des équations (c) et de leurs différentielles, on n'aurait plus à considérer que trois équations différentielles du second ordre entre les trois angles φ, ψ, θ et le temps t. C'est sous cette forme que d'Alembert a donné les équations du mouvement de rotation; mais il est plus simple de s'en tenir aux six équations du premier ordre (C) et (c).

31. Les trois équations (C) supposent que l'on a

$$S.x'y'\,dm = 0, \quad S.y'z'\,dm = 0, \quad S.x'z'\,dm = 0. \quad (o)$$

Nous allons démontrer qu'il est toujours possible de déterminer les trois angles φ, ψ, θ qui fixent la position des axes des x', des y' et des z' par rapport aux axes fixes des x, des y et des z, de manière à satisfaire à ces trois conditions. En effet, si dans les équations (2) qui donnent les valeurs des coordonnées x', y' et z' en fonction des coordonnées x, y, z, on substitue pour a, b, c, etc., leurs valeurs en φ, ψ, θ, on aura

$$x' = x\,(\cos\theta\,\sin\psi\,\sin\varphi + \cos\psi\,\cos\varphi)$$
$$+ y\,(\cos\theta\,\cos\psi\,\sin\varphi - \sin\psi\,\cos\varphi) - z\,\sin\theta\,\sin\varphi,$$
$$y' = x\,(\cos\theta\,\sin\psi\,\cos\varphi - \cos\psi\,\sin\varphi)$$
$$+ y\,(\cos\theta\,\cos\psi\,\cos\varphi + \sin\psi\,\sin\varphi) - z\,\sin\theta\,\cos\varphi,$$
$$z' = x\,\sin\theta\,\sin\psi + y\,\sin\theta\,\cos\psi + z\,\cos\theta.$$

Si l'on substitue ces valeurs dans les trois équations (o), et qu'on fasse, pour abréger,

$$A = S.(y^2 + z^2)\,dm, \quad B = S.(x^2 + z^2)\,dm, \quad C = S.(x^2 + y^2)\,dm,$$
$$F = S.yz\,dm, \quad G = S.xz\,dm, \quad H = S.xy\,dm,$$

les six quantités A, B, C, F, G, H étant des constantes qui dépendent de la nature du corps et de la direction des axes des x, des y et des z, que l'on a choisis arbitrairement, il est facile de se convaincre que ces équations prendront la forme suivante :

$$\left. \begin{aligned} &\sin 2\varphi.L + \cos 2\varphi.M = 0, \\ &\cos \varphi.N - \sin \varphi.P = 0, \\ &\sin \varphi.N + \cos \varphi.P = 0; \end{aligned} \right\} \quad (q)$$

L, M, N, P représentant des fonctions des angles ψ, θ, et des constantes A, B, C, F, G, H, indépendantes de l'angle φ.

La première de ces équations détermine l'angle φ, et il est évident que les deux autres ne peuvent avoir lieu en même temps, indépendamment de toute valeur donnée à φ, à moins qu'on n'ait séparément

$$N = 0, \quad P = 0.$$

Si l'on met à la place de N et de P les valeurs que ces lettres représentent, on aura les deux équations suivantes :

$$\left. \begin{aligned} &2\sin 2\theta \left(A \sin^2\psi - 2H \sin\psi \cos\psi + B \cos^2\psi - C \right) \\ &\qquad - \cos 2\theta (F \cos\psi + G \sin\psi) = 0, \\ &\sin\theta \left[(A - B) \sin\psi \cos\psi - H (\cos^2\psi - \sin^2\psi) \right] \\ &\qquad + \cos\theta (F \sin\psi - G \cos\psi) = 0. \end{aligned} \right\} \quad (r)$$

Ces équations serviront à déterminer les angles θ et ψ. Si l'on tire de la première la valeur de $\operatorname{tang} 2\theta$, de la seconde celle de $\operatorname{tang}\theta$, et qu'on les substitue dans la formule

$$\operatorname{tang} 2\theta = \frac{2 \operatorname{tang}\theta}{1 - \operatorname{tang}^2\theta},$$

que, pour abréger, on fasse $\tang \psi = u$, ce qui donne

$$\sin \psi = \frac{u}{\sqrt{1 + u^2}}, \quad \cos \psi = \frac{1}{\sqrt{1 + u^2}},$$

après les réductions convenables, on trouvera l'équation suivante du troisième degré :

$$[(A - B)\, u - H(1 - u^2)][(AF - CF + GH)\, u \\ - BG + CG - FH] - (Gu + F)(Fu - G)^2 = 0.$$

Cette équation donnera au moins une valeur réelle pour u; on en tirera une valeur semblable pour l'angle ψ, et en la substituant dans l'une des deux équations (r), on aura la valeur correspondante de θ.

Concluons de là qu'il est toujours possible de trouver pour les angles φ, ψ, θ un système de valeurs réelles qui satisfassent aux équations (q), et que par conséquent il existe dans tout corps solide un système d'axes par rapport auxquels on a

$$S.x'y'\, dm = 0, \quad S.x'z'\, dm = 0, \quad S.y'z'\, dm = 0.$$

L'équation qui détermine u étant du troisième degré, on pourrait croire qu'il existe dans chaque corps trois systèmes d'axes semblables; mais il faut observer que u représente généralement la tangente de l'angle compris entre l'axe des x et les intersections du plan des xy, avec les plans relatifs aux coordonnées x', y' et z', puisque rien n'indique en effet lequel de ces angles on a considéré, et que les équations précédentes sont également satisfaites lorsqu'on change les uns dans les autres les trois axes des x', des y' et des z'. La valeur de u doit donc être donnée par une équation du troisième degré dont toutes les racines sont réelles, et il n'en résulte généralement qu'un seul système d'axes.

Ces axes, dont on doit la connaissance à Euler, ont été nommés, comme nous l'avons dit, *axes principaux;* on les appelle aussi *axes naturels de rotation,* à cause d'une belle propriété du mouvement qui leur est particulière, et que nous ferons bientôt connaître.

32. On nomme *moment d'inertie* d'un corps par rapport à un axe, la somme des éléments dont ce corps se compose, multipliés respectivement par le carré de leur distance à cet axe. Ainsi les trois quantités que nous avons désignées n° **29** par A, B, C, représentent les moments d'inertie du corps qui se rapportent respectivement aux axes des x', des y' et des z'. La valeur du moment d'inertie varie avec la position de l'axe auquel on le rapporte; mais lorsqu'on connaît les moments d'inertie relatifs aux axes principaux, il est facile d'en conclure le moment d'inertie relatif à un axe quelconque.

En effet, soient comme précédemment x', y' et z' les coordonnées de l'élément dm relatives aux trois axes principaux, et soient x, y et z les coordonnées du même élément rapportées à des axes quelconques ayant la même origine. Proposons-nous de déterminer le moment d'inertie relatif à l'un de ces nouveaux axes, à celui des z par exemple. Si l'on désigne par C' ce moment, on aura

$$C' = S.(x^2 + y^2)\, dm.$$

1.

Si l'on substitue dans cette formule pour x et y leurs valeurs (1), on aura, en vertu des équations (m),

$$C' = (1 - a''^2)\, S\,.\,x'^2\, dm + (1 - b''^2)\, S\,.\,y'^2\, dm$$
$$+ (1 - c''^2)\, S\,.\,z'^2\, dm.$$

Mais $a''^2 + b''^2 + c''^2 = 1$; en substituant pour $1 - a''^2$, $1 - b''^2$, $1 - c''^2$, leurs valeurs, l'équation précédente donnera

$$C' = a''^2\, A + b''^2\, B + c''^2\, C.$$

Les trois quantités a'', b'', c'' représentent les cosinus des angles que forme l'axe des z avec les axes des x', des y' et des z' : le moment d'inertie d'un corps par rapport à un axe quelconque passant par un point donné, est donc généralement égal à la somme des moments d'inertie relatifs aux axes principaux qui se croisent en ce point, multipliés respectivement par le carré du cosinus que forme avec eux l'axe donné.

Le plus grand et le plus petit des trois moments d'inertie A, B, C seront un *maximum* et un *minimum* relativement à tous ceux qui se rapportent à des axes passant par l'origine des coordonnées x', y', z'. En effet, soit A la plus grande et C la plus petite des trois quantités A, B, C; en mettant $1 - b''^2 - c''^2$ à la place de a''^2 dans la valeur de C', on aura

$$C' = A - b''^2\, (A - B) - c''^2\, (A - C).$$

Les différences A — B, A — C sont positives par hypothèse; donc C' est plus petit que A, quelle que

soit la valeur de b'' et c''. Si l'on donne à la valeur de C'
cette forme,

$$C' = C + a''^2 (A - C) + b''^2 (B - C),$$

on voit au contraire que C' est toujours plus grand
que C.

Si les deux moments d'inertie A et B étaient égaux,
on aurait

$$C' = (1 - c''^2) A + c''^2 C. \quad (k)$$

Cette valeur ne dépendant que de c'', le moment
d'inertie est le même par rapport à tous les axes formant un même angle avec l'axe des z'. Les moments
d'inertie relatifs à tous les axes compris dans le plan
des $x' y'$, qui font un angle droit avec l'axe des z', sont
donc alors égaux entre eux ; mais, dans ce cas, tout
système d'axes composé de l'axe des z' et de deux axes
perpendiculaires entre eux et à cet axe, forme un système d'axes principaux, c'est-à-dire que l'on a, par
rapport à ce système,

$$S . xy\, dm = 0, \quad S . xz\, dm = 0, \quad S . yz\, dm = 0.$$

En effet, si l'on substitue pour x, y, z, leurs valeurs
n° **28** dans ces équations, on a

$$\left. \begin{array}{l} aa'\, S . x'^2\, dm + bb'\, S . y'^2\, dm + cc'\, S . z'^2\, dm = 0, \\ aa''\, S . x'^2\, dm + bb''\, S . y'^2\, dm + cc''\, S . z'^2\, dm = 0, \\ a'a''\, S\ x'^2\, dm + b'b''\, S\ y'^2\, dm + c'c''\, S . z'^2\, dm = 0. \end{array} \right\} \quad (s)$$

La supposition de A $=$ B donne

$$S . x'^2\, dm = S . y'^2\, dm.$$

Les trois équations précédentes, en vertu des relations (n), peuvent donc s'écrire ainsi :

$$cc' \left(S.x'^2 \, dm - S.z'^2 \, dm \right) = 0,$$

$$cc'' \left(S.x'^2 \, dm - S.z'^2 \, dm \right) = 0,$$

$$c'c'' \left(S.x'^2 \, dm - S.z'^2 \, dm \right) = 0.$$

On satisfait à ces équations en supposant $c = 0$, $c' = 0$, ce qui donne $c'' = 1$. Tous les axes situés dans le plan des $x'y'$ sont donc des axes principaux, et le corps a une infinité de systèmes d'axes semblables qui ont tous pour axe commun l'axe des z'.

Enfin, si l'on a en même temps $A = B = C$, l'équation (k) donnera généralement $C' = A$: tous les moments d'inertie sont donc égaux, et tous les axes du corps sont des axes principaux. En effet, les équations (s) sont alors satisfaites, indépendamment de toute valeur donnée aux quantités a, b, c, etc. On a donc, par rapport à tout système d'axe rectangulaire passant par l'origine des coordonnées x', y', z',

$$S.xy \, dm = 0, \quad S.xz \, dm = 0, \quad S.yz \, dm = 0.$$

Cette propriété appartient à la sphère, l'origine des coordonnées étant au centre ; mais elle convient encore à une infinité d'autres solides.

Désignons par X, Y, Z les coordonnées du centre de gravité du corps, par $x_{,}$, $y_{,}$, $z_{,}$ les coordonnées de l'élément dm par rapport à ce point, en sorte qu'on ait $x = x_{,} + X$, $y = y_{,} + Y$, $z = z_{,} + Z$; on aura

$$C' = S.\left[(x_{,} + X)^2 + (y_{,} + Y)^2 \right] dm = S.(x_{,}^2 + y_{,}^2)\, dm$$
$$+ 2X\, S.x_{,}\, dm + 2Y\, S.y_{,}\, dm + (X^2 + Y^2)\, S.dm.$$

Mais, par la propriété du centre de gravité, $S.x_{,}dm = 0$, $S.y_{,}dm = 0$; en désignant donc par m la masse du corps, par a la distance de l'axe des $z_{,}$ à l'axe des z, on aura simplement

$$C' = S.(x_{,}^2 + y_{,}^2)\,dm + a^2 m.$$

Cette équation donnera immédiatement le moment d'inertie d'un corps par rapport à un axe quelconque, lorsque le moment d'inertie relatif à un axe mené parallèlement au premier par le centre de gravité sera connu. Elle fait voir aussi que le plus petit de tous les moments d'inertie d'un corps se rapporte à l'un des trois axes principaux qui se croisent à son centre de gravité.

33. Les quantités p, q, r, introduites pour la première fois par Euler dans les équations du mouvement de rotation, jouissent de plusieurs propriétés qu'il faut faire connaître, parce qu'elles montrent clairement de quelle manière ce mouvement s'effectue. Les différentielles $\frac{dx}{dt}$, $\frac{dy}{dt}$, $\frac{dz}{dt}$ expriment, comme on sait, les composantes parallèles aux axes des x, des y et des z de la vitesse dont l'élément dm est animé. Cette vitesse est nulle par rapport aux points du corps qui restent immobiles pendant l'instant dt; en différentiant donc les équations (1) n° **28**, on aura, pour déterminer les coordonnées x', y', z' de ces points,

$$x'\,da + y'\,db + z'\,dc = 0,$$
$$x'\,da' + y'\,db' + z'\,dc' = 0,$$
$$x'\,da'' + y'\,db'' + z'\,dc'' = 0.$$

Si l'on multiplie la première de ces équations par c, la seconde par c', la troisième par c'', et qu'on les ajoute, on aura

$$py' - qx' = 0.$$

Si l'on multiplie ces mêmes équations, la première par b, la seconde par b', la troisième par b'', qu'on les ajoute ensuite, on aura

$$rx' - pz' = 0.$$

Enfin, si l'on ajoute ces mêmes équations, après avoir multiplié la première par a, la seconde par a' et la troisième par a'', on aura

$$qz' - ry' = 0.$$

Ces trois équations, dont la dernière résulte des deux autres, sont celles d'une ligne droite passant par l'origine; tous les points situés sur cette droite restent donc immobiles pendant l'instant dt, et le corps, pendant cet intervalle de temps, tourne autour d'elle comme autour d'un axe fixe.

Cette propriété a fait nommer cette droite *axe instantané de rotation*. Sa position par rapport aux axes principaux des x', des y' et des z', est déterminée par les trois quantités p, q, r, et les cosinus des angles qu'elle forme avec chacun de ces axes sont respectivement exprimés par

$$\frac{p}{\sqrt{p^2 + q^2 + r^2}}, \quad \frac{q}{\sqrt{p^2 + q^2 + r^2}}, \quad \frac{r}{\sqrt{p^2 + q^2 + r^2}}.$$

La vitesse angulaire de rotation autour de l'axe instantané est la même pour tous les points du corps : proposons-nous de déterminer cette vitesse. Pour cela,

considérons le point situé sur l'axe des z' à une distance de l'origine égale à l'unité. Nous aurons pour
les coordonnées de ce point $x' = 0$, $y' = 0$, $z' = 1$: sa
vitesse absolue sera donc

$$\sqrt{\left(\frac{dx^2}{dt^2} + \frac{dy^2}{dt^2} + \frac{dz^2}{dt^2} \right)} = \frac{\sqrt{(dc^2 + dc'^2 + dc''^2)}}{dt}.$$

En divisant cette vitesse par la distance du point à
l'axe instantané de rotation, on aura la vitesse angulaire de rotation du corps; cette distance est égale au
sinus de l'angle que fait l'axe de rotation avec l'axe
des z', angle dont $\dfrac{r}{\sqrt{p^2 + q^2 + r^2}}$ exprime le cosinus; la
vitesse angulaire cherchée sera donc

$$\frac{\sqrt{(dc^2 + dc'^2 + dc''^2)}}{dt.\sqrt{(p^2 + q^2)}} \sqrt{(p^2 + q^2 + r^2)} = \sqrt{(p^2 + q^2 + r^2)},$$

en observant que par les équations de condition (p),

$$(p^2 + q^2)\, dt^2 = dc^2 + dc'^2 + dc''^2 - (cdc + c'dc' + c''dc'')^2,$$

et que l'équation $c^2 + c'^2 + c''^2 = 1$ donne en différentiant $cdc + c'dc' + c''dc'' = 0$.

Si l'on nomme donc α, β, γ les angles que l'axe instantané de rotation fait avec les axes des x', des y',
et des z', et ρ la vitesse de rotation, on aura

$$p = \rho \cos\alpha, \quad q = \rho \cos\beta, \quad r = \rho \cos\gamma.$$

Les trois quantités p, q, r expriment ainsi les composantes respectives de la vitesse de rotation ρ, suivant chacun des trois axes principaux.

On peut encore, au moyen des quantités p, q, r,
donner une forme très-simple à l'expression de la force

vive du corps. En effet, si l'on désigne par $2\,\mathrm{T}$ cette quantité, on aura

$$\mathrm{T} = \tfrac{1}{2}\,\mathrm{S}.\left(\frac{dx^2 + dy^2 + dz^2}{dt^2}\right)dm.$$

Si l'on substitue dans cette équation, pour $\dfrac{dx}{dt}$, $\dfrac{dy}{dt}$ et $\dfrac{dz}{dt}$, leurs valeurs tirées des équations (1), n° **28**, en observant qu'on a, comme nous venons de le dire,

$$(q^2 + r^2)\,dt^2 = da^2 + da'^2 + da''^2,$$
$$(p^2 + r^2)\,dt^2 = db^2 + db'^2 + db''^2,$$
$$(p^2 + q^2)\,dt^2 = dc^2 + dc'^2 + dc''^2,$$

on trouvera

$$\mathrm{T} = \frac{\mathrm{A}\,p^2 + \mathrm{B}\,q^2 + \mathrm{C}\,r^2}{2}.$$

Cette expression nous sera utile dans la suite.

Il suit de ce qui précède, que, quel que soit le mouvement d'un corps solide autour d'un point fixe, ou supposé tel, ce mouvement peut être regardé comme un mouvement de rotation autour d'un axe fixe pendant l'instant dt, mais dont la position varie d'un instant à l'autre. Les trois variables p, q, r déterminent cet axe par rapport aux axes principaux; elles font connaître aussi la vitesse de rotation du corps. Quant à la position des axes principaux dans l'espace, on la déterminera, comme nous l'avons dit, au moyen des équations (c), quand les valeurs de p, q, r seront connues, et la situation du corps sera ainsi complétement fixée.

34. Donnons quelques applications des formules

précédentes. Proposons-nous d'abord de déterminer le mouvement de rotation d'un corps qui n'est soumis à l'action d'aucune force accélératrice, et qui tourne à très-peu près autour d'un de ses axes principaux, comme cela a lieu pour la Terre et les planètes. L'analyse de cette question nous fera découvrir de nouvelles propriétés très-importantes des axes principaux.

Dans ce cas, les seconds membres des équations (C) sont nuls, et l'on a d'abord à intégrer les trois équations suivantes :

$$\left.\begin{array}{l} A\,dp + (C - B)\,qr\,dt = 0, \\ B\,dq + (A - C)\,rp\,dt = 0, \\ C\,dr + (B - A)\,pq\,dt = 0. \end{array}\right\} \quad (h)$$

Supposons que le troisième axe principal soit celui autour duquel le mouvement s'effectue à très-peu près, le sinus de l'angle que forme avec lui l'axe instantané de rotation sera $\dfrac{\sqrt{p^2 + q^2}}{\sqrt{p^2 + q^2 + r^2}}$; et comme cet angle doit toujours demeurer très-petit par la supposition, p et q seront aussi de très-petites quantités. Si l'on néglige donc leur produit dans la dernière des équations précédentes, elle se réduit à $C\,dr = 0$; d'où l'on tire $r = n$, en désignant par n une constante arbitraire. La vitesse angulaire de rotation est $\sqrt{p^2 + q^2 + r^2}$; en négligeant le carré de p et de q, elle est donc égale à n, et par conséquent elle est à très-peu près constante. Les deux premières équations (h) deviennent ainsi

$$A\,dp + (C - B)\,nq\,dt = 0,$$
$$B\,dq + (A - C)\,np\,dt = 0.$$

Pour satisfaire à ces équations, faisons

$$p = h \sin(n't + l'), \quad q = h' \cos(n't + l');$$

la substitution de ces valeurs donnera

$$A n' h + (C - B) n h' = 0,$$
$$B n' h' + (C - A) n h = 0;$$

d'où l'on tire

$$n' = n \sqrt{\frac{(C - A)(C - B)}{AB}}, \quad h' = h \sqrt{\frac{A(C - A)}{B(C - B)}},$$

les deux constantes n' et h' seront donc déterminées par ces équations, et les constantes h et l' demeureront arbitraires.

Les valeurs de p, q, r étant connues, il ne reste plus à trouver que celles des angles φ, ψ, θ qui déterminent la position des axes principaux dans l'espace.

Pour cela reprenons les trois équations (C) du n° **30**, on en tire aisément les suivantes :

$$\left.\begin{aligned}
d\varphi &= r\,dt + \cos\theta\,d\psi, \\
d\theta &= \sin\varphi\, q\,dt - \cos\varphi\, p\,dt, \\
\sin\theta\, d\psi &= \cos\varphi\, q\,dt + \sin\varphi\, p\,dt.
\end{aligned}\right\} \quad (k)$$

Si l'on substitue pour p, q, r leurs valeurs, qu'on intègre les équations résultantes, en faisant d'abord abstraction des termes multipliés par le coefficient h, on aura

$$\varphi = nt + l, \quad \theta = \gamma \quad \text{et} \quad \psi = \alpha,$$

l, γ et α étant trois constantes arbitraires.

Si, dans une nouvelle approximation, on tient compte des quantités dépendantes de la première puissance de h, on trouve

$$d\theta = h' \sin(nt + l) \cos(n' t + l') \, dt$$
$$- \, h \cos(nt + l) \sin(n' t + l') \, dt,$$
$$\sin \gamma \, d\psi = h' \cos(nt + l) \cos(n' t + l') \, dt,$$
$$+ \, h \sin(nt + l) \sin(n' t + l') \, dt.$$

En intégrant ces équations et en ayant égard aux valeurs précédentes de h' et de n', on trouvera, toute réduction faite,

$$\theta = \gamma + \frac{\mathrm{B}\, h'}{\mathrm{C}\, n} \cos(nt + l) \cos(n' t + l')$$
$$- \frac{\mathrm{A}\, h}{\mathrm{C}\, n} \sin(nt + l) \sin(n' t + l'),$$
$$\psi = \alpha - \frac{\mathrm{B}\, h'}{\mathrm{C}\, n \sin \gamma} \sin(nt + l) \cos(n' t + l')$$
$$- \frac{\mathrm{A}\, h}{\mathrm{C}\, n \sin \gamma} \cos(nt + l) \cos(n' t + l').$$

On peut d'ailleurs vérifier ces valeurs par la différentiation.

Si l'on substitue pour ψ sa valeur précédente dans l'expression de $d\varphi$ et qu'on intègre l'expression résultante, on trouvera de même

$$\varphi = nt + l - \frac{\mathrm{B}\, h' \cos\gamma}{\mathrm{C}\, n \sin \gamma} \sin(nt + l) \cos(n' t + l')$$
$$- \frac{\mathrm{A}\, h \cos\gamma}{\mathrm{C}\, n \sin \gamma} \cos(nt + l) \sin(n' t + l').$$

Les formules précédentes contiennent six constantes arbitraires n, h, l, l', α et γ, elles sont donc les intégrales complètes des équations (h) et (k); mais les valeurs de φ et de ψ ont l'inconvénient de contenir au dénominateur $\sin \gamma$, qui devient une très-petite quantité lorsqu'on suppose l'angle γ, ou l'inclinaison du plan des deux premiers axes principaux sur le plan fixe de projection, peu considérable. Il faut, dans ce cas, substituer aux angles φ et θ deux nouvelles variables convenablement choisies.

Pour cela, observons que d'après la seconde des équations (k) l'angle θ est toujours une quantité du même ordre que p et q, et demeure, par conséquent, peu considérable si on le suppose très-petit à l'origine du mouvement. Si l'on néglige le carré et les puissances supérieures de θ, la dernière des équations (c) du n° **30** donnera

$$d\varphi - d\psi = r\,dt,$$

d'où, en intégrant, on tire

$$\psi = \varphi - nt - l,$$

en désignant par l la constante arbitraire.

Supposons maintenant

$$s = \sin\theta \cos\varphi, \quad u = \sin\theta \sin\varphi.$$

On pourrait développer les expressions des variables s et u en fonction du temps t par la simple substitution des valeurs trouvées plus haut pour les angles θ et φ, mais il est plus simple de recourir pour cela aux équations différentielles (h). En effet, les deux premières, en substituant pour $d\psi$ sa valeur, et négligeant toujours les termes du second ordre par rapport à θ, donneront

$$ds + ru\,dt = -p\,dt, \quad du - rs\,dt = q\,dt. \quad (l)$$

Si dans ces équations on remplace p, q, r par leurs

valeurs, on aura deux équations linéaires du premier ordre entre les inconnues s et u, et l'on y satisfera en faisant

$$s = f\cos(nt + g) - \frac{\mathrm{B}\,h'}{\mathrm{C}\,n}\cos(n't + l'),$$

$$u = f\sin(nt + g) - \frac{\mathrm{A}\,h}{\mathrm{C}\,n}\sin(n't + l'),$$

f et g étant deux nouvelles constantes arbitraires.

La question est ainsi complétement résolue, puisque les quantités s et u étant connues en fonction du temps, on aura à chaque instant les valeurs des angles φ et θ, et, par suite, celle de ψ qui est déterminé en fonction de φ et de t. L'introduction des variables s et u qui sont toujours de très-petites quatités du même ordre que $\sin\theta$, fait donc disparaître les inconvénients que présentait la solution directe de ce problème lorsque l'angle θ est supposé peu considérable à l'origine du mouvement; elle est due à Lagrange, et l'on verra qu'elle est de la plus grande utilité dans la théorie de la Lune.

Les valeurs de p, q, r, φ, θ, ψ, que nous venons d'obtenir, ne sont qu'approchées et supposent les écarts de l'axe instantané de rotation et du troisième axe principal assez petits pour que l'on puisse négliger le carré et les puissances supérieures du coefficient arbitraire h qui en dépend. Si l'on voulait pousser plus loin l'approximation, il faudrait substituer, dans la troisième des équations (h), à la place de p et q leurs valeurs trouvées plus haut, et en intégrant l'équation résultante, on obtiendrait une valeur de r exacte jusqu'aux quantités de l'ordre du carré de h, valeur qui, substituée dans les deux premières formules (h), donnerait pour p et q deux nouvelles expressions exactes jusqu'aux quantités de l'ordre h^3, et, en continuant ainsi, on déterminerait par des substitutions successives les valeurs des trois quantités p, q, r, avec toute la précision qu'on voudrait atteindre. Ces valeurs, substituées dans les équations (k) ou (l), feraient connaître les valeurs des angles φ, ψ, θ, s, u avec le même degré d'approximation.

On voit donc qu'en général on peut, au moyen de simples substitutions, développer les valeurs des trois quantités p, q, r en séries ordonnées par rapport aux puissances ascendantes du coefficient h. Il est facile de s'assurer d'ailleurs que les quantités p et q ne contiendront que les puissances impaires de h et la quantité r que les puissances paires. Les valeurs précédentes de p, q et r sont donc exactes, les premières aux quantités près de l'ordre h^3, et la troisième aux quantités près de l'ordre h^2; nous ne tenterons pas, pour le moment, de pousser plus loin l'exactitude, il nous suffira d'avoir indiqué comment on pourrait y parvenir par des approximations successives, si cela devenait nécessaire.

La forme des valeurs de p et q donne encore lieu à une remarque importante. La constante h dépend, comme nous l'avons vu, de l'angle que fait, à l'origine du mouvement, l'axe instantané de rotation avec le troisième axe principal : si cet angle, au lieu d'être très-petit, est supposé nul, on aura pour cet instant $p = 0$ et $q = 0$, et par conséquent $h = 0$ et $h' = 0$. Les quantités p et q seront donc nulles pendant toute la durée du mouvement, et l'axe de rotation coïncidera toujours avec le troisième axe principal. Il suit de là que si le corps commence à tourner autour d'un de ses axes principaux, il continuera à se mouvoir uniformément autour de cet axe, et c'est par cette raison que ces axes ont été nommés *axes naturels de rotation*. Réciproquement, si l'axe instantané demeure immobile, on est assuré qu'il est un des axes principaux du corps. En effet, pour que l'axe de rotation conserve la même position dans l'intérieur du mobile, il faut que les trois quantités p, q, r soient constantes, ce qui donne $dp = 0$, $dq = 0$, $dr = 0$; les trois équations (h) deviennent donc

$$(C - B)\, qr\, dt = 0, \quad (A - C)\, rp\, dt = 0,$$
$$(B - A)\, pq\, dt = 0.$$

Si les trois moments d'inertie A, B, C sont inégaux, il faudra, pour satisfaire à ces équations, supposer nulles deux des quantités p, q, r; alors l'axe instantané coïncide avec l'un des axes principaux. Si deux de ces moments sont égaux, si l'on suppose, par exemple, A = B, la dernière des équations précédentes est identiquement nulle, et l'on satisfait aux deux premières en supposant $r = 0$. L'axe de rotation est alors situé dans le plan perpendiculaire au troisième axe principal; mais nous avons vu n° **32**, qu'alors tous les axes compris dans ce plan sont des axes principaux. Enfin, si l'on a à la fois A = B = C, ces trois équations seront satisfaites indépendamment de toute valeur donnée à p, q, r; mais dans ce cas tous les axes du corps sont des axes principaux.

La propriété d'être des axes invariables de rotation convient donc exclusivement aux axes principaux; mais il y a à cet égard une distinction à établir entre eux. En effet, remarquons que, pour que les valeurs de p et de q demeurent toujours très-petites, comme nous supposons qu'elles le sont à l'origine du mouvement, il ne suffit pas que les constantes h et h' soient très-petites, il faut encore que la valeur de la constante n' soit réelle; sans cela les sinus et cosinus que renferment les quantités p et q se changeraient en exponentielles, dont les exposants seraient proportionnels à t, et ces valeurs par conséquent pourraient croître indéfiniment avec le temps. Ainsi, dans le premier cas, l'axe instantané ne fera que de petites oscillations autour de l'axe principal; mais, dans le second, il pourra s'en écarter considérablement, quelque rapprochés qu'aient été ces deux axes dans l'origine. Or, pour que la valeur de n' soit réelle, il faut que le produit $(C - A)(C - B)$ soit positif, c'est-à-dire que le moment d'inertie C, relatif à l'axe principal autour duquel oscille l'axe instantané, soit le plus petit ou le plus grand des trois moments d'inertie A, B, C. Il s'ensuit que, si le mouvement du corps a commencé autour d'un de ses axes principaux, et qu'une force perturbatrice quelconque dérange infiniment peu son axe de rotation, le corps continuera de tourner à très-peu près autour de l'axe principal, si la quantité $(C - A)(C - B)$ est positive; mais, dans le cas contraire, l'axe de rotation s'en écartera indéfiniment, et il suffira alors de la cause la plus légère pour changer totalement la nature du mouvement.

Ainsi le mouvement de rotation est *stable* par rapport aux deux axes principaux qui répondent au plus grand et au plus petit moment d'inertie, et il ne l'est pas relativement au troisième.

35. Considérons maintenant, d'une manière générale, le mouvement d'un corps qui n'est animé par aucune force accélératrice, et qui peut se mouvoir librement autour d'un point fixe, différent ou non de son centre de gravité. Reprenons les équations (h) du numéro précédent :

$$\left.\begin{array}{l} A\,dp + (C - B)\,qr\,dt = 0, \\ B\,dq + (A - C)\,rp\,dt = 0, \\ C\,dr + (B - A)\,pq\,dt = 0. \end{array}\right\} \quad (h)$$

Si l'on multiplie la première par p, la seconde par q, la troisième par r, qu'on les ajoute et qu'on intègre leur somme, on aura

$$A\,p^2 + B\,q^2 + C\,r^2 = h. \quad (1)$$

Si l'on multiplie ces mêmes équations, la première par $A\,p$, la seconde par $B\,q$, la troisième par $C\,r$, qu'on les ajoute et qu'on intègre l'équation résultante, on aura

$$A^2\,p^2 + B^2\,q^2 + C^2\,r^2 = k^2, \quad (2)$$

h et k étant deux constantes arbitraires.

La première intégrale est l'expression de la force vive trouvée n° **33** ; elle montre que cette force est constante, conformément au principe énoncé n° **24**.

I. 10

Des deux équations précédentes, on tire

$$p^2 = \frac{k^2 - B\,h + (B - C)\,C r^2}{(A - B)\,A},$$
$$q^2 = \frac{k^2 - A\,h + (A - C)\,C r^2}{(B - A)\,B}. \qquad\Big\} \ (k)$$

Si l'on substitue pour p et q leurs valeurs dans la dernière des équations (h), et qu'on la résolve par rapport à dt, on aura

$$dt = \frac{\sqrt{AB.C}\,dr}{\sqrt{[\,k^2 - B\,h + (B - C)\,C r^2\,][\, -k^2 + A\,h + (C - A)\,C r^2\,]}}. \qquad (3)$$

Cette équation donnera par les quadratures la valeur de t en r, et réciproquement la valeur de r en fonction de t; cette valeur substituée dans les équations (k) fera connaître à chaque instant les valeurs de p et q. Mais l'intégration d'où dépend la valeur de t, ne peut s'obtenir sous forme finie que dans le cas où deux des trois moments d'inertie A, B, C sont égaux entre eux.

Les trois quantités p, q, r déterminent (nº **33**) les mouvements du corps par rapport aux axes principaux. Il reste à déterminer les trois angles φ, ψ, θ qui fixent la position de ces axes. Au lieu de recourir pour cela aux équations (c) (nº **30**), on peut trouver trois nouvelles intégrales des équations (h) qui faciliteront cette recherche. En effet, si l'on multiplie la première de ces équations par a, la seconde par b, la troisième par c, qu'on les ajoute, et qu'on intègre leur somme; qu'on répète la même opération par rapport à a', b', c', et par rapport à a'', b'', c'', en faisant attention aux équations (p) (nº **29**) et aux relations (m), (n), n° **28,** on aura

$$a\mathrm{A}p + b\mathrm{B}q + c\mathrm{C}r = l,\ a'\mathrm{A}p + b'\mathrm{B}q + c'\mathrm{C}r = l', \left.\begin{array}{c}\\[1.2em]\end{array}\right\} \quad (l)$$
$$a''\mathrm{A}p + b''\mathrm{B}q + c''\mathrm{C}r = l'';$$

l, l', l'' étant trois constantes introduites par l'intégration. Ces équations, qui coïncident avec les équations (t) (n° **29**), renferment le principe des aires.

Si ces trois intégrales étaient réellement distinctes entre elles, on en tirerait, sans nouvelle intégration, les valeurs de φ, ψ, θ, au moyen de celles de p, q, r, qu'on peut regarder comme déterminées. Mais l'une quelconque de ces équations rentre dans les deux autres, en vertu de l'équation (2). En effet, si l'on ajoute ensemble leurs carrés, on voit que cette somme se réduit à

$$\mathrm{A}^2 p^2 + \mathrm{B}^2 q^2 + \mathrm{C}^2 r^2 = l^2 + l'^2 + l''^2;$$

équation qui, en la comparant à l'équation citée, donne entre les constantes k, l, l', l'', l'équation de condition

$$k^2 = l^2 + l'^2 + l''^2.$$

Les équations (l) ne pourront donc servir qu'à déterminer deux des inconnues φ, ψ, θ; il faudra nécessairement recourir aux équations (c) (n° **31**), pour déterminer la troisième, ce qui exige, par conséquent, une nouvelle intégration.

Pour rendre cette intégration possible, on est obligé de faire une hypothèse sur le choix des plans coordonnés, que nous avions jusqu'ici regardé comme arbitraire. On suppose que l'un d'entre eux se confond avec le plan que nous avons nommé invariable, n° **23**.

La propriété qui le caractérise, c'est que la somme des aires décrites par les rayons vecteurs des éléments du corps pendant le temps t, et multipliées par les masses de ces éléments, est un *maximum* par rapport à ce plan, et qu'au contraire par rapport à tout plan qui lui est perpendiculaire, elle est égale à zéro. Les constantes l, l', l'' répondent ici aux constantes c, c', c'' du n° **23**; cette somme, relativement au plan invariable, est donc égale à $\frac{1}{2} t . \sqrt{l^2 + l'^2 + l''^2}$; et en désignant par α, β, γ les angles que forme la perpendiculaire à ce plan avec les axes des x, des y et des z, on a

$$\cos\alpha = \frac{l}{k}, \quad \cos\beta = \frac{l'}{k}, \quad \cos\gamma = \frac{l''}{k}.$$

Si l'on prend ce plan invariable pour plan des xy, on aura $l = 0$, $l' = 0$, $l'' = k$, et les équations (l) se réduiront aux suivantes,

$$a\mathrm{A}p + b\mathrm{B}q + c\mathrm{C}r = 0, \quad a'\mathrm{A}p + b'\mathrm{B}q + c'\mathrm{C}r = 0,$$
$$a''\mathrm{A}p + b''\mathrm{B}q + c''\mathrm{C}r = k;$$

d'où l'on tire, en vertu des équations (m) (n° **28**),

$$a'' = \frac{\mathrm{A}p}{k}, \quad b'' = \frac{\mathrm{B}q}{k}, \quad c'' = \frac{\mathrm{C}r}{k},$$

ou bien, en mettant pour a'', b'', c'' leurs valeurs n° **28**,

$$\sin\theta_, \sin\varphi_, = -\frac{\mathrm{A}p}{k}, \quad \sin\theta_, \cos\varphi_, = -\frac{\mathrm{B}q}{k}, \quad \cos\theta_, = \frac{\mathrm{C}r}{k}. \quad (o)$$

Nous désignons ici par $\varphi_,$, $\psi_,$, $\theta_,$ ce que deviennent, relativement au plan invariable, les angles φ, ψ, θ qui se rapportent à un plan fixe quelconque.

Ces équations donneront immédiatement les valeurs des angles $\varphi_,$ et $\theta_,$ en fonction du temps au moyen des valeurs connues de p, q, r. Pour déterminer le troisième angle $\psi_,$ éliminons $d\theta$ entre les deux premières équations (c); nous aurons

$$\sin^2\theta_, \, d\psi_, = \sin\theta_, \, \sin\varphi_, \, p dt + \sin\theta_, \, \cos\varphi_, \, q dt;$$

équation qui, en vertu des précédentes, devient

$$(k^2 - C^2 r^2)\, d\psi_, = -(A p^2 + B q^2)\, k dt;$$

d'où, en observant que $A p^2 + B q^2 = h - C r^2$, on tire

$$d\psi_, = \frac{C r^2 - h}{k^2 - C^2 r^2}\, k dt.$$

Si dans cette équation on substitue pour dt sa valeur, on trouve

$$d\psi_, = \frac{k\,(C r^2 - h)\,\sqrt{AB.C}\,dr}{(k^2 - C^2 r^2)\,\sqrt{[k^2 - Bh + (B-C)\,C r^2][-k^2 + Ah + (C-A)\,C r^2]}}. \quad (4)$$

Cette formule donnera, par les quadratures, $\psi_,$ en fonction de r, et par suite $\psi_,$ en fonction du temps.

On connaîtra donc à chaque instant les valeurs des six variables p, q, r, $\varphi_,$, $\psi_,$, $\theta_,$, ce qui suffit pour déterminer toutes les circonstances du mouvement du corps. Ces valeurs renferment quatre constantes arbitraires, savoir, les constantes h et k, et les deux constantes qui sont introduites par l'intégration des valeurs de dt et de $d\psi_,$. Les intégrales d'où dépend la solution complète du problème, devraient généralement contenir six arbitraires; mais il faut remarquer qu'en prenant pour plan des x et des y le plan principal de projection, nous avons fait disparaître deux de ces arbitraires, puisque cette supposition a donné

$l = 0$, $l' = 0$, et que d'ailleurs les angles $\varphi_{,}$, $\psi_{,}$, $\theta_{,}$, dont nous venons de déterminer les valeurs, ne sont relatifs qu'à ce même plan. Il sera facile, lorsque ces valeurs seront connues, d'avoir celles des angles φ, ψ, θ, qui se rapportent à un plan fixe quelconque, par les formules de la Trigonométrie sphérique, et cette détermination introduira deux nouvelles constantes dépendant de la position du plan invariable par rapport au plan fixe, qui, jointes aux quatre précédentes, compléteront le nombre des constantes arbitraires demandé.

En effet, désignons par γ l'inclinaison du plan invariable sur le plan fixe, par α l'angle que forme avec une droite menée sur le dernier de ces plans leur commune intersection, et considérons le triangle sphérique intercepté entre ces deux plans et le plan qui renferme les axes principaux des x' et des y'. D'après la désignation donnée aux quantités φ, ψ, θ, $\varphi_{,}, \psi_{,}, \theta_{,}, \alpha, \gamma$, il est aisé de voir que les trois angles de ce triangle seront $\gamma, \theta_{,}, 180^{\circ} - \theta$, et les côtés respectivement opposés $\varphi - \varphi_{,}$, $\psi - \alpha$, et $\psi_{,}$, en supposant que l'angle $\psi_{,}$, qui se compte sur le plan invariable à partir d'une ligne arbitraire, soit compté à partir de l'intersection de ce plan avec le plan fixe. On aura donc par les formules connues :

$$\cos\theta = \cos\gamma\,\cos\theta_{,} - \sin\gamma\,\sin\theta_{,}\,\cos\psi_{,}$$
$$\sin(\varphi - \varphi_{,})\,\sin\theta = \sin\psi_{,}\,\sin\gamma_{,}$$
$$\sin(\psi - \alpha)\,\sin\theta = \sin\psi_{,}\,\sin\theta_{,}.$$

Ces équations donneront les valeurs des trois angles φ, ψ, θ, au moyen des angles $\varphi_{,}, \psi_{,}, \theta_{,}$, et des deux arbitraires α et γ, qui dépendent de la position du corps à l'origine du mouvement.

Il ne nous reste plus, pour achever la solution du problème que nous venons de traiter, qu'à montrer comment les six constantes qui servent à la compléter, peuvent se déterminer d'après les circonstances initiales du mouvement. Pour cela, supposons que le corps ait reçu une impulsion primitive quelconque, qui ne passe pas par son centre de gravité; soit v la vitesse que cette force imprimerait à la masse m, regardée comme un point, en sorte que mv soit la mesure de son intensité, et soit de plus f la distance de sa direction au point fixe autour duquel le corps est forcé de tourner; mvf sera son moment par rapport au même point. Quelles que soient les quantités de mouvement dont sont animés les différents points du mobile, il est évident que l'impulsion primitive, prise en sens contraire de sa direction, doit leur faire équilibre; d'où il suit que la somme des moments de toutes ces forces, projetées sur un même plan, doit être égale à zéro. Or le moment de la force mv est le plus grand possible relativement au plan qui passe par sa direction et par le point fixe; ce plan est donc le plan invariable. La somme des aires décrites pendant le temps t par les rayons vecteurs des molécules du corps, projetées sur ce plan, et multipliées respectivement par ces molécules, est $\frac{1}{2} t \sqrt{l^2 + l'^2 + l''^2} = \frac{1}{2} tk$. Si l'on multiplie par $\frac{1}{2} t$ le moment mvf, le produit doit être, par ce qui précède, égal à cette somme. On aura donc $k = mvf$ pour déterminer la constante k.

Si l'on suppose connue, à l'origine du mouvement,

la position des trois axes principaux du corps relativement au plan invariable, les angles φ, et θ, seront donnés, et l'on aura, par les équations (o), les valeurs de p, q, r à l'origine du mouvement; en les substituant dans la première intégrale (1), la valeur de la constante h sera déterminée.

Quant aux deux constantes qui résultent de l'intégration des valeurs de dt et de $d\psi$,, la première dépendra de l'instant d'où l'on comptera le temps, et la seconde de l'origine de l'angle ψ,, que l'on peut prendre arbitrairement sur le plan invariable.

Enfin, les deux constantes α et γ, qui déterminent ce plan par rapport à un autre plan fixe quelconque, seront connues, puisque sa position initiale est supposée donnée.

En rassemblant les résultats précédents, on voit (n^o **27**) que si un corps, de figure quelconque, reçoit une impulsion primitive qui ne passe pas par son centre de gravité, ce point sera emporté dans l'espace comme si l'impulsion lui était directement appliquée, et que le corps prendra, autour de ce centre, le même mouvement que s'il était immobile. Ces principes servent à expliquer comment le double mouvement de translation et de rotation des planètes, qui paraît au premier abord si compliqué, a pu résulter d'une seule impulsion primitive qui ne passait pas par leur centre de gravité. En supposant la Terre une sphère homogène, dont le rayon est R, et nommant f la distance de la direction de l'impulsion primitive à son centre, on trouve qu'en vertu du rapport qui existe entre la vitesse angulaire de rotation de cette planète, et sa vitesse de révolution autour du Soleil, il faut qu'on ait, à très-peu près, $f = \frac{1}{160}.R$.

36. Déterminons enfin le mouvement de rotation d'un corps solide retenu par deux points ou par un axe fixe. Au lieu d'employer les équations (C) du n° **30**, il est plus simple dans cette recherche de recourir aux équations primitives (a) du n° **27**. Prenons l'axe fixe de rotation pour l'un des axes coordonnés, pour celui des x par exemple; supposons cet axe horizontal ainsi que l'axe des y, et l'axe des z vertical et dirigé vers le centre de la Terre; supposons de plus que le plan des yz, dont la position est arbitraire, passe par le centre de gravité du corps : la dernière des équations (a) (n° **27**) suffira pour déterminer dans ce cas toutes les circonstances du mouvement. On aura donc

$$S.\left(\frac{y\,d^2z - z\,d^2y}{dt^2}\right)dm = S.(y\,Z - z\,Y)\,dm. \quad (a)$$

Faisons passer un plan par l'axe de rotation et par le centre de gravité du corps; il est clair qu'il suffira de connaître la trace de ce plan sur celui des yz pour avoir, à chaque instant, la position du mobile. Prenons cette ligne pour l'un des axes de nouvelles coordonnées y', z', et nommons θ l'angle que forme cet axe avec celui des z; on aura

$$y = y'\cos\theta + z'\sin\theta, \quad z = -y'\sin\theta + z'\cos\theta.$$

L'équation (a) devient, en y substituant ces valeurs,

$$\frac{d^2\theta}{dt^2}S.(y'^2 + z'^2)\,dm = -S.(y\,Z - z\,Y)\,dm.$$

L'intégrale $S(y'^2 + z'^2)\,dm$ est le moment d'inertie du corps par rapport à l'axe des x; en désignant donc par A ce moment, l'équation du mouvement de rotation sera simplement

$$A \cdot \frac{d^2\theta}{dt^2} = -\,S.(y\,Z - z\,Y)\,dm. \quad (b)$$

Supposons que la pesanteur soit la seule force accélératrice qui agisse sur le corps que nous considérons; il forme alors ce que l'on nomme un *pendule composé*, et l'on a $Y = 0$ et $Z = g$; en désignant par g l'intensité de la pesanteur. Par conséquent

$$S.(y\,Z - z\,Y)\,dm = S.y\,Z\,dm = g\cos\theta\,S.y'\,dm + g\sin\theta\,S.z'\,dm.$$

Puisque l'axe des z' passe par le centre de gravité, on a $S.y'\,dm = 0$, et $S.z'\,dm = Ma$, en nommant a la distance de ce centre à l'origine, et M la masse du corps; l'équation (b) devient ainsi

$$A \cdot \frac{d^2\theta}{dt^2} = -\,Mag\sin\theta.$$

Multiplions les deux membres de cette équation par $2\,d\theta$ et intégrons; nous aurons

$$\frac{d\theta^2}{dt^2} = \frac{2\,Mag}{A}\cos\theta + C, \quad (c)$$

C étant une constante arbitraire.

Cette expression est le carré de la vitesse angulaire de rotation du corps. En résolvant l'équation précédente par rapport à dt, et en l'intégrant ensuite, on aura t en fonction de θ, et réciproquement θ en fonction du temps.

Imaginons le mobile réduit à un point lié à l'axe

des x par une droite inflexible l; on aura $l = a$ et
$A = S.(y'^2 + z'^2)\, dm = M\, l^2$; par conséquent

$$\frac{d\theta^2}{dt^2} = \frac{2\, g}{l} \cos\theta + C.$$

Cette équation coïncide avec l'équation (2) que nous avons donnée n° **17** pour déterminer les oscillations du pendule simple; en la comparant à la précédente (c), on voit que les deux corps oscilleront de la même manière si l'on fait $l = \dfrac{A}{M\, a}$, et si l'on suppose qu'ils ont les mêmes vitesses initiales, lorsque leurs centres de gravité sont dans la verticale, c'est-à-dire lorsque l'angle θ est nul. On pourra donc toujours déterminer, par la formule précédente, la longueur du pendule simple qui fait ses oscillations dans le même espace de temps qu'un pendule composé donné.

On peut conclure de là qu'il existe dans tout pendule composé un système de points qui oscillent comme s'ils étaient isolés et détachés du corps. Ces points sont situés dans le plan qui passe par le centre de gravité et l'axe de suspension, sur une droite parallèle à cet axe. On nomme ces points *centres d'oscillation.*

CHAPITRE VI.

DE L'ÉQUILIBRE DES FLUIDES.

37. Un fluide est un amas de molécules matérielles qui cèdent sans résistance au moindre effort que l'on fait pour les séparer. Cette extrême mobilité qui caractérise les fluides et les distingue des corps solides, exige de nouvelles considérations pour découvrir les lois de leur équilibre, et fait de cette partie de la Mécanique une science à part. En effet, il ne suffit plus ici que les forces appliquées au corps qui leur sert d'intermédiaire; se fassent équilibre, il faut encore que chaque particule du fluide soit elle-même en équilibre, en vertu des forces qui l'animent et des résistances qu'elle éprouve de la part des molécules environnantes. Exprimons analytiquement ces conditions.

Parmi les propriétés particulières aux fluides, celle qui paraît la plus propre à s'adapter au calcul et à guider dans cette recherche, est la faculté qu'ils ont de transmettre également et dans tous les sens la pression qu'on exerce à leur surface. En effet, on peut regarder la pression que supporte chaque élément de la masse fluide, comme une force qui agit sur lui; cette force varie sur chaque point de la masse, et peut s'exprimer, par conséquent, en fonction des coordonnées qui déterminent sa position. La différence des pressions qui s'exercent sur deux faces opposées et parallèles de cet élément, est la force qui tend à le mouvoir dans une direction perpendiculaire à ces faces, et dont l'effet doit être détruit par les forces accélératrices qui l'animent; d'où il suit que si l'on considère la masse fluide comme une infinité de petits parallélipipèdes rectangulaires, dont les trois dimensions sont les éléments infiniment petits des coordonnées qui fixent leur position; qu'on suppose toutes les forces accélératrices qui agissent sur elle, décomposées parallèlement à ces axes, on aura immédiatement trois équations aux différences partielles entre ces forces et la pression qui en résulte, d'où l'on pourra déduire, au moyen du calcul intégral, la mesure de cette force, et les relations qui doivent exister entre les forces accélératrices données pour que l'équilibre soit possible.

Toute la théorie de l'équilibre des fluides est renfermée dans ces trois équations générales, auxquelles Clairaut est parvenu le premier, mais qu'il avait déduites d'une manière moins directe et moins simple du principe de l'égalité de pression en tous sens. Nous allons développer ces équations, qui nous seront de la plus grande utilité dans la théorie de la figure des corps célestes.

On divise ordinairement les fluides en deux espèces : les uns incompressibles, comme l'eau et les autres liquides; ils peuvent changer de forme, mais sans changer de volume; les autres, tels que l'air, les gaz, les vapeurs, peuvent changer à la fois de figure et de volume; ils tendent toujours à se dilater et à occuper un plus grand espace, et l'expérience a prouvé que l'effort qu'en vertu de cette propriété ils exercent contre les parois des vases qui les renferment, est, pour un même fluide, pris à la même température, proportionnel à la densité; en sorte que si l'on nomme p cet effort, qu'on appelle aussi la *force élastique du fluide*, et ρ sa densité, on a $p = k\rho$; k étant une constante qui dépend de la nature du fluide et de la température. Le principe de l'égalité de pression en tous sens s'applique également à ces deux espèces de fluides, ainsi que les conséquences que nous allons en déduire.

38. Considérons une masse fluide sollicitée par des forces accélératrices quelconques. Soient dm un des éléments de cette masse, que nous regarderons comme un petit parallélipipède rectangulaire; x, y, z, les coordonnées de l'angle solide le plus rapproché de leur origine; le volume de cet élément pourra être représenté par $dx\,dy\,dz$, et en nommant ρ sa densité, on aura $dm = \rho.dx\,dy\,dz$. Désignons par X, Y, Z, les trois forces accélératrices qui agissent sur dm parallèlement aux axes des coordonnées; Xdm, Ydm, Zdm seront les forces motrices qui sollicitent cet élément dans la direction des mêmes axes.

Nommons p la pression qui s'exerce sur la face supérieure $dz\,dy$ de l'élément dm, et p' la pression qui s'exerce sur la face opposée, ces pressions étant rapportées à l'unité de surface; $(p' - p)\,dz\,dy$ sera la force qui agit sur dm parallèlement à l'axe des x, en vertu de la liaison des parties du fluide. Les deux forces p et p' sont dirigées en sens contraire; cependant, comme la pression qu'éprouve chaque élément du fluide est la même dans tous les sens, on peut supposer que ces forces agissent dans la même direction, et alors p' est ce que devient p lorsque x varie, y et z restant les mêmes. On a donc $p' - p = \frac{dp}{dx}\,dx$; et la force totale qui sollicite dm suivant l'axe des x, sera par conséquent $\left(\mathrm{X}\rho - \frac{dp}{dx}\right)dx\,dy\,dz$. On aurait de même $\left(\mathrm{Y}\rho - \frac{dp}{dy}\right)dx\,dy\,dz$, et $\left(\mathrm{Z}\rho - \frac{dp}{dz}\right)dx\,dy\,dz$, pour les forces qui sollicitent cet élément parallèlement aux axes des y et des z. Pour qu'il y ait équilibre dans la masse fluide, il faut donc que les trois quantités précédentes soient égales à zéro, ce qui donne

$$\frac{dp}{dx} = \rho\,\mathrm{X}, \quad \frac{dp}{dy} = \rho\,\mathrm{Y}, \quad \frac{dp}{dz} = \rho\,\mathrm{Z}. \ (1)$$

Telles sont les équations générales de l'équilibre d'une masse fluide homogène ou hétérogène, compressible ou incompressible, sollicitée par des forces accélératrices quelconques. Les considérations très-simples par lesquelles nous y sommes parvenus appartiennent à Euler.

Si l'on multiplie ces équations, la première par dx, la seconde par dy, la troisième par dz, et qu'on les ajoute ensuite, on aura

$$dp = \rho\,(\mathrm{X}\,dx + \mathrm{Y}\,dy + \mathrm{Z}\,dz). \ (2)$$

Le premier membre de cette équation est une différentielle exacte ; il faut donc que le second le soit aussi, pour que cette équation soit possible. Cette condition renferme seule les lois de l'équilibre des fluides. Si l'on élimine par la différentiation p des trois équations (1), on a

$$\frac{d.\rho X}{dy} = \frac{d.\rho Y}{dx}, \quad \frac{d.\rho X}{dz} = \frac{d.\rho Z}{dx}, \quad \frac{d.\rho Y}{dz} = \frac{d.\rho Z}{dy}.$$

Ce sont les équations de condition nécessaires pour que le second membre de l'équation (2) soit une différence exacte, et par conséquent intégrable. On en tire

$$X\frac{dY}{dz} - Y\frac{dX}{dz} + Z\frac{dX}{dy} - X\frac{dZ}{dy} + Y\frac{dZ}{dx} - Z\frac{dY}{dx} = 0 ;$$

équation qui exprime la relation qui doit exister entre les forces X, Y, Z, pour que l'équilibre puisse subsister.

Si les équations précédentes sont satisfaites, l'équilibre est toujours possible, et il ne reste plus à déterminer que la figure extérieure de la masse fluide. Si l'on suppose le fluide libre à sa surface, la pression p sera nulle par tous les points de cette surface; on aura donc, pour chacun d'eux, $p = 0$, et l'équation (2) deviendra

$$\rho(X\,dx + Y\,dy + Z\,dz) = 0 ;$$

d'où il est aisé de conclure (n° **4**) que la résultante des forces X, Y et Z doit être perpendiculaire à la surface libre du fluide; il faut d'ailleurs que cette force soit dirigée du dehors en dedans; et l'on voit en effet, *à priori*, que, sans ces deux conditions, l'équilibre est impossible.

Si le fluide est homogène, la densité ρ est constante, et en la prenant pour unité, l'équation (2) donne simplement

$$dp = \mathrm{X}\,dx + \mathrm{Y}\,dy + \mathrm{Z}\,dz;$$

c'est-à-dire que, dans ce cas, il faut, pour l'équilibre, que la fonction $\mathrm{X}\,dx + \mathrm{Y}\,dy + \mathrm{Z}\,dz$ soit une différence exacte. On a alors, pour l'équation de la surface libre du fluide,

$$\int (\mathrm{X}\,dx + \mathrm{Y}\,dy + \mathrm{Z}\,dz) = \text{const.}$$

Mais cette équation est non-seulement celle de la surface extérieure du fluide, elle convient encore à tous les points pour lesquels la valeur de la fonction $\int (\mathrm{X}\,dx + \mathrm{Y}\,dy + \mathrm{Z}\,dz)$ est la même. Les surfaces que forment ces points ont la propriété de couper à angles droits la résultante des forces X, Y, Z, et c'est par cette raison qu'on les a nommées *surfaces de niveau*.

Supposons le fluide hétérogène, et la fonction $\mathrm{X}\,dx + \mathrm{Y}\,dy + \mathrm{Z}\,dz$ une différence exacte, ce qui a lieu toutes les fois que les forces X, Y, Z résultent des attractions des différentes parties d'un système de corps, et que leurs intensités sont des fonctions des distances mutuelles de ces corps. Faisons

$$\varphi = \int (\mathrm{X}\,dx + \mathrm{Y}\,dy + \mathrm{Z}\,dz);$$

φ étant une fonction des trois variables x, y, z, l'équation (2) deviendra

$$dp = \rho\, d\varphi. \ (3)$$

Pour que le second membre de cette équation soit, comme le premier, une différentielle exacte, il faut que la densité ρ soit une fonction de φ. La pression p sera donc également fonction de φ, et l'équation de la

I.

surface libre du fluide sera fonct. $\varphi =$ const., ou simplement $\varphi =$ const., comme dans le cas de l'homogé-
néité. La pression et la densité sont donc les mêmes
pour tous les points d'une même couche de niveau.
La loi de la variation de la densité, en passant d'une
couche à une autre, dépend de la fonction de φ qui
l'exprime, et lorsque cette fonction est donnée, on en
conclut la pression en intégrant l'équation (3).

Il suit de ce qui précède que, pour arriver à l'état
d'équilibre, une masse fluide, dont la surface extérieure est supposée libre, doit se disposer de manière,
1° que la densité soit constante pour toutes les couches de niveau comprises entre deux surfaces de niveau infiniment voisines; 2° que la résultante des forces
accélératrices qui agissent sur la surface extérieure lui
soit perpendiculaire.

39. Il convient d'examiner ici un cas particulier
qui a, dans la théorie du système du monde, une application très-importante, et qui se déduit d'une manière fort simple des principes précédents : c'est celui
où la masse fluide que nous considérons, est douée
d'un mouvement uniforme de rotation autour d'un
axe fixe. Prenons, pour plus de simplicité, cet axe
pour celui des z; soit ω la vitesse de rotation commune
à tous les points du fluide, et r la distance de l'élément dm qui répond aux coordonnées x, y et z, à
l'axe de rotation. La vitesse de ce point sera ωr, et
la force centrifuge qui en résulte (n° **16**) $\omega^2 r$. Il faudra
donc comprendre cette force parmi les forces accélératrices qui sollicitent cet élément. La fonction que

nous avons désignée par φ (n° **38**) deviendra ainsi

$$d\varphi = X\,dx + Y\,dy + Z\,dz + \omega^2\,r\,dr,$$

et l'on aura

$$X\,dx + Y\,dy + Z\,dz + \omega^2\,r\,dr = 0,$$

pour l'équation différentielle des couches de niveau et de la surface libre du fluide.

L'introduction de la force centrifuge n'empêchera pas, par conséquent, que la fonction $d\varphi$ ne soit une différence exacte; l'équilibre sera donc encore possible, pourvu que les conditions que nous avons énoncées dans le numéro précédent soient remplies.

Telles sont donc les lois qui ont dû présider à la formation de la Terre et des planètes, en supposant qu'elles étaient originairement fluides, et que leurs molécules ont conservé, en se durcissant, la disposition qu'elles avaient prise en vertu de leurs actions mutuelles et de la force centrifuge due au mouvement de rotation de ces corps.

CHAPITRE VII.

DU MOUVEMENT DES FLUIDES.

40. Les lois des mouvements des fluides sont faciles à déduire de celles de leur équilibre, au moyen du principe de d'Alembert, auquel nous avons déjà ramené toute la Dynamique.

En effet, considérons une masse fluide dont toutes les molécules sont sollicitées par des forces accélératrices quelconques. Soient x, y, z les trois coordonnées d'un des éléments dm du fluide, X, Y, Z les forces accélératrices qui agissent sur lui parallèlement aux axes coordonnés, et ρ sa densité. Au bout de l'instant dt, les vitesses dont cet élément est animé dans la direction des mêmes axes, seront $\frac{dx}{dt}$, $\frac{dy}{dt}$, $\frac{dz}{dt}$, et au commencement de l'instant suivant ces vitesses prendront respectivement les accroissements $X\,dt$, $Y\,dt$, $Z\,dt$ par l'action des forces accélératrices ; les vitesses de l'élément dm parallèlement aux axes des coordonnées x, y, z, deviennent donc

$$\frac{dx}{dt} + X\,dt, \quad \frac{dy}{dt} + Y\,dt, \quad \frac{dz}{dt} + Z\,dt\,;$$

mais au commencement de ce même instant, les vitesses de l'élément dm sont évidemment

$$\frac{dx}{dt} + d.\frac{dx}{dt}, \quad \frac{dy}{dt} + d.\frac{dy}{dt}, \quad \frac{dz}{dt} + d.\frac{d}{dt}.$$

Il faudra donc, conformément au principe énoncé, qu'il y ait équilibre entre ces six vitesses ou les forces qui les produisent, en supposant les trois dernières appliquées à dm en sens contraire de leur direction. On aura donc (n° **38**)

$$\frac{dp}{dx} = \rho\left(\mathrm{X} - \frac{d^2 x}{dt^2}\right), \quad \frac{dp}{dy} = \rho\left(\mathrm{Y} - \frac{d^2 y}{dt^2}\right), \atop \frac{dp}{dz} = \rho\left(\mathrm{Z} - \frac{d^2 z}{dt^2}\right). \left.\right\} \quad (1)$$

Ces équations ne suffisent pas pour déterminer les lois du mouvement des fluides ; il reste encore à exprimer que le fluide n'a pas changé de masse pendant qu'il se meut, et cette condition, qui résulte de la continuité du fluide, fournit une nouvelle équation du mouvement. En effet, dm désignant la masse de l'un quelconque des éléments du fluide et ρ sa densité, on a $dm = \rho.dx\,dy\,dz$: la condition de la continuité du fluide sera donc exprimée par l'équation $\rho.dx\,dy\,dz = $ const. ou par l'équation différentielle

$$d.\rho\,(dx\,dy\,dz) = 0. \quad (2)$$

Cette équation, jointe aux trois équations (1), servira à déterminer les quatre inconnues x, y, z et p en fonction du temps.

44. Pour développer l'équation (2), observons que les trois dimensions du petit parallélipipède dm deviennent, au bout de l'instant dt, $dx + d.dx$, $dy + d.dy$, $dz + d.dz$. Mais il faut faire ici une remarque essentielle, c'est que la variation de dx ne provient que de l'accroissement que reçoit la coordonnée x, les variables y et z restant les mêmes ; de même, les variations de dy et de dz ne résultent que des accroissements que prennent respectivement ces deux dernières coordonnées. Pour exprimer ces conditions, nous écrirons de cette manière les trois nouvelles dimensions de dm :

$$ dx \left(1 + \frac{d^2 x}{dx} \right), \quad dy \left(1 + \frac{d^2 y}{dy} \right), \quad dz \left(1 + \frac{d^2 z}{dz} \right). $$

Si l'on suppose que, dans le second instant, la figure de dm soit encore celle d'un parallélipipède rectangulaire, ce qui est exact, aux quantités près du cinquième ordre, comme il est facile de s'en convaincre par la Géométrie, on aura pour le volume de ce parallélipipède

$$ dx\, dy\, dz \left(1 + \frac{d^2 x}{dx} + \frac{d^2 y}{dy} + \frac{d^2 z}{dz} \right). $$

Quant à la densité ρ, si on la regarde comme une fonction de x, y, z et t, elle deviendra, au bout de l'instant dt,

$$ \rho + \frac{d\rho}{dt} dt + \frac{d\rho}{dx} dx + \frac{d\rho}{dy} dy + \frac{d\rho}{dz} dz. $$

En multipliant donc la densité par le volume, et négligeant les infiniment petits du second ordre, on aura

$$ dm = dx\, dy\, dz \left(\rho + \frac{d\rho}{dt} dt + \frac{d\rho}{dx} dx + \frac{d\rho}{dy} dy \right. $$
$$ \left. + \frac{d\rho}{dz} dz + \rho \frac{d^2 x}{dx} + \rho \frac{d^2 y}{dy} + \rho \frac{d^2 z}{dz} \right); $$

et l'équation (2) deviendra par conséquent

$$\frac{d\rho}{dt} + \frac{d.\rho\frac{dx}{dt}}{dx} + \frac{d.\rho\frac{dy}{dt}}{dy} + \frac{d.\rho\frac{dz}{dt}}{dz} = 0. \quad (3)$$

Si le fluide est incompressible, non-seulement sa masse ne doit pas varier, son volume doit encore rester le même pendant toute la durée du mouvement ; on aura donc

$$\frac{d^2 x}{dx} + \frac{d^2 y}{dy} + \frac{d^2 z}{dz} = 0, \quad (4)$$

et, relativement à la densité,

$$\frac{d\rho}{dt} + \frac{d\rho}{dx} dx + \frac{d\rho}{dy} dy + \frac{d\rho}{dz} dz = 0. \quad (5)$$

Ces équations remplaceront dans ce cas l'équation (2), et, jointes aux équations (1), elles serviront à déterminer les cinq inconnues p, ρ, x, y, z en fonction de t. Enfin, si le fluide est à la fois imcompressible et homogène, la dernière de ces équations deviendra identique, et les quatre autres suffiront pour déterminer les inconnues du problème.

42. On peut donner aux équations (1) et (3) une forme plus commode dans quelques circonstances. Pour cela, on prend pour inconnues, au lieu des coordonnées x, y, z, de dm, les vitesses $\frac{dx}{dt}$, $\frac{dy}{dt}$, $\frac{dz}{dt}$ qui animent cet élément dans le sens de ces coordonnées, et qu'on regarde comme des fonctions de x, y, z et t. Faisons, pour abréger,

$$s = \frac{dx}{dt}, \quad u = \frac{dy}{dt}, \quad v = \frac{dz}{dt}.$$

Si l'on différentie ces équations, en supposant que x, y, z et t varient à la fois, et qu'à la place des accroissements dx, dy, dz, on substitue leurs valeurs sdt, udt, vdt, on aura

$$ds = \frac{ds}{dt}dt + \frac{ds}{dx}sdt + \frac{ds}{dy}udt + \frac{ds}{dz}vdt,$$

$$du = \frac{du}{dt}dt + \frac{du}{dx}sdt + \frac{du}{dy}udt + \frac{du}{dz}vdt,$$

$$dv = \frac{dv}{dt}dt + \frac{dv}{dx}sdt + \frac{dv}{dy}udt + \frac{dv}{dz}vdt.$$

En mettant ces valeurs à la place de $\frac{d^2 x}{dt}$, $\frac{d^2 y}{dt}$, $\frac{d^2 z}{dt}$ dans les trois équations (1), on aura les suivantes :

$$\left.\begin{aligned}
\frac{dp}{dx} &= \rho\left(\mathrm{X} - \frac{ds}{dt} - \frac{ds}{dx}s - \frac{ds}{dy}u - \frac{ds}{dz}v\right),\\
\frac{dp}{dy} &= \rho\left(\mathrm{Y} - \frac{du}{dt} - \frac{du}{dx}s - \frac{du}{dy}u - \frac{du}{dz}v\right),\\
\frac{dp}{dz} &= \rho\left(\mathrm{Z} - \frac{dv}{dt} - \frac{dv}{dx}s - \frac{dv}{dy}u - \frac{dv}{dz}v\right).
\end{aligned}\right\} \quad (a)$$

Enfin l'équation (3) deviendra, par une transformation semblable,

$$\frac{dp}{dt} + \frac{d.\rho s}{dx} + \frac{d.\rho u}{dy} + \frac{d.\rho v}{dz} = 0, \quad (b)$$

équation qui, pour les fluides homogènes et incompressibles, se réduit à celle-ci

$$\frac{ds}{dx} + \frac{du}{dy} + \frac{dv}{dz} = 0. \quad (c)$$

Les équations (a) et (b) donneront les valeurs de s, u,

v en fonction de x, y, z, t, et l'on aura ensuite les valeurs de x, y, z en fonction du temps t, au moyen des trois équations

$$dx = sdt, \quad dy = udt, \quad dz = vdt.$$

43. Toute la difficulté de la théorie du mouvement des fluides se réduit donc à l'intégration des équations aux différences partielles (a) et (b). Mais cette difficulté est telle, qu'elle a arrêté jusqu'ici, même dans les questions les plus simples, les efforts des géomètres. Il existe cependant un cas fort étendu, dans lequel ces équations deviennent susceptibles d'intégration : c'est celui où la quantité $s\,dx + u\,dy + v\,dz$ est la différentielle exacte d'une fonction des trois variables x, y, z, en sorte qu'en la nommant φ, on a

$$s\,dx + u\,dy + v\,dz = d\varphi.$$

La fonction φ fait connaître les vitesses de chaque molécule du fluide parallèlement aux axes coordonnés, car on a

$$s = \frac{d\varphi}{dx}, \quad u = \frac{d\varphi}{dy}, \quad v = \frac{d\varphi}{dz}.$$

Si l'on substitue ces valeurs et leurs différentielles dans les trois équations (a), elles deviennent

$$\left.\begin{aligned}
\frac{dp}{dx} &= \rho \cdot \left(X - \frac{ds}{dt} - \frac{d\varphi}{dx}\frac{d^2\varphi}{dx^2} - \frac{d\varphi}{dy}\frac{d^2\varphi}{dy\,dx} - \frac{d\varphi}{dz}\frac{d^2\varphi}{dz\,dx} \right), \\
\frac{dp}{dy} &= \rho \cdot \left(Y - \frac{du}{dt} - \frac{d\varphi}{dx}\frac{d^2\varphi}{dx\,dy} - \frac{d\varphi}{dy}\frac{d^2\varphi}{dy^2} - \frac{d\varphi}{dz}\frac{d^2\varphi}{dz\,dy} \right), \\
\frac{dp}{dz} &= \rho \cdot \left(Z - \frac{dv}{dt} - \frac{d\varphi}{dx}\frac{d^2\varphi}{dx\,dz} - \frac{d\varphi}{dy}\frac{d^2\varphi}{dy\,dz} - \frac{d\varphi}{dz}\frac{d^2\varphi}{dz^2} \right).
\end{aligned}\right\} \quad (d)$$

Si l'on multiplie ces équations, la première par dx, la seconde par dy, la troisième par dz, qu'on les ajoute ensuite, et que l'on suppose la fonction $X\,dx + Y\,dy + Z\,dz$ une différence exacte, ce qui est le cas de la nature, et le seul, par conséquent, qu'il convienne d'examiner ici, en faisant, pour abréger,

$$X\,dx + Y\,dy + Z\,dz = d\Pi,$$

on aura

$$\left. \begin{aligned} \frac{dp}{\rho} = d\Pi &- \frac{ds}{dt}dx - \frac{du}{dt}dy - \frac{dv}{dt}dz \\ &- \frac{1}{2}d.\left(\frac{d\varphi^2}{dx^2} + \frac{d\varphi^2}{dy^2} + \frac{d\varphi^2}{dz^2}\right); \end{aligned} \right\} \quad (e)$$

d'où, en intégrant et observant que l'on a

$$\frac{ds}{dt}dx + \frac{du}{dt}dy + \frac{dv}{dt}dz = d.\frac{d\varphi}{dt},$$

on tire

$$\int\frac{dp}{\rho} = \Pi - \frac{d\varphi}{dt} - \frac{1}{2}\left(\frac{d\varphi^2}{dx^2} + \frac{d\varphi^2}{dy^2} + \frac{d\varphi^2}{dz^2}\right)\cdot \quad (f)$$

Cette intégrale devrait contenir en outre une arbitraire fonction de t; mais on peut la supposer comprise dans la fonction φ.

Si l'on substitue de même pour s, u, v leurs valeurs dans l'équation (b), on aura

$$\frac{d\rho}{dt} + \frac{d.\rho\frac{d\varphi}{dx}}{dx} + \frac{d.\rho\frac{d\varphi}{dy}}{dy} + \frac{d.\rho\frac{d\varphi}{dz}}{dz} = 0. \quad (g)$$

C'est l'équation relative à la continuité du fluide.

Ainsi donc les équations du mouvement du fluide se réduisent, dans le cas que nous examinons, aux deux équations (f) et (g). Si le fluide est homogène, on a, dans la première de ces équations, $\int \frac{dp}{\rho} = \frac{p}{\rho}$, et la seconde se réduit à

$$\frac{d^2\varphi}{dx^2} + \frac{d^2\varphi}{dy^2} + \frac{d^2\varphi}{dz^2} = 0. \ (h)$$

Il ne s'agit donc que d'intégrer cette équation; elle donnera la valeur de φ, et en la substituant dans l'équation (f), on aura par de simples différentiations celle de p.

Il n'y a aucun moyen de reconnaître *à priori* tous les cas où la fonction $s\,dx + u\,dy + v\,dz$ doit être une différence exacte; mais on peut démontrer qu'elle le sera pendant toute la durée du mouvement, si elle l'est pour un instant donné. En effet, supposons que, pour un instant quelconque, elle soit intégrable et égale à $d\varphi$; dans l'instant suivant, elle deviendra

$$d\varphi + \frac{ds}{dt}\,dx + \frac{du}{dt}\,dy + \frac{dv}{dt}\,dz.$$

Elle sera donc encore une différence exacte pendant cet instant, si la fonction $\frac{d}{dt}\,dx + \frac{du}{dt}\,dy + \frac{dv}{dt}\,dz$ en est une. Or l'équation (e) donne

$$\frac{ds}{dt}\,dx + \frac{du}{dt}\,dy + \frac{dv}{dt}\,dz = d\Pi - \frac{dp}{\rho} - \frac{1}{2}d.\left(\frac{d\varphi^2}{dx^2} + \frac{d\varphi^2}{dy^2} + \frac{d\varphi^2}{dz^2}\right).$$

Si l'on suppose la densité ρ constante ou fonction de p, le second membre de cette équation est une différence exacte; le premier l'est donc pareillement, et la fonction $s\,dx + u\,dy + v\,dz$ est une différentielle complète dans le second instant si elle l'est dans le premier, et elle demeure telle, par conséquent, pendant tout le temps où le fluide se meut.

Si le fluide part de l'état du repos, et sans qu'il lui soit imprimé de vitesses initiales, on aura $s=0$, $u=0$, $v=0$, pour le premier instant : $s\,dx + u\,dy + v\,dz$ sera donc une différence exacte pour cet instant, et elle le sera aussi, par conséquent, pendant toute la durée du mouvement.

La fonction $s\,dx + u\,dy + v\,dz$ est encore intégrable lorsque la masse fluide que l'on considère ne fait que de très-petites oscillations, ce qui permet de négliger les carrés et les produits des vitesses s, u, v de ses molécules. Les équations (a) donnent alors simplement

$$d\Pi - \frac{dp}{\rho} = \frac{ds}{dt}dx + \frac{du}{dt}dy + \frac{dv}{dt}dz.$$

La fonction $\frac{ds}{dt}dx + \frac{du}{dt}dy + \frac{dv}{dt}dz$, et, par conséquent, la fonction $s\,dx + u\,dy + v\,dz$, sera donc une différentielle exacte, si l'on suppose, comme nous le faisons, ρ fonction de p. En nommant comme précédemment $d\varphi$ cette dernière différence, on aura

$$\Pi - \int \frac{dp}{\rho} = \frac{d\varphi}{dt}.$$

Cette équation, jointe à l'équation (g), relative à la continuité du fluide, renferme toute la théorie des ondulations très-petites des fluides.

44. Nous avons considéré dans le n° **39** une masse

fluide douée d'un mouvement uniforme de rotation autour de l'axe des z; on a, dans ce cas,

$$s = - \omega\, y, \quad u = \omega\, x, \quad v = 0,$$

et des équations (a) on tire

$$\frac{dp}{\rho} = d\,\Pi + \omega^2\,(x\,dx + y\,dy).$$

Cette équation est identique avec celle à laquelle nous sommes déjà parvenus dans le numéro cité; les deux membres sont des différentielles complètes, et en supposant la densité ρ constante, on a, en l'intégrant,

$$\frac{p}{\rho} = \Pi + \frac{\omega^2}{2}(x^2 + y^2).$$

L'équation (c), relative à la continuité du fluide, sera également satisfaite, puisque les valeurs s, u, v, donnent

$$\frac{ds}{dx} = 0, \quad \frac{du}{dy} = 0, \quad \frac{dv}{dz} = 0.$$

Les équations du mouvement des fluides sont donc possibles dans le cas que nous considérons, et, par conséquent, ce mouvement peut avoir lieu.

Il est à remarquer cependant que ce cas très-simple est du nombre de ceux où la fonction $s\,dx + u\,dy + v\,dz$ n'est pas une différentielle exacte : en effet on a

$$s\,dx + u\,dy + v\,dz = \omega\,(x\,dy - y\,dx),$$

expression qui n'est pas intégrable.

Il suit de là que dans la théorie des oscillations de la mer, résultant de l'action qu'exercent sur elle la Lune et le Soleil, on ne doit pas regarder la fonction $s\,dx + u\,dy + v\,dz$ comme une différence exacte, puisqu'elle ne l'est pas dans le cas même où la mer ne serait agitée que par le mouvement de rotation qui lui est commun avec la Terre.

LIVRE DEUXIÈME.

DU MOUVEMENT DE RÉVOLUTION DES CORPS CÉLESTES.

Après avoir développé, dans le livre précédent, les lois générales de la Mécanique, nous allons en faire l'application aux corps du système solaire, et entreprendre, conformément au but que nous nous sommes proposé dans cet ouvrage, de nous élever, par une suite de raisonnements rigoureux, à la théorie des phénomènes que les cieux nous présentent. Les mouvements des corps que nous observons à la surface de la Terre, sont gênés par tant d'obstacles, compliqués par tant de causes secondaires, que les plus simples surpassent souvent les forces de l'analyse; mais il n'en est pas de même dans l'espace des cieux. Une loi générale, qu'il est facile de soumettre au calcul, règle les mouvements des corps célestes. Une force principale les anime, et l'action des forces secondaires est si petite par rapport à la sienne, qu'elle ne cause dans leur marche que de légères irrégularités dont on peut comprendre les effets dans des formules générales qui embrassent à la fois les siècles passés et les siècles à venir, et qui, devançant les observations, présentent, jusque dans leurs moindres détails, les changements futurs du système du monde.

C'est à exposer ces formules que ce livre et les suivants seront spécialement consacrés. On peut diviser en trois classes les phénomènes que nous offrent les corps célestes. La première embrasse le mouvement de révolution de ces corps autour du Soleil; la seconde leur mouvement de rotation autour de leurs centres de gravité; enfin, la troisième comprend tout ce qui se rapporte à leur figure et aux oscillations des fluides qui les recouvrent. Nous allons nous occuper dans ce livre des phénomènes de la première espèce.

CHAPITRE PREMIER.

DES FORCES QUI PRODUISENT LES MOUVEMENTS DES
CORPS CÉLESTES, OU PRINCIPE DE LA PESANTEUR
UNIVERSELLE.

1. Nous voyons chaque jour tous les corps du système solaire, transportés par un mouvement propre d'occident en orient, changer de position dans les cieux et parcourir d'immenses espaces avec d'incroyables vitesses. Il faut en conclure, en vertu de ce principe général de la nature que nous avons nommé l'inertie de la matière, que ces corps sont sollicités par des forces qui sont invisibles à nos yeux, mais dont l'action est permanente. Sans elles, ces corps resteraient immobiles ; ils ne varieraient pas par rapport aux étoiles, et nous les verrions toujours reparaître dans les mêmes lieux du ciel où nous les aurions aperçus d'abord. Telle est donc la première idée que présentent à l'esprit de l'observateur les mouvements des corps célestes, et la théorie du système du monde se rattache par conséquent à un grand problème de Mécanique, qui consiste à déterminer les mouvements dans l'espace d'un système de corps soumis à des forces quelconques. Les éléments des mouvements des astres, leur figure et leurs masses sont les arbitraires de ce problème, et des données indispensables que la mécanique céleste doit emprunter à l'Astronomie. Mais pour déduire de la solution de cette

I. 12

question générale des résultats comparables aux observations, il faut nécessairement connaître la nature des forces que l'on considère, il faut savoir quelle est la puissance invisible qui anime ces grands corps isolés dans l'espace, qui fait mouvoir ces masses immenses, sans jamais laisser après elle d'autres traces de son action que les effets qu'elle a produits. Pour nous guider dans cette recherche, et pour éviter de nous égarer dans de vains systèmes, c'est à ces effets mêmes qu'il faut avoir recours: c'est en interprétant convenablement les faits qu'elle nous présente, qu'on peut deviner la nature; c'est en examinant avec soin les phénomènes observés que l'on peut espérer de s'élever jusqu'à leur cause. Si les résultats de cet examen nous ont révélé les véritables lois de la nature, il faudra qu'en les combinant avec les principes généraux du mouvement, nous voyions se reproduire, non-seulement les phénomènes particuliers d'où nous les aurons déduites, mais encore tous les autres phénomènes du système du monde que l'observation nous a fait connaître. Cette découverte aura cessé alors d'être une simple hypothèse, et elle aura atteint le plus haut degré de certitude dont les vérités physiques soient susceptibles.

De tous les phénomènes que nous offrent les cieux, le mouvement de révolution des planètes et des comètes autour du Soleil, est celui qui paraît le plus propre à nous découvrir la loi des forces qui les produisent. La similitude des orbites des planètes et des comètes, l'identité de leurs figures semblent nous indiquer d'avance que ces forces dérivent toutes d'un principe général, et qu'elles ne se modifient qu'à raison de circonstances particulières aux corps auxquels elles sont appliquées. Considérons donc le mouvement d'une planète ou d'une comète circulant autour du Soleil, et déterminons la force qui doit l'animer pour produire ce mouvement.

Une observation attentive du cours des planètes a établi d'une manière positive les faits suivants, qu'en mémoire de l'astronome qui les découvrit, on a nommés les lois de Képler.

1°. *Les aires décrites par les rayons vecteurs des planètes et des comètes dans leur mouvement autour du Soleil, sont proportionnelles aux temps.*

2°. *Les orbites des planètes et des comètes sont des sections coniques dont le centre du Soleil occupe un des foyers.*

3°. *Les carrés des temps de révolutions des planètes sont proportionnels aux cubes des grands axes de leurs orbites,* ou, ce qui revient au même, et qui peut s'appliquer également aux planètes et aux comètes, *les aires décrites en temps égal, dans différentes orbites, sont proportionnelles aux racines carrées de leurs paramètres.*

2. Cela posé, formons les équations du mouvement de la planète ou de la comète que nous considérons, de manière à satisfaire aux conditions précédentes. Rapportons la position de l'astre au plan même de son orbite; soient x et y les coordonnées de son centre de gravité relatives à deux axes rectangulaires menés par le centre du Soleil; X et Y les forces accéléra-

trices qui le sollicitent parallèlement aux mêmes axes, les équations différentielles du mouvement seront, (n° **12**, livre I),

$$\frac{d^2 x}{dt^2} = X, \quad \frac{d^2 y}{dt^2} = Y. \ (a)$$

Si l'on retranche ces deux équations l'une de l'autre, après avoir multiplié la première par y, et la seconde par x, on aura

$$\frac{d.(x\,dy - y\,dx)}{dt^2} = Y x - X y. \ (1)$$

Il est aisé de s'assurer que $x\,dy - y\,dx$ est le double de l'aire que décrit autour du Soleil le rayon vecteur de la planète pendant l'instant dt. Cette aire, d'après la première loi de Képler, est proportionnelle à l'élément du temps ; on aura donc

$$x\,dy - y\,dx = c\,dt, \ (b)$$

c étant une constante arbitraire.

La différentielle du premier membre de cette équation est nulle, et l'équation (1) donne par conséquent

$$Y x - X y = 0.$$

Il suit de là que les composantes X et Y sont entre elles comme les coordonnées x et y, ce qui indique que leur résultante passe par l'origine des coordonnées, ou par le centre du Soleil. D'ailleurs la courbe que décrit la planète ou la comète étant concave vers le Soleil, la force qui l'anime est évidemment dirigée vers cet astre.

Déterminons maintenant les intensités de cette force

à différentes distances du Soleil. Reprenons pour cela les deux équations (a). Si on les ajoute après avoir multiplié la première par $2\,dx$, la seconde par $2\,dy$, et qu'on intègre leur somme, on trouvera

$$\frac{dx^2 + dy^2}{dt^2} = c' + 2\int (X\,dx + Y\,dy),\quad (2)$$

c' étant une nouvelle constante arbitraire.

Transformons les coordonnées x et y en d'autres variables plus commodes pour comparer cette équation aux résultats des observations. Soient r le rayon vecteur de la planète dans son orbite, v l'angle que forme ce rayon avec l'axe de x ; on aura

$$x = r\cos v, \quad y = r\sin v, \quad r = \sqrt{x^2 + y^2},$$

d'où l'on tire

$$dx^2 + dy^2 = dr^2 + r^2\,dv^2, \quad x\,dy - y\,dx = r^2\,dv.$$

Désignons de plus par R la force totale qui agit sur la planète, cette force étant dirigée suivant le rayon vecteur r, et tendant à diminuer les coordonnées x et y ; on aura

$$X = -R\cos v, \quad Y = -R\sin v, \quad R = \sqrt{X^2 + Y^2},$$

et, par conséquent,

$$X\,dx + Y\,dy = -R\,dr.$$

Si l'on substitue ces valeurs dans l'équation (2) et qu'on élimine dt au moyen de l'équation (b), on aura

$$\frac{c^2 . dr^2}{r^4\,dv^2} + \frac{c^2}{r^2} = c' - 2\int R\,dr. \quad (3)$$

Cette équation donnera, en l'intégrant, la relation qui doit exister entre le rayon vecteur r et la longitude v, c'est-à-dire l'équation polaire de l'orbite, lorsque R sera donné; dans le cas contraire, en la comparant à l'équation différentielle de l'orbite, supposée connue, elle servira à déterminer cette force.

Les planètes et les comètes se meuvent dans des sections coniques dont le Soleil occupe le foyer, d'après la seconde loi de Képler; l'équation générale de ces courbes, rapportées aux coordonnées polaires, peut être mise sous cette forme :

$$\frac{1}{r} = \frac{1 + e\cos(v - \omega)}{a(1 - e^2)}; \quad (c)$$

a désignant le demi-grand axe, ou ce que les astronomes appellent *la distance moyenne*; e *l'excentricité,* ou le rapport de la distance focale au demi-grand axe. Le point de l'orbite le plus rapproché du Soleil se nomme *le périhélie,* et le point qui en est le plus éloigné *l'aphélie*; ω est l'angle compris entre le grand axe, ou *la ligne des apsides,* et la ligne fixe d'où l'on compte l'angle v, ou, ce qui revient au même, la longitude du périhélie.

L'équation précédente est celle d'une ellipse lorsque a est positif, et que e est plus petit que l'unité; elle devient celle d'une parabole quand a est infini et que e égale l'unité; enfin elle représente une hyperbole lorsque a est négatif et que e surpasse l'unité.

Elle donne, en la différentiant,

$$\frac{1}{r^2}\frac{dr}{dv} = \frac{e\sin(v - \omega)}{a(1 - e^2)};$$

d'où, en élevant les deux membres au carré, et éliminant $e^2 \sin^2(v - \omega)$ au moyen de l'équation (c),
on tire

$$\frac{1}{r^4}\frac{dr^2}{dv^2} = \frac{2}{a\,(1 - e^2)}\,\frac{1}{r} - \frac{1}{r^2} - \frac{1}{a^2\,(1 - e^2)}. \quad (d)$$

L'équation (3) devient ainsi

$$\frac{2\,c^2}{a\,(1 - e^2)}\,\frac{1}{r} - \frac{c^2}{a^2\,(1 - e^2)} = c' - 2\int \mathrm{R}\,dr.$$

Cette équation donne, en la différentiant,

$$\mathrm{R} = \frac{c^2}{a\,(1 - e^2)}\cdot\frac{1}{r^2}.$$

Ainsi donc, de ce que les orbes que les planètes et les
comètes décrivent autour du Soleil sont des sections
coniques, il s'ensuit que la force qui les sollicite est
réciproque au carré des distances du centre de ces
astres au centre du Soleil. C'est en vertu d'une force
accélératrice dirigée vers le Soleil, et variable suivant
cette loi, combinée avec une impulsion primitive,
que chacun de ces corps est mis en mouvement dans
l'espace.

Réciproquement, si la force R est supposée croître
en raison inverse du carré des distances, ou égale à
$\frac{h}{r^2}$, h étant une constante, la courbe décrite est une
section conique : en effet, si l'on remplace R par sa
valeur, l'équation (3) devient

$$\frac{1}{r^4}\frac{dr^2}{dv^2} = \frac{2\,h}{c^2}\,\frac{1}{r} - \frac{1}{r^2} + \frac{c'}{c^2}. \quad (4)$$

Cette équation est identique avec l'équation (d)

lorsqu'on suppose

$$h = \frac{c^2}{a(1-e^2)}, \quad c' = \frac{h}{a}.$$

Ces équations de condition détermineront les deux arbitraires a et e; l'équation (c) des sections coniques ne contiendra donc plus que la seule constante arbitraire ω, et comme l'équation (4) n'est que du premier ordre, elle sera l'intégrale complète de cette équation.

Ainsi donc, ce n'est qu'en vertu d'une force attractive réciproque au carré des distances, qu'un corps projeté dans l'espace peut décrire autour du Soleil une section conique; et la plus légère variation dans cette loi produirait des orbites d'une nature toute différente.

L'intensité de la force R dépend du coefficient h, ou de sa valeur $\dfrac{c^2}{a(1-e^2)}$. Les trois quantités a, e, c qui entrent dans cette fonction, ont, relativement à chaque planète et à chaque comète, des valeurs particulières, en sorte qu'on ne saurait décider d'avance si cette intensité varie d'une planète à une autre, ou si elle est la même pour tous les corps célestes; mais la troisième loi de Képler, dont nous n'avons point encore fait usage, va nous fournir le moyen de résoudre cette question. En effet, soit T le temps de la révolution d'une planète, cT sera le double de l'aire décrite pendant cet intervalle par son rayon vecteur, puisque les aires sont proportionnelles au temps, et que c exprime, comme nous l'avons vu, le double de l'aire décrite pendant l'unité de temps. Mais l'aire que le rayon vecteur r décrit pendant le temps T, est la surface même de l'ellipse planétaire; elle sera donc égale à $\pi a^2 \sqrt{1 - e^2}$, en nommant π le rapport de la circonférence au diamètre, et l'on aura ainsi

$$c\,\mathrm{T} = 2\,\pi a^2 \sqrt{1 - e^2}\,;$$

d'où l'on tire

$$\frac{c^2}{a\,(1 - e^2)} = \frac{4\,\pi^2\,a^3}{\mathrm{T}^2}.$$

De même, relativement à une autre planète quelconque, en nommant a', e', c', T', ce que deviennent, par rapport à cette planète, les quantités que nous avons désignées par a, e, c, T, on aurait

$$\frac{c'^2}{a'\,(1 - e'^2)} = \frac{4\,\pi^2\,a'^3}{\mathrm{T}'^2}.$$

Or, la troisième loi de Képler donne cette proportion

$$\mathrm{T}^2 : \mathrm{T}'^2 :: a^3 : a'^3\,;$$

par conséquent

$$\frac{c^2}{a\,(1 - e^2)} = \frac{c'^2}{a'\,(1 - c'^2)}.$$

La troisième loi de Képler s'observe, relativement aux comètes, dans la partie de leur cours que nous pouvons observer; mais, comme les grands axes de leurs orbites et la durée de leur révolution sont généralement inconnus, on calcule leurs mouvements dans des orbes paraboliques. En nommant D la distance du foyer au sommet de la parabole, le paramètre qui, dans l'ellipse, est exprimé par $2a.(1-e^2)$, est par rapport à cette nouvelle courbe égal à $4\,\mathrm{D}$;

on a donc, relativement à une comète quelconque,
$h = \dfrac{c'^2}{2\,\mathrm{D}}$. D'ailleurs les aires décrites pendant le même intervalle de temps dans différentes orbites, sont entre elles comme les racines carrées de leurs paramètres, ce qui donne la proportion

$$c : c' :: \sqrt{2\,a\,(1 - e^2)} : 2\,\sqrt{\mathrm{D}},$$

et, par suite,

$$\frac{c^2}{a\,(1 - e^2)} = \frac{c'^2}{2\,\mathrm{D}}.$$

Le coefficient h est donc le même pour tous les corps du système solaire. Il suit de là que l'intensité de la force R est, relativement aux planètes et aux comètes, réciproque au carré de leurs distances au Soleil, et ne varie de l'une à l'autre qu'à raison de ces distances.

Deux planètes, supposées également éloignées du Soleil, seraient donc attirées vers cet astre par des forces égales, et, abandonnées à leur pesanteur, elles s'y précipiteraient avec la même vitesse : la force qui les sollicite, est donc encore proportionnelle à leur masse.

Les satellites, dans leur mouvement autour de leurs planètes, observent, à quelques inégalités près, les lois de Képler ; ils circulent d'ailleurs autour du Soleil à très-peu près comme leurs planètes elles-mêmes, de sorte qu'en même temps que les satellites se meuvent autour de leur planète, le système entier de la planète et de ses satellites est emporté d'un mouvement commun dans l'espace, et retenu par la même force autour du Soleil. Il en faut conclure que les satellites sont attirés vers le centre de leur planète, et vers le centre du Soleil, par des forces réciproques aux carrés des distances. Le mouvement elliptique de la Lune autour de la Terre étant, il est vrai, sensiblement altéré par l'action des forces perturbatrices, la loi de diminution de la force attractive de cette planète ne saurait s'en déduire d'une manière aussi évidente; mais la comparaison des mouvements lunaires au phénomène de la chute des corps à la surface de la Terre nous offre pour reconnaître cette loi un moyen plus simple et aussi exact. En effet, en comparant la pesanteur que la Terre exerce sur les corps qui l'environnent à la puissance qui retient les planètes dans leur orbite, on voit que ces forces ont entre elles la plus grande analogie. La pesanteur terrestre se manifeste sur le sommet des montagnes les plus élevées, et les expériences du pendule prouvent que son action s'affaiblit à mesure que l'on s'éloigne du centre du globe, il est donc naturel de supposer qu'elle s'étend jusqu'à la Lune en suivant la loi de diminution de la gravité. Comparons, dans cette hypothèse, la hauteur dont un corps pesant, placé au centre de la Lune, tomberait vers la Terre dans la première seconde de sa chute, à l'espace dont la Lune s'approcherait de la Terre, dans le même intervalle, sans la vitesse de projection qui la retient dans son orbite.

Désignons par φ l'intensité de la pesanteur sous le parallèle dont le carré du *sinus* de la latitude est $\frac{1}{3}$: nous choisissons ce parallèle parce que l'attraction de la Terre sur les points placés à sa surface, est à très-peu près la même, comme cela a lieu à la distance de la Lune, que si la masse entière du globe était réunie à son centre de gravité. Si l'on suppose que la pesanteur terrestre diminue proportionnellement au carré des distances, qu'on nomme r le rayon de la Terre correspondant au parallèle que nous considérons, et r' la moyenne distance de la Lune à la Terre, la quantité $\frac{\varphi\, r^2}{r'^2}$ exprimera la force qui solliciterait vers le centre de cette dernière planète un corps placé au centre de la Lune. La pesanteur sous le parallèle dont le carré du *sinus* de la latitude est $\frac{1}{3}$, a pour mesure $9^{\mathrm{m}},79386$; mais la gravité est diminuée sous ce parallèle des deux tiers de la force centrifuge due au mouvement de rotation de la Terre : cette force est le $\frac{1}{289}$ de la gravité (n° **16**, livre I). Il faut donc augmenter dans le même rapport la quantité $9^{\mathrm{m}},79386$ pour avoir la mesure de la force totale due à l'attraction de la Terre; on aura ainsi

$$\varphi = 9^{\mathrm{m}},79386\left(1 + \tfrac{2}{3}\cdot\tfrac{1}{289}\right) = 9^{\mathrm{m}},81645.$$

La distance moyenne de la Lune à la Terre, d'après les observations les plus exactes, est égale à $60,3625$ fois le rayon terrestre correspondant au parallèle dont nous nous occupons : on a donc tout ce qui est nécessaire pour l'évaluation de la fonction $\frac{\varphi\, r^2}{r'^2}$, et comme cette quantité, par les lois de la chute des graves, doit être égale au double de la hauteur dont un corps placé au centre de la Lune tomberait vers la Terre dans la première *seconde* de sa chute, en nommant h cette hauteur, on aura

$$h = \frac{1}{2} \cdot \frac{9^{\mathrm{m}},81645}{(60,3625)^2} = 0^{\mathrm{m}},0013471.$$

Comparons cette quantité à la hauteur dont la Lune descendrait vers la Terre dans le même intervalle, en vertu de la force attractive de cette planète, sans la vitesse de projection qui la maintient dans son orbite. Cette hauteur est évidemment égale au *sinus verse* de l'arc que la Lune parcourt sur son orbite en une seconde de temps; si l'on désigne par T le temps d'une révolution sidérale de la Lune exprimée en secondes, par r' le rayon moyen de l'orbe lunaire, et par π le rapport de la circonférence au diamètre, cet arc sera égal à $\frac{2\,r'\,\pi}{T}$, et comme il est nécessairement très-petit, son *sinus verse* sera à très-peu près égal à $\frac{1}{2\,r'}\left(\frac{2\,r'\,\pi}{T}\right)^2$, ou à $\frac{2\,r'\pi^2}{T^2}$.

Nous verrons, dans la théorie de la Lune, que sa pesanteur vers la Terre est diminuée par l'action du Soleil d'une quantité dont la partie constante est la $\frac{1}{357}$ partie de cette pesanteur; de plus, la force qui maintient la Lune dans l'orbite qu'elle décrit autour de la Terre, est égale à la somme des masses de la Terre et de la Lune divisée par le carré de leur distance mutuelle. Il faut, d'après cela, introduire une double correction dans l'expression précédente $\frac{2\,r'\pi^2}{T^2}$, pour avoir l'espace dont la Lune descend vers la Terre en une seconde de temps en vertu de la seule action de la Terre. Or il est aisé de voir que la première correction revient à multiplier $\frac{2\,r'\pi^2}{T^2}$ par la quantité $1 + \frac{1}{357}$ ou par la fraction $\frac{358}{357}$, et la seconde, en supposant, d'après la théorie des marées, que la masse de la Lune est à très-peu près égale à $\frac{1}{75}$ de celle de la Terre, à multiplier la même fonction par la quantité $(1 - \frac{1}{75})$ ou par la fraction $\frac{74}{75}$. Si l'on nomme donc h la hauteur dont la Lune tombe vers la Terre dans l'intervalle d'une seconde sexagésimale, en observant que l'on a

$$T = 2360591'', \quad \pi = 3,1415927,$$

et que le rayon terrestre, sous le parallèle dont il s'agit, est égal à 6369733^{m}, ce qui donne

$$r' = (60,3625)\,(6369733^{\mathrm{m}}),$$

on aura

$$h = \frac{2\,(60,3625)\,(6369733^{\mathrm{m}})\,(3,1415927)^2\,(358)\,(74)}{(2360591)^2\,(357)\,(75)}$$

$$= 0^{\mathrm{m}},0013476.$$

Nous avons trouvé plus haut $h = 0^{\mathrm{m}},0013471$. La différence qui existe entre ces deux valeurs de h est tellement petite, qu'on ne peut l'attribuer qu'aux imperfections des observations et des données employées dans le calcul. La pesanteur terrestre, diminuée proportionnellement au carré des distances, est donc la véritable force qui retient la Lune dans son orbite, et cette pesanteur n'est ainsi qu'un cas particulier d'une propriété attractive dont sont douées les autres planètes. C'est cette analogie, remarquée pour la première fois par Newton, qui lui fit nommer cette tendance qu'ont tous les corps de la nature les uns vers les autres, *gravitation* ou *pesanteur universelle*.

3. La seule comparaison des mouvements célestes aux lois de la Mécanique, nous conduit donc, sans aucune hypothèse étrangère, à regarder le Soleil et les planètes qui ont des satellites, comme le centre de forces attractives qui s'exercent sur tous les corps qu'embrasse leur sphère d'activité, en raison directe des masses et inverse du carré des distances. Il est naturel de supposer, par analogie, que la même propriété s'étend aux comètes et aux planètes qui n'ont pas de satellites ; mais d'ailleurs c'est un principe de la nature généralement admis, que la réaction est toujours égale et contraire à l'action : les planètes et les comètes attirent donc le Soleil de la même manière qu'elles sont attirées par lui ; les satellites réagissent pareillement et suivant la même loi, sur leurs planètes et sur le Soleil, et la gravitation de tous les corps célestes les uns vers les autres doit être regardée, par conséquent, comme une suite incontestable des résultats que l'observation de leurs mouvements nous présente. .

Cette force d'attraction, dont sont doués tous les corps du système solaire, n'est pas une propriété qui leur appartienne en masse ; elle pénètre également leurs dernières molécules. En effet, les expériences faites à l'aide de pendules de différentes natures, prouvent que tous les corps que nous connaissons pèsent vers le centre de la Terre en raison directe de leur masse, et que tous, abandonnés à eux-mêmes dans le vide, se précipiteraient vers elle avec la même vitesse : chacun d'eux réagit donc sur elle et l'attire suivant la même loi. La pesanteur terrestre est d'ailleurs, comme nous l'avons vu, une force identiquement de même nature que cette tendance générale qui pousse les corps célestes les uns vers les autres; il est donc présumable que ces deux forces ont le même mode d'action. C'est d'ailleurs ce que l'expérience confirme de la manière la plus évidente. Ainsi nous ferons voir dans la théorie de la Lune qu'une légère différence supposée dans les actions du Soleil sur la Terre et sur la Lune, troublerait sensiblement l'accord qui existe entre les résultats de la théorie et des observations; et l'on verra dans la théorie des marées, que si les attractions que le Soleil et la Lune exercent sur la partie solide du sphéroïde terrestre, et sur les molécules aqueuses de l'Océan, n'étaient pas identiquement les mêmes, les phénomènes du flux et du reflux seraient très-différents de ce qu'ils sont aujourd'hui.

La théorie de la Lune a servi encore à démontrer que la transmission de la gravité, si elle n'est pas instantanée, doit être supposée au moins *cinquante millions* de fois plus grande que celle de la lumière, qui est, comme on sait, de 70000 lieues par seconde. On peut donc, sans erreur sensible, regarder comme on l'a fait jusqu'ici, cette vitesse comme infinie. Enfin il résulte de l'accord du calcul et des phénomènes observés, que la *pesanteur terrestre* et la *gravitation* des corps célestes n'éprouvent aucune altération de l'interposition de corps étrangers entre les points attirés et le foyer d'attraction. Il faut donc désormais reconnaître comme une vérité démontrée par l'accord du calcul avec tous les faits observés, cette grande loi de la nature, savoir : *que toutes les molécules de la matière s'attirent en raison directe des masses, et inverse du carré des distances*. Cette attraction mutuelle agit instantanément, et n'est modifiée ni par la nature des molécules, ni par l'interposition de corps étrangers.

4. Le mouvement elliptique que nous avons supposé aux planètes n'est, il est vrai, qu'approximatif, et les corps célestes ne se meuvent pas rigoureusement dans des sections coniques; mais il faut considérer qu'en vertu de leurs actions mutuelles les unes sur les autres, les planètes doivent s'écarter des orbites elliptiques qu'elles décriraient si elles n'étaient soumises qu'à la seule action du Soleil, et comme les masses des planètes sont toutes très-petites relativement à celle de cet astre, ces écarts ne doivent qu'altérer légèrement la forme des orbites elliptiques, et la durée des révolutions planétaires qui leur correspondent; c'est en effet ce qui a lieu dans la nature. Ces perturbations ne sont donc qu'une nouvelle conséquence du principe de la gravitation universelle; et ce qui caractérise éminemment cette grande loi, dont nous devons à Newton l'immortelle découverte, c'est que toutes les anomalies qui se sont présentées dans les mouvements des corps célestes, et qui ont semblé d'abord devoir en faire contester l'existence, ont été expliquées par elle à mesure que l'analyse a fait de nouveaux progrès, et n'ont servi qu'à la faire ressortir avec un nouveau degré d'évidence.

Une fois ce grand principe admis, on voit tous les phénomènes célestes s'en déduire sans peine. Les perturbations des planètes, des comètes et des satellites en sont, comme nous l'avons dit, la première conséquence, et la détermination de leurs inégalités ne dépend plus que de causes qui nous sont connues, et dont nous pouvons par conséquent calculer les effets. Réunies par leurs attractions mutuelles, les molécules dont les corps célestes se composent, ont dû former d'abord une masse à peu près sphérique ; mais leur mouvement de rotation a bientôt altéré cette figure, et, en vertu de la force centrifuge, il a dû aplatir leurs pôles et élever leur équateur. La figure des corps célestes n'étant pas sphérique, la résultante de leurs actions mutuelles n'a plus passé exactement par leur centre de gravité, et il a dû en résulter des mouvements qui déplacent insensiblement leurs axes de rotation : c'est ce que l'observation confirme. Enfin l'action inégale du Soleil et de la Lune sur les eaux de l'Océan doit y faire naître des mouvements d'oscillation analogues à ceux que nous présente le phénomène du flux et du reflux de la mer. Mais c'est à l'analyse qu'il appartient de développer ces grands effets de la loi de la pesanteur universelle ; c'est à elle de donner à de simples inductions toute la certitude de vérités rigoureuses.

Nous examinerons successivement ces principaux points de la théorie du système du monde, avec tout le soin que leur importance exige. Les grands progrès qu'a faits l'analyse dans ces derniers temps, nous mettront à même de présenter ce tableau avec un ensemble et une clarté qui peut-être lui avaient manqué jusqu'ici. Newton, par la force de son génie, avait découvert le secret de la nature ; mais l'état d'imperfection où était encore de son temps le calcul algébrique, ne lui permit pas d'en faire ressortir toutes les conséquences avec ce degré d'évidence qui peut seul arrêter l'envie et imposer silence à l'erreur. Les géomètres des siècles suivants consacrèrent leurs travaux à achever l'ouvrage qu'avait si heureusement commencé le géomètre anglais. En poussant successivement plus loin les approximations, ils démontrèrent l'admirable concordance qui existe entre les calculs résultants de la loi de l'attraction universelle et les phénomènes observés, et ils parvinrent à établir enfin sur des bases inébranlables le plus beau monument que l'esprit humain ait élevé à sa gloire.

CHAPITRE II.

ÉQUATIONS DIFFÉRENTIELLES DU MOUVEMENT D'UN SYSTÈME DE CORPS SOUMIS A LEURS ATTRACTIONS MUTUELLES.

5. Pour embrasser dans toute sa généralité la théorie des mouvements des corps célestes, nous commencerons par former les équations différentielles du mouvement d'un système de corps soumis à leurs attractions mutuelles, en supposant, conformément aux résultats trouvés dans le chapitre précédent, que ces attractions s'exercent en raison directe des masses et en raison inverse du carré des distances. Nous restreindrons seulement l'étendue de cette question par l'hypothèse que les parties du système sont assez éloignées entre elles pour que l'on puisse faire abstraction de la figure des corps attirants, et les regarder comme des masses concentrées dans leur centre de gravité. Cette hypothèse est conforme, comme nous le ferons voir, à ce qui a lieu dans notre système planétaire.

Soient donc m la masse de l'un quelconque des corps du système que nous considérons; X, Y, Z, les coordonnées de son centre de gravité relatives à trois axes rectangulaires passant par une origine fixe quelconque; x, y, z, les coordonnées d'un des éléments dm de sa masse rapportées aux mêmes axes; nommons m', m'', etc., les masses des différents corps attirants que nous regardons comme des points, et soient

x', y', z' les coordonnées de m'; x'', y'', z'', les coordonnées de m'', et ainsi de suite.

Désignons par r la distance de l'élément dm au corps m', en sorte qu'on ait

$$r = \sqrt{(x' - x)^2 + (y' - y)^2 + (z' - z)^2}.$$

L'action qu'en vertu de la loi de la pesanteur universelle ce corps exerce sur dm, sera égale à $\frac{m'}{r^2}$. Cette action étant dirigée suivant la droite r, pour la décomposer parallèlement aux axes des coordonnées, il faudra multiplier l'expression précédente par le cosinus de l'angle que forme la droite r avec chacun de ces axes; on aura ainsi

$$\frac{m'(x' - x)}{r^3}, \quad \frac{m'(y' - y)}{r^3}, \quad \frac{m'(z' - z)}{r^3},$$

ou bien

$$\frac{m' \cdot d\frac{1}{r}}{dx}, \quad \frac{m' \cdot d\frac{1}{r}}{dy}, \quad \frac{m' \cdot d\frac{1}{r}}{dz}.$$

En marquant successivement d'un accent les lettres m' et x', y', z' qui entrent dans la valeur de r, on trouvera des expressions semblables pour les actions que les corps m'', m''', etc., exercent sur dm, parallèlement aux axes des x, des y et des z. Soit donc

$$V' = \frac{m'}{\sqrt{(x' - x)^2 + (y' - y)^2 + (z' - z)^2}}$$
$$+ \frac{m''}{\sqrt{(x'' - x)^2 + (y'' - y)^2 + (z'' - z)^2}}$$
$$+ \frac{m'''}{\sqrt{(x''' - x)^2 + (y''' - y)^2 + (z''' - z)^2}} + \text{etc.}$$

La fonction V′ désignant la somme des masses m', m'', etc., divisées respectivement par leurs distances à la molécule dm, les trois différentielles partielles $\frac{dV'}{dx}$, $\frac{dV'}{dy}$, $\frac{dV'}{dz}$ exprimeront les forces accélératrices dont cet élément est animé, en vertu des actions réunies de tous les corps du système, décomposées parallèlement aux axes coordonnés, et dirigées en sens contraire de leur origine. Ces forces sont celles que nous avons désignées par X, Y, Z dans le n° **27** du premier livre. On aura donc ainsi

$$ \mathrm{X} = \frac{dV'}{dx}, \quad \mathrm{Y} = \frac{dV'}{dy}, \quad \mathrm{Z} = \frac{dV'}{dz}, $$

et les trois équations (b) du n° **27** deviendront

$$ \left. \begin{aligned} \frac{d^2x}{dt^2} &= \frac{1}{m}\,\mathrm{S}.\left(\frac{dV'}{dx}\right)dm, \quad \frac{d^2x}{dt^2} = \frac{1}{m}\,\mathrm{S}.\left(\frac{dV'}{dy}\right)dm, \\ \frac{d^2z}{dt^2} &= \frac{1}{m}\,\mathrm{S}.\left(\frac{dV'}{dz}\right)dm; \end{aligned} \right\} \quad \text{(A)} $$

le signe intégral S se rapportant à l'élément dm et aux quantités qui varient avec lui, et devant être étendu à la masse entière du corps m. Ces équations serviront à déterminer les mouvements du centre de gravité du corps m dans l'espace.

Supposons maintenant que l'on désigne par x, y, z les coordonnées de l'élément dm, rapportées aux trois axes principaux qui se croisent en ce point, et par x', y', z', x'', y'', z'', etc., les coordonnées des corps m', m'', etc., relatives aux mêmes axes, on aura, comme précédemment,

$$V' = \frac{m'}{\sqrt{(x'-x)^2 + (y'-y)^2 + (z'-z)^2}}$$
$$+ \frac{m''}{\sqrt{(x''-x)^2 + (y''-y)^2 + (z''-z)^2}}$$
$$+ \frac{m'''}{\sqrt{(x'''-x)^2 + (y'''-y)^2 + (z'''-z)^2}} + \text{etc.},$$

et les trois forces qui agissent sur l'élément dm parallèlement aux axes des x, des y et des z, et en sens opposé à leur origine, seront $\frac{dV'}{dx}$, $\frac{dV'}{dy}$, $\frac{dV'}{dz}$.

En désignant donc, comme dans le n° **30**, par N, N', N'' la somme des moments de ces forces rapportées respectivement aux mêmes axes, on aura

$$\left.\begin{aligned}
N &= S.\left(y\frac{dV'}{dz} - z\frac{dV'}{dy}\right)dm, \\
N' &= S.\left(z\frac{dV'}{dx} - x\frac{dV'}{dz}\right)dm, \\
N'' &= S.\left(x\frac{dV'}{dy} - y\frac{dV'}{dx}\right)dm,
\end{aligned}\right\} \quad (F)$$

et les trois équations différentielles (C) (n° **30**), deviendront, par la substitution de ces valeurs,

$$\left.\begin{aligned}
A\frac{dp}{dt} + (C-B)\,qr &= S.\left(y\frac{dV'}{dz} - z\frac{dV'}{dy}\right)dm, \\
B\frac{dq}{dt} + (A-C)\,rp &= S.\left(z\frac{dV'}{dx} - x\frac{dV'}{dz}\right)dm, \\
C\frac{dr}{dt} + (B-A)\,pq &= S.\left(x\frac{dV'}{dy} - y\frac{dV'}{dx}\right)dm;
\end{aligned}\right\} \quad (B)$$

le signe intégral S se rapportant, comme précédemment, à la molécule dm et devant être étendu à la masse entière du corps attiré. Ces équations serviront à déterminer les mouvements de m autour de son centre de gravité.

6. Les équations précédentes sont indépendantes du nombre des corps agissants du système; elles conserveraient encore la même forme dans le cas où l'on voudrait avoir égard aux dimensions et à la figure de quelques-uns de ces corps. En effet, il suffirait pour cela de supposer que m', m'', etc., dans la fonction V', représentent les éléments infiniment petits de la masse du corps que l'on veut considérer; on aura ainsi

$$V' = S' \cdot \frac{dm'}{\sqrt{(x'-x)^2 + (y'-y)^2 + (z'-z)^2}}$$
$$+ S'' \cdot \frac{dm''}{\sqrt{(x''-x)^2 + (y''-y)^2 + (z''-z)^2}}$$
$$+ S''' \cdot \frac{dm'''}{\sqrt{(x'''-x)^2 + (y'''-y)^2 + (z'''-z)^2}} + \text{etc.},$$

dm' étant un des éléments de la masse de m'; x', y', z', les coordonnées de cet élément rapportées aux mêmes axes et à la même origine que les coordonnées x, y, z; enfin, le signe intégral S' se rapportant à cet élément et devant s'étendre à la masse entière de m', et de même relativement à dm'', dm''', etc. Les seconds membres des équations (A) et (B) dépendront alors de deux intégrations indépendantes l'une de l'autre, la première relative à la masse du corps attiré, la seconde à celle du corps attirant.

Nous désignerons désormais, pour abréger, par V la fonction qui représente la somme des produits deux à deux des éléments du corps attiré par les éléments des corps attirants du système, divisés respectivement par leurs distances mutuelles, en sorte qu'on ait $V = S.V' dm$, ou bien en remplaçant V' par sa valeur, et ne considérant, pour simplifier, que l'action mutuelle des deux corps m et m'

$$V = S.S' . \frac{dm\, dm'}{\sqrt{(x' - x)^2 + (y' - y)^2 + (z' - z)^2}},$$

le double signe intégral S et S' se rapportant, le premier à la molécule dm, et le second à la molécule dm', et devant s'étendre respectivement l'un à la masse entière du corps attiré, l'autre à la masse entière du corps attirant. La fonction V, ainsi définie, est d'un fréquent usage dans toutes les parties de la théorie du système du monde, et elle jouit de plusieurs propriétés remarquables que nous développerons dans la suite.

Les six équations (A) et (B) déterminent donc complétement les mouvements du corps m dans l'espace ; les trois premières donneront à chaque instant la position de son centre de gravité par rapport à trois axes fixes pris à volonté, et les trois autres détermineront son mouvement de rotation autour de ce point supposé immobile. Nous pourrons donc, conformément à ce que nous avons dit dans le n° **27** du premier livre, simplifier la question dont nous nous occupons, en la divisant en deux parties. Dans la première, nous examinerons les mouvements des centres de gravité des corps célestes dans l'espace, et dans la seconde, leurs mouvements de rotation autour de ces points.

7. Lorsqu'on ne considère que les mouvements de translation d'un système de corps m, m', m'', etc., et qu'on suppose les distances mutuelles de ces corps très-considérables relativement à leurs dimensions respectives, on peut, sans erreur sensible, faire abstraction totale de leur figure, et regarder à la fois les corps attirants et les corps attirés comme des points concentrés dans leur centre de gravité. Les équations (A) prennent dans ce cas une forme plus simple; en effet, les coordonnées x, y, z de l'élément dm sont alors identiques avec les coordonnées x, y, z du centre de gravité du corps m; si l'on fait donc

$$\lambda = \frac{mm'}{\sqrt{(x'-x)^2+(y'-y)^2+(z'-z)^2}}$$
$$+ \frac{mm''}{\sqrt{(x''-x)^2+(y''-y)^2+(z''-z)^2}}$$
$$+ \frac{m'm'''}{\sqrt{(x'''-x')^2+(y'''-y')^2+(z'''-z')^2}} + \text{etc.},$$

on a

$$\frac{d\lambda}{dx} = S.\left(\frac{dV'}{dx}\right)dm, \quad \frac{d\lambda}{dy} = S.\left(\frac{dV'}{dy}\right)dm,$$

$$\frac{d\lambda}{dz} = S.\left(\frac{dV'}{dz}\right)dm,$$

et les trois équations (A) deviennent

$$\frac{d^2x}{dt^2} = \frac{1}{m}\cdot\frac{d\lambda}{dx}, \quad \frac{d^2y}{dt^2} = \frac{1}{m}\cdot\frac{d\lambda}{dy}, \quad \frac{d^2z}{dt^2} = \frac{1}{m}\cdot\frac{d\lambda}{dz}. \quad \text{(C)}$$

En marquant successivement les lettres m, x, y, z d'un accent, de deux accents, etc., on aurait des équations semblables pour déterminer les mouvements des corps m', m'', etc. Le système de toutes ces équations réunies fournit un certain nombre d'intégrales relatives aux principes généraux du mouvement, conformément à ce que nous avons dit n^{os} **22** et suivants : c'est ce qu'il est facile de vérifier. Mais, pour intégrer complétement ces équations, et déterminer, par leur moyen, les valeurs des coordonnées x, y, z, etc., en fonction du temps, on est forcé de recourir aux méthodes d'approximation.

8. Pour pouvoir employer avec avantage les équations (C) dans la théorie du système du monde, il est nécessaire de leur donner une forme plus appropriée aux usages astronomiques. En effet, dans l'impossibilité où nous sommes de juger de leurs mouvements absolus dans l'espace, c'est au centre du Soleil que nous rapportons les mouvements des planètes et des comètes ; il faut donc, pour pouvoir comparer la théorie aux observations, déterminer les mouvements d'un système de corps m, m', m'', etc., autour de l'un d'entre eux regardé comme le centre de leurs mouvements.

Soit M la masse de ce dernier corps, m, m', m'', etc., celles des autres corps dont on veut déterminer les mouvements relatifs autour de M ; ξ, η, ζ, les coordonnées rectangles de M rapportées à une origine fixe ; $\xi + x$, $\eta + y$, $\zeta + z$, celles de m ; $\xi + x'$, $\eta + y'$, $\zeta + z'$, celles de m', et ainsi de suite ; en sorte que x, y, z seront les coordonnées de m par rapport à M ; x', y', z', les coordonnées de m' par rapport au même corps, et ainsi de suite ; faisons de plus, pour abréger,

$$r = \sqrt{x^2 + y^2 + z^2}, \quad r' = \sqrt{x'^2 + y'^2 + z'^2},$$

$$r'' = \sqrt{x''^2 + y''^2 + z''^2}, \text{ etc.},$$

et supposons

$$\lambda = \frac{mm'}{\sqrt{(x'-x)^2+(y'-y)^2+(z'-z)^2}}$$
$$+ \frac{mm''}{\sqrt{(x''-x)^2+(y''-y)^2+(z''-z)^2}}$$
$$+ \frac{m'm'''}{\sqrt{(x'''-x')^2+(y'''-y')^2+(z'''-z')^2}} + \text{etc.}$$

L'action de m sur M sera exprimée par $\frac{m}{r^2}$, et cette action décomposée parallèlement aux axes coordonnés, et dirigée en sens contraire de leur origine, donnera, suivant chacun de ces axes, les trois forces

$$\frac{mx}{r^3}, \quad \frac{my}{r^3}, \quad \frac{mz}{r^3}.$$

En marquant successivement d'un accent, de deux accents, etc., les lettres m, x, y, z et r, on aura, pour les actions de m', de m'', etc., sur M, des expressions semblables; le mouvement de M sera donc déterminé par les équations différentielles

$$\frac{d^2\xi}{dt^2} = \Sigma.\frac{mx}{r^3}, \quad \frac{d^2\eta}{dt^2} = \Sigma.\frac{my}{r^3}, \quad \frac{d^2\zeta}{dt^2} = \Sigma.\frac{mz}{r^3}.$$

Cela posé, l'action de M sur m, parallèlement aux axes de ses coordonnées, et dirigée vers leur origine, sera $\frac{Mx}{r^3}, \frac{My}{r^3}, \frac{Mz}{r^3}$; les trois fonctions $\frac{1}{m}.\frac{d\lambda}{dx}, \frac{1}{m}.\frac{d\lambda}{dy}, \frac{1}{m}.\frac{d\lambda}{dz}$ exprimeront la somme des actions qu'exercent sur m les autres corps m', m'', etc., décomposées parallèlement aux mêmes axes et tendant à augmenter les coordonnées de m; on aura donc, en vertu des actions réunies de M, m', m'', etc.,

$$\frac{d^2.(\xi+x)}{dt^2} + \frac{Mx}{r^3} = \frac{1}{m}\cdot\frac{d\lambda}{dx},$$

$$\frac{d^2.(\eta+y)}{dt^2} + \frac{My}{r^3} = \frac{1}{m}\cdot\frac{d\lambda}{dy},$$

$$\frac{d^2.(\zeta+z)}{dt^2} + \frac{Mz}{r^3} = \frac{1}{m}\cdot\frac{d\lambda}{dz}.$$

Si l'on substitue pour $\dfrac{d^2\xi}{dt^2}$, $\dfrac{d^2\eta}{dt^2}$, $\dfrac{d^2\zeta}{dt^2}$, leurs valeurs

$\Sigma.\dfrac{mx}{r^3}$, $\Sigma.\dfrac{my}{r^3}$, $\Sigma.\dfrac{mz}{r^3}$, ces équations deviendront

$$\left.\begin{array}{l} \dfrac{d^2x}{dt^2} + \dfrac{Mx}{r^3} + \Sigma.\dfrac{mx}{r^3} = \dfrac{1}{m}\cdot\dfrac{d\lambda}{dx}, \\[2mm] \dfrac{d^2y}{dt^2} + \dfrac{My}{r^3} + \Sigma.\dfrac{my}{r^3} = \dfrac{1}{m}\cdot\dfrac{d\lambda}{dy}, \\[2mm] \dfrac{d^2z}{dt^2} + \dfrac{Mz}{r^3} + \Sigma.\dfrac{mz}{r^3} = \dfrac{1}{m}\cdot\dfrac{d\lambda}{dz}. \end{array}\right\} \ (D)$$

On peut leur donner encore une autre forme. En effet, si pour abréger on fait $M + m = \mu$ et qu'on suppose

$$R = m'.\left[\frac{1}{\sqrt{(x'-x)^2+(y'-y)^2+(z'-z)^2}} - \frac{xx'+yy'+zz'}{r'^3}\right]$$

$$+ m''.\left[\frac{1}{\sqrt{(x''-x)^2+(y''-y)^2+(z''-z)^2}} - \frac{xx''+yy''+zz''}{r''^3}\right]$$

$$+ \text{etc.},$$

elles deviennent

$$\left.\begin{array}{l} \dfrac{d^2x}{dt^2} + \dfrac{\mu x}{r^3} = \dfrac{dR}{dx}, \\[2mm] \dfrac{d^2y}{dt^2} + \dfrac{\mu y}{r^3} = \dfrac{dR}{dy}, \\[2mm] \dfrac{d^2z}{dt^2} + \dfrac{\mu z}{r^3} = \dfrac{dR}{dz}. \end{array}\right\} \ (E)$$

Lagrange est le premier qui ait présenté de cette manière les équations du mouvement des centres de gravité des corps célestes. Ce qui contribue surtout à les simplifier, c'est la considération de la fonction R, analogue à la fonction V' dont nous avons fait usage (n° 5), et qui a la propriété de représenter par ses différences partielles les actions perturbatrices qu'exercent les planètes m', m'', etc., sur m. L'emploi de cette espèce de fonctions est également utile dans la théorie des mouvements de rotation des corps célestes, dans celle des attractions des sphéroïdes d'où dépend la détermination de leurs figures, dans la théorie du flux et du reflux des mers, dans toutes les questions enfin où l'on a à considérer un grand nombre de forces de même nature et agissant d'une manière analogue. En réunissant sous un même point de vue des expressions qui seraient sans cela très-compliquées, il rend leurs rapports plus faciles à saisir, et cette notation, fort simple en apparence, introduite par Lagrange dans la mécanique céleste, en contribuant aux rapides progrès qu'elle a faits dans ces derniers temps, a eu pour la théorie du système du monde tous les avantages d'une véritable découverte.

En changeant successivement dans les équations (D) les lettres m, x, y, z, r en celles-ci, m', x', y', z', r', m'', x'', y'', z'', r'', etc., et réciproquement, on aura trois équations semblables pour chacun des corps m', m'', etc., ce qui forme un système d'autant d'équations différentielles du second ordre qu'il y a de coordonnées x, y, z, x', y', z', etc., à déterminer en fonction du temps. Il ne s'agit donc plus que d'intégrer ces équations, pour être en état de déterminer à chaque instant la position des corps m, m', etc., dans l'espace ; malheureusement cette intégration n'est pas possible en général, dans l'état actuel de l'analyse : le système des équations (D) et des équations semblables relatives à m', m'', etc., fournit seulement un petit nombre d'intégrales finies, dépendantes des lois générales qui s'observent dans toute espèce de mouvement. Comme ces intégrales sont de la plus grande utilité dans la théorie des perturbations planétaires, nous allons les développer ici.

9. Si l'on multiplie l'équation différentielle en ξ par $M + \Sigma m$, et les équations en x, x', x'', etc., la première par m, la seconde par m', et ainsi du reste, qu'on les ajoute ensuite, en observant que, par la nature de la fonction λ, on a

$$\frac{d\lambda}{dx} + \frac{d\lambda}{dx'} + \frac{d\lambda}{dx''} + \ldots = 0 \, ;$$

on aura

$$(M + \Sigma.m) \frac{d^2\xi}{dt^2} + \Sigma.m \frac{d^2 x}{dt^2} = 0 \, ;$$

d'où l'on tire, en intégrant,

$$\xi = a + bt - \frac{\Sigma.mx}{M + \Sigma.m},$$

a et b étant deux constantes arbitraires. On aurait de même

$$\eta = a' + b't - \frac{\Sigma.my}{M + \Sigma.m},$$

$$\zeta = a'' + b''t - \frac{\Sigma.mz}{m + \Sigma.m},$$

a', b', a'', b'', étant des constantes arbitraires. Ces équations serviront à déterminer le mouvement absolu de **M** dans l'espace, lorsque l'on connaîtra les mouvements relatifs de m, m', m'', etc., autour de ce corps.

Si l'on multiplie l'équation en x par

$$my - m\,\frac{\Sigma.my}{M + \Sigma.m},$$

l'équation en y par

$$-mx + m\,\frac{\Sigma.mx}{M + \Sigma.m},$$

léquation en x' par

$$m'y' - m'\,\frac{\Sigma.my}{M + \Sigma.m},$$

l'équation en y' par

$$-m'x' + m'\,\frac{\Sigma.mx}{M + \Sigma.m};$$

qu'on ajoute ensuite les différents produits, en observant que, par la nature de la fonction λ,

$$y\,\frac{d\lambda}{dx} + y'\,\frac{d\lambda}{dx'} + \ldots - x\,\frac{d\lambda}{dy} - x'\,\frac{d\lambda}{dy'} - \ldots = 0,$$

$$\frac{d\lambda}{dx} + \frac{d\lambda}{dx'} + \ldots = 0, \qquad \frac{d\lambda}{dy} + \frac{d\lambda}{dy'} + \ldots = 0,$$

on aura

$$\Sigma.m\left(\frac{x\,d^2y - y\,d^2x}{dt^2}\right) + \frac{\Sigma.my}{M+\Sigma.m}\Sigma.m\,\frac{d^2x}{dt^2} - \frac{\Sigma.mx}{M+\Sigma.m}\Sigma.m\,\frac{d^2y}{dt^2} = 0;$$

d'où l'on tire, en intégrant,

$$\Sigma.m\left(\frac{x\,dy - y\,dx}{dt}\right) + \frac{\Sigma.my}{M+\Sigma.m}\Sigma.m\,\frac{dx}{dt} - \frac{\Sigma.mx}{M+\Sigma.m}\Sigma.m\,\frac{dy}{dt} = \text{const.},$$

équation qui peut s'écrire ainsi :

$$M.\Sigma.m\,\frac{(x\,dy - y\,dx)}{dt}$$
$$+ \Sigma.mm'\left[\frac{(x'-x)(dy'-dy) - (y'-y)(dx'-dx)}{dt}\right] = c.$$

On trouverait d'une manière semblable les deux autres intégrales suivantes :

$$\mathrm{M}\,\Sigma.m\,\frac{(z\,dx - x\,dz)}{dt}$$

$$+ \Sigma.mm'\left[\frac{(z' - z)\,(dx' - dx) - (x' - x)\,(dz' - dz)}{dt}\right] = c',$$

$$\mathrm{M}\,\Sigma.m\,\frac{(y\,dz - z\,dy)}{dt}$$

$$+ \Sigma.mm'\left[\frac{(y' - y)\,(dz' - dz) - (z' - z)\,(dy' - dy)}{dt}\right] = c'',$$

c, c', c'' étant des constantes arbitraires.

Ces trois intégrales s'accordent avec les équations (E) (n^{os} **23** et **26**, liv. 1); elles renferment, comme nous l'avons vu, le principe de la conservation des aires.

Si l'on multiplie les équations différentielles (D), la première par

$$2\,m\,dx - 2\,m\,\frac{\Sigma.m\,dx}{\mathrm{M} + \Sigma.m};$$

la deuxième par

$$2\,m\,dy - 2\,m\,\frac{\Sigma.m\,dy}{\mathrm{M} + \Sigma.m};$$

la troisième par

$$2\,m\,dz - 2\,m\,\frac{\Sigma.m\,dz}{\mathrm{M} + \Sigma.m};$$

qu'on multiplie semblablement les équations différentielles en x', y', z' par les mêmes facteurs, après y avoir changé les lettres m, x, y, z hors du signe Σ, en m', x', y', z', et ainsi du reste; qu'on ajoute ensuite toutes les équations résultantes, en observant que l'on a

$$\frac{d\lambda}{dx} + \frac{d\lambda}{dx'} + \ldots = 0, \quad \frac{d\lambda}{dy} + \frac{d\lambda}{dy'} + \ldots = 0, \quad \frac{d\lambda}{dz} + \frac{d\lambda}{dz'} + \ldots = 0;$$

I.

on trouvera

$$2\,\Sigma.m\,\frac{(dx\,d^2x + dy\,d^2y + dz\,d^2z)}{dt^2} - \frac{2\,\Sigma.m\,dx}{M + \Sigma.m}\,\Sigma.\frac{m\,d^2x}{dt^2}$$

$$-\frac{2\,\Sigma.m\,dy}{M + \Sigma.m}\,\Sigma.\frac{m\,d^2y}{dt^2} - \frac{2\,\Sigma.m\,dz}{M + \Sigma.m}\,\Sigma.\frac{m\,d^2z}{dt^2} + 2\,M\,\Sigma.\frac{m\,dr}{r^2} - 2\,d\lambda = 0;$$

et, en intégrant,

$$\Sigma.m\,\frac{dx^2 + dy^2 + dz^2}{dt^2} - \frac{(\Sigma.m\,dx)^2 + (\Sigma.m\,dy)^2 + (\Sigma.m\,dz)^2}{(M + \Sigma.m)\,dt^2}$$

$$- 2\,M\,\Sigma.\frac{m}{r} - 2\lambda = \text{const.},$$

équation qui peut s'écrire ainsi :

$$M\,\Sigma.m\,\frac{dx^2 + dy^2 + dz^2}{dt^2}$$

$$+ \Sigma.mm'\left[\frac{(dx' - dx)^2 + (dy' - dy)^2 + (dz' - dz)^2}{dt^2}\right]$$

$$- 2(M + \Sigma.m)\left(M\,\Sigma.\frac{m}{r} + \lambda\right) = h,$$

h étant une constante arbitraire. Cette équation s'accorde avec l'équation (p) du n° **26**, livre I; elle renferme le principe de la conservation des forces vives.

Telles sont les seules intégrales premières qu'on ait pu tirer jusqu'ici du système des équations (D) réunies aux équations semblables relatives aux corps M, m', m'', etc. Elles indiquent des relations qui doivent toujours exister entre les coordonnées de ces différents corps, et qui résultent des principes généraux du mouvement; mais elles sont loin de suffire à leur détermination, et l'on est réduit, pour achever l'intégration des équations (D), à recourir aux méthodes d'approximation. Comme ces méthodes sont principalement fondées sur ce que les distances des planètes et des comètes au Soleil, et leurs distances mutuelles, sont extrêmement grandes relativement aux dimensions de ces corps et à celles des systèmes partiels que forment les planètes avec leurs satellites, il est important de faire voir quels sont les avantages que présente à cet égard la constitution du système solaire. Ces considérations serviront d'ailleurs à montrer que les quantités que nous avons négligées dans la formation des équations différentielles (D), sont en effet toujours insensibles.

10. Ne considérons, pour simplifier, que l'action réciproque de deux corps m et m', et représentons généralement (n° **6**) par V la fonction qui exprime la somme des produits deux à deux des éléments dm et dm' dont ces corps se composent, divisés par leur distance mutuelle. Soient x, y, z les coordonnées de dm rapportées à une origine fixe, et x′, y′, z′ les coordonnées de dm' rapportées à la même origine, on aura

$$V = S.S'. \frac{dm\, dm'}{\sqrt{(x'-x)^2 + (y'-y)^2 + (z'-z)^2}};$$

le double signe intégral S se rapportant à deux intégrations indépendantes l'une de l'autre, la première relative à la masse du corps attiré, et la seconde à celle du corps attirant, et devant être étendues respectivement aux masses entières de ces deux corps.

Cela posé, soient x', y', z' les trois coordonnées du centre de gravité de m', rapportées aux mêmes axes et à la même origine que x′, y′, z′, et soient $x'_{,}$, $y'_{,}$, $z'_{,}$

14.

les coordonnées de *dm′* relatives à ce centre, en sorte qu'on ait

$$\mathrm{x}' = x' + x'_{,}, \quad \mathrm{Y}' = y' + y'_{,}, \quad \mathrm{z}' = z' + z'_{,}.$$

Supposons

$$u = \left[(\mathrm{x}' - \mathrm{x})^2 + (\mathrm{Y}' - \mathrm{Y})^2 + (\mathrm{z}' - \mathrm{z})^2 \right]^{-\frac{1}{2}}.$$

Si l'on substitue dans cette fonction, à la place de x′, Y′, z′, leurs valeurs, qu'on développe ensuite la fonction résultante par rapport aux puissances ascendantes de $x'_{,}$, $y'_{,}$, $z'_{,}$, en faisant, pour abréger,

$$(x' - \mathrm{x})^2 + (y' - \mathrm{Y})^2 + (z' - \mathrm{z})^2 = r^2, \quad x'^{2}_{,} + y'^{2}_{,} + z'^{2}_{,} = r'^2,$$

on aura

$$u = \frac{1}{\sqrt{r^2 + r'^2 + 2\left[x'_{,} \cdot (x' - \mathrm{x}) + y'_{,} \cdot (y' - \mathrm{Y}) + z'_{,} \cdot (z' - \mathrm{z}) \right]}} = \frac{1}{r}$$

$$- \frac{x'_{,} \cdot (x' - \mathrm{x}) + y'_{,} \cdot (y' - \mathrm{Y}) + z'_{,} \cdot (z' - \mathrm{z}) + \dfrac{r'^2}{2}}{r^3}$$

$$+ \frac{3}{2} \cdot \frac{\left[x'_{,} \cdot (x' - \mathrm{x}) + y'_{,} \cdot (y' - \mathrm{Y}) + z'_{,} \cdot (z' - \mathrm{z}) \right]^2}{r^5} + \text{etc.}$$

Les dimensions du corps *m′* étant supposées peu considérables par rapport à la distance de *m* à *m′*, les coordonnées $x'_{,}$, $y'_{,}$, $z'_{,}$ seront fort petites relativement aux différences $x' - \mathrm{x}$, $y' - \mathrm{Y}$, $z' - \mathrm{z}$. En conséquence, nous les regarderons comme des quantités très-petites du premier ordre, dont on peut, sans erreur sensible, négliger les carrés et les puissances supérieures. La valeur de *u* se réduira ainsi à

$$u = \frac{1}{r} - \frac{x'_{,} \cdot (x' - \mathrm{x}) + y'_{,} \cdot (y' - \mathrm{Y}) + z'_{,} \cdot (z' - \mathrm{z})}{r^3}.$$

Si l'on multiplie cette expression par *dm dm′*, qu'on l'intègre ensuite par rapport à *dm′*, en remarquant que les quantités $x'_{,}$, $y'_{,}$, $z'_{,}$, sont les seules qui varient avec dm', et que, par la nature du centre de gravité, on a

$$S'.x'_{,} \, dm' = 0, \quad S'.y'_{,} \, dm' = 0, \quad S'.z'_{,} \, dm' = 0,$$

on trouvera, en remettant pour r sa valeur,

$$V = S . \frac{m' \, dm}{\sqrt{(x' - x)^2 + (y' - y)^2 + (z' - z)^2}}.$$

C'est la valeur que nous avions supposée à la fonction $S.V' \, dm$ dans le n° 5, comme il est facile de s'en convaincre en substituant pour V' sa valeur dans l'expression $V = S.V' \, dm$; on voit donc que cette valeur est exacte, aux quantités près du second ordre par rapport aux dimensions de m'. Les trois coordonnées x', y', z' étant indépendantes de la position de la molécule dm, et le signe intégral S ne se rapportant qu'à cet élément et aux quantités qui varient avec lui, il est aisé de voir d'ailleurs qu'on a

$$-\frac{dV}{dx'} = S . \left(\frac{dV'}{dx}\right) dm, \quad -\frac{dV}{dy'} = S . \left(\frac{dV'}{dx}\right) dm,$$

$$-\frac{dV}{dz'} = S . \left(\frac{dV'}{dz}\right) dm.$$

Les trois différences partielles $-\dfrac{dV}{dx'}$, $-\dfrac{dV}{dy'}$, $-\dfrac{dV}{dz'}$ exprimeront donc généralement l'action totale du corps m' sur le corps m, décomposée parallèlement aux axes coordonnés et dirigée en sens contraire de leur origine. On voit donc que cette action est la même, aux quantités près du second ordre, que si la masse entière de m' était réunie à son centre de gravité; les seconds membres des équations (A) et (B) sont donc exacts aux quantités près du même ordre.

Soient maintenant x, y, z les trois coordonnées du centre de gravité de m, et $x_{,}$, $y_{,}$, $z_{,}$ les coordonnées de la molécule dm relatives à ce centre; on aura

$$\mathrm{X} = x + x_{,}, \quad \mathrm{Y} = y + y_{,}, \quad \mathrm{Z} = z + z_{,}.$$

Si l'on substitue ces valeurs dans V, et qu'après avoir développé la fonction résultante on l'intègre, il sera facile de démontrer, par l'analyse précédente, qu'on a, aux quantités près du second ordre,

$$\mathrm{V} = \frac{mm'}{\sqrt{(x'-x)^2 + (y'-y)^2 + (z'-z)^2}}.$$

C'est la valeur que nous avons supposée à la fonction λ dans le n° **7**; cette valeur est donc exacte, aux quantités près du second ordre par rapport aux dimensions de l'astre attirant et de l'astre attiré; d'où l'on peut conclure généralement que l'expression de la fonction V, et par conséquent l'action totale de m' sur m, seront les mêmes, aux quantités près du même ordre, que si les masses des deux corps m et m', qui agissent l'un sur l'autre, étaient des points massifs placés à leurs centres de gravité respectifs.

Il suit de là que, dans la recherche des mouvements des centres de gravité d'un système quelconque de corps dont les dimensions sont très-petites par rapport à leurs distances mutuelles, on peut faire abstraction de leur figure, et que leur action réciproque les uns sur les autres est la même, à très-peu près, que si la masse de chacun de ces corps était réunie à son centre de gravité.

Si le système que l'on considère était partagé en plusieurs systèmes partiels, disposés de manière que

les dimensions de chacun d'eux fussent très-petites
par rapport aux distances mutuelles de leurs centres
de gravité, on ferait

$$V = \Sigma.\frac{mm'}{\sqrt{(x'-x)^2+(y'-y)^2+(z'-z)^2}},$$

m et m' représentant les masses de deux corps appartenant à des systèmes différents, et x, y, z, x', y', z'
les coordonnées de leurs centres de gravité rapportées
à une origine fixe. Les différentielles partielles de la
fonction V exprimeraient encore les actions du premier système sur le second, parallèles aux axes coordonnés. Or, si l'on désigne par X, Y, Z les coordonnées du centre de gravité du premier système, et par
X', Y', Z' les coordonnées du centre de gravité du second, il sera aisé de prouver par l'analyse précédente,
et par les propriétés connues du centre de gravité,
qu'on aura, aux quantités près du second ordre par
rapport aux dimensions respectives de chacun des
deux systèmes,

$$V = \Sigma.\frac{mm'}{\sqrt{(X'-X)^2+(Y'-Y)^2+(Z'-Z)^2}};$$

d'où il suit que les deux systèmes réagissent l'un sur
l'autre, à très-peu près, comme si les corps qui les
composent étaient réunis à leurs centres de gravité
respectifs, et que par conséquent ces centres se meuvent comme si cette réunion avait lieu en effet.

11. Le Soleil et les planètes forment un système
semblable à celui que nous venons de considérer, les
distances des satellites à leurs planètes étant toujours
peu considérables relativement aux distances de la

planète au Soleil et aux autres planètes. Il en résulte donc que le système d'une planète et de ses satellites agit, à très-peu près, sur les autres corps du système solaire, comme si la planète et ses satellites étaient réunis à leur centre commun de gravité, et que ce centre est attiré par ces différents corps, comme il le serait dans cette hypothèse. Il s'ensuit encore que l'action du Soleil et des planètes étant à très-peu près la même sur la planète et sur les satellites, ceux-ci se meuvent à très-peu près comme s'ils n'obéissaient qu'à l'action de la planète.

Enfin la constitution du système solaire permet encore d'appliquer aux planètes et aux comètes les considérations sur lesquelles nous avons établi les équations différentielles (D) et (B), et les actions réciproques de ces corps les uns sur les autres sont à très-peu près les mêmes que si leurs masses étaient concentrées dans leurs centres de gravité respectifs. Mais cette supposition, que la petitesse des dimensions des corps célestes, comparativement à leurs distances mutuelles, rend déjà fort approchée, acquiert par la sphéricité de leurs figures un nouveau degré d'exactitude. En effet, on peut regarder les planètes et les comètes comme étant formées de couches à très-peu près sphériques, de densités variables, et nous avons fait voir (n° 19, livre I) que l'action d'une couche sphérique homogène, sur un corps qui lui est extérieur, est la même que si toute sa masse était réunie à son centre; d'où l'on peut conclure encore que les quantités négligées dans la formation des équations (D) et (E), sont du même ordre que l'excès du sphéroïde attirant et du sphéroïde attiré sur la sphère concentrique. Les différents corps du système solaire réagissent donc les uns sur les autres, à très-peu près comme si leurs masses étaient réunies à leur centre de gravité, non-seulement parce que leurs distances mutuelles sont très-grandes par rapport à leurs dimensions respectives, mais encore parce que leur figure s'éloigne peu de celle de la sphère.

Il n'est plus permis, lorsqu'on considère les perturbations du mouvement de rotation d'un corps, de faire abstraction de sa figure; en effet, les seconds membres des équations (B) dans cette hypothèse se réduiraient d'eux-mêmes à zéro, ce qui est la conséquence nécessaire de ce que la résultante des attractions qui agissent sur le corps, étant supposée passer par son centre de gravité, elles ne sauraient exercer aucune influence sur son mouvement de rotation. Les forces qui troublent le mouvement de rotation des corps célestes, sont donc du même ordre que l'aplatissement du sphéroïde sur lequel elles agissent, et comme leurs figures s'écartent en général très-peu de la figure sphérique, on en doit conclure par cette seule raison que les forces qui troublent le mouvement de rotation, sont très-peu considérables relativement à celles qui troublent le mouvement de translation. Une analyse très-simple nous permettra d'ailleurs de comparer ces forces.

En effet, plaçons l'origine des coordonnées au centre de gravité de m, nommons x, y, z les coordonnées de la molécule dm par rapport aux trois axes principaux qui se croisent en ce point, et x', y', z' les coordonnées de m' relatives aux mêmes axes et à la même origine, supposons

$$V' = \frac{m'}{\sqrt{(x'-x)^2 + (y'-y)^2 + (z'-z)^2}},$$

et faisons, pour abréger,

$$x^2 + y^2 + z^2 = r^2, \quad x'^2 + y'^2 + z'^2 = r'^2\,;$$

en substituant ces valeurs dans celle de V' et développant, par rapport aux puissances descendantes de r', l'expression résultante, on aura

$$V' = \frac{m'}{r'}\left(1 - \frac{1}{2}\frac{r^2}{r'^2}\right) + \frac{m'(xx' + yy' + zz')}{r'^3}$$
$$+ \frac{3\,m'(xx' + yy' + zz')^2}{2\,r'^5} + \text{etc.}$$

Si l'on forme les trois différences partielles $\dfrac{dV'}{dx}$, $\dfrac{dV'}{dy}$, $\dfrac{dV'}{dz}$, et qu'on substitue leurs valeurs dans les seconds membres des équations (B), (n° 5), après les avoir multipliées par dm, on verra que le premier terme de la valeur de V' disparaît de lui-même de ces expressions; le second terme disparaît également après l'intégration par la propriété du centre de gravité qui donne

$$\text{S}.x\,dm = 0, \quad \text{S}.y\,dm = 0, \quad \text{S}.z\,dm = 0.$$

On peut donc, lorsqu'il s'agit du mouvement de rotation, supprimer d'avance ces deux termes et supposer la fonction V' réduite à son troisième terme, ce qui donne

$$V' = \frac{3\,m'(xx' + yy' + zz')^2}{2\,r'^5} + \text{etc.}$$

Or le premier terme de cette valeur, qui dépend du

carré des dimensions du sphéroïde attiré divisé par le cube de sa distance au corps attirant, est précisément du même ordre que ceux que nous avons négligés dans l'évaluation des forces perturbatrices du mouvement de translation, comme étant très-peu considérables relativement à ceux que nous avons conservés. On peut juger par là de la petitesse des forces qui troublent le mouvement de rotation des corps célestes et de la difficulté de déterminer par l'observation les inégalités qui en résultent. Jusqu'ici, en effet, elles n'ont pu être rendues sensibles que pour deux de ces corps, la Terre et son satellite.

12. Si les corps célestes n'obéissaient qu'à l'action du Soleil, et si leur figure était exactement sphérique, les courbes qu'ils décrivent autour de cet astre seraient elliptiques, et leur mouvement de rotation autour de leur centre de gravité serait celui d'un corps solide qui n'est sollicité par aucune force accélératrice, et qui a reçu seulement une impulsion primitive quelconque, cas que nous avons examiné dans le chapitre V du premier livre. Dans cette double hypothèse, les seconds membres des équations (E) et (B) se réduisant à zéro, ces équations deviennent intégrables; et comme en effet les planètes, les comètes et les satellites se meuvent à très-peu près, les premières autour du Soleil, les seconds autour de leurs planètes, comme s'ils n'obéissaient qu'à l'action des forces principales qui les animent, on peut regarder les résultats qu'on obtient de cette manière comme une première approximation des mouvements célestes, et les forces négli-

gées comme des forces perturbatrices dont le seul effet est d'y produire de faibles altérations. Un beau procédé d'analyse, dont la première idée est due à Euler, et qui a été ensuite perfectionné par Lagrange, permet de tenir compte de semblables forces, quel que soit leur mode d'action sur les mobiles (pourvu seulement qu'elles soient supposées très-petites par rapport aux forces principales), par de simples variations données aux constantes qui entrent dans les intégrales de la première approximation, c'est-à-dire dans les intégrales trouvées en faisant abstraction des forces perturbatrices. Les deux principaux problèmes du système du monde, la détermination du mouvement de translation des corps célestes et de leur mouvement de rotation autour de leur centre de gravité, se trouvent ainsi ramenés à une simple question analytique qui les embrasse tous deux dans sa généralité. Nous consacrerons le chapitre suivant à exposer cette féconde méthode d'intégration; en appliquant ensuite aux équations différentielles (E) et (B) les formules générales qu'elle nous fournira, nous parviendrons, par des approximations successives, à déterminer de la manière la plus simple le double mouvement des corps célestes avec un degré de précision que les observations les plus exactes ne sauraient jamais atteindre.

CHAPITRE III.

INTÉGRATION DES ÉQUATIONS DIFFÉRENTIELLES DU
MOUVEMENT D'UN SYSTÈME DE CORPS SOUMIS A
LEURS ATTRACTIONS MUTUELLES.

---

13. Nous avons donné dans le chapitre précédent
les équations différentielles du mouvement d'un système de corps soumis à leurs actions mutuelles, et
nous avons fait connaître les seules intégrales finies
qu'on soit parvenu jusqu'à présent à tirer de ces équations. Nous allons développer dans celui-ci la méthode d'approximation la plus lumineuse que l'on ait
encore imaginée pour suppléer à cette imperfection
de l'analyse.

Pour traiter cette question d'une manière générale,
considérons un système de corps m, m', m'', etc., agissant les uns sur les autres d'une manière quelconque,
et sollicités de plus par des forces accélératrices dirigées vers des centres fixes ou mobiles. Les résultats
que nous obtiendrons, auront ainsi toute l'étendue
dont la question est susceptible, et il sera facile ensuite
d'en faire l'application aux équations différentielles
du double mouvement de révolution et de rotation
des corps célestes.

Nous avons montré, dans le chapitre IV du livre I,
que la détermination des mouvements d'un pareil système pouvait toujours être ramenée à un nombre d'é-
quations différentielles du second ordre égal à celui

des variables indépendantes que chaque question comporte. Une intégrale qui résulte dans tous les cas de ces équations, est celle qui est fournie par le *principe des forces vives*. Si l'on désigne par x, y, z les coordonnées de m, par x', y', z' les coordonnées de m', etc., rapportées à trois axes rectangulaires, et que, pour abréger, on représente par T la moitié de la somme des forces vives du système, en sorte qu'on ait

$$\mathrm{T} = \frac{m}{2}\left(\frac{dx^2 + dy^2 + dz^2}{dt^2}\right) + \frac{m'}{2}\left(\frac{dx'^2 + dy'^2 + dz'^2}{dt^2}\right) + \text{etc.};$$

qu'on nomme de plus V l'intégrale de la somme des forces dont le système est animé, multipliées respectivement par l'élément de leur direction, c'est-à-dire qu'on fasse

$$\mathrm{V} = \int m\,(\mathrm{X}\,dx + \mathrm{Y}\,dy + \mathrm{Z}\,dz) + \int m'\,(\mathrm{X}'\,dx' + \mathrm{Y}'\,dy' + \mathrm{Z}'\,dz') + \ldots,$$

cette intégrale devient (n° **24**, livre I)

$$\mathrm{T} - \mathrm{V} = h, \quad (a)$$

h étant une constante arbitraire.

Les coordonnées x, y, z, x', y', etc., déterminent à chaque instant la position des corps agissants du système. Ces variables sont en général liées entre elles par des équations de condition qui dépendent de la nature du système, en sorte qu'il ne reste finalement qu'un nombre de variables indépendantes égal à trois fois le nombre des corps, moins le nombre des équations de condition. Nous supposerons, comme cela a lieu ordinairement, le nombre de ces variables indépendantes réduit à trois, φ, ψ, θ, et nous désignerons, pour abréger, par φ', ψ', θ', les différences de ces variables prises par rapport au temps t, et divisées par l'élément du temps, en sorte qu'on ait

$$\varphi' = \frac{d\varphi}{dt}, \quad \psi' = \frac{d\psi}{dt}, \quad \theta' = \frac{d\theta}{dt}.$$

Il sera toujours possible, en ayant égard aux équations de condition, d'exprimer les coordonnées x, y, z, x', etc., et leurs différentielles, en fonction des nouvelles variables $\varphi, \psi, \theta, \varphi', \psi', \theta'$, et il suffira de substituer à leur place ces valeurs pour convertir dans une fonction semblable une fonction quelconque de x, y, z, x', y', etc. Ainsi donc, nous pourrons regarder désormais la quantité que nous avons désignée par T, comme une fonction de $\varphi, \psi, \theta, \varphi', \psi', \theta'$, donnée dans chaque cas particulier.

De même, si l'on suppose, comme cela a lieu dans la nature, que les forces dont le système est animé sont dirigées vers des centres fixes ou mobiles, et représentées en intensité par des fonctions de la distance des différents corps du système à ces centres, la valeur précédente de V sera une formule toujours intégrale, et sa valeur finie sera une fonction des coordonnées x, y, z, x', y', z', etc., et par conséquent des variables φ, ψ, θ, fonction qui sera donnée dans chaque cas particulier. Quand des centres d'actions étrangers au système seront mobiles, la fonction V renfermera, en raison de leurs mouvements, le temps t, indépendamment des variables φ, ψ, θ; mais elle ne pourra contenir, dans aucun cas, les différentielles de ces variables.

Cela posé, différentions, par rapport aux variables,

φ, ψ, θ, φ', ψ', θ', l'équation (a) ; on aura

$$\left.\begin{array}{c} \dfrac{d\mathrm{T}}{d\varphi}\,d\varphi + \dfrac{d\mathrm{T}}{d\psi}\,d\psi + \dfrac{d\mathrm{T}}{d\theta}\,d\theta + \dfrac{d\mathrm{T}}{d\varphi'}\,d\varphi' + \dfrac{d\mathrm{T}}{d\psi'}\,d\psi' + \dfrac{d\mathrm{T}}{d\theta'}\,d\theta' \\[2mm] - \dfrac{d\mathrm{V}}{d\varphi}\,d\varphi - \dfrac{d\mathrm{V}}{d\psi}\,d\psi - \dfrac{d\mathrm{V}}{d\theta}\,d\theta = 0. \end{array}\right\} (b)$$

On peut donner à cette équation une autre forme. En effet, puisqu'on a généralement

$$\mathrm{T} = \frac{m}{2}\left(\frac{dx^2 + dy^2 + dz^2}{dt^2}\right) + \frac{m'}{2}\left(\frac{dx'^2 + dy'^2 + dz'^2}{dt^2}\right) + \text{etc.},$$

il est clair que, quelles que soient les valeurs qu'on substitue pour x, y, z, x', etc., dans cette quantité, T deviendra une fonction homogène de deux dimensions par rapport aux différences des nouvelles variables qu'on aura choisies. On aura donc, par la propriété connue de ces sortes de fonctions,

$$\frac{d\mathrm{T}}{d\varphi'}\frac{d\varphi}{dt} + \frac{d\mathrm{T}}{d\psi'}\frac{d\psi}{dt} + \frac{d\mathrm{T}}{d\theta'}\frac{d\theta}{dt} = 2\,\mathrm{T}.$$

Substituons la valeur résultante de T dans l'équation (a), et différentions ensuite; nous aurons

$$\begin{aligned} &\left(d.\frac{d\mathrm{T}}{d\varphi'}\right)\frac{d\varphi}{dt} + \left(d.\frac{d\mathrm{T}}{d\psi'}\right)\frac{d\psi}{dt} + \left(d.\frac{d\mathrm{T}}{d\theta'}\right)\frac{d\theta}{dt} \\[2mm] &\quad + \frac{d\mathrm{T}}{d\varphi'}\,d\varphi' + \frac{d\mathrm{T}}{d\psi'}\,d\psi' + \frac{d\mathrm{T}}{d\theta'}\,d\theta' \\[2mm] &\quad - 2\left(\frac{d\mathrm{V}}{d\varphi}\,d\varphi + \frac{d\mathrm{V}}{d\psi}\,d\psi + \frac{d\mathrm{V}}{d\theta}\,d\theta\right) = 0. \end{aligned}$$

Si de cette équation on retranche l'équation (b), et qu'on observe que les variations $d\varphi$, $d\psi$, $d\theta$, étant indépendantes entre elles, on peut égaler séparément à zéro leurs coefficients, on aura les trois équations différentielles suivantes :

$$\left.\begin{array}{l} \dfrac{d.\dfrac{d\mathrm{T}}{d\varphi'}}{dt} - \dfrac{d\mathrm{T}}{d\varphi} - \dfrac{d\mathrm{V}}{d\varphi} = 0, \\[3em] \dfrac{d.\dfrac{d\mathrm{T}}{d\psi'}}{dt} - \dfrac{d\mathrm{T}}{d\psi} - \dfrac{d\mathrm{V}}{d\psi} = 0, \\[3em] \dfrac{d.\dfrac{d\mathrm{T}}{d\theta'}}{dt} - \dfrac{d\mathrm{T}}{d\theta} - \dfrac{d\mathrm{V}}{d\theta} = 0. \end{array}\right\} \quad (c)$$

Ces équations serviront à déterminer les variables φ, ψ, θ, en fonction du temps. C'est sous cette forme que Lagrange présente dans sa *Mécanique analytique* les équations générales du mouvement d'un système de corps.

On peut leur donner une forme plus simple, en supposant

$$\mathrm{T} + \mathrm{V} = \mathrm{U}, \quad \frac{d\mathrm{T}}{d\varphi'} = s, \quad \frac{d\mathrm{T}}{d\psi'} = u, \quad \frac{d\mathrm{T}}{d\theta'} = v;$$

ce qui donne, en observant que la fonction V ne contient pas les variables φ', ψ', θ',

$$s = \frac{d\mathrm{T}}{d\varphi'} = \frac{d\mathrm{U}}{d\varphi'}, \quad u = \frac{d\mathrm{T}}{d\psi'} = \frac{d\mathrm{U}}{d\psi'}, \quad v = \frac{d\mathrm{T}}{d\theta'} = \frac{d\mathrm{U}}{d\theta'}. \quad (p)$$

Les équations (c) deviennent ainsi

$$\frac{ds}{dt} = \frac{d\mathrm{U}}{d\varphi}, \quad \frac{du}{dt} = \frac{d\mathrm{U}}{d\psi}, \quad \frac{dv}{dt} = \frac{d\mathrm{U}}{d\theta}, \quad (d)$$

et les équations du mouvement d'un système de corps m, m', etc., sont ramenées à la forme la plus simple qu'elles puissent prendre.

14. Les trois quantités s, u, v, sont données par les équations (p) en fonction de φ, ψ, θ, φ', ψ', θ'; réciproquement, on peut conclure de ces équations les valeurs de φ', ψ', θ', en fonction de φ, ψ, θ, s, u, v, et transformer par conséquent une fonction quelconque des six premières variables en fonction des six autres; mais on doit observer que les différences partielles de cette fonction prises relativement à φ, ψ, θ, ne seront pas les mêmes dans les deux cas. Ainsi, lorsqu'on regardera U comme fonction de φ, ψ, θ, s, u, v, ses différences partielles relatives à ces trois variables ne seront pas les mêmes que les différences partielles de cette même quantité regardée comme fonction de φ, ψ, θ, φ', ψ', θ'. Pour les distinguer, nous désignerons par $\dfrac{d\mathrm{U}}{d\varphi}$, $\dfrac{d\mathrm{U}}{d\psi}$, $\dfrac{d\mathrm{U}}{d\theta}$, les différences prises dans la première hypothèse, et par les mêmes expressions entourées de parenthèses, les différences relatives à la seconde. Ces dernières différences partielles forment les seconds membres des équations (d); on aura donc, conformément à cette notation,

$$\frac{ds}{dt} = \left(\frac{d\mathrm{U}}{d\varphi}\right), \quad \frac{du}{dt} = \left(\frac{d\mathrm{U}}{d\psi}\right), \quad \frac{dv}{dt} = \left(\frac{d\mathrm{U}}{d\theta}\right). \ (d')$$

Or l'équation $\mathrm{U} = $ fonct. $(\varphi, \psi, \theta, \varphi', \psi', \theta')$ donne, en y regardant φ', ψ', θ' comme fonctions des variables φ, ψ, θ, s, u, v,

$$\frac{d\mathrm{U}}{d\varphi} = \left(\frac{d\mathrm{U}}{d\varphi}\right) + \frac{d\mathrm{U}}{d\varphi'}\frac{d\varphi'}{d\varphi} + \frac{d\mathrm{U}}{d\psi'}\frac{d\psi'}{d\varphi} + \frac{d\mathrm{U}}{d\theta'}\frac{d\theta'}{d\varphi},$$

$$\frac{d\mathrm{U}}{d\psi} = \left(\frac{d\mathrm{U}}{d\psi}\right) + \frac{d\mathrm{U}}{d\varphi'}\frac{d\varphi'}{d\psi} + \frac{d\mathrm{U}}{d\psi'}\frac{d\psi'}{d\psi} + \frac{d\mathrm{U}}{d\theta'}\frac{d\theta'}{d\psi},$$

$$\frac{d\mathrm{U}}{d\theta} = \left(\frac{d\mathrm{U}}{d\theta}\right) + \frac{d\mathrm{U}}{d\varphi'}\frac{d\varphi'}{d\theta} + \frac{d\mathrm{U}}{d\psi'}\frac{d\psi'}{d\theta} + \frac{d\mathrm{U}}{d\theta'}\frac{d\theta'}{d\theta}.$$

Si l'on tire de ces équations les valeurs de $\left(\dfrac{d\mathrm{U}}{d\varphi}\right)$, $\left(\dfrac{d\mathrm{U}}{d\psi}\right)$, $\left(\dfrac{d\mathrm{U}}{d\theta}\right)$, et qu'on les substitue dans les équations (d'), en mettant s, u, v à la place de $\dfrac{d\mathrm{U}}{d\varphi'}$, $\dfrac{d\mathrm{U}}{d\psi'}$, $\dfrac{d\mathrm{U}}{d\theta'}$, on aura

$$\left.\begin{aligned}
\frac{ds}{dt} &= \frac{d\mathrm{U}}{d\varphi} - s\frac{d\varphi'}{d\varphi} - u\frac{d\psi'}{d\varphi} - v\frac{d\theta'}{d\varphi}, \\
\frac{du}{dt} &= \frac{d\mathrm{U}}{d\psi} - s\frac{d\varphi'}{d\psi} - u\frac{d\psi'}{d\psi} - v\frac{d\theta'}{d\psi}, \\
\frac{dv}{dt} &= \frac{d\mathrm{U}}{d\theta} - s\frac{d\varphi'}{d\theta} - u\frac{d\psi'}{d\theta} - v\frac{d\theta'}{d\theta}.
\end{aligned}\right\} \quad (c)$$

Telle est donc la forme que prendront les équations différentielles du mouvement lorsqu'on choisira pour variables s, u, v, au lieu de φ', ψ', θ'.

Si l'on différentie la première de ces équations par rapport à ψ, la seconde par rapport à φ, en regardant s, u, v comme constants; qu'on les retranche ensuite l'une de l'autre, on trouve

$$\frac{d^2\overline{s}}{d\psi\,dt} = \frac{d^2\overline{u}}{d\varphi.dt}. \quad (m)$$

Nous avons surmonté d'un trait ces différences partielles et les suivantes, pour rappeler que dans les différentiations qu'elles indiquent φ, ψ, θ et s, u, v sont regardées comme six variables indépendantes l'une de l'autre.

On aurait d'une manière semblable

$$\frac{d^2\overline{v}}{d\varphi.dt} = \frac{d^2\overline{s}}{d\theta.dt}, \quad \frac{d^2\overline{u}}{d\theta.dt} = \frac{d^2\overline{v}}{d\psi.dt}. \quad (m)$$

Si l'on différentie par rapport à s la première équation (e) sans faire varier φ, ψ, θ, on trouvera

$$\frac{d^2 s}{ds \,.\, dt} = \frac{d^2 \overline{U}}{ds \,.\, d\varphi} - s\,\frac{d^2 \overline{\varphi'}}{ds \,.\, d\varphi} - u\,\frac{d^2 \overline{\psi'}}{ds \,.\, d\varphi} - v\,\frac{d^2 \overline{\theta'}}{ds \,.\, d\varphi} - \frac{d\varphi'}{d\varphi}.$$

Mais si l'on prend la différence partielle de U par rapport à la variable s qui n'entre dans U qu'autant qu'elle est contenue dans les valeurs de φ', ψ', θ', et qu'on mette à la place de $\frac{dU}{d\varphi'}$, $\frac{dU}{d\psi'}$, $\frac{dU}{d\theta'}$, leurs valeurs s, u v, on trouve

$$\frac{dU}{ds} = s\,\frac{d\varphi'}{ds} + u\,\frac{d\psi'}{ds} + v\,\frac{d\theta'}{ds}.$$

Cette équation est identique lorsqu'on y considère U, φ', ψ', θ' comme fonctions de φ, ψ, θ, s, u, v; on peut la différentier par conséquent par rapport à l'une quelconque de ces six variables. En différentiant par rapport à φ, on a

$$\frac{d^2 \overline{U}}{ds \,.\, d\varphi} = s\,\frac{d^2 \overline{\varphi'}}{ds \,.\, d\varphi} + u\,\frac{d^2 \overline{\psi'}}{ds \,.\, d\varphi} + v\,\frac{d^2 \overline{\theta'}}{ds \,.\, d\varphi}.$$

La valeur de $\frac{d^2 \overline{s}}{ds \,.\, dt}$, en vertu de cette équation, se réduit à

$$\frac{d^2 \overline{s}}{ds \,.\, dt} = -\,\frac{d\varphi'}{d\varphi}. \ \ (n)$$

En différentiant semblablement la même équation par rapport à u et à v, et en considérant les valeurs des différences partielles $\frac{d^2 \overline{U}}{du \,.\, d\varphi}$, $\frac{d^2 \overline{U}}{dv \,.\, d\varphi}$, on aurait

$$\frac{d^2 \overline{s}}{du \,.\, dt} = -\,\frac{d\psi'}{d\varphi}, \quad \frac{d^2 \overline{s}}{dv \,.\, dt} = -\,\frac{d\theta'}{d\varphi}. \ \ (o)$$

Les deux dernières équations (*e*) donneraient, par des considérations analogues,

$$\frac{d^2\bar{u}}{ds.dt} = -\frac{d\varphi'}{d\psi}, \quad \frac{d^2\bar{u}}{du.dt} = -\frac{d\psi'}{d\psi}, \quad \frac{d^2\bar{u}}{dv.dt} = -\frac{d\theta'}{d\psi}, \left.\begin{array}{c} \\ \\ \\ \end{array}\right\} (o)$$
$$\frac{d^2\bar{v}}{ds.dt} = -\frac{d\varphi'}{d\theta}, \quad \frac{d^2\bar{v}}{du.dt} = -\frac{d\psi'}{d\theta}, \quad \frac{d^2\bar{v}}{dv.dt} = -\frac{d\theta'}{d\theta}.$$

Enfin, si l'on différentie l'équation (*n*) par rapport à *u*, et la première des équations (*o*) par rapport à *s*, qu'on retranche ensuite les deux résultats l'un de l'autre, on trouvera

$$\frac{d^2\varphi'}{d\varphi.du} = \frac{d^2\psi'}{d\varphi.ds},$$

et par conséquent

$$\frac{d\varphi'}{du} = \frac{d\psi'}{ds}. \quad (q)$$

On aurait d'une manière semblable

$$\frac{d\varphi'}{dv} = \frac{d\theta'}{ds}, \quad \frac{d\psi'}{dv} = \frac{d\theta'}{du}. \quad (q)$$

Ces diverses relations nous seront utiles dans ce qui va suivre.

15. Revenons maintenant à la question principale qui doit nous occuper ici. Supposons qu'étant parvenu à intégrer complétement les équations (*c*) dans l'état où elles se présentent, de nouvelles forces accélératrices dirigées vers des centres fixes ou mobiles, et dont les intensités sont représentées par des fonctions des distances de ces centres à leurs points d'applications respectifs, viennent à agir sur les différents corps *m*, *m'*, etc., du système, et qu'on se propose d'avoir égard, dans la solution du même problème, à l'intervention de ces forces. Si l'on désigne par Ω l'intégrale de la somme de ces nouvelles forces multipliées chacune par l'élément de sa direction (quantité que, pour abréger, nous nommerons à l'avenir *la fonction perturbatrice*), comme ces forces sont absolument de même nature que celles d'où dépend la fonction V, il suffira, pour y avoir égard, de substituer $V + \Omega$ à la place de V dans les équations (c). Les équations du mouvement du système altéré par les forces perturbatrices, seront ainsi

$$\left. \begin{array}{c} \dfrac{d.\dfrac{dT}{d\varphi'}}{dt} - \dfrac{dT}{d\varphi} - \dfrac{dV}{d\varphi} = \dfrac{d\Omega}{d\varphi}, \\[2em] \dfrac{d.\dfrac{dT}{d\psi'}}{dt} - \dfrac{dT}{d\psi} - \dfrac{dV}{d\psi} = \dfrac{d\Omega}{d\psi}, \\[2em] \dfrac{d.\dfrac{dT}{d\theta'}}{dt} - \dfrac{dT}{d\theta} - \dfrac{dV}{d\theta} = \dfrac{d\Omega}{d\theta}; \end{array} \right\} \quad (f)$$

équations qu'on peut ramener d'ailleurs à une forme analogue à celle des équations (d'). En effet, il est aisé de voir qu'il suffira pour cela de substituer $U - \Omega$ à la place de U, dans les équations

$$ds - \left(\frac{dU}{d\varphi}\right) dt = 0, \quad du - \left(\frac{dU}{d\psi}\right) dt = 0, \quad dv - \left(\frac{dU}{d\theta}\right) dt = 0; \quad (1)$$

les valeurs des quantités représentées par s, u, v qui ne dépendent que de la fonction T ne seront pas changées, et les équations précédentes se trouveront seulement augmentées d'un nouveau terme, c'est-à-dire que l'on aura

$$
\left.\begin{aligned}
ds - \left(\frac{d\mathrm{U}}{d\varphi}\right) dt &= \frac{d\Omega}{d\varphi}\, dt, \\
du - \left(\frac{d\mathrm{U}}{d\psi}\right) dt &= \frac{d\Omega}{d\psi}\, dt, \\
dv - \left(\frac{d\mathrm{U}}{d\theta}\right) dt &= \frac{d\Omega}{d\theta}\, dt.
\end{aligned}\right\} \quad (2)
$$

Il est inutile d'entourer de parenthèses les différences partielles de la fonction Ω, comme on le fait à l'égard de celles de la fonction U (d'après la remarque du n° 14), parce que Ω ne contenant pas les variables φ', ψ', θ', ses différences ne changent pas quand on regarde φ', ψ', θ' comme fonctions des variables φ, ψ, θ, s, u, v.

Il s'agit donc d'intégrer les équations (2) en supposant qu'on ait complétement intégré les équations (1), c'est-à-dire ces mêmes équations (2), dans le cas où l'on fait abstraction de leurs seconds membres.

La méthode d'intégration que nous nous proposons de développer consiste à satisfaire aux équations (2) par les mêmes intégrales fournies par les équations (1), en faisant seulement varier les constantes arbitraires qu'elles renferment, de manière à remplir cette condition.

Les équations (1) étant du second ordre par rapport aux variables φ, ψ, θ, leurs intégrales finies contiendront six constantes arbitraires a, b, c, f, g, h, et l'on pourra par leur moyen exprimer les valeurs des variables φ, ψ, θ, en fonctions du temps t et de ces constantes; de sorte qu'on aura généralement

$$\varphi = \text{fonct.}\ (a,\ b,\ c,\ f,\ g,\ h,\ t);\quad \psi = \text{fonct.}\ (a,\ b,\ c,\ f,\ g,\ h,\ t),$$
$$\theta = \text{fonct.}\ (a,\ b,\ c,\ f,\ g,\ h,\ t).$$

Pour satisfaire aux équations (2) par les mêmes expressions finies de φ, ψ, θ, nous différentierons deux fois de suite les valeurs de φ, ψ, θ, en y faisant varier à la fois le temps t et les constantes a, b, c, f, g, h; nous substituerons ensuite dans ces équations les valeurs résultantes, et nous aurons ainsi trois équations qui serviront à déterminer les variations que doivent prendre les quantités a, b, c, etc.; mais comme ces variations inconnues sont en nombre double de celui des équations auxquelles elles doivent satisfaire, nous pourrons les assujettir encore aux trois équations de condition qu'il nous plaira de leur fixer.

Ce qu'il y a de plus simple à cet égard est de supposer que les différentielles premières des variables φ, ψ, θ conservent la même forme dans le cas où l'on fait varier les arbitraires a, b, c, f, g, h, et dans le cas où elles sont regardées comme constantes; c'est-à-dire qu'on égalera à zéro la partie de chaque différentielle $d\varphi$, $d\psi$, $d\theta$ qui résultera de la variation de ces arbitraires. On aura de cette manière trois nouvelles équations de condition, qui ne renfermeront, ainsi que les trois autres, que les différentielles premières des six quantités a, b, c, f, g, h. C'est là le grand avantage de ce procédé.

Nous désignerons désormais par la caractéristique δ, placée devant une fonction quelconque du temps t et des constantes a, b, etc., la différentielle de cette

fonction prise en y faisant varier ces dernières quantités seulement, de sorte qu'on aura, par exemple,

$$\delta\varphi = \frac{d\varphi}{da}.da + \frac{d\varphi}{db}.db + \frac{d\varphi}{dc}.dc + \frac{d\varphi}{df}.df + \frac{d\varphi}{dg}.dg + \frac{d\psi}{dh}.dh.$$

Cela posé, en vertu des trois équations de condition
que nous nous sommes données, nous aurons d'abord

$$\eth\varphi = 0, \quad \eth\psi = 0, \quad \eth\theta = 0. \quad (A)$$

Si l'on différentie une seconde fois les expressions
de φ, ψ, θ, en y faisant varier le temps t, et les constantes arbitraires qu'elles renferment, et qu'on sub-
stitue leurs valeurs dans les équations (2), les différentielles ds, du, dv seront augmentées en vertu de
la variation des constantes de $\eth s$, $\eth u$, $\eth v$. Les fonctions Ω et U, ainsi que leurs différences partielles, ne
changeront pas, parce qu'elles ne renferment, la pre-
mière, que les variables φ, ψ, θ, la seconde, que ces
mêmes variables et leurs différentielles premières, et
que ces quantités restent les mêmes, soit que l'on
traite les arbitraires a, b, c, f, g, h, comme variables
ou comme constantes. On aura donc ainsi

$$ds + \eth s - \left(\frac{dU}{d\varphi}\right) dt = \frac{d\Omega}{d\varphi} dt,$$

$$du + \eth u - \left(\frac{dU}{d\psi}\right) dt = \frac{d\Omega}{d\psi} dt,$$

$$dv + \eth v - \left(\frac{dU}{d\theta}\right) dt = \frac{d\Omega}{d\theta} dt.$$

Les valeurs de φ, ψ, θ, sont supposées satisfaire à ces équations dans le cas où la fonction Ω est nulle, et qu'on les différentie seulement par rapport à t; on a donc identiquement

$$ds - \left(\frac{d\mathrm{U}}{d\varphi}\right) dt = 0, \quad du - \left(\frac{d\mathrm{U}}{d\psi}\right) dt = 0, \quad dv - \left(\frac{d\mathrm{U}}{d\theta}\right) dt = 0;$$

et les équations précédentes donnent simplement

$$\eth s = \frac{d\Omega}{d\varphi} dt, \quad \eth u = \frac{d\Omega}{d\psi} dt, \quad \eth v = \frac{d\Omega}{d\theta} dt. \quad (\mathrm{B})$$

Ce sont trois nouvelles équations de condition auxquelles devront satisfaire les variations différentielles des arbitraires a, b, c, f, g, h. Jointes aux trois équations (A), elles suffiront pour déterminer ces variations. En effet, en les développant, on aurait six équations du premier ordre et linéaires par rapport aux différentielles da, db, dc, df, dg, dh; on pourrait donc obtenir par les procédés ordinaires de l'élimination, les valeurs de ces différentielles; mais on arriverait par cette voie à des formules très-compliquées. On parvient à exprimer directement ces valeurs d'une manière très-simple, par les considérations suivantes.

16. Supposons que l'une quelconque des intégrales premières auxquelles auront conduit les équations différentielles du mouvement (1), ne contienne qu'une seule arbitraire a, cette équation intégrale, résolue par rapport à cette constante, sera de cette forme :

$$a = \text{fonct.} \ (\varphi, \ \psi, \ \theta, \ \varphi', \ \psi', \ \theta', \ t\,);$$

ou bien, en regardant, comme nous l'avons fait précédemment, φ', ψ', θ' comme des fonctions de φ, ψ, θ,

s, u, v, données par les équations (p),

$$a = \text{fonct.}\,(\varphi,\ \psi,\ \theta,\ s,\ u,\ v,\ t).$$

Cette équation étant une des intégrales premières des équations (1), il s'ensuit que sa différentielle complète, prise en y regardant a comme constante, doit se réduire à zéro quand on y substitue, pour ds, du, dv, leurs valeurs données par ces équations. Si l'on différentie donc l'expression de a en y faisant varier à la fois les constantes et les variables, et qu'on substitue pour ∂s, ∂u, ∂v, leurs valeurs données par les équations (B), en observant que $\partial\varphi = 0$, $\partial\psi = 0$, $\partial\theta = 0$, on aura simplement

$$da = \left(\frac{da}{ds}\frac{d\Omega}{d\varphi} + \frac{da}{du}\frac{d\Omega}{d\psi} + \frac{da}{dv}\frac{d\Omega}{d\theta} \right) dt. \quad (h).$$

Cette formule détermine directement la valeur de la variation différentielle da; mais on peut lui donner une autre forme qui a de grands avantages dans plusieurs questions du système du monde, en employant au lieu des différences partielles de la fonction Ω prises par rapport aux variables φ, ψ, θ, ses différences relatives aux constantes a, b, c, f, g, h, introduites par la substitution des valeurs connues de φ, ψ, θ, en fonction du temps et de ces arbitraires. En effet, si l'on regarde φ, ψ, θ comme fonctions de a, b, c, f, g, h, on aura

$$\frac{d\Omega}{d\varphi} = \frac{d\Omega}{da}\frac{da}{d\varphi} + \frac{d\Omega}{db}\frac{db}{d\varphi} + \frac{d\Omega}{dc}\frac{dc}{d\varphi} + \frac{d\Omega}{df}\frac{df}{d\varphi} + \frac{d\Omega}{dg}\frac{dg}{d\varphi} + \frac{d\Omega}{dh}\frac{dh}{d\varphi},$$

$$\frac{d\Omega}{d\psi} = \frac{d\Omega}{da}\frac{da}{d\psi} + \frac{d\Omega}{db}\frac{db}{d\psi} + \frac{d\Omega}{dc}\frac{dc}{d\psi} + \frac{d\Omega}{df}\frac{df}{d\psi} + \frac{d\Omega}{dg}\frac{dg}{d\psi} + \frac{d\Omega}{dh}\frac{dh}{d\psi},$$

$$\frac{d\Omega}{d\theta} = \frac{d\Omega}{da}\frac{da}{d\theta} + \frac{d\Omega}{db}\frac{db}{d\theta} + \frac{d\Omega}{dc}\frac{dc}{d\theta} + \frac{d\Omega}{df}\frac{df}{d\theta} + \frac{d\Omega}{dg}\frac{dg}{d\theta} + \frac{d\Omega}{dh}\frac{dh}{d\theta}.$$

Ces valeurs, substituées dans l'expression, de da donneront

$$da = \left(\frac{da}{ds}\frac{da}{d\varphi} + \frac{da}{du}\frac{da}{d\psi} + \frac{da}{dv}\frac{da}{d\theta}\right)\frac{d\Omega}{da}\, dt$$

$$+ \left(\frac{da}{ds}\frac{db}{d\varphi} + \frac{da}{du}\frac{db}{d\psi} + \frac{da}{dv}\frac{db}{d\theta}\right)\frac{d\Omega}{db}\, dt$$

$$+ \left(\frac{da}{ds}\frac{dc}{d\varphi} + \frac{da}{du}\frac{dc}{d\psi} + \frac{da}{dv}\frac{dc}{d\theta}\right)\frac{d\Omega}{dc}\, dt$$

$$+ \left(\frac{da}{ds}\frac{df}{d\varphi} + \frac{da}{du}\frac{df}{d\psi} + \frac{da}{dv}\frac{df}{d\theta}\right)\frac{d\Omega}{df}\, dt$$

$$+ \left(\frac{da}{ds}\frac{dg}{d\varphi} + \frac{da}{du}\frac{dg}{d\psi} + \frac{da}{dv}\frac{dg}{d\theta}\right)\frac{d\Omega}{dg}\, dt$$

$$+ \left(\frac{da}{ds}\frac{dh}{d\varphi} + \frac{da}{du}\frac{dh}{d\psi} + \frac{da}{dv}\frac{dh}{d\theta}\right)\frac{d\Omega}{dh}\, dt.$$

On peut faire disparaître de cette expression le terme multiplié par $\frac{d\Omega}{da}$, en observant que la fonction Ω ne contenant pas les variables φ', ψ', θ', ne peut renfermer non plus les quantités s, u, v; on aura donc

$$\frac{d\Omega}{ds} = \frac{d\Omega}{da}\frac{da}{ds} + \frac{d\Omega}{db}\frac{db}{ds} + \frac{d\Omega}{dc}\frac{dc}{ds} + \frac{d\Omega}{df}\frac{df}{ds} + \frac{d\Omega}{dg}\frac{dg}{ds} + \frac{d\Omega}{dh}\frac{dh}{ds} = 0,$$

$$\frac{d\Omega}{du} = \frac{d\Omega}{da}\frac{da}{du} + \frac{d\Omega}{db}\frac{db}{du} + \frac{d\Omega}{dc}\frac{dc}{du} + \frac{d\Omega}{df}\frac{df}{du} + \frac{d\Omega}{dg}\frac{dg}{du} + \frac{d\Omega}{dh}\frac{dh}{du} = 0,$$

$$\frac{d\Omega}{dv} = \frac{d\Omega}{da}\frac{da}{dv} + \frac{d\Omega}{db}\frac{db}{dv} + \frac{d\Omega}{dc}\frac{dc}{dv} + \frac{d\Omega}{df}\frac{df}{dv} + \frac{d\Omega}{dg}\frac{dg}{dv} + \frac{d\Omega}{dh}\frac{dh}{dv} = 0.$$

Si l'on multiplie ces quantités nulles, la première par $\frac{da}{d\varphi}$, la seconde par $\frac{da}{d\psi}$, la troisième par $\frac{da}{d\theta}$, et qu'on retranche leur somme de la valeur précédente de da,

on aura

$$da = \left(\frac{da}{ds}\frac{db}{d\varphi} - \frac{da}{d\varphi}\frac{db}{ds} + \frac{da}{du}\frac{db}{d\psi} - \frac{da}{d\psi}\frac{db}{du} + \frac{da}{dv}\frac{db}{d\theta} - \frac{da}{d\theta}\frac{db}{dv}\right)\frac{d\Omega}{db}\,dt$$

$$+ \left(\frac{da}{ds}\frac{dc}{d\varphi} - \frac{da}{d\varphi}\frac{dc}{ds} + \frac{da}{du}\frac{dc}{d\psi} - \frac{da}{d\psi}\frac{dc}{du} + \frac{da}{dv}\frac{dc}{d\theta} - \frac{da}{d\theta}\frac{dc}{dv}\right)\frac{d\Omega}{dc}\,dt$$

$$+ \left(\frac{da}{ds}\frac{df}{d\varphi} - \frac{da}{d\varphi}\frac{df}{ds} + \frac{da}{du}\frac{df}{d\psi} - \frac{da}{d\psi}\frac{df}{du} + \frac{da}{dv}\frac{df}{d\theta} - \frac{da}{d\theta}\frac{df}{dv}\right)\frac{d\Omega}{df}\,dt$$

$$+ \left(\frac{da}{ds}\frac{dg}{d\varphi} - \frac{da}{d\varphi}\frac{dg}{ds} + \frac{da}{du}\frac{dg}{d\psi} - \frac{da}{d\psi}\frac{dg}{du} + \frac{da}{dv}\frac{dg}{d\theta} - \frac{da}{d\theta}\frac{dg}{dv}\right)\frac{d\Omega}{dg}\,dt$$

$$+ \left(\frac{da}{ds}\frac{dh}{d\varphi} - \frac{da}{d\varphi}\frac{dh}{ds} + \frac{da}{du}\frac{dh}{d\psi} - \frac{da}{d\psi}\frac{dh}{du} + \frac{da}{dv}\frac{dh}{d\theta} - \frac{da}{d\theta}\frac{dh}{dv}\right)\frac{d\Omega}{dh}\,dt.$$

Cette expression de da est en apparence plus compliquée que l'expression (h) d'où elle est déduite, mais elle jouit d'une propriété bien remarquable, c'est que les cofficients des différences partielles $\frac{d\Omega}{db}$, $\frac{d\Omega}{dc}$, etc., deviennent indépendants du temps t, après qu'on y a substitué, pour φ, ψ, θ, s, u, v, leurs valeurs en fonction de t et des arbitraires a, b, c, f, g, h. Comme c'est à cette propriété que la méthode d'approximation que nous venons d'exposer doit ses principaux avantages dans les applications, nous ne pouvons nous dispenser de la démontrer ici d'une manière directe, quoique cette démonstration exige quelques développements.

17. Pour cela, reprenons la valeur que nous avons supposée à la constante a dans le numéro précédent :

$$a = \text{fonct.} (\varphi, \psi, \theta, s, u, v, t).$$

Si, après avoir tiré de cette expression la valeur de $\frac{da}{d\varphi}$, on la différentie par rapport à t, en observant que $\frac{d\varphi}{dt} = \varphi'$, $\frac{d\psi}{dt} = \psi'$, $\frac{d\theta}{dt} = \theta'$, on aura

$$d \cdot \frac{da}{d\varphi} = \left(\frac{d^2 a}{d\varphi \cdot dt} + \frac{d^2 a}{d\varphi^2} \varphi' + \frac{d^2 a}{d\varphi \cdot d\psi} \psi' + \frac{d^2 a}{d\varphi \cdot d\theta} \theta' \right.$$
$$\left. + \frac{d^2 a}{d\varphi \cdot ds} \frac{ds}{dt} + \frac{d^2 a}{d\varphi \cdot du} \frac{du}{dt} + \frac{d^2 a}{d\varphi \cdot dv} \frac{dv}{dt} \right) dt;$$

mais, en prenant la différentielle complète de a par rapport à t, on a

$$\left. \begin{aligned} &\frac{da}{dt} + \frac{da}{d\varphi} \varphi' + \frac{da}{d\psi} \psi' + \frac{da}{d\theta} \theta' + \frac{da}{ds} \frac{ds}{dt} \\ &\quad + \frac{da}{du} \frac{du}{dt} + \frac{da}{dv} \frac{dv}{dt} = 0. \end{aligned} \right\} \ (s)$$

Si l'on considère dans cette équation φ', ψ', θ' comme des fonctions de φ, ψ, θ, s, u, v, données par les équations (p), et qu'on remplace $\frac{ds}{dt}$, $\frac{dv}{dt}$, $\frac{du}{dt}$ par leurs valeurs tirées des équations (2), son premier membre deviendra une fonction de t, φ, ψ, θ, s, u, v, qui devra être identiquement nulle. Cette équation subsistera donc encore en y faisant varier séparément l'une quelconque de ces sept quantités.

Supposons cette substitution effectuée, et différentions l'équation résultante par rapport à φ; on aura

$$\frac{d^2 a}{d\varphi \cdot dt} + \frac{d^2 a}{d\varphi^2} \varphi' + \frac{d^2 a}{d\varphi \cdot d\psi} \psi' + \frac{d^2 a}{d\varphi \cdot d\theta} \theta' + \frac{d^2 a}{d\varphi \cdot ds} \frac{ds}{dt}$$
$$+ \frac{d^2 a}{d\varphi \cdot du} \frac{du}{dt} + \frac{d^2 a}{d\varphi \cdot dv} \frac{dv}{dt} + \frac{da}{d\varphi} \frac{d\varphi'}{d\varphi} + \frac{da}{d\psi} \frac{d\psi'}{d\varphi}$$
$$+ \frac{da}{d\theta} \frac{d\theta'}{d\varphi} + \frac{da}{ds} \frac{d^2 s}{d\varphi \cdot dt} + \frac{da}{du} \frac{d^2 u}{d\varphi \cdot dt} + \frac{da}{dv} \frac{d^2 v}{d\varphi \cdot dt} = 0,$$

et la valeur précédente de $d.\dfrac{da}{d\varphi}$ deviendra, en vertu de cette équation,

$$d.\frac{da}{d\varphi} = -\left(\frac{da}{d\varphi}\frac{d\varphi'}{d\varphi} + \frac{da}{d\psi}\frac{d\psi'}{d\varphi} + \frac{da}{d\theta}\frac{d\theta'}{d\varphi}\right.$$
$$\left. + \frac{da}{ds}\frac{d^2\overline{s}}{d\varphi.dt} + \frac{da}{du}\frac{d^2\overline{u}}{d\varphi.dt} + \frac{da}{dv}\frac{d^2\overline{v}}{d\varphi.dt}\right)dt.$$

On trouverait de la même manière :

$$d.\frac{da}{d\psi} = -\left(\frac{da}{d\varphi}\frac{d\varphi'}{d\psi} + \frac{da}{d\psi}\frac{d\psi'}{d\psi} + \frac{da}{d\theta}\frac{d\theta'}{d\psi}\right.$$
$$\left. + \frac{da}{ds}\frac{d^2\overline{s}}{d\psi.dt} + \frac{da}{du}\frac{d^2\overline{u}}{d\psi.dt} + \frac{da}{dv}\frac{d^2\overline{v}}{d\psi.dt}\right)dt;$$

$$d.\frac{da}{d\theta} = -\left(\frac{da}{d\varphi}\frac{d\varphi'}{d\theta} + \frac{da}{d\psi}\frac{d\psi'}{d\theta} + \frac{du}{d\theta}\frac{d\theta'}{d\theta}\right.$$
$$\left. + \frac{da}{ds}\frac{d^2\overline{s}}{d\theta.dt} + \frac{da}{du}\frac{d^2\overline{u}}{d\theta.dt} + \frac{da}{dv}\frac{d^2\overline{v}}{d\theta.dt}\right)dt.$$

Il faut bien remarquer que, dans ces expressions, nous désignons par $\dfrac{d^2\overline{s}}{d\varphi.dt}$, $\dfrac{d^2\overline{s}}{d\psi.dt}$, $\dfrac{d^2\overline{s}}{d\theta.dt}$, etc., les valeurs de $\dfrac{ds}{dt}$, $\dfrac{du}{dt}$, $\dfrac{dv}{dt}$, dans lesquelles on fera varier successivement φ, ψ, θ, en regardant s, u, v, comme constants.

Si l'on suppose à la constante b une valeur semblable à celle de a, on trouvera pour $d.\dfrac{db}{d\varphi}$, $d.\dfrac{db}{d\psi}$, $d.\dfrac{db}{d\theta}$, des expressions analogues aux précédentes, en changeant simplement dans celles-ci a en b. Cela posé, si l'on multiplie l'expression de $d.\dfrac{db}{d\varphi}$ par $\dfrac{da}{ds}$, l'expression de $d.\dfrac{da}{d\varphi}$ par $-\dfrac{db}{ds}$, l'expression de $d.\dfrac{db}{d\psi}$ par $\dfrac{da}{du}$, celle de $d.\dfrac{da}{d\psi}$ par $-\dfrac{db}{du}$; l'expression de $d.\dfrac{db}{d\theta}$ par $\dfrac{da}{dv}$, celle de $d.\dfrac{da}{d\theta}$ par $-\dfrac{db}{dv}$, qu'on les ajoute ensuite, en observant que, d'après les équations (m), on a

$$\frac{d^2\overline{s}}{d\psi.dt} = \frac{d^2\overline{u}}{d\varphi.dt}, \quad \frac{d^2\overline{s}}{d\theta.dt} = \frac{d^2\overline{v}}{d\varphi.dt}, \quad \frac{d^2\overline{u}}{d\theta.dt} = \frac{d^2\overline{v}}{d\psi.dt},$$

on trouvera que leur somme se réduit à

$$
\begin{aligned}
&\frac{da}{ds}d.\frac{db}{d\varphi} - \frac{db}{ds}d.\frac{da}{d\varphi} + \frac{da}{du}d.\frac{db}{d\psi} - \frac{db}{du}d.\frac{da}{d\psi} + \frac{da}{dv}d.\frac{db}{d\theta} - \frac{db}{dv}d.\frac{da}{d\theta} \\
&= \Bigg[\left(\frac{da}{d\varphi}\frac{db}{ds} - \frac{da}{ds}\frac{db}{d\varphi}\right)\frac{d\varphi'}{d\varphi} + \left(\frac{da}{d\psi}\frac{db}{ds} - \frac{da}{ds}\frac{db}{d\psi}\right)\frac{d\psi'}{d\varphi} \\
&\quad + \left(\frac{da}{d\theta}\frac{db}{ds} - \frac{da}{ds}\frac{db}{d\theta}\right)\frac{d\theta'}{d\varphi} \\
&\quad + \left(\frac{da}{d\varphi}\frac{db}{du} - \frac{da}{du}\frac{db}{d\varphi}\right)\frac{d\varphi'}{d\psi} + \left(\frac{da}{d\psi}\frac{db}{du} - \frac{da}{du}\frac{db}{d\psi}\right)\frac{d\psi'}{d\psi} \\
&\quad + \left(\frac{da}{d\theta}\frac{db}{du} - \frac{da}{du}\frac{db}{d\theta}\right)\frac{d\theta'}{d\psi} \\
&\quad + \left(\frac{da}{d\varphi}\frac{db}{dv} - \frac{da}{dv}\frac{db}{d\varphi}\right)\frac{d\varphi'}{d\theta} + \left(\frac{da}{d\psi}\frac{db}{dv} - \frac{da}{dv}\frac{db}{d\psi}\right)\frac{d\psi'}{d\theta} \\
&\quad + \left(\frac{da}{d\theta}\frac{db}{dv} - \frac{da}{dv}\frac{db}{d\theta}\right)\frac{d\theta'}{d\theta} \Bigg] dt.
\end{aligned} \tag{l}
$$

Reprenons la valeur de la constante a. Si l'on différentie par rapport à t sa différence partielle prise relativement à la variable s, on aura

$$
\begin{aligned}
d.\frac{da}{ds} = \Bigg[&\frac{d^2a}{ds.dt} + \frac{d^2a}{d\varphi.ds}\varphi' + \frac{d^2a}{d\psi.ds}\psi' + \frac{d^2u}{d\theta.ds}\theta' \\
&+ \frac{d^2a}{ds^2}\cdot\frac{ds}{dt} + \frac{d^2a}{ds.du}\cdot\frac{du}{dt} + \frac{d^2a}{ds.dv}\cdot\frac{dv}{dt} \Bigg] dt.
\end{aligned}
$$

Mais, en faisant varier s dans l'équation identique (s), on a

$$\frac{d^2 a}{ds\,.\,dt} + \frac{d^2 a}{d\varphi\,.\,ds}\,\varphi' + \frac{d^2 a}{d\psi\,.\,ds}\,\psi' + \frac{d^2 a}{d\theta\,.\,ds}\,\theta'$$

$$+ \frac{d^2 a}{ds^2}\frac{ds}{dt} + \frac{d^2 a}{ds\,.\,du}\frac{du}{dt} + \frac{d^2 a}{ds\,.\,dv}\frac{dv}{dt}$$

$$+ \frac{da}{d\varphi}\frac{d\varphi'}{ds} + \frac{da}{d\psi}\frac{d\psi'}{ds} + \frac{da}{d\theta}\frac{d\theta'}{ds}$$

$$+ \frac{da}{ds}\frac{d^2 \overline{s}}{ds\,.\,dt} + \frac{da}{du}\frac{d^2 \overline{u}}{ds\,.\,dt} + \frac{da}{dv}\frac{d^2 \overline{v}}{ds\,.\,dt} = 0.$$

Nous exprimons, dans cette équation, par $\dfrac{d^2 \overline{s}}{ds\,.\,dt}$, $\dfrac{d^2 \overline{u}}{ds\,.\,dt}$, $\dfrac{d^2 \overline{v}}{ds\,.\,dt}$, les différentielles des valeurs de $\dfrac{ds}{dt}$, $\dfrac{du}{dt}$, $\dfrac{dv}{dt}$ prises en y regardant φ, ψ, θ, u, v, comme constantes, et divisées par ds.

L'expression de $d.\dfrac{da}{ds}$ se réduit ainsi à la suivante :

$$d.\frac{da}{ds} = - \left(\frac{da}{d\varphi}\frac{d\varphi'}{ds} + \frac{da}{d\psi}\frac{d\psi'}{ds} + \frac{da}{d\theta}\frac{d\theta'}{ds} \right.$$

$$\left. + \frac{da}{ds}\frac{d^2 \overline{s}}{ds\,.\,dt} + \frac{da}{du}\frac{d^2 \overline{u}}{ds\,.\,dt} + \frac{da}{dv}\frac{d^2 \overline{v}}{ds\,.\,dt} \right) dt.$$

On trouvera de la même manière :

$$d.\frac{da}{du} = - \left(\frac{da}{d\varphi}\frac{d\varphi'}{du} + \frac{da}{d\psi}\frac{d\psi'}{du} + \frac{da}{d\theta}\frac{d\theta'}{du} \right.$$

$$\left. + \frac{da}{ds}\frac{d^2 \overline{s}}{du\,.\,dt} + \frac{da}{du}\frac{d^2 \overline{u}}{du\,.\,dt} + \frac{da}{dv}\frac{d^2 \overline{v}}{du\,.\,dt} \right) dt,$$

$$d.\frac{da}{dv} = - \left(\frac{da}{d\varphi}\frac{d\varphi'}{dv} + \frac{da}{d\psi}\frac{d\psi'}{dv} + \frac{da}{d\theta}\frac{d\theta'}{dv} \right.$$

$$\left. + \frac{da}{ds}\frac{d^2 \overline{s}}{dv\,.\,dt} + \frac{da}{du}\frac{d^2 \overline{u}}{dv\,.\,dt} + \frac{da}{dv}\frac{d^2 \overline{v}}{dv\,.\,dt} \right) dt.$$

I.

On aurait des expressions semblables pour les diffé-rentielles $d.\frac{db}{ds}$, $d.\frac{db}{du}$, $d.\frac{db}{dv}$, en changeant seulement a en b dans les équations précédentes. Si l'on multi-plie maintenant l'expression de $d.\frac{da}{ds}$ par $\frac{db}{d\varphi}$, celle de $d.\frac{db}{ds}$ par $-\frac{da}{d\varphi}$; l'expression de $d.\frac{da}{du}$ par $\frac{db}{d\psi}$, celle de $d.\frac{db}{du}$ par $-\frac{da}{d\psi}$; l'expression de $d.\frac{da}{dv}$ par $\frac{db}{d\theta}$, celle de $d.\frac{db}{dv}$ par $-\frac{da}{d\theta}$, et qu'on les ajoute ensuite, en obser-vant que les équations (q) donnent

$$\frac{d\psi'}{ds} = \frac{d\varphi'}{du}, \quad \frac{d\psi'}{dv} = \frac{d\theta'}{du}, \quad \frac{d\varphi'}{dv} = \frac{d\theta'}{ds},$$

et en substituant pour $\frac{d^2\bar{s}}{ds.dt}$, $\frac{d^2\bar{s}}{du.dt}$, $\frac{d^2\bar{s}}{dv.dt}$, $\frac{d^2\bar{u}}{ds.dt}$, etc., leurs valeurs données par les équations (n) et (o), on aura

$$\frac{db}{d\varphi}d.\frac{da}{ds} - \frac{da}{d\varphi}d.\frac{db}{ds} + \frac{db}{d\psi}d.\frac{da}{du} - \frac{da}{d\psi}d.\frac{db}{du} + \frac{db}{d\theta}d.\frac{da}{dv} - \frac{da}{d\theta}d.\frac{db}{dv}$$

$$= -\left[\left(\frac{da}{d\varphi}\frac{db}{ds} - \frac{da}{ds}\frac{db}{d\varphi} \right)\frac{d\varphi'}{d\varphi} + \left(\frac{da}{d\varphi}\frac{db}{du} - \frac{da}{du}\frac{db}{d\varphi} \right)\frac{d\varphi'}{d\psi} \right.$$

$$+ \left(\frac{da}{d\varphi}\frac{db}{dv} - \frac{da}{dv}\frac{db}{d\varphi} \right)\frac{d\varphi'}{d\theta}$$

$$+ \left(\frac{da}{d\psi}\frac{db}{ds} - \frac{da}{ds}\frac{db}{d\psi} \right)\frac{d\psi'}{d\varphi} + \left(\frac{da}{d\psi}\frac{db}{du} - \frac{da}{du}\frac{db}{d\psi} \right)\frac{d\psi'}{d\psi}$$

$$+ \left(\frac{da}{d\psi}\frac{db}{dv} - \frac{da}{dv}\frac{db}{d\psi} \right)\frac{d\psi'}{d\theta}$$

$$+ \left(\frac{da}{d\theta}\frac{db}{ds} - \frac{da}{ds}\frac{db}{d\theta} \right)\frac{d\theta'}{d\varphi} + \left(\frac{da}{d\theta}\frac{db}{du} - \frac{da}{du}\frac{db}{d\theta} \right)\frac{d\theta'}{d\psi}$$

$$\left. + \left(\frac{da}{d\theta}\frac{db}{dv} - \frac{da}{dv}\frac{db}{d\theta} \right)\frac{d\theta'}{d\theta} \right]dt.$$

Le second membre de cette équation est égal, au signe près, au second membre de l'équation (l); on aura donc, en ajoutant membre à membre ces deux équations,

$$\frac{da}{ds}\,d.\frac{db}{d\varphi} - \frac{db}{ds}\,d.\frac{da}{d\varphi} + \frac{db}{d\varphi}\,d.\frac{da}{ds} - \frac{da}{d\varphi}\,d.\frac{db}{ds}$$

$$+\frac{da}{du}\,d.\frac{db}{d\psi} - \frac{db}{du}\,d.\frac{da}{d\psi} + \frac{db}{d\psi}\,d.\frac{da}{du} - \frac{da}{d\psi}\,d.\frac{db}{du}$$

$$+\frac{da}{dv}\,d.\frac{db}{d\theta} - \frac{db}{dv}\,d.\frac{da}{d\theta} + \frac{db}{d\theta}\,d.\frac{da}{dv} - \frac{da}{d\theta}\,d.\frac{db}{dv} = 0.$$

Le premier membre de cette équation est évidemment la différentielle complète, par rapport à t, du coefficient de $\frac{d\Omega}{db}\,dt$ dans l'expression de da. En effet, en intégrant, on a

$$\frac{da}{ds}\frac{db}{d\varphi} - \frac{da}{d\varphi}\frac{db}{ds} + \frac{da}{du}\frac{db}{d\psi} - \frac{da}{d\psi}\frac{db}{du} + \frac{da}{dv}\frac{db}{d\theta} - \frac{da}{d\theta}\frac{db}{dv} = \text{const.};$$

d'où l'on peut conclure que ce coefficient ne contient pas le temps t implicitement, et ne saurait être qu'une fonction des constantes a et b, et des autres arbitraires renfermées dans les intégrales des équations différentielles du mouvement, après la substitution des valeurs de φ, ψ, θ, s, u, v en fonction de t et de ces arbitraires. On prouverait de la même manière que le temps disparaîtrait dans les autres coefficients des différences partielles $\frac{d\Omega}{dc}$, $\frac{d\Omega}{df}$, etc.; en sorte que la valeur de la variation différentielle da se trouvera exprimée au moyen des différences partielles de la fonction Ω prises par rapport aux constantes a, b, c, f, g, h, et multipliées par des fonctions de ces mêmes quan-

16.

tités indépendantes du temps. Il en serait de même des variations des cinq autres arbitraires b, c, f, g, h.

18. Cet important résultat constitue le principe fondamental de la nouvelle théorie *de la variation des constantes arbitraires*, que nous devons aux derniers travaux de Lagrange. Son génie lui fit soupçonner au premier aperçu que la forme très-simple que Laplace et lui étaient parvenus, après de longs efforts, à donner aux variations différentielles des éléments des orbites planétaires, ne devait être qu'une conséquence particulière d'un théorème général de Mécanique, indépendant des formules du mouvement elliptique, et bientôt après il réussit à étendre l'analyse qui l'avait si heureusement guidé dans ses premières recherches, aux équations différentielles du mouvement d'un système quelconque de corps soumis à des forces dirigées vers des centres fixes ou mobiles, et représentées en intensités par des fonctions des distances de leurs points d'application à ces centres. Le beau théorème que nous venons d'énoncer, ainsi généralisé, devint applicable à un grand nombre de questions de Mécanique qui n'avaient point été jusque-là complétement résolues.

Nous représenterons désormais les coefficients des différences partielles de Ω dans la valeur de da, par les symboles (a, b), (a, c), etc., de sorte qu'on aura, par exemple,

$$(a, b) = \frac{da}{ds}\frac{db}{d\varphi} - \frac{da}{d\varphi}\frac{db}{ds} + \frac{da}{du}\frac{db}{d\psi} - \frac{da}{d\psi}\frac{db}{du} + \frac{da}{dv}\frac{db}{d\theta} - \frac{da}{d\theta}\frac{db}{dv}. \quad (C)$$

La quantité (a, b) exprimera ainsi généralement une

certaine combinaison des différences partielles des va-
leurs de a et b, prises par rapport à φ, ψ, θ, s, u, v.
Il suffira de permuter entre elles, dans cette expres-
sion, les lettres a, b, c, f, g, h, prises deux à deux,
pour former les valeurs des quantités (a, c), (a, f),
(a, g), etc.

D'après cette notation, (b, a) doit représenter ce
que devient (a, b), en y changeant les lettres a et b
entre elles. Or, si l'on effectue cette permutation
dans l'équation précédente, on voit que son second
membre ne fait que changer de signes; on aura donc
généralement

$$(b, a) = - (a, b).$$

Enfin, si l'on combine la lettre a avec elle-même, ou
qu'on substitue dans la même équation a à la place
de b, pour former la quantité (a, a), on aura

$$(a, a) = 0.$$

L'expression que nous avons trouvée dans le n° **16**,
pour la variation différentielle de a, deviendra donc,
d'après la notation que nous venons d'adopter,

$$\frac{da}{dt} = (a, b)\frac{d\Omega}{db} + (a, c)\frac{d\Omega}{dc} + (a, f)\frac{d\Omega}{df} + (a, g)\frac{d\Omega}{dg} + (a, h)\frac{d\Omega}{dh}; \quad \text{(D)}$$

et l'on aurait des expressions semblables pour déterminer les variations des cinq autres arbitraires b, c,
f, g, h.

Il faudra, pour appliquer la méthode d'intégration
précédente, commencer par former dans chaque cas
particulier les quantités (a, b), (a, c), (b, c), etc., en

combinant les différences partielles des valeurs des constantes arbitraires du problème, prises par rapport aux variables φ, ψ, θ, et aux fonctions s, u, v de ces variables et de leurs différentielles. Ces symboles seront en nombre égal à celui des combinaisons différentes qu'on peut faire en permutant ensemble les six lettres a, b, c, f, g, h, prises deux à deux, c'est-à-dire qu'on aura à calculer quinze quantités de cette espèce. La valeur de chacune d'elles sera en général une fonction des six constantes arbitraires contenues dans les intégrales des équations du mouvement; cependant il pourra arriver quelquefois qu'elle ne contienne que quelques-unes de ces arbitraires; dans d'autres cas elle n'en renfermera aucune, et se réduira à une constante déterminée. Ces quantités seront toujours faciles à former, lorsqu'on aura préalablement exprimé les arbitraires en fonction des variables φ, ψ, θ, s, u, v, ainsi que nous l'avons supposé n° **16**. Mais, comme cette préparation pourrait entraîner souvent dans des éliminations compliquées, il est bon d'avoir le moyen de l'éviter; or, c'est ce qui est facile. En effet, supposons la constante b, par exemple, fonction des variables φ, ψ, θ, s, u, v, et d'autres constantes c, f, g, de sorte qu'on ait

$$b = \text{fonct.}\,(\varphi,\, \psi,\, \theta,\, s,\, u,\, v,\, c,\, f,\, g);$$

il faudrait substituer pour c, f, g, leurs valeurs en fonction des variables φ, ψ, θ, s, u, v, pour ramener cette valeur de b à la forme que nous lui avons supposée n° **16**. Mais, en prenant ses différences partielles par rapport aux mêmes variables, on a

$$\frac{db}{d\varphi} = \left(\frac{db}{d\varphi}\right) + \frac{db}{dc}\frac{dc}{d\varphi} + \frac{db}{df}\frac{df}{d\varphi} + \frac{db}{dg}\frac{dg}{d\varphi},$$

$$\frac{db}{ds} = \left(\frac{db}{ds}\right) + \frac{db}{dc}\frac{dc}{ds} + \frac{db}{df}\frac{df}{ds} + \frac{db}{dg}\frac{dg}{ds},$$

etc.

Nous désignons par $\left(\dfrac{db}{d\varphi}\right)$, $\left(\dfrac{db}{ds}\right)$, etc., avec parenthèses, les différences partielles de b, prises abstraction faite des constantes c, f, g.

Si l'on substitue ces valeurs dans la formule (C), il est aisé de voir qu'on aura

$$(a, b) = \overline{(a, b)} + (a, c)\frac{db}{dc} + (a, f)\frac{db}{df} + (a, g)\frac{db}{dg}. \quad (E)$$

Nous représentons par $\overline{(a, b)}$ la valeur de (a, b) qu'on trouverait en combinant les différences partielles de a et b, abstraction faite des arbitraires c, f, g que contient b.

Il sera facile de former les combinaisons (a, c), (a, g), (a, f), puisqu'on suppose a, c, f, g donnés immédiatement en fonction de φ, ψ, θ, s, u, v; on aura donc sans peine, par la formule précédente, l'expression de (a, b).

Quand les valeurs des quinze quantités (a, b), (a, c), (b, c), etc., seront déterminées, comme nous venons de le dire, on les substituera dans la formule générale (D), et les variations différentielles des arbitraires se trouveront exprimées au moyen des différentielles de la fonction Ω, prises par rapport à ces constantes, et multipliées par des coefficients indépendants du temps t, conformément au théorème général démontré n° **17**.

Dans chaque cas particulier, la forme des expressions auxquelles on parviendra, dépendra de la manière dont les arbitraires a, b, c, etc., seront exprimées en fonction des variables φ, ψ, θ, s, u, v, et par conséquent des constantes arbitraires qu'on aura choisies pour compléter les intégrales de la première approximation. On obtient des formules extrêmement simples, en prenant pour arbitraires les valeurs des six variables φ, ψ, θ, s, u, v, à une époque déterminée, à l'instant, par exemple, d'où l'on compte le temps t. En effet, si l'on désigne par α, ε, γ, λ, η, μ, ces six quantités ; qu'on substitue α et ε à la place de a et b dans la formule (C), on aura

$$(\alpha, \varepsilon) = \frac{d\alpha}{ds}\frac{d\varepsilon}{d\varphi} - \frac{d\alpha}{d\varphi}\frac{d\varepsilon}{ds} + \frac{d\alpha}{du}\frac{d\varepsilon}{d\psi} - \frac{d\alpha}{d\psi}\frac{d\varepsilon}{du} + \frac{d\alpha}{dv}\frac{d\varepsilon}{d\theta} - \frac{d\alpha}{d\theta}\frac{d\varepsilon}{dv}.$$

Or, comme on est assuré d'avance, d'après la démonstration générale du n° **17**, que le second membre de cette équation est indépendant du temps t, il est clair qu'on n'en changera pas la valeur en y substituant simplement pour $\dfrac{d\alpha}{ds}$, $\dfrac{d\varepsilon}{d\varphi}$, etc., leurs valeurs dans lesquelles on fera $t = 0$. Mais on a évidemment dans ce cas

$$\frac{d\alpha}{d\varphi} = 1, \quad \frac{d\varepsilon}{d\psi} = 1, \quad \frac{d\gamma}{d\theta} = 1, \quad \frac{d\lambda}{ds} = 1, \quad \frac{d\eta}{du} = 1, \quad \frac{d\mu}{dv} = 1.$$

Toutes les autres différences partielles des constantes α, ε, γ, etc., sont nulles d'elles-mêmes, d'où l'on peut conclure qu'en prenant deux à deux les six lettres α,

$6, \gamma, \lambda, \eta, \mu$, on aura

$$(\alpha, \lambda) = -1, \quad (6, \eta) = -1, \quad (\gamma, \mu) = -1.$$

Tous les autres coefficients $(\alpha, 6)$, (α, γ), $(\lambda, 6)$, etc., seront nuls, de sorte que l'on aura, pour déterminer les variations de $\alpha, 6, \gamma, \lambda, \eta, \mu$, les six équations suivantes :

$$\left. \begin{array}{lll} d\alpha = -\dfrac{d\Omega}{d\lambda}\,dt, & d6 = -\dfrac{d\Omega}{d\eta}\,dt, & d\gamma = -\dfrac{d\Omega}{d\mu}\,dt, \\[2mm] d\lambda = \dfrac{d\Omega}{d\alpha}\,dt, & d\eta = \dfrac{d\Omega}{d6}\,dt, & d\mu = \dfrac{d\Omega}{d\gamma}\,dt. \end{array} \right\} \quad (g)$$

Ces formules sont les plus simples que puisse fournir l'état de la question. Lagrange, après avoir démontré d'une manière ingénieuse, mais indirecte, l'indépendance des coefficients (α, λ), $(6, \eta)$, (γ, μ), par rapport au temps t, s'en est servi pour en déduire les expressions générales que nous avons trouvées pour les variations des six constantes arbitraires a, b, c, f, g, h. En effet, quelles que soient les constantes qui entrent dans les intégrales de la première approximation, elles ne peuvent être que des fonctions des six quantités $\alpha, 6, \gamma, \lambda, \eta, \mu$, et il suffira pour les obtenir de supposer $t = 0$ dans ces intégrales. La quantité Ω peut d'ailleurs être considérée, soit comme une fonction des six constantes primitives $\alpha, 6, \gamma$, etc., soit comme une fonction des six constantes arbitraires a, b, c, etc.; et l'on peut conclure par conséquent les différences partielles de Ω, relatives aux premières, des différences partielles de la même fonction, relatives aux dernières. Si l'on différentie ainsi, par rapport au temps t, les six constantes a, b, c, etc., regardées comme fonctions de α, ς, etc., qu'on substitue pour $d\alpha$, $d\varsigma$, etc., leurs valeurs données par les équations (g'), et que l'on convertisse ensuite les différences de Ω, relatives à α, ς, etc., en différences prises par rapport à a, b, etc., on retrouvera sans peine la formule (D) et les formules semblables relatives à b, c, etc., auxquelles nous sommes parvenus directement. Au reste, les formules (g) ont paru jusqu'ici plus remarquables par leur forme que par leur utilité.

19. Lorsque les variations différentielles des constantes a, b, c, etc., seront déterminées par ce qui précède, on aura par l'intégration leurs valeurs finies, qu'on ajoutera respectivement à ces constantes dans les valeurs des variables φ, ψ, θ, trouvées en faisant abstraction des forces perturbatrices; on connaîtra ainsi les valeurs de ces variables qui satisfont aux équations du mouvement troublé, et qui doivent dans ce cas déterminer à chaque instant la position du système. Mais, comme les quadratures d'où dépendent les valeurs des variations finies des constantes arbitraires a, b, etc., ne seront pas possibles en général, on sera réduit à les déterminer par des approximations successives. On commencera par n'avoir égard qu'à la première puissance des forces perturbatrices; on obtiendra ainsi une première valeur approchée des constantes arbitraires regardées comme variables, à l'aide de laquelle on pourra tenir compte du carré des forces perturbatrices; et en continuant de la même manière, on parviendra à des valeurs intégrales aussi approchées que l'on voudra.

Concluons donc généralement que l'on peut toujours représenter l'action des forces secondaires qui agissent sur un système quelconque de corps, et qui ne font que troubler les mouvements que ces corps auraient en vertu des forces principales dont ils sont animés, par les variations des constantes arbitraires qui entrent dans les équations intégrales trouvées en faisant abstraction des forces perturbatrices. Si l'on détermine ces variations de manière à ce que les intégrales premières soient, comme les intégrales finies, les mêmes dans les deux mouvements, leurs différentielles se trouveront exprimées par des formules très-simples, au moyen des différences partielles de la fonction perturbatrice, et l'on pourra donner à ces formules une forme très-commode pour les applications, en employant, au lieu des différences partielles de cette fonction relatives aux variables du problème, les différences partielles prises par rapport aux constantes introduites par les intégrations.

Ces considérations semblent surtout applicables à la théorie du système du monde. Les perturbations causées dans les mouvements de révolution et de rotation des planètes par leurs attractions mutuelles, en offrent, comme nous l'avons dit dans le chapitre précédent, une application directe; celles qui dépendent d'une cause spéciale, comme les inégalités de la Lune dues à l'aplatissement de la Terre, s'en déduisent aussi facilement. Enfin, on peut encore regarder comme une force perturbatrice la résistance du fluide éthéré que les corps célestes peuvent être obligés de traverser, et les principes précédents donneront le

moyen d'avoir égard à cette action. Nous l'avons dit,
c'est à Lagrange qu'est due la belle théorie que nous
venons d'exposer ; mais il avait suivi, pour la traduire
analytiquement, la marche inverse de celle que nous
avons adoptée. Il commença par déterminer les différences partielles de la fonction que nous avons désignée par Ω, relatives aux constantes arbitraires résultantes des premières intégrations ; il les exprima
au moyen de leurs variations différentielles multipliées
par des fonctions de ces mêmes constantes, et il parvint d'une manière très-simple à démontrer que ces
fonctions étaient toujours indépendantes du temps. Il
fallait ensuite que, par les procédés ordinaires de
l'élimination, on tirât de ces formules les valeurs des
variations différentielles des arbitraires qu'il s'agissait
en définitive de déterminer ; mais cette opération devait entraîner souvent dans de longs calculs, et l'on
pouvait désirer encore une méthode directe pour parvenir au même but. M. Poisson entreprit de la découvrir, et il y réussit dans un beau Mémoire lu à l'Académie des Sciences en 1808. Si l'analyse qu'exige le
problème abordé ainsi directement, est plus compliquée que celle de Lagrange, cet inconvénient est plus
que compensé par l'avantage d'arriver à des formules
qui résolvent immédiatement, et sans avoir besoin
d'aucune transformation, la question qu'on s'est proposée. Au reste, ce grand géomètre avait senti lui-
même les défauts de la méthode qu'il avait d'abord
suivie ; il parvint à la corriger et à éviter par des considérations ingénieuses ses principaux inconvénients,
en sorte que la théorie générale de la variation des con-

stantes arbitraires dans les problèmes de Mécanique
atteignit, sous les yeux mêmes de son inventeur, toute
la perfection désirable. Il restait à en faire l'application
à la Mécanique céleste, à réunir ainsi sous un
même point de vue les découvertes des grands géomètres qui en ont fait l'objet de leurs méditations, à
faire dépendre enfin la détermination des diverses
inégalités des mouvements des corps célestes d'une
même analyse, comme elles dérivent toutes d'un même
cause. C'est à atteindre ce but que cet ouvrage est spécialement destiné. Les mouvements de révolution des
planètes, des comètes et des satellites, les mouvements
de rotation des planètes autour de leurs centres de
gravité, les dérangements qu'elles peuvent éprouver
dans leur marche par la résistance d'un fluide très-
rare, occuperont successivement notre attention dans
ce livre et dans les suivants, et l'on verra tous les faits
dépendants de ces phénomènes dériver naturellement
des principes que nous venons de développer, et qui,
dans l'état imparfait de nos connaissances analytiques,
doivent désormais servir de base à la théorie mathématique du système du monde.

CHAPITRE IV.

PREMIÈRE APPROXIMATION DU MOUVEMENT DE RÉVO-
LUTION DES CORPS CÉLESTES, OU THÉORIE DU
MOUVEMENT ELLIPTIQUE.

20. Si l'on n'a égard qu'à l'action réciproque des deux corps m et M, et qu'on fasse abstraction des autres corps m', m'', etc., du système, les équations (E), qui déterminent le mouvement relatif de m autour de M, se réduisent aux suivantes :

$$\frac{d^2 x}{dt^2} + \frac{\mu x}{r^3} = 0, \quad \frac{d^2 y}{dt^2} + \frac{\mu y}{r^3} = 0, \quad \frac{d^2 z}{dt^2} + \frac{\mu z}{r^3} = 0, \ (a)$$

en supposant, pour abréger, $r = \sqrt{x^2 + y^2 + z^2}$, et $\mu = M + m$, c'est-à-dire égal à la somme des masses du corps attirant et du corps attiré.

Comme ces trois équations différentielles sont du second ordre, leurs intégrales complètes devront renfermer six constantes arbitraires dont la détermination dépendra des circonstances primitives du mouvement. Développons ces intégrales.

Si l'on multiplie la première des équations précédentes par y, qu'on la retranche de la seconde multipliée par x, et qu'on intègre l'équation résultante, on aura

$$\frac{x\,dy - y\,dx}{dt} = c, \ (b)$$

c étant une constante arbitraire.

On trouverait d'une manière semblable les deux autres intégrales

$$\frac{z\,dx - x\,dz}{dt} = c', \quad \frac{y\,dz - z\,dy}{dt} = c'', \ (c)$$

c' et c'' étant deux nouvelles arbitraires.

Si l'on multiplie ces trois équations, la première par z, la seconde par y, la troisième par x, et qu'on les ajoute, on a

$$cz + c'y + c''x = 0, \ (1)$$

équation d'un plan mené par l'origine des coordonnées ; ce qui nous montre que la courbe décrite par m autour de M, est contenue dans un plan passant par ce dernier corps. Si l'on nomme φ l'inclinaison de ce plan sur celui des xy et α l'angle que forme leur commune intersection avec l'axe des x, il est aisé de voir qu'on aura

$$\text{tang}\,\varphi \sin \alpha = \frac{c''}{c}, \quad \text{tang}\,\varphi \cos \alpha = -\frac{c'}{c};$$

d'où l'on tire

$$\text{tang}\,\alpha = -\frac{c''}{c'}, \quad \text{tang}\,\varphi = \frac{\sqrt{c'^2 + c''^2}}{c}.$$

Et en faisant, pour abréger, $c^2 + c'^2 + c''^2 = k^2$,

$$c = k \cos\varphi, \quad c' = -k\sin\varphi\cos\alpha, \quad c'' = k\sin\varphi\sin\alpha.$$

Les deux angles α et φ, qui fixent la position du plan de la trajectoire, seront déterminés par ces équations lorsque les constantes arbitraires c, c', c'' seront connues ; réciproquement, on aura les valeurs de ces constantes au moyen des trois autres arbitraires α, φ et

k : on peut donc substituer ces trois dernières arbitraires aux précédentes.

L'équation (1) représente l'une des intégrales finies des équations (a). Pour obtenir une nouvelle intégrale, multiplions la première de ces équations par $2\,dx$, la seconde par $2\,dy$, la troisième par $2\,dz$; ajoutons-les ensuite et intégrons leur somme; en observant que $x\,dx + y\,dy + z\,dz = r\,dr$, nous aurons

$$\frac{dx^2 + dy^2 + dz^2}{dt^2} - \frac{2\mu}{r} + h = 0, \quad (e)$$

h étant une constante arbitraire.

Mais si l'on ajoute les trois équations (b) et (c), après les avoir élevées au carré, et qu'on fasse, comme précédemment, $c^2 + c'^2 + c''^2 = k^2$, on a

$$\frac{x^2\,(dy^2 + dz^2) + y^2\,(dx^2 + dz^2) + z^2\,(dx^2 + dy^2)}{dt^2}$$

$$- \frac{2\,(xy\,dxdy + xz\,dxdz + yz\,dydz)}{dt^2} = k^2,$$

équation qu'on peut écrire ainsi

$$\frac{(x^2 + y^2 + z^2)(dx^2 + dy^2 + dz^2)}{dt^2} - \frac{(x\,dx + y\,dy + z\,dz)^2}{dt^2} = k^2$$

ou bien

$$\frac{r^2(dx^2 + dy^2 + dz^2)}{dt^2} - \frac{r^2\,dr^2}{dt^2} = k^2. \quad (d)$$

Si l'on élimine $\dfrac{dx^2 + dy^2 + dz^2}{dt^2}$ entre cette équation et l'équation (e), et si l'on résout par rapport à dt l'équation résultante, on aura

$$dt = \frac{r\,dr}{\sqrt{2\mu r - hr^2 - k^2}}. \quad (g)$$

Cette équation donnera t en fonction de r, et réciproquement r en fonction de t. On aura en l'intégrant la seconde intégrale finie des équations (a).

Pour trouver la troisième, j'observe que si l'on désigne par dv l'angle infiniment petit compris entre deux rayons consécutifs r et $r + dr$, le carré de l'élément de la trajectoire sera égal à $dr^2 + r^2\,dv^2$; en sorte qu'on aura

$$dx^2 + dy^2 + dz^2 = dr^2 + r^2\,dv^2.$$

Si l'on substitue cette valeur dans l'équation (d), elle devient $r^4\,dv^2 = k^2\,dt^2$; d'où l'on tire

$$dv = \frac{k\,dt}{r^2}. \quad (h)$$

La quantité $\frac{1}{2}\,r^2\,dv$ représente l'aire élémentaire décrite par le rayon vecteur r pendant l'instant dt; cette aire est donc proportionnelle à l'élément du temps, et par conséquent dans un temps fini elle est proportionnelle à ce temps. On voit encore par cette équation que le mouvement angulaire de m autour de M est à chaque point de la trajectoire réciproque au carré de son rayon vecteur, ce qui fournit un moyen très-simple pour calculer les mouvements des planètes et des comètes dans les différents points de leurs orbites pendant des intervalles de temps supposés très-petits.

Si dans l'équation précédente on substitue pour dt sa valeur en r et dr, elle devient

$$dv = \frac{k\,dr}{r\sqrt{2\,\mu\,r - hr^2 - k^2}}. \quad (f)$$

Nous avons vu que la trajectoire est une courbe plane; il s'ensuit que l'angle v exprime la longitude du rayon

I.

vecteur r comptée dans le plan de cette courbe, à partir d'une ligne fixe : l'équation précédente donnera donc en l'intégrant la relation qui doit exister entre la longitude et le rayon vecteur, c'est-à-dire l'équation polaire de la courbe décrite. Le maximum et le minimum des valeurs de r seront déterminés par l'équation

$$2\,\mu.r - hr^2 - k^2 = 0\,;$$

d'où il suit que la somme de ces deux valeurs est égale à $\dfrac{2\mu}{h}$ et leur produit à $\dfrac{k^2}{h}$. Si l'on désigne donc par $a\,(1 + e)$ la plus grande, et par $a\,(1 - e)$ la plus petite, on aura

$$\frac{\mu}{h} = a, \quad \frac{k^2}{h} = a^2\,(1 - e^2)\,;$$

d'où l'on tire

$$h = \frac{\mu}{a}, \quad k = \sqrt{\mu}\,\sqrt{a\,(1 - e^2)}. \quad (o)$$

La constante a est la demi-somme des valeurs extrêmes de r ou la distance moyenne de m à M, ae leur demi-différence. Si à la place des constantes h et k on substitue les valeurs précédentes dans l'équation (f), elle devient

$$dv = \frac{\sqrt{a\,(1 - e^2)}\,dr}{r\sqrt{2\,r - \dfrac{1}{a}\,r^2 - a\,(1 - e^2)}}\,;\quad (k)$$

cette équation peut s'écrire ainsi :

$$dv = -\frac{\dfrac{a\,(1 - e^2)}{e} \cdot d\dfrac{1}{r}}{\sqrt{1 - \left[\dfrac{a\,(1 - e^2)\dfrac{1}{r} - 1}{e}\right]^2}}\,;$$

d'où l'on tire, en intégrant,

$$v = \omega + arc. \left[\cos = \frac{a(1 - e^2)\frac{1}{r} - 1}{e} \right],$$

ω étant une constante arbitraire.

On aura donc réciproquement

$$r = \frac{a(1 - e^2)}{1 + e \cos(v - \omega)} \cdot \quad (2)$$

Cette équation est celle des sections coniques, l'origine du rayon vecteur r étant au foyer. La constante a est le demi-grand axe de la courbe, e son excentricité.

Le corps m, dans son mouvement autour de M, décrit donc une section conique dont ce dernier corps occupe un des foyers; et l'on voit de plus par l'équation (h), que le corps m se meut de manière que les aires décrites par les rayons vecteurs croissent comme les temps. Telles seraient donc les lois du mouvement des planètes et des comètes autour du Soleil, si elles n'obéissaient qu'à l'action de cet astre, et si l'on faisait abstraction des perturbations causées par leurs attractions mutuelles.

Ce résultat, d'ailleurs, dérive naturellement de la supposition. En effet, nous avons fait voir, n° **2**, qu'un corps attiré vers un centre fixe par une force réciproque au carré de sa distance, décrivait autour de ce point une section conique. Or, pour avoir le mouvement relatif de m autour de M, il faut supposer ce dernier corps en repos, ce qui revient à appliquer en sens contraire à m une force égale à l'action que ce corps exerce sur M; en sorte que, dans ce mouvement relatif, m est sollicité vers M par une force égale à la somme des masses M et m, divisée par le carré de leurs distances mutuelles; le corps m doit donc décrire une section conique autour de M.

L'équation (2) donne v en fonction de r; et comme le rayon vecteur est donné en fonction du temps par l'équation (g), il sera facile de déterminer à chaque instant la position de la planète dans son orbite, lorsque cette dernière équation sera intégrée. Si l'on y substitue pour h et k leurs valeurs (o), elle devient

$$dt = \frac{r\,dr}{\sqrt{\mu}\sqrt{2\,r - \frac{1}{a}\,r^2 - a\,(1 - e^2)}}$$
$$= \sqrt{\frac{a}{\mu}} \cdot \frac{r\,dr}{\sqrt{a^2\,e^2 - (a - r)^2}}.$$

Faisons $a - r = ae\cos u$, ce qui donne

$$r = a\,(1 - e\cos u);\ (3)$$

on aura

$$dt = \frac{a^{\frac{3}{2}}}{\sqrt{\mu}}\,(1 - e\cos u)\,du;$$

d'où l'on tire, en intégrant,

$$t + l = \frac{a^{\frac{3}{2}}}{\sqrt{\mu}}\,(u - e\sin u),\ (4)$$

l étant une constante arbitraire.

Cette équation donnera u en fonction de t; et comme r est donné en fonction de u par l'équation (3), on aura pour un instant quelconque la valeur du rayon vecteur de la planète dans son orbite.

Si l'on compare l'expression précédente de r à celle qui résulte de l'équation (2), on aura

$$1 - e \cos u = \frac{1 - e^2}{1 + e \cos(v - \omega)};$$

d'où l'on tire

$$\sin(v - \omega) = \frac{\sin u \sqrt{1 - e^2}}{1 - e \cos u}, \quad \cos(v - \omega) = \frac{\cos u - e}{1 - e \cos u},$$

et par conséquent

$$\operatorname{tang}\frac{1}{2}(v - \omega) = \sqrt{\frac{1 + e}{1 - e}}\ \operatorname{tang}\frac{1}{2}u. \quad (5)$$

Cette équation déterminera la valeur de l'angle v lorsque u sera connu en fonction du temps.

Les trois intégrales finies (1), (2), (4), que nous venons d'obtenir, contiennent six arbitraires a, e, α, φ, ω, l : elles sont donc les intégrales complètes des équations (a). Les constantes a et e déterminent la nature de l'orbite ; les constantes α et φ sa position dans l'espace ; enfin, les deux dernières arbitraires ω et l dépendent, l'une de la position du périhélie, et l'autre de l'époque ou de l'instant du passage du corps m par ce point.

21. Quoique les formules précédentes satisfassent complétement aux équations différentielles (a), ces équations peuvent cependant fournir encore d'autres intégrales dont la forme particulière offre des avantages dans certaines circonstances. Pour en donner un exemple, reprenons les équations (a), et les trois intégrales premières (b) et (c), relatives à la conservation des aires. Faisons, pour simplifier, $\mu = 1$; nous aurons

$$\frac{d^2 x}{dt^2} = -\frac{x}{r^3}, \quad \frac{d^2 y}{dt^2} = -\frac{y}{r^3}, \quad \frac{d^2 z}{dt^2} = -\frac{z}{r^3}, \quad (a)$$

et

$$c = \frac{x\,dy - y\,dx}{dt}, \quad c' = \frac{z\,dx - x\,dz}{dt}, \quad c'' = \frac{y\,dz - z\,dy}{dt}. \quad (c)$$

Si l'on multiplie membre à membre la seconde de ces équations par la quatrième, et qu'on en retranche la troisième, multipliée de la même manière par la cinquième, on aura

$$\frac{c\,d^2 y - c'\,d^2 z}{dt^2} = \frac{z}{r^3}(z\,dx - x\,dz) - \frac{y}{r^3}(x\,dy - y\,dx)$$

$$= \frac{r\,dx - x\,dr}{r^2} = d.\frac{x}{r}.$$

On trouverait aisément pour $d.\dfrac{y}{r}$ et $d.\dfrac{z}{r}$ des valeurs semblables, et en les intégrant on aura

$$\left. \begin{aligned} \frac{x}{r} + f &= \frac{c\,dy - c'\,dz}{dt}, \\[4pt] \frac{y}{r} + f' &= \frac{c''\,dz - c\,dx}{dt}, \\[4pt] \frac{z}{r} + f'' &= \frac{c'\,dx - c''\,dy}{dt}, \end{aligned} \right\} \quad (m)$$

f, f', f'' étant trois nouvelles constantes arbitraires.

Si ces équations étaient réellement distinctes entre elles, réunies aux équations (c) elles suffiraient pour résoudre la question, puisqu'en éliminant entre ces six intégrales premières les différences dx, dy, dz, on en tirerait trois intégrales finies contenant les six arbitraires c, c', c'', f, f', f'', qui seraient par consé-

quent les intégrales complètes des équations différentielles (a). Mais l'une de ces six intégrales rentre dans
les cinq autres ; et c'est ce qu'il est facile en effet de
concevoir *à priori,* car, comme elles ne renferment
que l'élément dt du temps, on voit que les intégrales
finies qui en résulteront, seront insuffisantes pour déterminer les coordonnées x, y, z, en fonction du
temps. Il doit donc exister quelque équation de condition qui lie entre elles les six constantes arbitraires
c, c', c'', f, f', f''.

En effet, si l'on multiplie la première de ces équations par c'', la seconde par c', et qu'on les ajoute ensuite, on aura

$$\frac{c'' x + c' y}{r} + c'' f + c' f' = \frac{c \, (c'' \, dy - c' \, dx)}{dt}.$$

On a d'ailleurs, par l'équation (1), $c'' x + c' y = - cz$;
par conséquent

$$\frac{z}{r} - \frac{c'' f + c' f'}{c} = \frac{c' \, dx - c'' \, dy}{dt}.$$

Cette équation coïncide avec la troisième des équations (m), lorsqu'on suppose $f'' = - \dfrac{c'' f + c' f'}{c}$ ou
$f'' c + f' c' + f c'' = 0$. Les constantes c, c', c'', f, f', f''
n'équivalent donc qu'à cinq arbitraires distinctes, et
la dernière des intégrales (m) et (c) résulte des cinq
autres.

Ces intégrales cependant suffisent pour déterminer
complétement la position et la nature de l'orbite que
le corps m décrit autour de M. Les trois premières
montrent que cette orbite est une courbe plane, n° **20**;

les trois dernières déterminent sa nature. En effet, si l'on multiplie la première par x, la seconde par y, la troisième par z, et qu'on les ajoute, on aura

$$\frac{x^2 + y^2 + z^2}{r} = c\,\frac{x\,dy - y\,dx}{dt} + c'\,\frac{z\,dx - x\,dz}{dt} + c''\,\frac{y\,dz - z\,dy}{dt} - fx - f'y - f''z,$$

équation qui, en vertu des équations (c) et en faisant pour abréger $c^2 + c'^2 + c''^2 = k^2$, donne

$$r - k^2 + fx + f'y + f''z = 0.$$

Cette équation, combinée avec les deux suivantes, $cz + c'y + c''x = 0$ et $r^2 = x^2 + y^2 + z^2$, conduit à l'équation des sections coniques, l'origine étant au foyer. Les courbes que décrivent les planètes et les comètes autour du Soleil sont donc des sections coniques.

Les constantes c, c', c'', déterminent la position du plan de l'orbite ; elles font connaître aussi son grand axe, puisqu'en nommant a la distance moyenne et e l'excentricité, on a, n° **20**, $k = \sqrt{a(1 - e^2)}$, équation qui donnera la valeur de a lorsque celle de e sera connue. Les constantes f, f', f'' déterminent cet élément, ainsi que la position du périhélie sur l'orbite. En effet, si des équations (m) on tire les valeurs de f, f', f'', et qu'on les ajoute après les avoir élevées au carré, on aura

$$f^2 + f'^2 + f''^2 = 1 + (c^2 + c'^2 + c''^2)\left[\frac{dx^2 + dy^2 + dz^2}{dt^2} - \frac{2}{r}\right]$$
$$- \left(\frac{c\,dz + c'\,dy + c''\,dx}{dt}\right)^2.$$

Mais l'équation (1), n° **20**, en la différentiant, donne $c\,dz + c'\,dy + c''\,dx = 0$; l'équation précédente se réduit donc à celle-ci :

$$\frac{dx^2 + dy^2 + dz^2}{dt^2} - \frac{2}{r} + \frac{1 - f^2 - f'^2 - f''^2}{k^2} = 0.$$

Cette équation, comparée à l'équation (e), n° **20**, donne

$$\frac{1 - f^2 - f'^2 - f''^2}{k^2} = h;$$

d'où, en substituant pour h et k leurs valeurs, et supposant toujours $\mu = 1$, on tire

$$\sqrt{f^2 + f'^2 + f''^2} = e.$$

Soit i l'angle compris entre la projection du grand axe de l'orbite sur le plan des xy et l'axe des x, en nommant x', y', z' les coordonnées du périhélie, on aura

$$\tang i = \frac{y'}{x'}.$$

Aux extrémités du grand axe, dr est nul; on a donc en ce point $x\,dx + y\,dy + z\,dz = 0$. En substituant pour c, c', c'', leurs valeurs (c) dans les deux dernières équations (m), et en les divisant ensuite l'une par l'autre, on trouve, en vertu de la relation précédente,

$$\frac{y'}{x'} = \frac{f'}{f};$$

par conséquent

$$\tang i = \frac{f'}{f}.$$

Les trois constantes f, f', f'', déterminent donc l'excentricité et la position du grand axe de la section conique.

On connaîtra ainsi tous les éléments qui fixent la position et la nature de l'orbite décrite; quant à la situation de la planète sur cette orbite, il faut pour la déterminer avoir les valeurs des coordonnées x, y, z, en fonction du temps, ce qui exige une nouvelle intégration. Or, on a, n° **20**,

$$dt = \frac{r\,dr}{\sqrt{2\,r - \dfrac{1}{a}\,r^2 - a\,(1 - e^2)}}.$$

Cette équation donnera la valeur de r en fonction de t; et comme on peut déterminer, par ce qui précède, celle de x, de y et de z en fonction de r, on aura à chaque instant les valeurs de ces coordonnées. Les formules précédentes nous seront utiles dans la théorie des comètes.

22. Reprenons les trois intégrales (3), (4), (5), qui suffisent pour déterminer toutes les circonstances du mouvement de m autour de M. Si l'on fixe l'origine de l'angle v au périhélie de l'orbite, ce qui donne $\omega = 0$, et qu'on prenne pour l'époque d'où l'on compte le temps t l'instant du passage de la planète par ce point, ce qui donne $l = 0$, en faisant pour abréger $\dfrac{\sqrt{\mu}}{a^{\frac{3}{2}}} = n$,

ces équations deviennent

$$\left.\begin{aligned}
nt &= u - e\sin u,\\
r &= a\,(1 - e\cos u),\\
\operatorname{tang}\tfrac{1}{2}\,v &= \sqrt{\frac{1+e}{1-e}}\,\operatorname{tang}\tfrac{1}{2}\,u.
\end{aligned}\right\}\ (n)$$

On voit, par ces formules, que si l'angle u augmente de 360 degrés, le rayon r reprend la même valeur, et l'angle v augmente pareillement de 360 degrés; la planète revient donc alors au même point de son orbite. Mais l'angle u croissant de quatre angles droits, le temps t est augmenté de $t' = \dfrac{a^{\frac{3}{2}}}{\sqrt{\mu}} 360^{\circ}$. C'est le temps que la planète emploie à revenir au même point de son orbite ou à faire une révolution entière. Ce temps ne dépend que du grand axe $2\,a$; il est indépendant de l'excentricité e, et il est le même que si la planète décrivait un cercle ayant pour rayon la distance moyenne a. On aurait dans ce cas $e = 0$; ce qui donne $r = a$, $u = nt$, $v = u$, et par conséquent $v = nt$; les arcs parcourus sont donc proportionnels au temps, et la planète se meut uniformément sur le cercle dont le rayon est a. La quantité nt représente généralement l'arc que décrirait, pendant le temps t, un astre qui, partant du périhélie au même instant que la planète m, parcourrait, avec une vitesse constante égale à n, un cercle décrit sur le grand axe de l'orbite comme diamètre. Cet astre passerait au périhélie et à l'aphélie en même temps que la planète; mais dans une moitié de la révolution la planète précéderait l'astre, et dans l'autre elle serait devancée par lui.

L'angle nt est ce que l'on appelle le moyen mouvement de la planète m. Si l'on prend sa distance moyenne au Soleil pour unité de distance, et qu'on suppose $\mu = 1$, on aura $n = 1$ et $v = t$. Le temps sera donc alors représenté par les arcs que décrirait la planète sur le cercle dont le rayon est un, avec une vitesse égale à l'unité. C'est ordinairement au mouvement de la Terre que les astronomes rapportent les mouvements des autres corps du système solaire; ils prennent la distance moyenne de la Terre au Soleil pour unité de distance, sa masse réunie à celle de cet astre pour unité de masse, et, en supposant le temps compté en jours moyens solaires, l'unité de temps se trouve représentée par l'arc que parcourt dans un jour la Terre autour du Soleil en vertu de son mouvement moyen.

Il suit de là que le temps étant exprimé en arcs de cercle, il faudra, pour le convertir en jours, diviser sa valeur par le nombre de *degrés, minutes* et *secondes* que la Terre parcourt en un jour en vertu de son mouvement moyen, et réciproquement multiplier par la même quantité le temps, exprimé en jours moyens solaires, pour le convertir en arcs de cercle.

L'angle auxiliaire u, que nous avons introduit dans les formules précédentes, est ce que l'on nomme l'*anomalie excentrique*, nt est l'*anomalie moyenne*, et l'angle v est l'*anomalie vraie*. Il est aisé de s'assurer, en considérant la seconde des équations (n), que l'angle u est formé par le grand axe de l'orbite et le rayon mené de son centre au point où la circonférence décrite sur son grand axe comme diamètre, est rencontrée par l'ordonnée abaissée de la planète m perpendiculairement sur le grand axe.

Les deux dernières équations (n) donneront les valeurs du rayon vecteur r et de la longitude v lorsque l'angle u sera déterminé en fonction du temps ; mais l'équation qui donne u en t étant transcendante, il est impossible en général d'avoir la valeur de u par une expression finie. Heureusement les excentricités des orbites des corps célestes sont ou très-petites ou très-grandes, et dans ces deux cas on peut déterminer u en fonction de t par des formules très-convergentes. C'est ce qu'on nomme *le problème de Képler*, parce que cet astronome est le premier qui se soit occupé de cette question. Pour la résoudre nous ferons usage de quelques théorèmes sur les développements des fonctions que nous allons rappeler ici.

23. Soit z une fonction quelconque de α qu'il s'agit de développer par rapport aux puissances ascendantes de cette quantité que nous supposons très-petite ; on aura généralement, d'après la formule connue sous le nom de formule de Maclaurin,

$$z = z' + \alpha \frac{dz'}{d\alpha} + \frac{\alpha^2}{1.2} \frac{d^2 z'}{d\alpha^2} + \frac{\alpha^3}{1.2.3} \frac{d^3 z'}{d\alpha^3} + \text{etc.;} \quad (m)$$

z' étant ce que devient z lorsqu'on suppose $\alpha = 0$ et $\frac{dz'}{d\alpha}, \frac{d^2 z'}{d\alpha^2}$, etc., désignant les coefficients différentiels successifs de cette même fonction pris par rapport à α, dans lesquels on ferait de même $\alpha = 0$ après les différentiations.

Cela posé, soit d'abord la valeur de z de cette forme $z = \varphi(x + \alpha)$. Cette équation donnera généralement $\frac{d^i z}{d\alpha^i} = \frac{d^i z}{dx^i}$, quel que soit i. La formule (m) deviendra donc ainsi

$$z = z' + \alpha \frac{dz}{dx} + \frac{\alpha^2}{1.2} \frac{d^2 z'}{dx^2} + \frac{\alpha^3}{1.2.3} \frac{d^3 z'}{dx^3} + \text{etc.} \quad (p)$$

Supposons maintenant la fonction qu'on propose de développer en série, de cette forme $z = \varphi(x + \alpha y)$, y étant une fonction quelconque de z donnée par l'équation $y = f(z)$. Cherchons dans ce cas la valeur du coefficient différentiel $\frac{d^i z}{d\alpha^i}$. L'équation $z = \varphi(x + \alpha y)$, en la différentiant tour à tour par rapport à x et à α, et en éliminant la fonction dérivée entre les deux équations résultantes, donne d'abord

$$\frac{dz}{d\alpha} = y\,\frac{dz}{dx}.$$

Il ne s'agit plus que de différentier successivement par rapport à α les deux membres de cette équation, et de substituer à mesure pour $\frac{dy}{d\alpha}$ et $\frac{dz}{d\alpha}$ leurs valeurs ; mais on peut éviter cette substitution en observant que l'on a généralement

$$\frac{d.y^i\frac{dz}{dx}}{d\alpha} = \frac{d.y^i\frac{dz}{d\alpha}}{dx}.$$

En effet, si l'on effectue dans les deux membres de cette équation les différentiations indiquées, on trouve

$$\frac{dy}{d\alpha}\frac{dz}{dx} = \frac{dy}{dx}\frac{dz}{d\alpha}.$$

Mais l'équation $y = fz$ donne, en la différentiant,

$$\frac{dy}{d\alpha} = \frac{dy}{dz}\frac{dz}{d\alpha}, \quad \frac{dy}{dx} = \frac{dy}{dz}\frac{dz}{dx}.$$

On aura donc en substituant ces valeurs dans l'équation précédente, l'équation identique

$$\frac{dy}{dz}\frac{dz}{dx}\frac{dz}{d\alpha} = \frac{dy}{dz}\frac{dz}{dx}\frac{dz}{d\alpha}.$$

Reprenons la valeur de $\dfrac{dz}{d\alpha}$, que nous avons trouvée plus haut,

$$\frac{dz}{d\alpha} = y\,\frac{dz}{dx}.$$

Si l'on différentie successivement par rapport à α les deux membres de cette équation, et qu'on remplace $\dfrac{dz}{d\alpha}$ par sa valeur, toutes les fois que ce coefficient se reproduira, on aura

$$\frac{d^2 z}{d\alpha^2} = \frac{d.y\,\frac{dz}{dx}}{d\alpha} = \frac{d.y\,\frac{dz}{d\alpha}}{dx} = \frac{d.y^2\,\frac{dz}{dx}}{dx},$$

$$\frac{d^3 z}{d\alpha^3} = \frac{d^2.y^2\,\frac{dz}{dx}}{dx.d\alpha} = \frac{d^2.y^2\,\frac{dz}{d\alpha}}{dx^2} = \frac{d^2.y^3\,\frac{dz}{dx}}{dx^2},$$

$$\text{etc.,}$$

d'où l'on conclura généralement

$$\frac{d^i z}{d\alpha^i} = \frac{d^{i-1}.y^i\,\frac{dz}{dx}}{dx^{i-1}}.$$

Soient maintenant y' et z' ce que deviennent les valeurs des quantités y et z lorsqu'on suppose $\alpha = 0$, on aura

$$\frac{d^i z'}{d\alpha^i} = \frac{d^{i-1}.y'^i\,\frac{dz'}{dx}}{dx^{i-1}};$$

et la formule générale (m) donnera par conséquent

$$z = z' + \alpha\left(y'\frac{dz'}{dx}\right) + \frac{\alpha^2}{1.2}\frac{d.\left(y'^2\frac{dz'}{dx}\right)}{dx} + \frac{\alpha^3}{1.2.3}\frac{d^2.\left(y'^3\frac{dz'}{dx}\right)}{dx^2} + \text{etc.} \quad (q)$$

On peut aisément étendre cette formule au cas où la quantité qu'on veut développer serait une fonction quelconque ψz, la valeur de z étant donnée par l'équation $z = \varphi(x + \alpha y)$, dans laquelle $y = \int z$. En effet, si l'on désigne par z' et y' ce que deviennent z et y, lorsqu'on suppose $\alpha = 0$, on aura par la même analyse

$$\psi z = \psi z' + \alpha \left(y' \frac{d.\psi z'}{dx} \right) + \frac{\alpha^2}{1.2} \frac{d.\left(y'^2 \frac{d.\psi z'}{dx} \right)}{dx} + \frac{\alpha^3}{1.2.3} \frac{d^2.\left(y'^3 \frac{d.\psi z'}{dx} \right)}{dx^2} + \text{etc.} \quad (r)$$

24. Appliquons ces formules au développement des équations (n), d'où dépendent les mouvements elliptiques des planètes et des comètes. La première détermine l'anomalie excentrique u par l'anomalie moyenne nt; on peut l'écrire ainsi $u = nt + e \sin u$. Si l'on compare cette équation à l'équation $z = \varphi(x + \alpha y)$, on a $z = u$, $x = nt$, $\alpha = e$, $y = \sin u$, et par conséquent $z' = nt$, $y' = \sin nt$; la formule (q) donnera donc immédiatement

$$u = nt + e \sin nt + \frac{e^2}{1.2} \frac{d.\sin^2 nt}{n\,dt} + \frac{e^3}{1.2.3} \frac{d^2.\sin^3 nt}{n^2\,dt^2} + \text{etc.} \quad (s)$$

Il ne reste plus qu'à exécuter les différentiations indiquées; mais pour obtenir des expressions plus simples, il est bon de remplacer auparavant les puissances du sinus de nt en sinus et cosinus des multiples du même angle. On trouve pour cet objet des formules commodes en faisant usage des expressions des sinus et cosinus en exponentielles imaginaires. En effet, c étant le nombre dont le logarithme hyperbolique est l'unité, on a

$$\cos^i nt = \left(\frac{c^{nt\sqrt{-1}} + c^{-nt\sqrt{-1}}}{2} \right)^i,$$

$$\sin^i nt = \left(\frac{c^{nt\sqrt{-1}} - c^{-nt\sqrt{-1}}}{2\sqrt{-1}} \right)^i,$$

i étant quelconque. Développons le second membre de la première de ces équations; nous aurons

$$2^i \cos^i nt = c^{int\sqrt{-1}} + i\, c^{(i-2)\,nt\sqrt{-1}} + \frac{i.i-1}{1.2}\, c^{(i-4)\,nt\sqrt{-1}}$$

$$+ \frac{i.i-1.i-2}{1.2.3}\, c^{(i-6)\,nt\sqrt{-1}} + \dots$$

Mais l'expression de $\cos^i nt$ peut aussi s'écrire de cette manière

$$\cos^i nt = \left(\frac{c^{-nt\sqrt{-1}} + c^{nt\sqrt{-1}}}{2} \right)^i.$$

Cette équation donne, en développant son second membre,

$$2^i \cos^i nt = c^{-int\sqrt{-1}} + i\, c^{-(i-2)\,nt\sqrt{-1}}$$

$$+ \frac{i.i-1}{1.2}\, c^{-(i-4)\,nt\sqrt{-1}} + \frac{i.i-1.i-2}{1.2.3}\, c^{-(i-6)\,nt\sqrt{-1}} + \dots$$

Ajoutons ces expressions de $2^i \cos^i nt$, en observant que l'on a $c^{knt\sqrt{-1}} + c^{-knt\sqrt{-1}} = 2\cos knt$, quel que soit k, nous aurons

$$\left. \begin{aligned} 2^i \cos^i nt = {}& \cos int + i\cos(i-2)nt - \frac{i.i-1}{1.2}\cos(i-4)nt \\ &+ \frac{i.i-1.i-2}{1.2.3}\cos(i-6)nt + \dots \end{aligned} \right\} \ (\alpha)$$

On développerait l'expression de $\sin^i nt$ par un procédé semblable; mais il faut ici distinguer deux cas,

I.   18

celui où i est un nombre pair, et celui où i est impair. Dans le premier cas, on aura

$$\pm 2^i \sin^i nt = \cos int - i \cos(i-2)nt + \frac{i.i-1}{1.2}\cos(i-4)nt \left.\phantom{\frac{i}{1}}\right\} $$
$$\left.- \frac{i.i-1.i-2}{1.2.3}\cos(i-6)nt + \dots; \phantom{\frac{i}{1}}\right\} (6)$$

le signe supérieur étant relatif au cas où i est un multiple de 4, et le signe inférieur au cas où i est simplement divisible par 2.

Enfin, si i est un nombre impair, en observant que $c^{knt\sqrt{-1}} - c^{-knt\sqrt{-1}} = 2.\sqrt{-1}.\sin knt$, quel que soit k, on aura

$$\pm 2^i \sin^i nt = \sin int - i \sin(i-2)nt + \frac{i.i-1}{1.2}\sin(i-4)nt \left.\phantom{\frac{i}{1}}\right\}$$
$$\left.- \frac{i.i-1.i-2}{1.2.3}\sin(i-6)nt + \dots; \phantom{\frac{i}{1}}\right\} (\gamma)$$

le signe supérieur se rapportant au cas où $i-1$ est un multiple de 4, et le signe inférieur au cas où $i-1$ est seulement un multiple de 2.

Substituons dans la formule (s), à la place des puissances de $\sin nt$, leurs valeurs données par les formules précédentes, et opérons ensuite les différentiations indiquées, nous aurons

$$u = nt + e \sin nt + \frac{c^2}{1.2.2}\, 2 \sin 2\, nt$$
$$+ \frac{e^3}{1.2.3.2^2}[3^2 \sin 3\, nt - 3 \sin nt]$$
$$+ \frac{e^4}{1.2.3.4.2^3}[4^3 \sin 4\, nt - 4.2^3 \sin 2\, nt]$$
$$+ \frac{c^5}{1.2.3.4.5.2^4}\left[5^4 \sin 5\, nt - 5.3^3 \sin 3\, nt + \frac{5.4}{1.2}\sin nt\right]$$
$$+ \dots$$

Cette série est très-convergente quand on l'applique aux planètes. Elle servira à déterminer l'angle u pour un instant quelconque, et l'on aura ensuite, par les deux dernières équations (n), les valeurs correspondantes de r et de v. Mais il est plus simple d'exprimer directement ces deux quantités en séries de sinus et de cosinus de l'angle nt et de ses multiples.

Pour cela remarquons que si dans la formule (r) on suppose $z = u$, $u = nt + e.\sin u$, $x = nt$, $y = \sin u$, $a = e$, ce qui donne $\psi z' = \psi(nt)$, $y' = \sin nt$, et si, pour abréger, on fait $\psi' nt = \dfrac{d.\psi nt}{n\,dt}$, on aura généralement

$$\left.\begin{aligned}
\psi u =\; &\psi nt + e \sin nt.\psi' nt + \frac{e^2}{1.2} \frac{d.\sin^2 nt.\psi' nt}{n\,dt}\\[2mm]
&+ \frac{e^3}{1.2.3} \frac{d^2.\sin^3 nt.\psi' nt}{n^2\,dt^2} + \ldots
\end{aligned}\right\}\;(t)$$

Supposons maintenant $\psi u = \cos u$; cette formule donnera

$$\cos u = \cos nt - e\sin^2 nt - \frac{e^2}{1.2}\frac{d.\sin^3 nt}{n\,dt} + \frac{e^3}{1.2.3}\frac{d^2.\sin^4 nt}{n^2 dt^2} + \ldots$$

Si l'on développe cette expression par les formules (6) et (γ), et qu'après avoir effectué les différentiations indiquées, on la substitue dans la valeur de r donnée par l'équation $r = a(1 - e\cos u)$, on aura

$$\frac{r}{a} = 1 - e\cos nt + \frac{e^2}{1.2}(1 - \cos 2\,nt) - \frac{e^3}{1.2.2^2}[3\cos 3\,nt - 3\cos nt]$$

$$- \frac{e^4}{1.2.3.2^3}[4^2\cos 4\,nt - 4.2^2\cos 2\,nt]$$

$$- \frac{e^5}{1.2.3.4.2^4}\left[5^3\cos 5\,nt - 5.3^3\cos 3\,nt + \frac{5.4}{1.2}\cos nt\right]$$

$$- \ldots$$

La troisième des équations (n) donne

$$\operatorname{tang}\frac{1}{2}\,v = \sqrt{\frac{1+e}{1-e}}\operatorname{tang}\frac{1}{2}\,u.$$

On peut tirer de cette équation la valeur de v en fonction de u, de $\sin u$, $\sin 2\,u$, etc.; et Lagrange a donné une méthode fort élégante pour y parvenir au moyen des exponentielles imaginaires. En remplaçant ensuite ces quantités par leurs valeurs en séries ordonnées par rapport aux puissances de e, et développées en sinus et cosinus de l'angle nt et de ses multiples, on aura la valeur de v exprimée dans une série semblable. Mais il est beaucoup plus simple de déduire la valeur de v de celle de r supposée connue au moyen de l'équation (h) du n° **20**.

En effet, si l'on substitue dans cette équation à la place de k sa valeur $\sqrt{\mu}\,\sqrt{a\,(1-e^2)}$ et qu'on observe que $\sqrt{a\mu} = a^2\,n$, on aura

$$dv = \sqrt{1-e^2}\,\frac{a^2}{r^2}\,n\,dt$$

La formule (t), en supposant $\psi u = (1-e\cos u)^i = \dfrac{r^i}{a^i}$, donne

$$\frac{r^i}{a^i} = (1-e\cos nt)^i + i\,e^2\sin^2 nt\,(1-e\cos nt)^{i-1}$$

$$+\,\frac{i\,e^3\,d.\sin^3 nt\,(1-e\cos nt)^{i-1}}{2\,n\,dt}$$

$$+\,\frac{i\,e^4\,d^2.\sin^4 nt\,(1-e\cos nt)^{i-1}}{2.3\,n^2\,dt^2}$$

$$+\,\frac{i\,e^5\,d^3.\sin^5 nt\,(1-e\cos nt)^{i-1}}{2.3.4\,n^3\,dt^3} + \cdot\cdot,$$

quel que soit i. Si l'on fait $i = -2$, on en conclura aisément

$$\frac{a^2}{r^2} = 1 + 2e\cos nt + \frac{e^2}{1.2}(1 + 5\cos 2nt)$$

$$+ \frac{e^3}{1.2^2}[13\cos 3nt + 3\cos nt]$$

$$+ \frac{e^4}{1.2^3.3}[103\cos 4nt + 8\cos 2nt + 9]$$

$$+ \frac{e^5}{1.2^6.3}[1097\cos 5nt - 75\cos 3nt + 130\cos nt]$$

$$+ \ldots$$

Si l'on substitue cette valeur dans dv et qu'on intègre ensuite, on trouvera, en ne portant l'approximation que jusqu'aux cinquièmes puissances de e inclusivement,

$$v = nt + 2e\sin nt + \frac{5}{2^2}e^2\sin 2nt$$

$$+ \frac{e^3}{1.2^2.3}(13\sin 3nt - 3\sin nt)$$

$$+ \frac{e^4}{1.2^5.3}[103\sin 4nt - 44\sin 2nt]$$

$$+ \frac{e^5}{1.2^6.3.5}[1097\sin 5nt - 645\sin 3nt + 50\sin nt]$$

$$+ \ldots$$

La suite des termes $2e\sin nt + \frac{5}{2^3}e^2\sin 2nt +$ etc., est ce que les astronomes appellent *l'équation du centre*, c'est-à-dire l'angle qu'il faut ajouter à la valeur moyenne de v pour avoir sa vraie valeur.

Les angles u, v et nt dans ces séries sont comptés du périhélie de l'orbite; si l'on voulait compter ces angles à partir de l'aphélie, comme on le faisait autrefois, il suffirait de les augmenter de la demi-circonfé-rence, ou, ce qui revient au même, de changer le signe de la quantité e dans les formules précédentes. Mais il vaut mieux adopter l'usage nouvellement introduit dans nos Tables astronomiques de compter les ano-malies à partir du périhélie, afin d'avoir des formules semblables dans le cas où les orbites sont presque cir-culaires, comme celles des planètes, et dans celui où elles sont très-excentriques, comme celles des comètes.

Si, au lieu de compter la longitude v du périhélie, on fixe son origine à un point quelconque de l'orbite, il suffira de diminuer dans les formules précédentes l'angle v, qu'on supposera représenter ces nouvelles longitudes, de la constante ω qui exprimera la longi-tude du périhélie. De même, si, au lieu de compter le temps de l'instant du passage par le périhélie, on fixe son origine à un instant quelconque après ce pas-sage, l'angle nt devra être augmenté de la constante $nl = \varepsilon - \omega$, ε désignant la longitude moyenne de la planète à l'instant d'où l'on compte le temps. Nous nommerons désormais la constante ε la longitude de l'époque; les expressions de r et de v deviendront ainsi

$$r = a.\left[1 + \frac{1}{2}e^2 - \left(e - \frac{3}{8}e^3 \right) \cos(nt + \varepsilon - \omega) \right.$$
$$\left. - \left(\frac{1}{2}e^2 - \frac{1}{3}e^4 \right) \cos 2(nt + \varepsilon - \omega) - \quad .. \right];$$

$$v = nt + \varepsilon + \left(2e - \frac{1}{4}e^3 \right) \sin(nt + \varepsilon - \omega)$$
$$+ \left(\frac{5}{4}e^2 - \frac{11}{24}e^4 \right) \sin 2(nt + \varepsilon - \omega) + \ldots$$

L'angle v est la longitude vraie de la planète; l'angle

$nt + \varepsilon$ sa longitude moyenne, et l'angle $nt + \varepsilon - \omega$ son anomalie moyenne; les longitudes, ainsi que le rayon vecteur r, étant rapportés au plan même de l'orbite.

25. Déterminons maintenant la position de la planète par rapport à un plan fixe que nous supposerons très-peu incliné à celui de son orbite. Si l'on désigne par φ l'inclinaison mutuelle de ces deux plans, par α la longitude, comptée sur le plan fixe, de leur commune intersection que nous nommerons désormais la ligne des nœuds, et par θ cette longitude comptée dans le plan même de l'orbite; qu'on nomme v' la longitude du rayon vecteur projeté sur le plan fixe, l'angle $v' - \alpha$ sera la projection de l'angle $v - \theta$ qui représente la longitude dans l'orbite comptée du nœud, ou ce qu'on appelle *l'argument de la latitude;* et en considérant le triangle sphérique rectangle dont $v - \theta$ est l'hypoténuse, $v' - \alpha$ un côté de l'angle droit, et φ l'angle adjacent, on aura

$$\text{tang}(v' - \alpha) = \cos \varphi \, \text{tang}(v - \theta); \quad (z)$$

équation qui donnera v' au moyen de v, et réciproquement.

Les valeurs de ces deux angles peuvent d'ailleurs se développer en séries convergentes d'une manière fort simple, en faisant usage des exponentielles imaginaires. Si l'on désigne par c le nombre dont le logarithme hyperbolique est l'unité, l'équation précédente pourra être mise sous cette forme

$$\frac{c^{(v'-\alpha)\sqrt{-1}} - c^{-(v'-\alpha)\sqrt{-1}}}{c^{(v'-\alpha)\sqrt{-1}} + c^{-(v'-\alpha)\sqrt{-1}}} = \cos \varphi \, \frac{c^{(v-\theta)\sqrt{-1}} - c^{-(v-\theta)\sqrt{-1}}}{c^{(v-\theta)\sqrt{-1}} + c^{-(v-\theta)\sqrt{-1}}},$$

ou bien en réduisant

$$\frac{c^{2(\nu'-\alpha)\sqrt{-1}}-1}{c^{2(\nu'-\alpha)\sqrt{-1}}+1} = \cos\varphi\,\frac{c^{2(\nu-\theta)\sqrt{-1}}-1}{c^{2(\nu-\theta)\sqrt{-1}}+1}.$$

On tire de là

$$c^{2(\nu'-\alpha)\sqrt{-1}} = \frac{(1+\cos\varphi)\,c^{2(\nu-\theta)\sqrt{-1}}+1-\cos\varphi}{(1-\cos\varphi)\,c^{2(\nu-\theta)\sqrt{-1}}+1+\cos\varphi};$$

et en remarquant que

$$\frac{1-\cos\varphi}{1+\cos\varphi} = \frac{\sin^2\frac{1}{2}\varphi}{\cos^2\frac{1}{2}\varphi} = \tan^2\frac{1}{2}\varphi,$$

on aura

$$c^{2(\nu'-\alpha)\sqrt{-1}} = c^{2(\nu-\theta)\sqrt{-1}} \times \frac{1+\tan^2\frac{1}{2}\varphi\,.\,c^{-2(\nu-\theta)\sqrt{-1}}}{1+\tan^2\frac{1}{2}\varphi\,.\,c^{2(\nu-\theta)\sqrt{-1}}};$$

d'où l'on tire, en prenant les logarithmes des deux membres et en divisant par $2\sqrt{-1}$,

$$\nu'-\alpha = \nu-\theta + \frac{1}{2\sqrt{-1}}\log\left(1+\tan^2\frac{1}{2}\varphi\,.\,c^{-2(\nu-\theta)\sqrt{-1}}\right)$$

$$-\frac{1}{2\sqrt{-1}}\log\left(1+\tan^2\frac{1}{2}\varphi\,.\,c^{2(\nu-\theta)\sqrt{-1}}\right).$$

Qu'on réduise les logarithmes du second membre en séries, et qu'on substitue aux exponentielles imaginaires les sinus réels correspondants, on aura enfin la série

$$\nu'-\alpha = \nu-\theta - \tan^2\frac{1}{2}\varphi\sin 2(\nu-\theta) + \frac{1}{2}\tan^4\frac{1}{2}\varphi\sin 4(\nu-\theta)$$

$$-\frac{1}{3}\tan^6\frac{1}{2}\varphi\sin 6(\nu-\theta)+\ldots.$$

On déduirait, par un procédé semblable, de l'équation (z) mise sous cette forme

$$\tan(v - \theta) = \frac{1}{\cos\varphi}\tan(v' - \alpha),$$

l'expression de v en v', et l'on trouverait

$$v - \theta = v' - \alpha + \tan^2\frac{1}{2}\varphi\sin 2(v' - \alpha) + \frac{1}{2}\tan^4\frac{1}{2}\varphi\sin 4(v' - \alpha)$$

$$+ \frac{1}{3}\tan^6\frac{1}{2}\varphi\sin 6(v' - \alpha) + \ldots.$$

On voit que ces deux séries se transforment réciproquement l'une dans l'autre, en changeant le signe de $\tan^2\frac{1}{2}\varphi$, et en substituant $v - \theta$ à $v' - \alpha$ et $v' - \alpha$ à $v - \theta$. Si l'on voulait avoir l'angle $v' - \alpha$ en fonction de sinus et de cosinus de nt, on observerait que l'on a, n° **24**,

$$v = nt + \varepsilon + eP,$$

P étant une fonction des sinus de l'angle $nt + \varepsilon - \omega$ et de ses multiples. On aura donc, quel que soit i, $\sin i(v - \theta) = \sin i(nt + \varepsilon - \theta + eP)$, et par conséquent

$$\sin i(v - \theta) = \cos ieP.\sin i(nt + \varepsilon - \theta) + \sin ieP.\cos i(nt + \varepsilon - \theta);$$

d'où l'on tire, en développant,

$$\sin i(v - \theta)$$
$$= \left(1 - \frac{i^2e^2P^2}{1.2} + \frac{i^4e^4P^4}{1.2.3.4} + \frac{i^6e^6P^6}{1.2.3.4.5.6} + \ldots\right)\sin i(nt + \varepsilon - \theta)$$
$$+ \left(ieP - \frac{i^3e^3P^3}{1.2.3} + \frac{i^5e^5P^5}{1.2.3.4.5} - \frac{i^7e^7P^7}{1.2.3.4.5.6.7} + \ldots\right)\cos i(nt + \varepsilon - \theta).$$

En faisant successivement dans cette formule $i = 2$, $i = 4$, $i = 6$, etc., et substituant les valeurs résultantes dans la série qui donne $v' - \alpha$, l'angle v' se trouvera exprimé en fonction des sinus de nt et de ses multiples.

Désignons par θ la latitude de la planète au-dessus du plan fixe, le triangle sphérique, que nous avons considéré plus haut, donnera

$$\tang\theta = \tang\varphi \sin(v' - \alpha).$$

Cette équation peut se développer comme les précédentes; mais il en résulte une série moins simple que celles qui donnent les angles $v' - \alpha$ et $v - 6$. On trouve par la méthode des exponentielles imaginaires

$$\theta = \tang\varphi \sin(v' - \alpha) + \frac{\tang^3\varphi}{3.4}\left[\sin 3(v' - \alpha) - 3\sin(v' - \alpha)\right]$$

$$+ \frac{\tang^5\varphi}{5.16}\left[\sin 5(v' - \alpha) - 5\sin 3(v' - \alpha) + 10\sin(v' - \alpha)\right]$$

$$+ \ldots.$$

Enfin, si l'on désigne par r' le rayon vecteur r projeté sur le plan fixe, et qu'on fasse, pour abréger, $\tang\theta = s$, on aura

$$r' = r\cos\theta = r(1 + s^2)^{-\frac{1}{2}}$$

$$= r\left(1 - \frac{1}{2}s^2 + \frac{3}{2^3}s^4 - \frac{5}{2^4}s^6 + \frac{5.7}{2^7}s^8 - \ldots\right).$$

Les différentes séries que nous venons d'obtenir, ne sont convergentes qu'autant qu'on suppose très-petite la valeur de e et celle de l'angle φ; elles ne peuvent servir par conséquent que pour les planètes dont les excentricités sont peu considérables, et dont les orbites sont généralement peu inclinées les unes aux autres, de manière qu'en prenant pour plan fixe l'orbite de l'une quelconque d'entre elles, les inclinaisons des autres orbites sur ce plan deviennent nécessairement de très-petites quantités. Les astronomes rapportent ordinairement leurs observations au plan de l'écliptique, c'est-à-dire de l'orbite que décrit la Terre dans son mouvement annuel autour du Soleil; il convient donc de choisir ce plan pour le plan fixe auquel nous rapportons les mouvements des autres corps célestes, afin de pouvoir comparer la théorie aux observations. Quant aux longitudes, on les comptera, suivant l'usage, sur ce plan à partir de son intersection avec l'équateur, ou de la ligne des équinoxes. On aura ainsi, par les formules précédentes, la valeur du rayon vecteur et de la longitude dans l'orbite lorsque leurs projections sur le plan de l'écliptique seront connues, et réciproquement.

26. Les formules du mouvement elliptique peuvent encore se réduire en séries convergentes dans le cas d'une orbite très-excentrique, comme cela a lieu pour les comètes. Dans ce cas, e diffère peu de l'unité. Si l'on nomme D la distance de la comète à son périhélie, on aura $D = a(1 - e)$, et l'équation de l'ellipse donnera

$$r = \frac{D(1+e)}{1 + \cos v - (1-e)\cos v} = \frac{D(1+e)}{(1+e)\cos^2 \frac{1}{2}v + (1-e)\sin^2 \frac{1}{2}v}$$

$$= \frac{D}{\cos^2 \frac{1}{2}v \left(1 + \frac{1-e}{1+e}\tang^2 \frac{1}{2}v \right)}.$$

Faisons, pour abréger, $\frac{1-e}{1+e} = E$, E étant une fort petite quantité, et développons la valeur de r en série ordonnée par rapport à E; nous aurons

$$r = \frac{D}{\cos^2 \frac{1}{2} v}\left(1 - E\, \text{tang}^2 \frac{1}{2} v + E^2\, \text{tang}^4 \frac{1}{2} v - E^3\, \text{tang}^6 \frac{1}{2} v + \ldots\right). \quad (i)$$

Pour avoir de même le temps t en fonction de l'anomalie v, on substituera pour r^2 sa valeur dans l'équation

$$\sqrt{\mu\, a\, (1 - e^2)}\, dt = r^2\, dv,$$

et l'on intégrera l'expression résultante. On trouve ainsi

$$dt = \frac{2\, D^2}{\sqrt{\mu\, a\, (1 - e^2)}}\left(1 + \text{tang}^2 \frac{1}{2}\right)$$

$$\times\left(1 - E\, \text{tang}^2 \frac{1}{2} v + E^2\, \text{tang}^4 \frac{1}{2} v - E^3\, \text{tang}^6 \frac{1}{2} v + \ldots\right)^2 d.\text{tang}\frac{1}{2} v;$$

d'où l'on tire, en réduisant et en intégrant,

$$t = \frac{2\, D^2}{\sqrt{\mu\, a\, (1 - e^2)}}\left(\text{tang}\frac{1}{2} v - \frac{2\, E - 1}{3}\, \text{tang}^3 \frac{1}{2} v\right.$$

$$\left. + \frac{E\,(3\, E - 2)}{5}\, \text{tang}^5 \frac{1}{2} v - \frac{E^2\,(4\, E - 3)}{7}\, \text{tang}^7 \frac{1}{2} v + \ldots\right).$$

Si l'orbite dégénérait en une parabole, on aurait $e = 1$, $E = 0$, et

$$\sqrt{\mu\, a\, (1 - e^2)} = \sqrt{\mu}\, \sqrt{1 + e}\, \sqrt{a\,(1 - e)} = \sqrt{2\, \mu}.\sqrt{D};$$

on aura donc, dans ce cas,

$$\left.\begin{aligned} r &= \frac{D}{\cos^2 \frac{1}{2} v}, \\[2ex] t &= \frac{D^{\frac{3}{2}}\, \sqrt{2}}{\sqrt{\mu}}\left(\text{tang}\frac{1}{2} v + \frac{1}{3}\, \text{tang}^3 \frac{1}{2} v\right). \end{aligned}\right\} \quad (o)$$

Ces formules sont celles que l'on emploie ordinairement dans la théorie des comètes. La dernière donnera aisément le temps t lorsque l'anomalie v sera connue; mais la valeur de v en t, qui est généralement la quantité cherchée, dépendra d'une équation du troisième degré qui n'est susceptible que d'une racine réelle. Pour éviter l'embarras de résoudre cette équation, on forme une Table des valeurs de t correspondantes à celles de v dans une parabole dont la distance périhélie est l'unité des distances. Cette Table fait connaître le temps correspondant à l'anomalie v dans une parabole quelconque dont D est la distance périhélie, en multipliant par $D^{\frac{3}{2}}$, le temps qui répond à la même anomalie dans la Table. On aura donc réciproquement l'anomalie v correspondante au temps t, en divisant t par $D^{\frac{3}{2}}$ et en cherchant dans la Table l'anomalie qui répond au quotient de cette division. Enfin la même Table pourra servir pour toutes les comètes, en remarquant que les masses des comètes étant très-petites par rapport à celle du Soleil, on peut les négliger et supposer que la valeur de μ, qui exprime la somme des masses du Soleil et de la comète, est la même pour tous ces corps, et exprime simplement la masse du Soleil.

Comparons l'anomalie v, qui répond à un même temps t, dans une ellipse fort excentrique et dans la parabole. Si l'on néglige les quantités de l'ordre $(1 - e)^2$, et que l'on remette pour E sa valeur $\frac{1 - e}{1 + e}$,

en observant qu'on a $\sqrt{a(1-e^2)} = \sqrt{2\mathrm{D}}\sqrt{1-\left(\dfrac{1-e}{2}\right)}$,
l'expression de t en v dans l'ellipse donnera

$$t = \frac{\mathrm{D}^{\frac{3}{2}}\sqrt{2}}{\sqrt{\mu}}\left[\operatorname{tang}\frac{1}{2}v + \frac{1}{3}\operatorname{tang}^3\frac{1}{2}v\right.$$
$$\left. + (1-e)\operatorname{tang}\frac{1}{2}v\left(\frac{1}{4} - \frac{1}{4}\operatorname{tang}^2\frac{1}{2}v - \frac{1}{5}\operatorname{tang}^4\frac{1}{2}v\right)\right].$$

Soit v' l'anomalie qui répond au temps t dans la parabole dont D est la distance périhélie, et $v = v' + x$ l'anomalie qui répond au même temps dans l'ellipse, x étant un très-petit angle. Si l'on substitue $v' + x$ à la place de v dans l'équation précédente, et que l'on réduise le second membre en série ordonnée par rapport aux puissances de x, on aura, en négligeant le carré de x et son produit par la quantité très-petite $1 - e$,

$$t = \frac{\mathrm{D}^{\frac{3}{2}}\sqrt{2}}{\sqrt{\mu}}\left\{\begin{array}{l}\left(\operatorname{tang}\frac{1}{2}v' + \frac{1}{3}\operatorname{tang}^3\frac{1}{2}v'\right) + \dfrac{x}{2\cos^4\frac{1}{2}v'} \\[2mm] + \dfrac{1-e}{4}\operatorname{tang}\frac{1}{2}v'\left(1 - \operatorname{tang}^2\frac{1}{2}v' - \frac{4}{5}\operatorname{tang}^4\frac{1}{2}v'\right)\end{array}\right\};$$

mais la seconde des équations (o) donne

$$t = \frac{\mathrm{D}^{\frac{3}{2}}\sqrt{2}}{\sqrt{\mu}}\left(\operatorname{tang}\frac{1}{2}v' + \frac{1}{3}\operatorname{tang}^3\frac{1}{2}v'\right).$$

On aura donc, en mettant à la place du petit arc x sa tangente,

$$\operatorname{tang} x = \frac{1}{10}(1-e)\operatorname{tang}\frac{1}{2}v'\left(4 - 3\cos^2\frac{1}{2}v' - 6\cos^4\frac{1}{2}v'\right).$$

Par conséquent, si l'on forme une Table des logarithmes de la quantité

$$\frac{1}{10}\operatorname{tang}\tfrac{1}{2}v'\left(4 - 3\cos^2\tfrac{1}{2}v' - 6\cos^4\tfrac{1}{2}v'\right),$$

on n'aura plus qu'à leur ajouter le logarithme de $1-e$ pour avoir celui de $\operatorname{tang}x$. Cela posé, pour avoir l'anomalie v correspondante au temps t dans une ellipse fort excentrique, on cherchera, par la Table du mouvement des comètes, l'anomalie v' qui répond au temps t dans une parabole dont D est la distance périhélie, et l'on déterminera par la méthode précédente la correction à faire à l'anomalie v' pour avoir l'anomalie correspondante v dans l'ellipse.

La première des équations (o) donnera la valeur du rayon vecteur r lorsque l'anomalie v sera connue.

On peut encore, dans le cas de l'ellipse fort excentrique, convertir en séries convergentes l'expression du rayon vecteur, du moyen mouvement, et de l'anomalie vraie, en fonction de l'anomalie excentrique; nous ne développerons point ici ces formules qui sont de peu d'usage.

27. Il existe entre le temps employé à décrire un arc de parabole, les rayons vecteurs menés aux extrémités de cet arc, et la corde qui le sous-tend, une relation curieuse qu'il est bon de connaître, et qui se déduit aisément des formules du mouvement parabolique. En effet, en supposant $\mu = 1$ dans les équations (o), on aura

$$\left.\begin{aligned}
r &= \mathrm{D}\left(1 + \operatorname{tang}^2\tfrac{1}{2}v\right), \\
t &= \sqrt{2\,\mathrm{D}^3}\left(\operatorname{tang}\tfrac{1}{2}v + \tfrac{1}{3}\operatorname{tang}^3\tfrac{1}{2}v\right).
\end{aligned}\right\} \quad (o')$$

Soient r' et v' ce que deviennent r et v au bout du temps t'; $t' - t$ sera le temps employé par la comète à parcourir l'arc de parabole intercepté par les deux rayons vecteurs r et r'. Nommons 6 l'angle que ces rayons comprennent entre eux, en sorte qu'on ait $v' - v = 6$; si, pour abréger, on fait $\tang\frac{1}{2}v = u$, $\tang\frac{1}{2}v' = u'$, et $\tang\frac{1}{2}6 = s$, on aura

$$u' = \tang\frac{1}{2}(v + 6) = \frac{s + u}{1 - su}.$$

Les formules (o') donnent d'ailleurs,

$$r = \mathrm{D}(1 + u^2), \quad r' = \mathrm{D}(1 + u'^2),$$
$$t' - t = \sqrt{2\,\mathrm{D}^3}\left[u' - u + \frac{1}{3}(u'^3 - u^3)\right].$$

En substituant donc pour u' sa valeur, on aura

$$r = \mathrm{D}(1 + u^2), \quad r' = \frac{r(1 + s^2)}{(1 - su)^2},$$
$$t' - t = \sqrt{2\,\mathrm{D}^3} \cdot \frac{s(1 + u^2)^2}{(1 - su)^2} \cdot \left[1 + \frac{1}{3}\frac{s^2(1 + u^2)}{1 - su}\right].$$

Soit maintenant c la corde qui joint les extrémités des deux rayons r et r', en considérant le triangle formé par ces trois lignes, et en remarquant que $\cos 6 = \frac{1 - s^2}{1 + s^2}$, on aura

$$c^2 = r^2 + r'^2 - 2rr'\frac{1 - s^2}{1 + s^2} = (r + r')^2 - \frac{4rr'}{1 + s^2}.$$

Faisons, pour abréger, $r + r' + c = 2p$, et $r + r' - c = 2q$, d'où l'on tire $r + r' = p + q$, $(r + r')^2 - c^2 = 4pq$, l'équation précédente donnera

$$\frac{rr'}{1+s^3} = pq;$$

ou bien, remplaçant r et r' par leurs valeurs, et extrayant les racines des deux membres,

$$\frac{1+u^2}{1-su} = \frac{\sqrt{pq}}{D}.$$

Si dans l'équation $p + q = r + r'$, on remplace de même r et r' par leurs valeurs, on a

$$p + q = \frac{2\,D\,(1+u^2)}{1-su} + \frac{D\,s^2(1+u^2)^2}{(1-su)^2},$$

et par conséquent

$$p + q = 2\sqrt{pq} + s^2\frac{pq}{D};$$

d'où l'on tire

$$s = \sqrt{D}\,\frac{\sqrt{p}-\sqrt{q}}{\sqrt{pq}};$$

substituant cette valeur et celle de $\frac{1+u^2}{1-su}$ dans la valeur de $t' - t$, on trouve

$$t' - t = \frac{\sqrt{2}}{3}\left(p^{\frac{3}{2}} - q^{\frac{3}{2}}\right) = \frac{1}{6}(r+r'+c)^{\frac{3}{2}} - \frac{1}{6}(r+r'-c)^{\frac{3}{2}}.$$

Cette formule remarquable a été donnée, pour la première fois, par Euler : nous verrons, dans le chapitre suivant, comment on peut l'étendre au mouvement dans l'ellipse et dans l'hyperbole.

Il nous reste à considérer les formules relatives aux orbites hyperboliques; mais comme cette recherche est de pure curiosité, et que ses résultats ne peuvent avoir aucune application dans l'état actuel du système du monde, nous ne nous y arrêterons pas, et nous terminerons ce chapitre en montrant comment les lois du mouvement elliptique peuvent conduire à la connaissance approximative de la masse des planètes.

28. Nous avons vu (n° **22**) que si l'on désigne par T la durée de la révolution sidérale d'une planète, dont a est la distance moyenne au Soleil, on avait

$$ T = \frac{2\pi a^{\frac{3}{2}}}{\sqrt{\mu}}, \quad (l) $$

π étant le rapport de la circonférence au diamètre, et μ la somme des masses de la planète et du Soleil. Si l'on néglige les masses des planètes par rapport à celle du Soleil, la quantité μ sera la même pour tous ces corps, et désignera simplement la masse du Soleil. Ainsi donc, pour une autre planète quelconque, dont a' serait la distance moyenne, et T' le temps de la révolution sidérale, on aura encore

$$ T' = \frac{2\pi a'^{\frac{3}{2}}}{\sqrt{\mu}}; $$

par conséquent

$$ T^2 : T'^2 :: a^3 : a'^3; $$

d'où il suit que les carrés des temps des révolutions des deux planètes sont entre eux comme les cubes des grands axes de leurs orbites. C'est l'énoncé de la troisième loi de Képler. On voit que cette loi n'est pas rigoureusement exacte; elle n'a lieu qu'autant qu'on néglige les masses des planètes vis-à-vis de celle du

Soleil : cependant, comme les observations n'y font remarquer que de légères différences, il en faut conclure que les masses des planètes sont effectivement très-petites, relativement à la masse de cet astre.

L'équation (l) fournit un moyen très-simple de déterminer le rapport des masses des planètes qui sont accompagnées de satellites à celle du Soleil. En effet, supposons que l'on considère le mouvement de la Terre : si l'on néglige sa masse par rapport à la masse M du Soleil, cette équation donne

$$T = \frac{2\pi a^{\frac{3}{2}}}{\sqrt{M}}.$$

Soit m' la masse d'un satellite appartenant à la planète m, a' sa moyenne distance à sa planète, et T' le temps de sa révolution sidérale, on aura par l'équation (l),

$$T' = \frac{2\pi a'^{\frac{3}{2}}}{\sqrt{m+m'}};$$

divisant l'une par l'autre les deux équations précédentes, on en tire

$$\frac{m+m'}{M} = \frac{a'^3}{a^3}\frac{T^2}{T'^2}. \quad (m)$$

Si l'on substitue dans cette équation pour a, a', T, T', leurs valeurs données par l'observation, on aura le rapport de la somme des masses de la planète et du satellite, à celle du Soleil; et si l'on néglige la masse du satellite par rapport à celle de la planète, ou si l'on suppose connu le rapport de ces masses, on aura le rapport de la planète à celle du Soleil.

Appliquons cette formule à Jupiter, en prenant

pour unité la moyenne distance de la Terre au Soleil.
Le rayon moyen de l'orbe du quatrième satellite ob-
servé à cette distance, paraîtrait sous un angle de
2580″,58; le rayon du cercle contient 206264″,8;
les rayons moyens de l'orbe du quatrième satellite et
de l'orbite terrestre sont donc entre eux comme ces
deux nombres. La durée de la révolution sidérale du
quatrième satellite est de $16^j,6890$, et l'année sidérale
est de $365^j,2564$: on peut donc supposer dans l'équation (m),

$$a = 206264,8,$$
$$a' = 2580,58,$$
$$T = 365,2564,$$
$$T' = 16,6890;$$

et l'on en tire

$$m = \frac{1}{1066,09},$$

pour la masse de Jupiter, celle du Soleil étant prise
pour unité. Cette valeur est celle qui avait été adoptée
par Newton d'après les observations de Pound. Nous
donnerons dans la suite une valeur plus exacte de
cette masse, corrigée d'après les observations modernes.

On a déterminé de la même manière les masses
des autres planètes autour desquelles on observe des
satellites. Pour la masse de la Terre, seulement, on
a employé un procédé différent, parce que les nombreuses inégalités de la Lune empêchent celui-ci
d'être suffisamment exact. L'attraction que le globe
terrestre exerce sur les corps placés à sa surface sur
le parallèle, dont le carré du sinus de la latitude est

$\frac{1}{3}$, est à très-peu près la même que si sa masse était réunie à son centre de gravité (n° **3**). En nommant donc l le rayon mené du centre de la Terre à un point quelconque de ce parallèle, et m sa masse, cette attraction sera égale à $\frac{m}{l^2}$, et en la désignant par g, on aura

$$g = \frac{m}{l^2}.$$

Soient a la distance moyenne de la Terre au Soleil, et T la durée de l'année sidérale, l'équation (l) donnera

$$T = \frac{2\,\pi\,a^{\frac{3}{2}}}{\sqrt{M}};$$

on aura donc

$$\frac{m}{M} = \frac{g\,l^2\,T^2}{4\,\pi^2\,a^3}.$$

Les quantités g, T, a, sont données par les observations ; la valeur du rayon l est aussi connue ; on pourra donc déterminer par cette formule le rapport de la masse m de la Terre à la masse M du Soleil. Pour la réduire en nombre, j'observe que si l'on nomme P la *parallaxe* du Soleil à la distance moyenne, et sur le parallèle que nous considérons, c'est-à-dire l'angle sous lequel on verrait à cette distance du centre de cet astre le rayon l, on aura $\sin P = \frac{l}{a}$; l'équation précédente devient ainsi

$$\frac{m}{M} = \frac{T^2}{4\,\pi^2} \cdot \frac{g}{l} \cdot \sin^3 P. \quad (n)$$

Les observations donnent $P = 8'',75$. Nous avons nommé g l'attraction de la Terre ; c'est le double de l'espace que cette force fait décrire aux corps dans une seconde. Sous le parallèle dont le sinus du carré de latitude est $\frac{1}{3}$, la pesanteur fait tomber les corps dans la première seconde (sexagésimale) de leur chute de $4^{\mathrm{m}},89796$; la force centrifuge due au mouvement de rotation de la Terre diminue l'action de la pesanteur de $\frac{1}{288}$ à l'équateur, et d'une quantité moindre en tout autre lieu. Sur ce même parallèle, l'attraction de la Terre est plus petite que la pesanteur des deux tiers de la force centrifuge; il faut donc augmenter l'espace précédent de sa 432e partie, pour avoir l'espace dû à l'action de la Terre: cet espace est ainsi de $4^{\mathrm{m}},9093$. Le rayon terrestre, sur le parallèle dont il s'agit, est de 6369809 mètres; enfin l'année sidérale est de $31558152''$; on aura donc

$$l = 6369809^{\mathrm{m}},$$
$$g = 9^{\mathrm{m}},8186,$$
$$T = 31558152,$$
$$\pi = 3,14159265,$$
$$\log. \sin P = 5,6274836.$$

Ces valeurs substituées dans la formule (n) donnent

$$m = \frac{1}{337103}$$

pour la masse de la Terre, celle du Soleil étant prise pour unité. Cette valeur varie comme le cube de la parallaxe solaire comparée à celle que nous avons adoptée.

CHAPITRE V.

DÉTERMINATION DES CONSTANTES ARBITRAIRES QUI ENTRENT DANS LES FORMULES DU MOUVEMENT ELLIPTIQUE.

29. Les six constantes que l'intégration introduit dans les formules du mouvement elliptique, se nomment les *éléments de l'orbite*. Ce sont elles qui fixent sa nature, sa position dans l'espace, et l'instant du passage par le périhélie. Nous allons nous proposer dans ce chapitre de déterminer ces éléments d'après quelques circonstances du mouvement supposées connues.

Le cas le plus simple est celui où la position de la planète m, sa vitesse, et la direction de cette vitesse sont données pour un instant quelconque, pour l'époque, par exemple, d'où l'on compte le temps t, et que nous supposerons être l'origine du mouvement. Soient x, y, z les coordonnées de m pour cet instant, rapportées à trois axes passant par le centre de M supposé immobile; $\frac{dx}{dt}$, $\frac{dx}{dt}$, $\frac{dz}{dt}$ seront les vitesses dont m est animé parallèlement aux mêmes axes, et ces quantités pourront être regardées comme connues, puisque la vitesse initiale de m est donnée par hypothèse en intensité et en direction. Il ne s'agit donc plus que d'exprimer en fonction de x, y, z, $\frac{dx}{dt}$, $\frac{dx}{dt}$, $\frac{dz}{dt}$ les six éléments a, e, α, φ, l et ω.

Si l'on fait, pour abréger, $\dfrac{d\mathrm{x}}{dt} = \mathrm{x}'$, $\dfrac{d\mathrm{x}}{dt} = \mathrm{y}'$, $\dfrac{dz}{dt} = z'$, les équations (b) et (c) du n° **20** donneront d'abord les trois suivantes :

$$\mathrm{xy}' - \mathrm{x}'\mathrm{y} = c, \quad \mathrm{x}'\mathrm{z} - \mathrm{xz}' = c', \quad \mathrm{yz}' - \mathrm{y}'\mathrm{z} = c''.$$

D'ailleurs, en supposant $c^2 + c'^2 + c''^2 = k^2$, on a, même numéro,

$$c = k\cos\varphi, \quad c' = -k\sin\varphi\cos\alpha, \quad c'' = k\sin\varphi\sin\alpha.$$

Ces trois équations feront connaître immédiatement l'inclinaison φ du plan de l'orbite et la longitude α de son nœud sur le plan fixe passant par le centre de M ; on aura ensuite pour déterminer le demi-paramètre k^2 l'équation $k = \sqrt{c^2 + c'^2 + c''^2} = \sqrt{\mu.a(1 - e^2)}$, d'où l'on tirera la valeur de l'excentricité e lorsque celle du grand axe $2\,a$ sera déterminée. Pour cela, l'équation (e) du n° **20** donne

$$\frac{1}{a} = \frac{2}{\mathrm{R}} - \frac{\mathrm{x}'^2 + \mathrm{y}'^2 + z'^2}{\mu}. \quad (a)$$

On aura donc ainsi le demi-grand axe de l'orbite, et il ne restera plus à connaître que les deux constantes l et ω.

La première n'a été introduite dans les formules du mouvement elliptique que par l'intégration qui a donné la valeur de r en t ; si l'on suppose donc $t = 0$ dans ces formules, et qu'on désigne par $u_{\prime}$ la valeur de l'anomalie excentrique qui répond au temps $t = 0$, on aura

$$nl = u_{\prime} - e\sin u_{\prime}, \quad \mathrm{R} = a(1 - e\cos u_{\prime}). \quad (b)$$

On aura donc, en éliminant $u_{\prime}$, la valeur de l en R, puisque les valeurs de a et de e sont déjà déterminées par ce qui précède.

La constante ω n'est introduite dans les formules que par l'intégration de l'équation entre r et v. Si l'on compte l'angle v à partir de l'intersection du plan de l'orbite avec le plan fixe ou de la ligne des nœuds, qu'on nomme v_i et v'_i les valeurs de v et v' relatives à l'époque $t = 0$, l'équation (z) du n° **25**, en désignant par α la longitude du nœud ascendant et faisant $\mathfrak{6} = 0$, donnera

$$\tang v_i = \frac{\tang(v'_i - \alpha)}{\cos \varphi}.$$

On a d'ailleurs, par rapport au plan fixe,

$$\tang v'_i = \frac{Y}{X}\cdot$$

On aura donc l'angle v_i qui se rapporte à l'origine du temps t en fonction de X, de Y et des constantes α et φ, déjà déterminées; l'équation aux sections coniques donnera ensuite

$$\cos(v_i - \omega) = \frac{a\left(1 - e^2\right) - R}{e R}\cdot \quad (c)$$

La constante ω sera déterminée par cette équation en fonction de quantités connues, et l'on aura par conséquent la position du périhélie sur l'orbite. Les six éléments a, e, α, φ, l, ω de la section conique que décrit m autour du foyer d'attraction, seront donc entièrement connus.

L'expression précédente de a et celle de k sont susceptibles de prendre une forme plus simple; en effet, si l'on désigne par v la vitesse initiale de m, il est clair que l'on a $v^2 = x'^2 + y'^2 + z'^2$, et l'équation (a) devient

$$\frac{1}{a} = \frac{2}{R} - \frac{v^2}{\mu}. \quad (g)$$

La valeur du grand axe de l'orbite, et par conséquent le temps périodique, ne dépendent donc que de la distance primitive de m au foyer d'attraction et de la vitesse de projection. L'axe $2\,a$ est positif dans l'ellipse; il est infini dans la parabole, et négatif dans l'hyperbole. L'orbite décrite par m, dans son mouvement autour de M, sera donc une ellipse, une parabole ou une hyperbole, selon que l'on aura $v < \sqrt{\dfrac{2\,\mu}{R}}$, $v = \sqrt{\dfrac{2\,\mu}{R}}$, $v > \sqrt{\dfrac{2\,\mu}{R}}$; et il est à remarquer que la direction de la vitesse initiale n'influe pas sur l'espèce de la section conique.

En substituant pour c, c', c'' leurs valeurs dans l'équation $k^2 = c^2 + c'^2 + c''^2$, on a

$$k^2 = R^2 \left(x'^2 + y'^2 + z'^2 \right) - \frac{R^2 \, dR^2}{dt^2}.$$

$\dfrac{dR}{dt}$ est la vitesse dont le corps m est animé dans le sens du rayon vecteur; si l'on désigne donc par η l'angle que fait la direction de la vitesse initiale v avec le rayon r, on aura $\dfrac{dR}{dt} = v \cos\eta$, en substituant pour k sa valeur $\sqrt{\mu\,a\,(1 - e^2)}$ dans l'équation précédente, elle devient ainsi

$$a \left(1 - e^2 \right) = \frac{R^2 \, v^2 \sin^2 \eta}{\mu}.$$

On voit donc que le demi-paramètre $a(1 - e^2)$ de l'orbite ne dépend que de la distance primitive de m à M et de la partie $v \sin \eta$ de la vitesse v perpendiculaire au rayon vecteur, et qui tend à faire tourner le corps m autour de M. Si $\eta = 90°$, ou si la vitesse initiale est perpendiculaire au rayon vecteur R, et si l'on a en même temps $v = \sqrt{\frac{\mu}{R}}$, l'orbite décrite est un cercle. En effet, en substituant pour v sa valeur dans l'équation précédente, et remplaçant a par sa valeur tirée de l'équation (g), on trouve dans ce cas $a = R$ et $e = 0$. Ce résultat, d'ailleurs, est conforme à la théorie des forces centrales, puisque dans ce cas la force centrifuge $\frac{v^2}{R}$ est égale à la force d'attraction $\frac{\mu}{R^2}$, comme cela doit avoir lieu dans le cercle.

30. L'équation (e) du n° **20**, qui nous a servi à déterminer le grand axe de la section conique, est très-remarquable en ce qu'elle donne la vitesse dont le corps m est animé dans son mouvement relatif autour de M, indépendamment de la forme de l'orbite elliptique qu'il décrit. En effet, si l'on nomme V cette vitesse, on a généralement $V^2 = \dfrac{dx^2 + dy^2 + dz^2}{dt^2}$, et par conséquent

$$V^2 = \mu \left(\frac{2}{r} - \frac{1}{a} \right).$$

D'où l'on voit que la vitesse V ne dépend que du grand axe $2a$, et nullement de l'excentricité de l'orbite. Il s'ensuit d'abord, comme nous l'avons dit n° **22**, que le temps périodique en est pareillement indépen-

dant; mais ce résultat n'est lui-même qu'une conséquence particulière d'une relation générale qui existe
entre les deux rayons vecteurs menés aux extrémités
d'un arc elliptique, la corde qui sous-tend cet arc,
et le temps employé à le parcourir. Pour développer
cette propriété du mouvement elliptique, reprenons
les formules de ce mouvement, savoir :

$$t = a^{\frac{3}{2}}(u - e \sin u), \quad r = a(1 - e \cos u), \quad r = \frac{a(1 - e^2)^{\frac{1}{2}}}{1 + e \cos v}.$$

Soient t' le temps qui répond à une autre position
quelconque de la planète m, et r', u', v' ce que deviennent r, u, v relativement à cette nouvelle position; on aura

$$t' = a^{\frac{3}{2}}(u' - e \sin u'), \quad r' = a(1 - e \cos u'), \quad r' = \frac{a(1 - e^2)}{1 + e \cos v'}.$$

Si l'on retranche l'expression de t de celle de t', on
aura

$$t' - t = a^{\frac{3}{2}}(u' - u - e \sin u' + e \sin u).$$

C'est le temps que la planète emploie à décrire l'arc
elliptique compris entre les deux rayons r et r'. Si
l'on fait, pour abréger, $t' - t = 2\theta$, $u' - u = 2s$,
$u' + u = 2s'$, et qu'on observe que

$$\sin u' - \sin u = 2 \sin \frac{u' - u}{2} \cos \frac{u' + u}{2} = 2 \sin s \cos s',$$

on aura

$$\theta = a^{\frac{3}{2}}(s - e \sin s \cos s'). \quad (d)$$

Nommons c la corde qui joint les extrémités des deux
rayons r et r', $v' - v$ sera l'angle qu'ils comprennent
entre eux, et en considérant le triangle formé par ces

trois droites, on aura

$$c^2 = r^2 + r'^2 - 2\,rr'\cos(v' - v);$$

équation qu'on peut écrire ainsi :

$$(r+r')^2 - c^2 = 2rr'\left[1 + \cos(v' - v)\right] = 4\,rr'\cos^2\left(\frac{v'-v}{2}\right)\cdot (e)$$

Substituons dans cette équation, à la place des angles v et v', leurs valeurs en u et u'. Si l'on compare entre elles les deux valeurs de r, on trouve aisément

$$\sin v = \frac{a\sqrt{1-e^2}\sin u}{r}, \quad \cos v = \frac{a\cos u - ae}{r};$$

on aurait de même

$$\sin v' = \frac{a\sqrt{1-e^2}\sin u'}{r'}, \quad \cos v' = \frac{a\cos u' - ae}{r'},$$

d'ailleurs

$$rr' = a^2(1 - e\cos u)(1 - e\cos u')$$
$$= a^2\left[1 - e(\cos u + \cos u') + e^2\cos u\cos u'\right].$$

En observant que $\cos(v' - v) = \cos v\cos v' + \sin v\sin v'$, on aura donc

$$rr'\left[1 + \cos(v' - v)\right]$$
$$= a^2\left\{1 + \cos(u' - u) - 2e(\cos u + \cos u') + e^2\left[1 + \cos(u' + u)\right]\right\},$$

ou bien

$$rr'\cos^2\frac{v'-v}{2}$$
$$\left. \begin{aligned} &= a^2\left(\cos^2\frac{u'-u}{2} - 2e\cos\frac{u'-u}{2}\cos\frac{u'+u}{2} + e^2\cos^2\frac{u'+u}{2}\right) \\ &= a^2\left(\cos s - e\cos s'\right)^2. \end{aligned} \right\} \ (f)$$

Faisons pour abréger $r + r' + c = 2p$, $r + r' - c = 2q$,

ce qui donne $(r + r')^2 - c^2 = 4\,pq$ et $r + r' = p + q$; en vertu des équations (e) et (f), on aura

$$\sqrt{pq} = a\,(\cos s - e\cos s').$$

En substituant de même pour r et r' leurs valeurs en u et u' dans l'équation $p + q = r + r'$, on trouvera

$$p + q = a\,[2 - e\,(\cos u + \cos u')] = 2\,a\,(1 - c\cos s\cos s'). \quad (g)$$

Si l'on tire de cette équation la valeur de $e\cos s'$ et qu'on la substitue dans la précédente, on aura

$$\cos s = \frac{\sqrt{pq} + \sqrt{(2\,a - p)(2\,a - q)}}{2\,a},$$

et, par suite,

$$\cos 2\,s = \frac{(a - p)(a - q) + \sqrt{pq\,(2\,a - p)(2a - q)}}{a^2}$$

$$= \left(\frac{a - p}{a}\right)\left(\frac{a - q}{a}\right) + \sqrt{\left[1 - \left(\frac{a - p}{a}\right)^2\right]\left[1 - \left(\frac{a - q}{a}\right)^2\right]}.$$

Si l'on suppose donc

$$\frac{a - q}{a} = \cos z, \quad \frac{a - p}{a} = \cos z',$$

on aura

$$\cos 2\,s = \cos z \cos z' + \sin z \sin z' = \cos(z' - z),$$

et par conséquent $s = \dfrac{z' - z}{2}$, ce qui donne

$$\tan g\,s = \tan g\,\frac{z' - z}{2} = \frac{\sin z' - \sin z}{\cos z' + \cos z}.$$

Reprenons maintenant l'équation (d) qui exprime le temps employé par la planète à parcourir l'arc elliptique sous-tendu par la corde c. Si l'on élimine $e\cos s'$

au moyen de l'équation (g), on trouve

$$\theta = a^{\frac{3}{2}}\left[s - \left(\frac{2\,a - p - q}{2\,a}\right)\tan g\,s\right];$$

équation qui ne contient déjà plus, comme on voit, l'excentricité e. Si l'on y substitue pour s et $\tan g\,s$ leurs valeurs, en observant que $\dfrac{2\,a - p - q}{a} = \cos z + \cos z'$, on aura

$$t' - t = a^{\frac{3}{2}}(z' - z - \sin z' + \sin z); \quad (h)$$

expression très-simple où le temps est exprimé en fonction de la corde de l'arc parcouru, et des deux rayons vecteurs menés à ses extrémités. C'est le beau théorème qu'Euler avait trouvé le premier pour la parabole, et que Lambert est ensuite parvenu, par des considérations géométriques, à étendre à l'ellipse et à l'hyperbole.

Si l'on développe l'arc z' en série par rapport à son sinus, on aura

$$z' - \sin z' = \frac{\sin^3 z'}{1 \cdot 2 \cdot 3}\left(1 + \frac{3^2 \sin^2 z'}{4 \cdot 5} + \frac{3^2 \cdot 5 \sin^4 z'}{4 \cdot 6 \cdot 7} + \ldots\right),$$

série d'autant plus convergente que le grand axe $2\,a$ sera plus considérable. Si ce grand axe devenait infini, l'ellipse se changerait en parabole; on aurait simplement alors, en remettant pour $\sin z'$ sa valeur,

$$z' - \sin z' = \frac{1}{6}\left(\frac{2\,p}{a}\right)^{\frac{3}{2}},$$

tous les autres termes de la série s'annulant par la supposition de $a = \frac{1}{0}$. On aurait de même

$$z - \sin z = \frac{1}{6}\left(\frac{2\,q}{a}\right)^{\frac{3}{2}},$$

et par conséquent

$$t' - t = \frac{1}{6}\left[(2p)^{\frac{3}{2}} - (2\,q)^{\frac{3}{2}}\right] = \frac{1}{6}(r + r' + c)^{\frac{3}{2}} - \frac{1}{6}(r + r' - c)^{\frac{3}{2}}:$$

c'est l'expression du temps employé à décrire l'arc de parabole que sous-tend la corde c. Nous étions déjà parvenus à cette expression (n° **27**); elle est d'un grand usage dans la théorie des comètes.

Le grand axe $2\,a$ est négatif dans l'hyperbole; les valeurs de $\cos z$ et $\cos z'$ deviennent alors plus grandes que l'unité, et par conséquent les arcs z et z', auxquels ces cosinus se rapportent, sont imaginaires. Si l'on nomme c le nombre dont le logarithme hyperbolique est l'unité, on a $c^{z\sqrt{-1}} = \cos z + \sqrt{-1}\,\sin z$, d'où l'on tire

$$z = \frac{1}{\sqrt{-1}}\log(\cos z + \sqrt{-1}\,\sin z);$$

on a de même

$$z' = \frac{1}{\sqrt{-1}}\log\left(\cos z' + \sqrt{-1}\,\sin z'\right).$$

La formule (h), en y changeant a en $-a$, donne donc pour l'hyperbole,

$$t' - t = a^{\frac{3}{2}}\left[\begin{array}{c} \sqrt{-1}\,\sin z' \pm \sqrt{-1}\,\sin z \\ -\log\left(\cos z' + \sqrt{-1}\,\sin z'\right) \pm \log\left(\cos z + \sqrt{-1}\,\sin z\right) \end{array}\right],$$

expression de laquelle on fera disparaître les imaginaires en substituant pour $\cos z$ et $\cos z'$ leurs valeurs. Si l'on fait pour plus de simplicité $\cos z = y$ et $\cos z' = y'$, on aura

$$t' - t = a^{\frac{3}{2}} \left[\begin{array}{c} \sqrt{y'^2 - 1} \mp \sqrt{y^2 - 1} \\ - \log(y' + \sqrt{y'^2 - 1}) \pm \log(y + \sqrt{y^2 - 1}) \end{array} \right].$$

La formule (h), qui donne le temps indépendamment de l'excentricité, doit encore avoir lieu quand l'ellipse indéfiniment aplatie se change en une ligne droite; cette formule exprime alors le temps qu'un corps mû sur le grand axe mettrait à s'avancer vers le foyer placé à l'autre extrémité. Or, en considérant la chute rectiligne d'un corps attiré vers un centre fixe, ce corps partant du repos à la distance $2a$, on trouvera que le temps qu'il emploie à parcourir l'espace $\rho' - \rho$ est exprimé par cette formule

$$t' - t = a^{\frac{3}{2}} (z' - z - \sin z' + \sin z),$$

dans laquelle on fait, pour abréger,

$$\frac{a - \rho'}{a} = \cos z', \qquad \frac{a - \rho}{a} = \cos z.$$

Cette expression doit être identique avec l'équation (h); ce qui donne

$$\frac{a - \rho'}{a} = \frac{2a - (r + r' + c)}{2a}, \qquad \frac{a - \rho}{a} = \frac{2a - (r + r' - c)}{2a},$$

et par conséquent

$$\rho' = \frac{r + r' + c}{2}, \qquad \rho = \frac{r + r' - c}{2};$$

d'où il suit que le temps que la planète emploie à parcourir l'arc sous-tendu par la corde c, est précisément le même que le corps mettrait à décrire le long du grand axe le même espace c en partant de la distance ρ'. Si l'on suppose $\rho = 0$, $\rho' = 2a$, on aura $t' - t = a^{\frac{3}{2}} \pi$, en nommant π la demi-circonférence, dont le rayon est 1; c'est le temps que le mobile emploie à parcourir le grand axe $2a$, et il est égal à la durée d'une demi-révolution de la planète m, ce qui est conforme au théorème précédent.

On voit donc qu'il suffit de la moindre force tangentielle à l'aphélie pour changer le mouvement rectiligne d'un corps attiré vers un centre fixe, en un mouvement de révolution autour de ce centre; mais le temps que le corps met à descendre vers le foyer reste le même dans les deux cas.

Il existe toutefois une différence essentielle entre ces deux mouvements; dans le dernier, la planète m, après avoir atteint l'extrémité du grand axe, revient au point dont elle était partie. Dans le mouvement rectiligne, au contraire, le corps parvenu au foyer d'attraction, passe au delà, et s'en écarte en vertu de sa vitesse acquise d'une distance égale à la hauteur dont il était descendu, en sorte que ce n'est qu'après deux révolutions de la planète qu'il se retrouve avec elle au point de départ (*).

31. Supposons maintenant que l'on connaisse deux lieux de la planète dans son orbite, et le temps employé à parcourir l'espace qu'ils comprennent; on peut encore, dans ce cas, en conclure tous les éléments de l'orbite. En effet, désignons par X, Y les coordonnées

---

(*) *Voir* les Notes à la fin du volume.

rectangulaires de m, rapportées au plan et au grand axe de son orbite, on aura

$$X = r \cos v, \quad Y = r \sin v;$$

on a d'ailleurs

$$r = \frac{a(1 - e^2)}{1 + e \cos v} = a(1 - e \cos u);$$

d'où l'on tire (n° **20**)

$$X = a \cos u - ae, \quad Y = a \sqrt{1 - e^2} \sin u;$$

équations dans lesquelles on peut substituer pour u sa valeur déterminée par l'équation (4), du même numéro.

Soient x, y, z, les trois coordonnées de m par rapport à un plan fixe quelconque, passant par le centre de M, ω l'angle que forme le grand axe de l'orbite avec son intersection sur le plan fixe, α la longitude de cette intersection comptée de l'axe des x, et φ l'inclinaison mutuelle de ces deux plans; soient enfin X' et Y' les coordonnées de m rapportées à la commune intersection du plan de l'orbite et du plan fixe; on aura

$$X' = r \cos(v - \omega), \quad Y' = r \sin(v - \omega),$$

d'où l'on tire, en substituant pour $r \cos v$ et $r \sin v$ leurs valeurs,

$$X' = X \cos \omega + Y \sin \omega, \quad Y' = - X \sin \omega + Y \cos \omega.$$

Cela posé, on trouvera par les règles ordinaires de la transformation des coordonnées, en mettant pour X' et Y' les valeurs précédentes,

$$x = (X \cos \omega + Y \sin \omega) \cos \alpha + (X \sin \omega - Y \cos \omega) \cos \varphi \sin \alpha,$$
$$y = (X \cos \omega + Y \sin \omega) \sin \alpha - (X \sin \omega - Y \cos \omega) \cos \varphi \cos \alpha,$$
$$z = - (X \sin \omega - Y \cos \omega) \sin \varphi.$$

Le second lieu de la planète fournira trois équations

semblables, et en nommant x', y', z' les coordonnées de m relatives à ce nouveau point, on aura six équations entre les six quantités connues x, y, z, x', y', z' et les six constantes a, e, φ, α, l, ω, et par conséquent tout ce qui est nécessaire pour déterminer ces arbitraires. Mais comme l'anomalie excentrique u est donnée en fonction du temps, que nous supposons connu, par une équation transcendante, le problème ne peut pas se résoudre dans ce cas algébriquement, à moins cependant que l'on ne suppose très-petit l'intervalle de temps écoulé entre les passages de la planète par les deux points donnés. Dans ce cas, les coordonnées x', y', z' peuvent se réduire en suites convergentes ordonnées par rapport au temps t; et comme nous aurons occasion d'en faire usage dans la théorie des comètes, nous allons développer ici ces séries.

32. Si l'on regarde les variables x, y, z qui déterminent à chaque instant la position de la planète ou de la comète m, comme des fonctions du temps t, et qu'on nomme X, Y, Z les valeurs de ces variables relatives à l'époque où $t = 0$, et x, y, z leurs valeurs relatives à une autre époque quelconque, on aura en général

$$
\left.
\begin{aligned}
x &= \mathrm{X} + \frac{d\mathrm{x}}{dt}\, t + \frac{d^2\mathrm{x}}{dt^2}\, \frac{t^2}{1.2} + \frac{d^3\mathrm{x}}{dt^3}\, \frac{t^3}{1.2.3} + \ldots, \\[4pt]
y &= \mathrm{Y} + \frac{d\mathrm{x}}{dt}\, t + \frac{d^2\mathrm{y}}{dt^2}\, \frac{t^2}{1.2} + \frac{d^3\mathrm{y}}{dt^3}\, \frac{t^3}{1.2.3} + \ldots, \\[4pt]
z &= \mathrm{Z} + \frac{d\mathrm{z}}{dt}\, t + \frac{d^2\mathrm{z}}{dt^2}\, \frac{t^2}{1.2} + \frac{d^3\mathrm{z}}{dt^3}\, \frac{t^3}{1.2.3} + \ldots,
\end{aligned}
\right\} \quad (k)
$$

les coefficients différentiels $\dfrac{d\mathrm{x}}{dt}$, $\dfrac{d^2\mathrm{x}}{dt^2}$, $\dfrac{d\mathrm{y}}{dt}$, etc., désignant

ici ce que deviennent les différences $\frac{dx}{dt}$, $\frac{d^2x}{dt}$, $\frac{dy}{dt}$, etc.,
lorsqu'on y fait $t = 0$.

Les équations différentielles du mouvement elliptique donnent, en faisant $\mu = 1$,

$$\frac{d^2x}{dt^2} = -\frac{x}{r^3}, \quad \frac{d^2y}{dt^2} = -\frac{y}{r^3}, \quad \frac{d^2z}{dt^2} = -\frac{z}{r^3}.$$

Si l'on différentie successivement la première de ces
équations, et que, pour abréger, on fasse

$$s = \frac{r\,dr}{dt} = \frac{x\,dx + y\,dy + z\,dz}{dt},$$

on aura

$$\frac{d^3x}{dt^3} = \frac{3s}{r^5}x - \frac{1}{r^3}\frac{dx}{dt}$$

$$\frac{d^4x}{dt^4} = \left(\frac{3}{r^5}\frac{ds}{dt} - \frac{3.5.s^2}{r^7} + \frac{1}{r^6}\right)x + \frac{2.3.s}{r^5}\frac{dx}{dt};$$

$$\dots\dots\dots\dots\dots\dots\dots\dots\dots\dots\dots\dots$$

et pour avoir de même les différences successives de y
et de z, il suffira de changer simplement x en y et
en z dans les expressions précédentes.

Si l'on suppose $t=0$ dans ces équations, x, y, z, r, s,
$\frac{dx}{dt}$, $\frac{dy}{dt}$, $\frac{dz}{dt}$ se changent en X, Y, Z, R, S, $\frac{dX}{dt}$, $\frac{dY}{dt}$, $\frac{dZ}{dt}$. Si
l'on effectue ensuite les substitutions dans les équa-
tions (k), et que, pour abréger, on fasse

$$\frac{dX}{dt} = X', \quad \frac{dY}{dt} = Y', \quad \frac{dZ}{dt} = Z', \quad \frac{dS}{dt} = S',$$

et

$$V = 1 - \frac{1}{R^3}\frac{t^2}{1.2} + \frac{3s}{R^5}\frac{t^3}{1.2.3} + \left(\frac{3s'}{R^5} - \frac{3.5.s^2}{R^7} + \frac{1}{R^6}\right)\frac{t^4}{1.2.3.4} + \dots,$$

$$U = t - \frac{1}{R^3}\frac{t^3}{1.2.3} + \frac{2.3.s}{R^5}\frac{t^4}{1.2.3.4} + \dots,$$

on trouve

$$x = \mathrm{x}\,\mathrm{V} + \mathrm{x}'\mathrm{U}, \quad y = \mathrm{y}\,\mathrm{V} + \mathrm{y}'\mathrm{U}, \quad z = \mathrm{z}\,\mathrm{V} + \mathrm{z}'\mathrm{U}. \quad (l)$$

Ces expressions donneront les valeurs des coordonnées x, y, z relatives à un instant quelconque en fonction des coordonnées x, y, z, qui se rapportent à l'époque où l'on compte $t = 0$, des différences premières et secondes de ces quantités et du temps écoulé depuis cette époque.

33. Si l'on suppose donc, comme dans le nº **31**, que l'on connaisse deux lieux de la planète m dans son orbite, en substituant dans les équations précédentes, pour x, y, z, leurs valeurs relatives au premier point donné de l'orbite, et pour x, y, z et t, leurs valeurs relatives au second, en ne portant l'approximation que jusqu'aux troisièmes puissances du temps, on aura trois équations qui donneront les valeurs des trois quantités x', y', z', et l'on déterminera celles des six constantes a, e, φ, α, l, ω, comme nous l'avons fait nº **29**.

Il est bon de remarquer que les deux quantités s et s' déterminent immédiatement deux des principaux éléments de l'orbite, le grand axe et l'excentricité. En effet, les équations (e) et (d), nº **20**, en remplaçant h et k par leurs valeurs et $\dfrac{r\,dr}{dt}$ par s, donnent

$$2r - \frac{r^2}{a} - s^2 = a(1 - e^2);$$

d'où, en différentiant et divisant par $r\,dr$, on tire

$$\frac{1}{r} - \frac{1}{a} = s'.$$

Si dans ces équations on substitue à la place de r, s et s' leurs valeurs relatives à l'époque où $t = 0$, elles donneront

$$\frac{1}{a} = \frac{1}{\mathrm{R}} - s', \quad a(1 - e^2) = 2\mathrm{R} - \frac{\mathrm{R}^2}{a} - s^2. \quad (m)$$

On aura donc ainsi les valeurs de a et de e. On voit de plus que les quantités que nous avons désignées par s et s', et qui entrent dans les valeurs de V et U, ne dépendent que de la figure de l'orbite et sont indépendantes de sa position. Dans la parabole, le grand axe $2a$ est infini, et le demi-paramètre $a(1 - e^2)$ est double de la distance périhélie; en nommant donc D cette distance, les équations précédentes donneront dans ce cas

$$\frac{1}{\mathrm{R}} = s', \quad \mathrm{D} = \mathrm{R} - \frac{1}{2}s^2.$$

34. Enfin la figure de l'orbite peut encore être déterminée par les formules du numéro précédent, dans le cas où l'on connaît seulement les trois rayons vecteurs r, r', r'', et les temps t et t' employés par le mobile à parcourir les intervalles qui les séparent. En effet, si l'on ajoute entre elles les trois équations (l) après les avoir élevées au carré, qu'on observe que $x^2 + y^2 + z^2 = r^2$, on aura

$$r^2 = (\mathrm{X}^2 + \mathrm{Y}^2 + \mathrm{Z}^2)\,\mathrm{V}^2 + 2(\mathrm{XX}' + \mathrm{YY}' + \mathrm{ZZ}')\,\mathrm{VU}$$
$$+ (\mathrm{X}'^2 + \mathrm{Y}'^2 + \mathrm{Z}'^2)\,\mathrm{U}^2.$$

On a d'ailleurs (n°s **32** et **33**)

$$\mathrm{X}^2 + \mathrm{Y}^2 + \mathrm{Z}^2 = \mathrm{R}^2, \quad \mathrm{XX}' + \mathrm{YY}' + \mathrm{ZZ}' = \mathrm{S},$$
$$\mathrm{X}'^2 + \mathrm{Y}'^2 + \mathrm{Z}'^2 = \frac{2}{\mathrm{R}} - \frac{1}{a} = \frac{1}{\mathrm{R}} + s'.$$

On aura donc

$$r^2 = \mathrm{R}^2\,\mathrm{V}^2 + 2\,s\,\mathrm{VU} + \left(\frac{1}{\mathrm{R}} + s'\right)\mathrm{U}^2.$$

Cette équation donnera la valeur de r relative à un temps t quelconque, lorsque les quantités R, s et s', relatives à l'époque, seront déterminées.

Supposons que l'on fixe l'origine du temps, qu'on peut prendre à volonté, à l'instant où le rayon vecteur de m est égal à r ; qu'on nomme t et t', les intervalles de temps qui séparent les passages de la planète par les trois points dont les rayons vecteurs sont donnés, on aura

$$r'^2 = r^2\,\mathrm{V}^2 + 2\,s\,\mathrm{VU} + \left(\frac{1}{r} + s'\right)\mathrm{U}^2,$$

$$r''^2 = r^2\,\mathrm{V}'^2 + 2\,s\,\mathrm{V}'\mathrm{U}' + \left(\frac{1}{r} + s'\right)\mathrm{U}'^2,$$

V' et U' désignant ce que deviennent V et U lorsqu'on y change t en t'.

On aura donc deux équations entre les inconnues s et s', au moyen desquelles on pourra déterminer leurs valeurs. Elles donneront immédiatement le grand axe, et l'excentricité par les formules (m) ; on aura ensuite l'angle compris entre le rayon r et le périhélie par la formule (c) (n° **29**).

35. C'est en comparant les positions des planètes observées à différentes époques, qu'on a déterminé les éléments de leurs orbites ; et comme ces corps ne sont jamais à d'assez grandes distances de la Terre pour échapper aux instruments astronomiques, on a pu répéter ces observations autant qu'on l'a jugé convenable, et par des corrections successives, on est parvenu à fixer ces éléments avec toute la précision désirable. La petitesse des excentricités et des inclinaisons mutuelles des orbites planétaires a beaucoup contribué aussi à faciliter ces recherches; mais il n'en est pas ainsi par rapport aux comètes : non-seulement leurs excentricités et les inclinaisons de leurs orbites varient à l'infini, mais encore, comme ces orbites sont en général très-allongées, elles ne sont visibles pour nous que lorsqu'elles reviennent dans la partie la plus voisine du Soleil ou vers leurs périhélies; leur éloignement les dérobe ensuite à nos regards, et souvent elles disparaissent pour toujours. C'est donc un problème d'analyse fort intéressant que celui qui a pour objet de déterminer les éléments de l'orbite d'une comète d'après un certain nombre d'observations faites pendant la durée de son apparition, puisque c'est la seule donnée que nous ayons pour reconnaître ces astres lorsque la suite des temps les ramène vers le Soleil. Les plus grands géomètres, depuis Newton, se sont exercés sur cette question, et nous avons aujourd'hui différentes méthodes pour la résoudre; nous ne nous arrêterons pas ici à exposer aucune de ces méthodes, ce qui nous entraînerait dans une trop longue digression; nous reviendrons sur cet objet lorsque nous aurons achevé la théorie des planètes, et nous consacrerons un livre à part à la détermination des éléments de l'orbite des comètes et à la théorie de leurs perturbations.

CHAPITRE VI.

VARIATIONS DES CONSTANTES ARBITRAIRES QUI ENTRENT
DANS LES FORMULES DU MOUVEMENT ELLIPTIQUE,
OU THÉORIE DES PERTURBATIONS PLANÉTAIRES.

36. Nous sommes parvenu, dans le chapitre IV, à
intégrer complétement les équations différentielles des
mouvements des centres de gravité des corps célestes
autour du Soleil, lorsqu'on n'a égard qu'à l'attraction
de cet astre, et qu'on fait abstraction de leurs actions
mutuelles. Nous avons vu que, dans ce cas, les orbites
qu'ils décrivent sont des sections coniques dont le
Soleil occupe un foyer et dont les éléments sont les
constantes arbitraires introduites par les intégrations.
Dans le chapitre suivant, nous avons montré que la
détermination de ces éléments ne dépend que de la
vitesse dont le corps que l'on considère est animé dans
un point donné de l'orbite, ou, ce qui revient au
même, des forces qui le sollicitent à une époque déterminée. Or, la force qui fait décrire aux corps célestes des sections coniques autour du Soleil est la
puissance attractive de cet astre combinée avec une
impulsion que ces corps peuvent être supposés avoir
reçue à l'origine du mouvement, dont on peut fixer
l'époque à un instant quelconque. Il suit de là que si,
la force attractive restant la même, la force d'impul-

sion éprouve un changement quelconque, la nature de l'orbite ne variera pas, mais ses éléments en seront plus ou moins altérés; de sorte que l'orbe elliptique d'une planète, par exemple, pourra devenir parabolique ou hyperbolique, et la planète se trouvera ainsi transformée en comète. Imaginons maintenant qu'au lieu d'éprouver une variation finie qui n'agit que pendant un instant, l'impulsion primitive soit soumise à des variations infiniment petites, mais dont l'action soit continue, comme on peut supposer que cela a lieu à l'égard des corps célestes en vertu de leurs actions mutuelles; l'orbite pourra encore, pendant chaque intervalle de temps dt, être regardée comme une section conique dont les éléments sont constants pendant cet instant, et varient seulement dans l'instant suivant. Les variations de ces éléments serviront à déterminer l'effet des forces perturbatrices.

Les observations avaient fait voir, en effet, depuis longtemps que les éléments des orbites planétaires ne sont pas constants, et que ces orbites doivent être regardées comme des ellipses dont les dimensions et la position dans l'espace varient par degrés insensibles, de sorte que l'ingénieux artifice de calcul que nous avons développé dans le chapitre III, et qui consiste à faire varier des quantités regardées d'abord comme constantes, pour étendre la solution d'une question particulière à celle d'une question plus générale, semble, dans la théorie des perturbations planétaires, avoir été indiqué aux géomètres comme le résultat des observations, dont il n'est, pour ainsi dire, qu'une simple traduction.

Exprimons par des formules analytiques les considérations précédentes.

37. Si l'on désigne par m la masse de la planète dont
on considère le mouvement relatif autour du Soleil,
par M celle de cet astre, et par m', m'', m''', etc., celles
des planètes perturbatrices; que l'on nomme x, y, z
les coordonnées de m rapportées à trois axes rectangulaires passant par le centre de M; x', y', z', les coordonnées de m' relatives aux mêmes axes, et ainsi de
suite; si de plus on fait pour abréger $M + m = \mu$,
$x^2 + y^2 + z^2 = r^2$, $x'^2 + y'^2 + z'^2 = r'^2$, etc., et qu'on
suppose

$$R = m' \left(\frac{1}{\sqrt{(x'-x)^2+(y'-y)^2+(z'-z)^2}} - \frac{xx'+yy'+zz'}{r'^3} \right)$$
$$+ m'' \left(\frac{1}{\sqrt{(x''-x)^2+(y''-y)^2+(z''-z)^2}} - \frac{xx''+yy''+zz''}{r''^3} \right),$$

on aura, n° **8**, pour déterminer les mouvements de
m autour de M, les trois équations différentielles suivantes :

$$\left. \begin{array}{l} \dfrac{d^2 x}{dt^2} + \dfrac{\mu x}{r^3} = \dfrac{dR}{dx}, \\[2mm] \dfrac{d^2 y}{dt^2} + \dfrac{\mu y}{r^3} = \dfrac{dR}{dy}, \\[2mm] \dfrac{d^2 z}{dt^2} + \dfrac{\mu z}{r^3} = \dfrac{dR}{dz}. \end{array} \right\} \quad (A)$$

Si dans ces équations on fait $R = 0$, elles deviennent celles du mouvement elliptique que nous avons
intégrées dans le chapitre IV. Supposons à l'une quelconque des intégrales premières auxquelles nous som-

mes parvenu, cette forme

$$a = \text{Fonct.}\,(x,\, y,\, z,\, x_{,},\, y_{,},\, z_{,},\, t),\ (a)$$

en désignant par a une des arbitraires introduites par l'intégration, c'est-à-dire l'un quelconque des éléments de l'orbite elliptique, et en faisant, pour abréger,

$$x_{,} = \frac{dx}{dt}, \quad y_{,} = \frac{dy}{dt}, \quad z_{,} = \frac{dz}{dt}.$$

Si l'on veut que pendant l'instant dt l'ellipse décrite dans le cas où R est nul, et l'orbite troublée coïncident, il faudra supposer aux variables x, y, z, et à leurs différentielles premières $x_{,}$, $y_{,}$, $z_{,}$, les mêmes valeurs sur les deux courbes, et par conséquent l'expression de a ne changera pas, soit que l'on considère le mouvement elliptique ou le mouvement troublé. Mais dans ce dernier cas, les vitesses $x_{,}$, $y_{,}$, $z_{,}$, au bout de l'instant dt, sont augmentées respectivement, par l'effet des forces perturbatrices, des trois quantités infiniment petites $\frac{d\text{R}}{dx}\,dt$, $\frac{d\text{R}}{dy}\,dt$, $\frac{d\text{R}}{dz}\,dt$; on ne peut plus alors regarder l'élément a comme constant, et en ajoutant aux vitesses $x_{,}$, $y_{,}$, $z_{,}$, dans l'expression de cet élément, leurs variations, on aura pour déterminer la variation correspondante da,

$$da = \left(\frac{da}{dx_{,}}\frac{d\text{R}}{dx} + \frac{da}{dy_{,}}\frac{d\text{R}}{dy} + \frac{da}{dz_{,}}\frac{d\text{R}}{dz} \right) dt. \ (a')$$

Si l'on considère l'équation (a) comme une intégrale première des équations (A) dans le cas où l'on a R $= 0$, il est évident qu'elle satisfera encore aux mêmes équations, dans le cas où leur second membre n'est pas nul. En effet, les valeurs des coordonnées x, y, z, et de leurs différentielles $x_{,}dt$, $y_{,}dt$, $z_{,}dt$, sont par notre hypothèse supposées les mêmes dans les deux cas, et ces quantités ne diffèrent que par leurs différentielles secondes ; de sorte que si l'on désigne par $(x_{,})$, $(y_{,})$, $(z_{,})$ les valeurs de $x_{,}$, $y_{,}$, $z_{,}$, dans le cas où R est égal à zéro, on aura $x_{,} = (x_{,})$, $y_{,} = (y_{,})$, $z_{,} = (z_{,})$, et en différentiant

$$dx_{,} = (dx_{,}) + \eth x_{,}, \quad dy_{,} = (dy_{,}) + \eth y_{,}, \quad dz_{,} = (dz_{,}) + \eth z_{,}.$$

Cela posé, différentions l'équation (a), et désignons par fonct. $(x,\, y,\, z,\, x_{,},\, y_{,},\, z_{,},\, t)$ la différentielle du second membre dans le cas où $R = o$; on aura

$$o = \text{fonct.}\,(x,\, y,\, z,\, x_{,},\, y_{,},\, z_{,},\, t).$$

Cette même équation, en y faisant varier à la fois les constantes et les variables, pour l'appliquer au cas où R n'est pas nul, donnera

$$da = \text{fonct.}\,(x, y, z, x_{,}, y_{,}, z_{,}, t) + \left(\frac{da}{dx_{,}}\,\eth x_{,} + \frac{da}{dy_{,}}\,\eth y_{,} + \frac{da}{dz_{,}}\,\eth z_{,} \right),$$

ou bien, en retranchant la première différentielle de la seconde,

$$da = \left(\frac{da}{dx_{,}}\,\eth x_{,} + \frac{da}{dy_{,}}\,\eth y_{,} + \frac{da}{dz_{,}}\,\eth z_{,} \right). \quad (b)$$

Or, si l'on substitue à la place de $\dfrac{d^2 x}{dt}$, $\dfrac{d^2 y}{dt}$, $\dfrac{d^2 z}{dt}$, dans les équations (A), leurs valeurs $(dx_{,}) + \eth x_{,}$, $(dy_{,}) + \eth y_{,}$, $(dz_{,}) + \eth z_{,}$, on a

$$\eth x_{,} = \frac{dR}{dx}\,dt, \quad \eth y_{,} = \frac{dR}{dy}\,dt, \quad \eth z_{,} = \frac{dR}{dz}\,dt,$$

puisque les quantités $(dx_{,})$, $(dy_{,})$, $(dz_{,})$, sont en effet supposées satisfaire à ces équations dans le cas où R est nul. Si l'on remplace donc $\delta x_{,}$, $\delta y_{,}$, $\delta z_{,}$, par leurs valeurs dans l'équation (b), et qu'on substitue pour da la valeur que nous lui avons supposée dans l'équation (a'), on voit qu'on aura une équation identique, et que par conséquent l'intégrale (a) satisfait également aux équations différentielles (A), soit que l'on néglige, soit que l'on considère l'action des forces perturbatrices : la seule différence, c'est que dans le premier cas l'arbitraire a est constante, et que dans le second elle doit être regardée comme variable. Il en serait de même de toute autre intégrale première des équations (A), abstraction faite de leur second membre, quel que soit le nombre des constantes arbitraires qu'elle renferme.

38. Reprenons la valeur de la variation différentielle de a,

$$da = \left(\frac{da}{dx_{,}} \frac{dR}{dx} + \frac{da}{dy_{,}} \frac{dR}{dy} + \frac{da}{dz_{,}} \frac{dR}{dz} \right) dt.$$

On peut donner à cette expression une autre forme, qui a l'avantage de conduire à des expressions très-simples, pour les variations des éléments elliptiques. Il suffit pour cela de substituer aux différentielles de la fonction R relatives aux variables x, y, z, leurs différentielles partielles prises par rapport aux constantes introduites dans R par la substitution des valeurs de x, y, z en fonction du temps et des éléments de l'orbite elliptique. Si l'on désigne par a, b, c, f, g, h ces six constantes arbitraires, en suivant la marche que nous avons indiquée dans le n° **16**, on trouvera

$$da = (a, b)\frac{d\mathrm{R}}{db}\,dt + (a, c)\frac{d\mathrm{R}}{dc}\,dt + (a, f)\frac{d\mathrm{R}}{df}\,dt \left.\vphantom{\begin{matrix}a\\a\end{matrix}}\right\} \quad (1)$$
$$+ (a, g)\frac{d\mathrm{R}}{dg}\,dt + (a, h)\frac{d\mathrm{R}}{dh}\,dt,$$

expression dans laquelle on fait, pour abréger,

$$(a, b) = \frac{da}{dx_,}\frac{db}{dx} - \frac{da}{dx}\frac{db}{dx_,} + \frac{da}{dy_,}\frac{db}{dy} - \frac{da}{dy}\frac{db}{dy_,} \left.\vphantom{\begin{matrix}a\\a\end{matrix}}\right\} \quad (2)$$
$$+ \frac{da}{dz_,}\frac{db}{dz} - \frac{da}{dz}\frac{db}{dz_,}.$$

Et l'on suppose aux quantités représentées par (a, c), (a, f), etc., des valeurs analogues fournies par la même équation, dans laquelle on substituera simplement les lettres c, f, g, h, à la place de b.

Cette expression de da est surtout remarquable en ce que les coefficients (a, b), (a, c), etc., qui multiplient les différentielles partielles de R, sont des fonctions des constantes a, b, c, f, g, h, qui ne renferment pas le temps implicitement. Cette proposition, que nous avons démontrée généralement n° 17, peut se vérifier ici d'une manière fort simple. Il suffit pour cela de faire varier le temps t dans les expressions de (a, b), (a, c), etc.

En effet, différentions l'expression précédente de (a, b), nous aurons

$$d.(a, b) = \frac{da}{dx_,}\,d.\frac{db}{dx} - \frac{db}{dx_,}\,d.\frac{da}{dx} + \frac{db}{dx}\,d.\frac{da}{dx_,} - \frac{da}{dx}\,d.\frac{db}{dx_,}$$
$$+ \frac{da}{dy_,}\,d.\frac{db}{dy} - \frac{db}{dy_,}\,d.\frac{da}{dy} + \frac{db}{dy}\,d.\frac{da}{dy_,} - \frac{da}{dy}\,d.\frac{db}{dy_,}$$
$$+ \frac{da}{dz_,}\,d.\frac{db}{dz} - \frac{db}{dz_,}\,d.\frac{da}{dz} + \frac{db}{dz}\,d.\frac{da}{dz_,} - \frac{da}{dz}\,d.\frac{db}{dz_,}.$$

Formons les valeurs des différentielles $d.\frac{da}{dx}$, $d.\frac{da}{dx_{,}}$, $d.\frac{db}{dx}$, $d.\frac{db}{dx_{,}}$, $d.\frac{da}{dy}$, etc., qui entrent dans le second membre de cette équation.

Si l'on différentie par rapport à la variable x l'équation

$$a = \text{Fonct.} (x, y, z, x_{,}, y_{,}, z_{,}, t), \quad (a)$$

et qu'on la différentie ensuite une seconde fois par rapport à t, en faisant varier tout ce qui varie avec le temps t, qu'on substitue pour $\frac{dx}{dt}$, $\frac{dy}{dt}$, $\frac{dz}{dt}$, leurs valeurs $x_{,}, y_{,}, z_{,}$, et qu'on observe que si, pour abréger, on fait $\frac{\mu}{r} = V$, les équations du mouvement elliptique donnent

$$\frac{dx_{,}}{dt} = \frac{dV}{dx}, \quad \frac{dy_{,}}{dt} = \frac{dV}{dy}, \quad \frac{dz_{,}}{dt} = \frac{dV}{dz} ; \quad (\alpha)$$

on aura

$$d.\frac{da}{dx} = \left(\frac{d^2 a}{dx\,dt} + \frac{d^2 a}{dx^2}\, x_{,} + \frac{d^2 a}{dx\,dy}\, y_{,} + \frac{d^2 a}{dx\,dz}\, z_{,} \right. $$
$$\left. + \frac{d^2 a}{dx\,dx_{,}} \cdot \frac{dV}{dx} + \frac{d^2 a}{dx\,dy_{,}} \cdot \frac{dV}{dy} + \frac{d^2 a}{dx\,dz_{,}} \cdot \frac{dV}{dz} \right) dt.$$

Mais en différentiant simplement par rapport au temps t l'équation (a), on a

$$\frac{da}{dt}\, dt + \frac{da}{dx}\, dx + \frac{da}{dy}\, dy + \frac{da}{dz}\, dz$$
$$+ \frac{da}{dx_{,}}\, dx_{,} + \frac{da}{dy_{,}}\, dy_{,} + \frac{da}{dz_{,}}\, dz_{,} = 0.$$

Le premier membre de cette équation doit devenir une fonction de t, x, y, z, $x_{,}, y_{,}, z_{,}$, identiquement

I. 21

nulle, lorsqu'on y substitue pour $dx_,$, $dy_,$, $dz_,$ leurs valeurs tirées des équations (α), puisque l'équation (a) est une des intégrales premières de ces équations. Cette substitution donne

$$\left. \begin{aligned} &\frac{da}{dt} + \frac{da}{dx}\,x_, + \frac{da}{dy}\,y_, + \frac{da}{dz}\,z_, \\ &\quad + \frac{da}{dx_,}\cdot\frac{dV}{dx} + \frac{da}{dy_,}\cdot\frac{dV}{dy} + \frac{da}{dz_,}\cdot\frac{dV}{dz} = 0. \end{aligned} \right\} \quad (6)$$

Cette équation étant identique par rapport à t, x, y, z, $x_,$, $y_,$, $z_,$, subsistera encore en faisant varier séparément ces quantités ; je la différentie par rapport à x, et je trouve

$$\begin{aligned} &\frac{d^2a}{dx\,dt} + \frac{d^2a}{dx^2}\,x_, + \frac{d^2a}{dx\,dy}\,y_, + \frac{d^2a}{dx\,dz}\,z_, \\ &\quad + \frac{d^2a}{dx\,dx_,}\cdot\frac{dV}{dx} + \frac{d^2a}{dx\,dy_,}\cdot\frac{dV}{dy} + \frac{d^2a}{dx\,dz_,}\cdot\frac{dV}{dz} \\ &\quad + \frac{da}{dx_,}\cdot\frac{d^2V}{dx^2} + \frac{da}{dy_,}\cdot\frac{d^2V}{dx\,dy} + \frac{da}{dz_,}\cdot\frac{d^2V}{dx\,dz} = 0. \end{aligned}$$

La valeur de la différentielle de $\dfrac{da}{dx}$ se réduira, en vertu de cette équation, à

$$d.\frac{da}{dx} = -\left(\frac{da}{dx_,}\cdot\frac{d^2V}{dx^2} + \frac{da}{dy_,}\cdot\frac{d^2V}{dx\,dy} + \frac{da}{dz_,}\cdot\frac{d^2V}{dx\,dz} \right)dt.$$

On trouvera de la même manière

$$d.\frac{da}{dy} = -\left(\frac{da}{dx_,}\cdot\frac{d^2V}{dx\,dy} + \frac{da}{dy_,}\cdot\frac{d^2V}{dy^2} + \frac{da}{dz_,}\cdot\frac{d^2V}{dy\,dz} \right)dt,$$

$$d.\frac{da}{dz} = -\left(\frac{da}{dx_,}\cdot\frac{d^2V}{dx\,dz} + \frac{da}{dy_,}\cdot\frac{d^2V}{dy\,dz} + \frac{da}{dz_,}\cdot\frac{d^2V}{dz^2} \right)dt.$$

Si l'on différentie la valeur de a, d'abord par rapport

à $x_{,}$ et ensuite par rapport au temps t, on aura

$$d.\frac{da}{dx_{,}} = \left(\frac{d^2 a}{dx_{,}dt} + \frac{d^2 a}{dx\,dx_{,}}\,x_{,} + \frac{d^2 a}{dy\,dx_{,}}\,y_{,} + \frac{d^2 a}{dz\,dx_{,}}\,z_{,} \right. $$
$$\left. + \frac{d^2 a}{dx_{,}^2}\cdot\frac{dV}{dx} + \frac{d^2 a}{dx_{,}dy_{,}}\cdot\frac{dV}{dy} + \frac{d^2 a}{dx_{,}dz_{,}}\cdot\frac{dV}{dz} \right\} dt;$$

mais si l'on différentie par rapport à $x_{,}$ l'équation identique (6), en remarquant que V ne contient pas les variables $x_{,}, y_{,}, z_{,}$, on a

$$\frac{d^2 a}{dx_{,}dt} + \frac{da}{dx} + \frac{d^2 a}{dx\,dx_{,}}\,x_{,} + \frac{d^2 a}{dy\,dx_{,}}\,y_{,} + \frac{d^2 a}{dz\,dx_{,}}\,z_{,}$$
$$+ \frac{d^2 a}{dx_{,}^2}\cdot\frac{dV}{dx} + \frac{d^2 a}{dx_{,}dy_{,}}\cdot\frac{dV}{dy} + \frac{d^2 a}{dx_{,}dz_{,}}\cdot\frac{dV}{dz} = 0.$$

On aura donc simplement, en vertu de cette équation,

$$d.\frac{da}{dx_{,}} = - \frac{da}{dx}\,dt.$$

On trouverait de même

$$d.\frac{da}{dy_{,}} = - \frac{da}{dy}\,dt, \quad d.\frac{da}{dz_{,}} = - \frac{da}{dz}\,dt.$$

Et en supposant la constante b donnée par une équation semblable à celle qui détermine a, on aura pour les différentielles $d.\frac{db}{dx}$, $d.\frac{db}{dy}$, $d.\frac{db}{dz}$, $d.\frac{db}{dx_{,}}$, $d.\frac{db}{dy_{,}}$, $d.\frac{db}{dz_{,}}$, des expressions semblables aux précédentes, en y changeant seulement a en b.

Si l'on substitue ces valeurs dans l'expression de $d.(a, b)$, on verra que les termes qui contiennent les différentielles de $\frac{da}{dx_{,}}$, $\frac{db}{dx_{,}}$, $\frac{da}{dy_{,}}$, $\frac{db}{dy_{,}}$, $\frac{da}{dz_{,}}$, $\frac{db}{dz_{,}}$, se détruisent mutuellement, et qu'en ordonnant par rapport aux différences partielles de V les termes qui contiennent les différentielles de $\frac{da}{dx}$, $\frac{db}{dx}$, $\frac{da}{dy}$, etc., les coefficients de chacune de ces différences se réduisent d'eux-mêmes à zéro.

D'où il suit que la quantité représentée par $(a,\ b)$, et par conséquent les autres quantités semblables $(a,\ c)$, $(b,\ c)$, etc., ne renfermeront pas le temps t et ne pourront être que de simples fonctions des constantes a, b, c, etc., lorsqu'on aura substitué, à la place de x, y, z, $x_{,}$, $y_{,}$, $z_{,}$, leurs valeurs elliptiques en fonction de ces constantes et du temps t.

Ainsi, la variation différentielle da de l'un quelconque des éléments de l'orbite de m, se trouve exprimée par une formule qui ne renferme que les différences partielles de R, prises par rapport aux cinq autres éléments b, c, etc., et multipliées par des fonctions de a, b, c, etc., indépendantes du temps.

Ce résultat remarquable n'est qu'un cas particulier de celui que nous avons obtenu d'une manière générale dans le n° 17 ; mais, vu son importance dans la théorie des perturbations planétaires, nous avons cru qu'il ne serait pas inutile de montrer comment on y peut parvenir immédiatement, par la seule considération des formules du mouvement elliptique, et comment se vérifiait, dans ce cas, d'une manière très-simple, l'indépendance des symboles (a,b), (a,c), etc., à l'égard du temps t.

. Il nous eût été facile, d'ailleurs, de déduire immédiatement et indépendamment de toute autre considération, la formule (1) de la formule générale (D) du n° **18**.

En effet, si l'on ne considère que le mouvement d'un seul corps m, dont les trois coordonnées rectangulaires x, y, z ne sont liées entre elles par aucune équation de condition, on pourra prendre pour variables indépendantes ces coordonnées; on aura ainsi $\varphi = x$, $\psi = y$, $\theta = z$, ce qui donne $\varphi' = x_{,}$, $\psi' = y_{,}$, $\theta' = z_{,}$, et la valeur de T se réduira, dans ce cas, à

$$\mathrm{T} = \frac{m}{2}(x_{,}^{2} + y_{,}^{2} + z_{,}^{2}),$$

d'où l'on tire

$$s = \frac{d\mathrm{T}}{d\varphi_{,}} = mx_{,}, \quad u = \frac{d\mathrm{T}}{d\psi_{,}} = my_{,}, \quad v = \frac{d\mathrm{T}}{d\theta_{,}} = mz_{,}.$$

Ces valeurs, substituées dans la formule générale (D), en observant que la fonction représentée par Ω doit être ici remplacée par $m\mathrm{R}$, reproduisent la valeur de da, à laquelle nous sommes parvenus plus haut.

39. Appliquons la théorie précédente au calcul des perturbations planétaires.

Reprenons, pour cela, les diverses intégrales que nous ont fournies les équations du mouvement elliptique, et déterminons, d'après la formule générale (1), les variations qu'il faudra faire subir aux constantes arbitraires qu'elles renferment, pour étendre ces intégrales aux équations différentielles du mouvement troublé. Nous sommes parvenus, dans le chapitre IV, aux huit intégrales suivantes :

$$\left.\begin{aligned}
& x\,y_{,} - x_{,}\,y = c, \quad z\,x_{,} - z_{,}\,x = c', \quad y\,z_{,} - y_{,}\,z = c'', \\
& x_{,}^2 + y_{,}^2 + z_{,}^2 - \frac{2}{r} + \frac{1}{a} = 0, \quad \frac{r^2\,dv}{dt} = \sqrt{a\,(1 - e^2)}, \\
& r = a\,(1 - e\cos u), \quad t + l = a^{\frac{3}{2}}(u - e\sin u), \\
& r = \frac{a\,(1 - e^2)}{1 + e\cos(v - \omega)}.
\end{aligned}\right\} \quad (B)$$

Nous supposons, pour plus de simplicité, $\mu = 1$.

Ces intégrales contiennent sept constantes arbitraires ; mais comme elles ne doivent en renfermer que six distinctes entre elles, l'une de ces arbitraires est nécessairement comprise dans les six autres.

En effet, on a, n° **20**, entre les constantes c, c', c'', a, e, l'équation de condition,

$$c^2 + c'^2 + c''^2 = a\,(1 - e^2).$$

De sorte que ces cinq constantes n'équivalent réellement qu'à quatre arbitraires distinctes, et qu'on peut regarder l'une d'entre elles, prise à volonté, comme fonction des trois autres. Les constantes c, c', c'' fixent la position du plan de l'orbite ; et en nommant φ son inclinaison sur le plan des xy, et α la longitude de son nœud, comptée sur le même plan, à partir de l'axe de x, on a

$$\operatorname{tang}\varphi = \frac{\sqrt{c'^2 + c''^2}}{c}, \quad \operatorname{tang}\alpha = -\frac{c''}{c'},$$

d'où, en faisant pour abréger $k^2 = c^2 + c'^2 + c''^2$, on tire

$$c = k\cos\varphi, \quad c' = -k\sin\varphi\cos\alpha, \quad c'' = k\sin\varphi\sin\alpha.$$

Ces valeurs nous seront utiles dans les recherches suivantes.

La constante ω exprime la longitude du périhélie comptée sur le plan de l'orbite à partir d'une ligne fixe prise à volonté; nous supposerons, dans ce qui va suivre, que cette ligne est l'intersection du plan de l'orbite avec le plan fixe des x, y, et nous nommerons g ce que devient dans ce cas la constante ω; la dernière des équations (B) donnera ainsi

$$\cos(v - g) = \frac{k^2 - r}{er}. \ (\text{B}')$$

40. Cela posé, les six arbitraires dont nous allons déterminer les variations d'après la théorie générale exposée au commencement de ce chapitre, sont les cinq constantes a, α, φ, l, g, et la constante k dont le carré représente le demi-paramètre de l'orbite, et que nous emploierons de préférence à l'excentricité e, parce que les calculs qui s'y rapportent sont moins compliqués. Ces constantes, substituées tour à tour à la place de a et b dans la formule générale, produiront quinze quantités symboliques (a, k), (a, α), (k, α), etc., qu'il faudra calculer par la formule (2). Commençons par chercher les valeurs de ces quinze quantités.

Formons d'abord les combinaisons (a, k), (a, φ), (a, α), (k, φ), (k, α), (α, φ), où n'entrent point les constantes l et g. Si l'on ajoute les carrés des trois premières équations (B), on aura la valeur de k en fonction de $x, y, z, x_{,}, y_{,}, z_{,}$; en mettant à la place de c, c', c'', leurs valeurs dans les expressions de α.

et φ, on aurait de même la valeur de ces constantes en fonction de x, y, z, $x_{,}$, $y_{,}$, $z_{,}$. On pourrait donc ainsi déterminer directement, d'après la formule (2), les six quantités précédentes ; mais il sera plus simple de regarder les constantes k, α, φ comme fonctions des constantes c, c', c'', et d'employer dans cette recherche la formule (E) du n° **18**.

Si, au moyen des quatre premières équations (B), on forme les différentielles partielles des arbitraires c, c', c'' et a, prises par rapport aux variables x, y, z, $x_{,}$, $y_{,}$, $z_{,}$, qu'on substitue ensuite les valeurs résultantes dans la formule (2), on trouvera sans peine

$$(c, c') = c'', \quad (c, c'') = - c', \quad (c', c'') = c,$$
$$(a, c) = 0, \quad (a, c') = 0, \quad (a, c'') = 0.$$

La constante k est déterminée en fonction de c, c', c'', par l'équation

$$k^2 = c^2 + c'^2 + c''^2 ;$$

la formule (E), n° **18**, donnera donc

$$(a, k) = (a, c)\frac{dk}{dc} + (a, c')\frac{dk}{dc'} + (a, c'')\frac{dk}{dc''} ;$$

d'où l'on tire

$$(a, k) = 0.$$

Les deux arbitraires φ et α étant déterminées par les équations

$$\operatorname{tang}\varphi = \frac{\sqrt{c'^2 + c''^2}}{c}, \quad \operatorname{tang}\alpha = - \frac{c''}{c'},$$

on aura de même

$$(a, \varphi) = 0, \quad (a, \alpha) = 0.$$

Pour former les deux combinaisons (k, φ) et (k, α), remarquons que l'on a par la formule citée :

$$(c, k) = (c, c')\frac{c'}{k} + (c, c'')\frac{c''}{k},$$

$$(c', k) = (c', c)\frac{c}{k} + (c', c'')\frac{c''}{k},$$

$$(c'', k) = (c'', c)\frac{c}{k} + (c'', c')\frac{c'}{k}.$$

Si l'on substitue pour (c, c'), (c, c''), (c', c''), leurs valeurs, en observant que l'on a, n° **18**, $(c', c) = -(c, c')$, $(c'', c) = -(c, c'')$, $(c'', c') = -(c', c'')$, on trouve

$$(c, k) = 0, \quad (c', k) = 0, \quad (c'', k) = 0.$$

D'ailleurs

$$(\varphi, k) = (c, k)\frac{d\varphi}{dc} + (c', k)\frac{d\varphi}{dc'} + (c'', k)\frac{d\varphi}{dc''}$$

$$(\alpha, k) = (c', k)\frac{d\alpha}{dc'} + (c'', k)\frac{d\alpha}{dc''}.$$

Par conséquent

$$(k, \varphi) = 0, \quad (k, \alpha) = 0.$$

Pour former la combinaison (α, φ), remarquons que l'on a

$$\cos\varphi = \frac{c}{k};$$

d'où l'on déduit

$$(\alpha, \varphi) = (\alpha, c)\frac{d\varphi}{dc}.$$

Nous omettons le terme $(\alpha, k)\frac{d\varphi}{dk}$, parce que (α, k) est nul, comme nous venons de le voir,

$$(\alpha, c) = (c', c)\frac{d\alpha}{dc'} + (c'', c)\frac{d\alpha}{dc''};$$

et en substituant pour (c', c), (c'', c), $\frac{d\alpha}{dc'}$, $\frac{d\alpha}{dc''}$ leurs valeurs

$$(\alpha, c) = -\cos^2\alpha \left(\frac{c'^2 + c''^2}{c'^2}\right) = -1,$$

et par conséquent

$$(\alpha, \varphi) = \frac{1}{k\sin\varphi}.$$

Passons au calcul des combinaisons dans lesquelles entrent les constantes l et g, et commençons par chercher les valeurs des quatre quantités (a, l), (k, l), (φ, l), (α, l). Si dans la septième des équations (B), on substitue pour u sa valeur donnée par l'équation qui la précède, cette équation prendra cette forme,

$$l = -t + \text{Fonct.}(a, k, r); \quad (c)$$

d'où l'on tire, en faisant d'abord abstraction des constantes a et k,

$$\frac{dl}{dx} = \frac{dl}{dr}\frac{dr}{dx} = \frac{x}{r}\frac{dl}{dr},$$

$$\frac{dl}{dy} = \frac{dl}{dr}\frac{dr}{dy} = \frac{y}{r}\frac{dl}{dr},$$

$$\frac{dl}{dz} = \frac{dl}{dr}\frac{dr}{dz} = \frac{z}{r}\frac{dl}{dr}.$$

La valeur de l ne contenant pas les variables $x_,$, $y_,$, $z_,$, on aura, par rapport à une constante quelconque b,

$$(l, b) = -\frac{1}{r}\left(x\frac{db}{dx_,} + y\frac{db}{dy_,} + z\frac{db}{dz_,}\right)\frac{dl}{dr}.$$

Pour avoir égard aux constantes a et k contenues dans la valeur de l, il faudrait ajouter au second membre de cette équation la fonction

$$(a,\, b)\, \frac{dl}{da} + (k,\, b)\, \frac{dl}{dk}.$$

Mais on peut l'omettre, parce que b devant représenter l'une des quatre constantes a, k, φ, α, les deux termes précédents sont toujours nuls. Il ne reste plus qu'à substituer successivement ces arbitraires à la place de b dans la valeur de $(l,\, b)$.

Il est aisé de voir d'abord par les valeurs de c, c', c'', que la substitution des constantes φ et α ou de toute autre fonction de c, c', c'', à la place de b, rendra nulle la fonction

$$x\, \frac{db}{dx_,} + y\, \frac{db}{dy_,} + z\, \frac{db}{dz_,}.$$

On aura donc aussi

$$(l,\, \varphi) = 0, \quad (l,\, \alpha) = 0.$$

Quant à la constante a, on trouve

$$\frac{da}{dx_,} = 2\, a^2\, x_,, \quad \frac{da}{dy_,} = 2\, a^2\, y_,, \quad \frac{da}{dz_,} = 2\, a^2\, z_,;$$

en faisant donc $b = a$ dans $(l,\, b)$, on aura

$$(l,\, a) = -\frac{2\, a^2}{r}\, (xx_, + yy_, + zz_,)\, \frac{dl}{dr} = -\, 2\, a^2\, \frac{dr}{dt}\, \frac{dl}{dr};$$

mais l'équation (c) donne évidemment $\frac{dl}{dr} = \frac{dt}{dr}$; par conséquent

$$(l,\, a) = -\, 2\, a^2.$$

Faisons enfin $b = k$, la constante k étant fonction de c, c', c'', on aura, d'après ce que nous avons dit plus haut,

$$(l, k) = 0.$$

Passons maintenant à la recherche des cinq dernières combinaisons (g, a), (g, k), (g, φ), (g, α), et (g, l) qui renferment la constante g. L'équation (B′) donne, en la résolvant par rapport à g,

$$g = v - f(a, k, r).$$

On aura donc, relativement à une constante quelconque b,

$$(g, b) = - \frac{1}{r} \left(x \frac{db}{dx_{,}} + y \frac{db}{dy_{,}} + z \frac{db}{dz_{,}} \right) \frac{dg}{dr}.$$
$$- \left(\frac{dv}{dx} \frac{db}{dx_{,}} + \frac{dv}{dy} \frac{db}{dy_{,}} + \frac{dv}{dz} \frac{db}{dz_{,}} \right)$$
$$+ (a, b) \frac{dg}{da} + (k, b) \frac{dg}{dk}.$$

On peut omettre le dernier terme, parce que b devant représenter une des cinq arbitraires a, k, φ, α, l, ce terme est toujours nul.

Pour former les quantités $\frac{dv}{dx}$, $\frac{dv}{dy}$, $\frac{dv}{dz}$, il faut avoir la valeur de l'angle v en fonction des variables x, y, z; or on trouve aisément

$$x = r \cos v \cos \alpha - r \sin v \cos \varphi \sin \alpha,$$
$$y = r \cos v \sin \alpha + r \sin v \cos \varphi \cos \alpha,$$
$$z = r \sin v \sin \varphi;$$

d'où l'on tire

$$\sin v = \frac{z}{r \sin \varphi}, \quad \cos v = \frac{x \cos \alpha + y \sin \alpha}{r}.$$

Nous ferons usage de la première de ces valeurs,

comme étant la plus simple. Elle donne, en la différentiant,

$$\frac{dv}{dx} = \frac{-\,xz}{r^3 \sin\varphi \cos v}, \quad \frac{dv}{dy} = \frac{-\,yz}{r^3 \sin\varphi \cos v}, \quad \frac{dv}{dz} = \frac{r^2 - z^2}{r^3 \sin\varphi \cos v},$$

$$\frac{dv}{d\varphi} = -\,\frac{z \cos\varphi}{r \sin^2\varphi \cos v}, \quad \frac{dv}{dt} = \frac{\dfrac{r\,dz - z\,dr}{dt}}{r^2 \sin\varphi \cos v}.$$

Substituant ces valeurs dans la formule qui donne $(g,\,b)$, et ajoutant, à cause de la constante φ qui entre dans l'expression de $\sin v$, le terme $(\varphi,\,b)\dfrac{dv}{d\varphi}$, on aura

$$\left.\begin{aligned}
(g,\,b) = {} & -\frac{1}{r}\left(x\frac{db}{dx_{\prime}} + y\frac{db}{dy_{\prime}} + z\frac{db}{dz_{\prime}}\right)\frac{dg}{dr} \\
& + \frac{z}{r^3 \sin\varphi \cos v}\left(x\frac{db}{dx_{\prime}} + y\frac{db}{dy_{\prime}} + z\frac{db}{dz_{\prime}}\right) \\
& - \frac{1}{r \sin\varphi \cos v}\frac{db}{dz_{\prime}} + (a,\,b)\frac{dg}{da} + (\varphi,\,b)\frac{dv}{d\varphi}.
\end{aligned}\right\} \quad (d)$$

Il ne reste plus qu'à substituer les constantes a, k, φ, α, l à la place de b dans cette formule. Faisons d'abord $b = a$, nous aurons

$$x\frac{da}{dx_{\prime}} + y\frac{da}{dy_{\prime}} + z\frac{da}{dz_{\prime}} = 2\,a^2 \cdot\frac{r\,dr}{dt},$$

et

$$\frac{z}{r^3 \sin\varphi \cos v}\left(x\frac{da}{dx_{\prime}} + y\frac{da}{dy_{\prime}} + z\frac{da}{dz_{\prime}}\right) - \frac{1}{r \sin\varphi \cos v}\frac{da}{dz_{\prime}}$$

$$= -\,2\,a^2\left(\frac{\dfrac{r\,dz - z\,dr}{dt}}{r^2 \sin\varphi \cos v}\right) = -\,2\,a^2\frac{dv}{dt}.$$

On a de plus $(a,\,a) = 0$, $(\varphi,\,a) = 0$; par conséquent

$$(g,\,a) = -\,2\,a^2\left(\frac{dg}{dt} + \frac{dv}{dt}\right),$$

et comme $\dfrac{dg}{dt} = -\dfrac{dv}{dt}$, on aura

$$(g, a) = 0.$$

Faisons $b = k$; l'arbitraire k étant fonction de c, c', c'', on a

$$x\frac{dk}{dx_{,}} + y\frac{dk}{dy_{,}} + z\frac{dk}{dz_{,}} = 0.$$

D'ailleurs $(a, k) = 0$ et $(\varphi, k) = 0$; la formule qui donne (g, k) se réduit donc à

$$(g, k) = -\frac{1}{r\sin\varphi\cos v}\frac{dk}{dz_{,}};$$

mais $k^2 = c^2 + c'^2 + c''^2$, d'où l'on tire

$$\frac{dk}{dz_{,}} = \frac{c''y - c'x}{k} = \sin\varphi\,(x\cos\alpha + y\sin\alpha);$$

ou bien, d'après la valeur de $\cos v$ trouvée précédemment,

$$\frac{dk}{dz_{,}} = r\sin\varphi\cos v;$$

par conséquent

$$(g, k) = -1.$$

Cherchons la valeur de (g, φ), et pour abréger, au lieu de faire $b = \varphi$ dans la formule (d), observons que l'on a $\cos\varphi = \dfrac{c}{k}$, par conséquent

$$(g, \varphi) = (g, k)\frac{d\varphi}{dk} + (g, c)\frac{d\varphi}{dc}.$$

Il est aisé de se convaincre que $(g, c) = 0$; nous avons trouvé $(g, k) = -1$; donc on a

$$(g, \varphi) = -\frac{\cos\varphi}{k\sin\varphi}.$$

Cherchons la valeur de (g, α); α étant fonction de c' et c'', on a

$$(g, \alpha) = (g, c') \frac{d\alpha}{dc'} + (g, c'') \frac{d\alpha}{dc''};$$

mais il est aisé de se convaincre que l'on a

$$(g, c') = \frac{1}{r \sin \varphi \cos \upsilon} x + (\varphi, c') \frac{d\upsilon}{d\varphi},$$

$$(g, c'') = - \frac{1}{r \sin \varphi \cos \upsilon} y + (\varphi, c'') \frac{d\upsilon}{d\varphi}.$$

La valeur de $\operatorname{tang} \alpha = - \dfrac{c''}{c'}$ donne, en la différentiant,

$$\frac{d\alpha}{dc'} = \frac{c''}{c'^2} \cos^2 \alpha, \quad \frac{d\alpha}{dc''} = - \frac{1}{c'} \cos^2 \alpha.$$

Substituons ces valeurs dans (g, α), nous aurons

$$(g, \alpha) = \frac{\cos^2 \alpha}{r \sin \varphi \cos \upsilon} \left(\frac{c'' x + c' y}{c'^2} \right) + \frac{d\upsilon}{d\varphi} \left[(\varphi, c') \frac{d\alpha}{dc'} + (\varphi, c'') \frac{d\alpha}{dc''} \right];$$

mais

$$(\varphi, c') \frac{d\alpha}{dc'} + (\varphi, c'') \frac{d\alpha}{dc''} = (\varphi, \alpha) = - \frac{1}{k \sin \varphi},$$

par conséquent

$$(g, \alpha) = \frac{\cos^2 \alpha}{r \sin \varphi \cos \upsilon} \left(\frac{c'' x + c' y}{c'^2} \right) + \frac{1}{k \sin \varphi} \frac{z \cos \varphi}{r \sin^2 \varphi \cos \upsilon}.$$

D'ailleurs les valeurs de c, c', c'' (n° **39**) donnent $\dfrac{\cos \varphi}{k \sin^2 \varphi} = \dfrac{c \cos^2 \alpha}{c'^2}$, d'où il résulte

$$(g, \alpha) = \frac{\cos^2 \alpha}{r \sin \varphi \cos \upsilon} \left(\frac{cz + c' y + c'' x}{c'^2} \right);$$

et comme $cz + c' y + c'' x = 0$ (n° **20**), on a enfin

$$(g, \alpha) = 0.$$

Déterminons la valeur de (g, l), dernière combinaison qui nous reste à considérer. La constante l peut être regardée comme fonction des variables r et t, et des arbitraires a et k; nous aurons donc par conséquent

$$(g, l) = (g, r)\frac{dl}{dr} + (g, a)\frac{dl}{da} + (g, k)\frac{dl}{dk};$$

et comme $(g, a) = 0$ et $(g, k) = -1$, cette valeur se réduit à

$$(g, l) = (g, r)\frac{dl}{dr} - \frac{dl}{dk}.$$

Puisque r ne contient pas les variables $x_,, y_,, z_,$, la valeur de (g, r) se réduit à

$$(g, r) = (a, r)\frac{dg}{da} + (\varphi, r)\frac{dv}{d\varphi}.$$

Le second terme est nul de lui-même, puisque l'on a

$$(\varphi, r) = \frac{1}{r}\left(x\frac{d\varphi}{dx_,} + y\frac{d\varphi}{dy_,} + z\frac{d\varphi}{dz_,}\right),$$

et que nous avons vu que φ étant fonction de c, c', c'', la quantité $x\frac{d\varphi}{dx_,} + y\frac{d\varphi}{dy_,} + z\frac{d\varphi}{dz_,}$ était nulle. Il ne nous reste donc à former que la quantité (a, r),

$$(a, r) = \frac{da}{dx_,}\frac{dr}{dx} + \frac{da}{dy_,}\frac{dr}{dy} + \frac{da}{dz_,}\frac{dr}{dz}.$$

Substituons pour $\frac{da}{dx_,}, \frac{da}{dy_,}, \frac{da}{dz_,}, \frac{dr}{dx}, \frac{dr}{dy}$ et $\frac{dr}{dz}$ leurs valeurs, on aura

$$(a, r) = \frac{2\,a^2}{r}(xx_, + yy_, + zz_,) = 2\,a^2\frac{dr}{dt}.$$

Ainsi donc

$$(g, r) = 2 a^2 \frac{dr}{dt} \frac{dg}{da},$$

et par conséquent

$$(g, l) = 2 a^2 \frac{dr}{dt} \frac{dl}{dr} \frac{dg}{da} - \frac{dl}{dk} = 2 a^2 \frac{dg}{da} - \frac{dl}{dk}.$$

Si pour $\frac{dg}{da}$ et $\frac{dl}{dk}$ on substitue leurs valeurs tirées de l'équation (B′) du n° **39**, et de la septième des équations (B) du même numéro, différentiées par rapport à ces constantes, et en y regardant e comme fonction de a et de k, on trouvera, toute réduction faite,

$$(g, l) = \left(\frac{a(1 - e^2) - r}{e\sqrt{a^2 e^2 - (a - r)^2}} \right) \left(\frac{- a\sqrt{1 - e^2}}{e} + \frac{a\sqrt{1 - e^2}}{e} \right),$$

et par conséquent

$$(g, l) = 0.$$

41. Rassemblons les valeurs des quinze quantités que nous venons de déterminer; nous aurons

$$(a, k) = 0, \quad (a, \varphi) = 0, \quad (a, \alpha) = 0, \quad (a, g) = 0, \quad (a, l) = 2 a^2,$$
$$(l, k) = 0, \quad (l, \varphi) = 0, \quad (l, \alpha) = 0, \quad (l, g) = 0,$$
$$(k, \varphi) = 0, \quad (k, \alpha) = 0, \quad (k, g) = 1,$$
$$(g, \varphi) = \frac{- \cos \varphi}{k \sin \varphi}, \quad (g, \alpha) = 0,$$
$$(\varphi, \alpha) = \frac{- 1}{k \sin \varphi}.$$

Si dans la formule générale (1), on met successivement a, l, k, g, α et φ, à la place de a et b, et qu'on y substitue ensuite les valeurs précédentes, on aura

I.

pour déterminer les variations de ces six quantités :

$$
\left.
\begin{aligned}
da &= 2\,a^2\,dt\left(\frac{d\mathrm{R}}{dl}\right), \\[4pt]
dl &= -\,2\,a^2\,dt\left(\frac{d\mathrm{R}}{da}\right), \\[4pt]
dk &= dt\left(\frac{d\mathrm{R}}{dg}\right), \\[4pt]
dg &= -\,dt\left(\frac{d\mathrm{R}}{dk}\right) - \frac{\cos\varphi\,dt}{k\sin\varphi}\left(\frac{d\mathrm{R}}{d\varphi}\right), \\[4pt]
d\alpha &= \frac{dt}{k\sin\varphi}\left(\frac{d\mathrm{R}}{d\varphi}\right). \\[4pt]
d\varphi &= \frac{\cos\varphi\,dt}{k\sin\varphi}\left(\frac{d\mathrm{R}}{dg}\right) - \frac{dt}{k\sin\varphi}\left(\frac{d\mathrm{R}}{d\alpha}\right).
\end{aligned}
\right\} \quad (o)
$$

42. De ces formules il est aisé de conclure celles qui se rapportent à la variation des six arbitraires que nous avons considérées dans la théorie du mouvement elliptique ; il suffit pour cela de remplacer les constantes l, k, g par leurs valeurs en fonction de ces arbitraires. Nous avons supposé (n^{os} **24** et **39**)

$$
nl = \varepsilon - \omega, \quad k = \sqrt{a(1 - e^2)};
$$

n étant par hypothèse égale à $a^{-\frac{3}{2}}$.

On tire de là, en différentiant,

$$
d\varepsilon = d\omega + n\,dl - \frac{3}{2}\frac{(\varepsilon - \omega)}{a}\,da,
$$

$$
de = -\frac{an\sqrt{1 - e^2}}{e}\,dk + \frac{1 - e^2}{2\,ae}\,da.
$$

Quant à la valeur de $d\omega$, remarquons que nous avons désigné par g (n° **39**) l'angle compris entre la ligne des nœuds et le grand axe de l'orbite ; ω est l'angle que forme ce même axe avec une ligne fixe menée dans le plan de cette orbite : on aurait donc $d\omega = dg$ si la ligne des nœuds ne faisait aucun mouvement pendant l'intervalle de temps dt ; mais cette droite changeant à chaque instant de position, il est clair que $d\omega$ est égal à dg, plus le mouvement des nœuds, pendant l'instant dt, projeté sur le plan de l'orbite ; on aura ainsi, aux quantités près du second ordre,

$$d\omega = dg + \cos\varphi\, d\alpha.$$

La quantité R peut être considérée, soit comme une fonction des arbitraires a, l, k, g, α, soit comme une fonction des arbitraires a, ε, e, ω et α : on a donc, en la différentiant dans ces deux hypothèses, l'équation identique

$$\frac{dR}{da} da + \frac{dR}{dl} dl + \frac{dR}{dk} dk + \frac{dR}{dg} dg + \frac{dR}{d\alpha} d\alpha$$
$$= \left(\frac{dR}{da}\right) da + \frac{dR}{d\varepsilon} d\varepsilon + \frac{dR}{de} de + \frac{dR}{d\omega} d\omega + \left(\frac{dR}{d\alpha}\right) d\alpha.$$

Substituons dans le second membre, à la place de $d\varepsilon$, de, $d\omega$, leurs valeurs précédentes, et égalons ensuite de part et d'autre les coefficients de da, dl, dk, dg et $d\alpha$; nous aurons

$$\frac{dR}{da} = \left(\frac{dR}{da}\right) + \frac{1-e^2}{2\,ac} \frac{dR}{de} - \frac{3}{2} \frac{(\varepsilon-\omega)}{a} \frac{dR}{d\varepsilon},$$
$$\frac{dR}{dl} = n \frac{dR}{d\varepsilon},$$
$$\frac{dR}{dk} = -\frac{an\sqrt{1-e^2}}{c} \frac{dR}{de},$$
$$\frac{dR}{dg} = \frac{dR}{d\varepsilon} + \frac{dR}{d\omega},$$
$$\frac{dR}{d\alpha} = \left(\frac{dR}{d\alpha}\right) + \cos\varphi \frac{dR}{d\varepsilon} + \cos\varphi \frac{dR}{d\omega}.$$

Si l'on substitue ces valeurs dans les formules (o); qu'ensuite on substitue pour da, dl, dk, dg et $d\alpha$ leurs valeurs résultantes dans $d\varepsilon$, de et $d\omega$, on aura, pour déterminer les variations des six éléments de l'orbite elliptique, en observant que $n^2 = a^{-3}$, et que $k = \sqrt{a(1 - e^2)}$, les équations suivantes :

$$da = 2\,a^2\,n\,dt\left(\frac{d\mathrm{R}}{d\varepsilon}\right),\ (1)$$

$$d\varepsilon = \frac{an\,dt\,\sqrt{1 - e^2}}{e}\left(1 - \sqrt{1 - e^2}\right)\left(\frac{d\mathrm{R}}{de}\right) - 2\,a^2\,n\,dt\left(\frac{d\mathrm{R}}{da}\right),\ (2)$$

$$de = -\,\frac{an\,dt\,\sqrt{1 - e^2}}{e}\left(1 - \sqrt{1 - e^2}\right)\left(\frac{d\mathrm{R}}{d\varepsilon}\right) - \frac{an\,dt\,\sqrt{1 - e^2}}{e}\left(\frac{d\mathrm{R}}{d\omega}\right),\ (3)$$

$$d\omega = \frac{an\,dt\,\sqrt{1 - e^2}}{e}\left(\frac{d\mathrm{R}}{de}\right),\ (4)$$

$$d\alpha = \frac{an\,dt}{\sin\varphi\,\sqrt{1 - e^2}}\left(\frac{d\mathrm{R}}{d\varphi}\right),\ (5)$$

$$d\varphi = -\,\frac{an\,dt}{\sin\varphi\,\sqrt{1 - e^2}}\left(\frac{d\mathrm{R}}{d\alpha}\right).\ (6)$$

43. Nous voici donc parvenus à exprimer les variations différentielles des éléments de l'orbite elliptique par les différences partielles de la fonction R relatives à ces mêmes éléments, et multipliées par des coefficients qui ne renferment pas le temps. Il suffira donc, pour avoir leurs valeurs finies, de différentier par rapport à ces éléments chaque terme du développement de R, et de l'intégrer ensuite; avantage précieux qui résulte de la forme particulière que nous avons donnée aux expressions de ces variations.

La constante arbitraire ε étant toujours jointe à l'angle nt, on a $\dfrac{d\mathrm{R}}{d\varepsilon} = \dfrac{d\mathrm{R}}{n\,dt}$, d'où l'on tire $\dfrac{d\mathrm{R}}{d\varepsilon}\, n\,dt = d'\mathrm{R}$, la caractéristique d' désignant une différentielle relative au temps t, prise en ne faisant varier t qu'autant qu'il est multiplié par n ; les valeurs de da et de de deviennent ainsi

$$da = 2\,a^2\,d'\mathrm{R},$$

$$de = -\,\frac{a\sqrt{1-e^2}}{e}\left(1 - \sqrt{1-e^2}\right)d'\mathrm{R} - \frac{an\,dt\sqrt{1-e^2}}{e}\left(\frac{d\mathrm{R}}{d\omega}\right).$$

On peut employer indifféremment ces expressions ou celles dont elles dérivent.

Nous avons supposé $n = a^{-\frac{3}{2}}$; on aura donc, en différentiant,

$$dn = -\,3\,an\,d'\mathrm{R}. \quad (7)$$

Cette formule donnera en l'intégrant la valeur qu'il faut substituer à la place de n dans les formules du mouvement elliptique. Or, en nommant ξ la longitude moyenne de la planète m, on a $\xi = nt + \varepsilon$, et par conséquent

$$d\xi = n\,dt + t\,dn + d\varepsilon;$$

expression dans laquelle il faut remplacer dn et $d\varepsilon$ par leurs valeurs. Mais il y a ici une observation essentielle à faire, c'est que, dans la différence partielle de R, relative à a, on peut se dispenser de faire varier la quantité n qui dépend de a. En effet, R étant fonction de $nt + \varepsilon$, donnera, à raison de la variation de n, le terme $\dfrac{d\mathrm{R}}{d\varepsilon}\, t\, \dfrac{dn}{da}$; la valeur de $d\varepsilon$ renferme le terme $-\,2\,a^2\,\dfrac{d\mathrm{R}}{da}\,n\,dt$. La variation de n y introduira donc le terme $- 2 a^2 \frac{dR}{d\varepsilon} t \frac{dn}{da} ndt$; par conséquent la variation de la longitude moyenne sera, à raison seulement de la variation de n,

$$d\xi = tdn - 2 a^2 \frac{tdn}{da} \frac{dR}{d\varepsilon} ndt.$$

Si l'on substitue pour dn sa valeur, et qu'on remarque que $\frac{dn}{da} = - \frac{3}{2} \frac{n}{a}$ et $\frac{dR}{d\varepsilon} ndt = d'R$, on verra que cette expression se réduit à zéro. Il suit de là que dans la valeur de $d\xi$ on peut omettre le terme tdn, pourvu qu'on regarde n comme constant dans la différence partielle de R prise par rapport à a. On aura donc $\xi = \int ndt + \varepsilon$ pour l'expression de la longitude moyenne dans le mouvement troublé, et toutes les formules relatives au mouvement elliptique auront également lieu dans le cas de l'ellipse invariable et dans le cas de l'ellipse troublée, pourvu qu'on y change nt en $\int ndt$, et que l'on détermine les éléments de l'ellipse variable par les formules précédentes. Cette manière d'exprimer le moyen mouvement a l'avantage de faire disparaître les termes qui se trouveraient sans cela multipliés par le temps t hors des signes sinus et cosinus. Si l'on fait $\zeta = \int ndt$, on aura $d\zeta = ndt$; et en substituant pour n sa valeur tirée de l'équation (7), et intégrant ensuite, on trouvera pour déterminer la variation du moyen mouvement la formule

$$\zeta = - 3 \int\int andt.d'R. \quad (8)$$

44. Les formules (5) et (6), qui donnent les valeurs de $d\alpha$ et de $d\varphi$, contiennent au dénominateur le sinus de l'angle φ, quantité très-petite lorsqu'on suppose l'inclinaison de l'orbite sur le plan fixe peu considérable, et qui devient nulle lorsqu'on rapporte la position de la planète au plan de son orbite primitive, comme nous le ferons dans la suite. On peut éviter cet inconvénient en substituant aux arbitraires φ et α, qui représentent l'inclinaison de l'orbite et la longitude de son nœud ascendant, les quantités $\tang\varphi \sin\alpha$ et $\tang\varphi \cos\alpha$ qui en dépendent. En effet, si l'on fait

$$p = \tang\varphi \sin\alpha, \quad q = \tang\varphi \cos\alpha,$$

on aura, en différentiant,

$$dp = \frac{\sin\alpha}{\cos^2\varphi}\, d\varphi + q\, d\alpha,$$

$$dq = \frac{\cos\alpha}{\cos^2\varphi}\, d\varphi - p\, d\alpha.$$

Si l'on considère R comme fonction de φ et α, et ensuite comme fonction de p et q, on a l'équation identique

$$\frac{d\mathrm{R}}{d\alpha}\, d\alpha + \frac{d\mathrm{R}}{d\varphi}\, d\varphi = \frac{d\mathrm{R}}{dp}\, dp + \frac{d\mathrm{R}}{dq}\, dq.$$

En substituant pour dp et dq leurs valeurs, et en égalant de part et d'autre les coefficients de $d\alpha$ et de $d\varphi$, on trouve

$$\frac{d\mathrm{R}}{d\alpha} = q\,\frac{d\mathrm{R}}{dp} - p\,\frac{d\mathrm{R}}{dq},$$

$$\frac{d\mathrm{R}}{d\varphi} = \frac{\sin\alpha}{\cos^2\varphi}\,\frac{d\mathrm{R}}{dp} + \frac{\cos\alpha}{\cos^2\varphi}\,\frac{d\mathrm{R}}{dq}.$$

Si l'on substitue ces valeurs dans celles de $d\alpha$ et de $d\varphi$, qu'ensuite on substitue les valeurs résultantes dans dp et dq, et qu'on néglige les termes du second ordre par rapport à φ, ou bien qu'on fasse $\varphi = 0$, ce qui suppose que l'on prend pour plan de projection le plan même de l'orbite de m, on aura

$$dp = \frac{an\,dt}{\sqrt{1 - e^2}}\left(\frac{d\mathrm{R}}{dq}\right), \quad (9)$$

$$dq = -\frac{an\,dt}{\sqrt{1 - e^2}}\left(\frac{d\mathrm{R}}{dp}\right). \quad (10)$$

Ces formules, jointes aux quatre premières du n° **42**, sont celles dont nous nous servirons désormais pour déterminer les variations des éléments de l'orbite elliptique, et nous en conclurons d'une manière très-simple toutes les inégalités du mouvement des planètes.

45. Si l'on supposait enfin

$$p' = \sin\varphi \sin\alpha, \quad q' = \sin\varphi \cos\alpha,$$

on trouverait, par une analyse semblable à la précédente,

$$dp' = \frac{an\,dt\cos\varphi}{\sqrt{1 - e^2}}\left(\frac{d\mathrm{R}}{dq}\right),$$

$$dq' = -\frac{an\,dt\cos\varphi}{\sqrt{1 - e^2}}\left(\frac{d\mathrm{R}}{dp}\right).$$

Ces formules sont rigoureuses, tandis que les précédentes ne sont qu'approchées; elles se confondent avec elles quand on suppose φ une très-petite quantité.

En général, on peut observer que la disposition des

formules précédentes dépend uniquement des arbitraires que l'on a choisies, et peut varier par conséquent d'une infinité de manières. Si l'on prenait pour constantes arbitraires les cinq quantités a, ε, ω, p, q, et le demi-paramètre k^2 au lieu de l'excentricité e, on trouverait pour déterminer la différentielle de k,

$$dk = dt \left(\frac{d\mathrm{R}}{d\varepsilon} \right) + dt \left(\frac{d\mathrm{R}}{d\omega} \right).$$

Cette formule nous sera utile dans la suite.

On aurait des formules plus simples encore que celles que nous avons développées dans le n° **41**, et qui auraient l'avantage de ne contenir qu'une seule différence partielle de la fonction R, en prenant pour constantes arbitraires les cinq quantités a, k, l, α, φ, du n° **40**, et la quantité ω du n° **42**. On trouverait sans difficulté, pour déterminer les variations de ces constantes, les équations suivantes :

$$da = 2\,a^2\,dt \left(\frac{d\mathrm{R}}{dl} \right), \quad dl = -\,2\,a^2\,dt \left(\frac{d\mathrm{R}}{da} \right),$$

$$dk = dt \left(\frac{d\mathrm{R}}{d\omega} \right), \qquad d\omega = -\,dt \left(\frac{d\mathrm{R}}{dk} \right),$$

$$d\alpha = \frac{dt}{k \sin\varphi} \left(\frac{d\mathrm{R}}{d\varphi} \right), \quad d\varphi = -\,\frac{dt}{k \sin\varphi} \left(\frac{d\mathrm{R}}{d\alpha} \right).$$

On aurait encore, n° **18**, des formules dont chacune ne contiendrait qu'une seule différentielle partielle de R, en prenant, pour constantes arbitraires, les valeurs des trois coordonnées x, y, z, et des trois vitesses $\frac{dx}{dt}$, $\frac{dy}{dt}$, $\frac{dz}{dt}$ de la planète, relatives à une époque déterminée, par exemple, à l'instant d'où l'on compte le temps t.

46. Considérons maintenant, d'une manière générale, les diverses formules que nous venons d'obtenir. La fonction R, dont les différences partielles entrent dans ces formules, est une fonction donnée des coordonnées x, y, z de la planète troublée, et des coordonnées x', y', z', etc., des planètes perturbatrices. Cette fonction est du premier ordre, par rapport aux masses de ces planètes; de sorte que si, dans une première approximation, on néglige les puissances des masses perturbatrices supérieures à la première, il suffira de substituer dans R, à la place des coordonnées x, y, z, x', y', z', etc., leurs valeurs relatives au mouvement elliptique. R devient alors fonction du temps t et des éléments a, ε, e, ω, p, q; a', ε', e', ω', p', q', etc., des orbites des planètes m, m', etc., et l'on peut toujours supposer cette fonction développée en *série* ordonnée par rapport à t. Nous donnerons dans le chapitre suivant le moyen d'effectuer ce développement; il suffit ici seulement d'en concevoir la possibilité. Il suit de là que si l'on désigne par F le premier terme de cette série, c'est-à-dire le terme indépendant de t, F étant une fonction connue des éléments de la planète troublée et des planètes perturbatrices, il en résultera dans les variations des éléments a, ε, e, etc., des termes proportionnels à l'élément du temps, lesquels produiront, par l'intégration dans les variations finies de ces éléments, des termes croissant comme le temps, et qui seront indépendants de la position des planètes m, m', m'', etc., dans leurs orbites. Si l'on substitue donc F à la place de R dans les formules (1), (2), (3), (4), (9), (10), et qu'on observe que la différentielle de F par rapport à nt est nécessairement nulle, on aura, pour déterminer ces termes, les formules suivantes :

$$
\left.
\begin{aligned}
da &= 0,\\[4pt]
de &= -\frac{an\,dt\sqrt{1-e^2}}{e}\left(\frac{d\mathrm{F}}{d\varpi}\right),\\[4pt]
d\varepsilon &= \frac{an\,dt\sqrt{1-e^2}}{e}\left(1-\sqrt{1-e^2}\right)\left(\frac{d\mathrm{F}}{de}\right) - 2a^2 n\,dt\left(\frac{d\mathrm{F}}{da}\right),\\[4pt]
d\varpi &= \frac{an\,dt\sqrt{1-e^2}}{e}\left(\frac{d\mathrm{F}}{de}\right),\\[4pt]
dp &= \frac{an\,dt}{\sqrt{1-e^2}}\left(\frac{d\mathrm{F}}{dq}\right),\\[4pt]
dq &= -\frac{an\,dt}{\sqrt{1-e^2}}\left(\frac{d\mathrm{F}}{dp}\right).
\end{aligned}
\right\}
\quad (11)
$$

Les variations déterminées par ces équations ont été nommées *inégalités séculaires*, parce qu'elles croissent avec une extrême lenteur. Quant à l'autre partie de la variation des éléments elliptiques de m, elle constitue ce qu'on appelle les *inégalités périodiques*, et on la détermine au moyen des formules du n° **42**, en ne conservant dans le développement de R que les termes que nous y avons négligés. On voit par les formules précédentes que l'expression du grand axe n'est soumise à aucune inégalité de la première espèce, en sorte qu'on peut le considérer comme *invariable* lorsqu'on fait abstraction des *inégalités périodiques*. Cette importante propriété constitue l'un

des phénomènes les plus remarquables de la disposition du système du monde.

L'introduction que nous avons proposée, n° **44**,
des quantités p et q, à la place des variables φ et α
qui déterminent la position du plan de l'orbite de m,
mérite une attention particulière. Cette transformation de variables, semblable à celle dont nous avions
fait usage, n° **34**, livre I, et dont nous avons indiqué
l'utilité pour la théorie de la libration de la Lune, a
l'avantage, dans la question qui nous occupe, de réduire les équations différentielles qui déterminent les
inclinaisons et les longitudes des nœuds d'un système
d'orbites, à la forme d'équations linéaires à coefficients constants dont le nombre est double de celui
des corps agissants du système, ce qui facilite extrêmement leur intégration. On peut appliquer une
transformation analogue à l'excentricité et à la longitude du périhélie et faire disparaître ainsi du dénominateur des valeurs de de et $d\omega$, l'excentricité e
qui, relativement aux planètes, est toujours une très-
petite quantité. En effet, si l'on suppose

$$b = e \sin \omega, \quad c = e \cos \omega,$$

on trouve, en opérant comme dans le n° **44**,

$$db = an\,dt\,\sqrt{1 - b^2 - c^2}\left(\frac{d\mathrm{F}}{dc}\right), \quad dc = -\,an\,dt\,\sqrt{1 - b^2 - c^2}\left(\frac{d\mathrm{F}}{db}\right), \quad (12)$$

formules qui, dans la théorie des variations séculaires,
ont sur celles qui donnent directement de et $d\omega$, les
mêmes avantages que nous avons indiqués plus haut
relativement aux équations (9) et (10).

Nous développerons, dans le chapitre suivant, les formules précédentes ; nous déterminerons ensuite, en les intégrant, les variations finies des éléments des orbites planétaires, et nous en déduirons, par des approximations successives, les différentes inégalités des mouvements des planètes avec toute l'exactitude qu'exige la précision des observations modernes.

CHAPITRE VII.

DÉVELOPPEMENT DES FORMULES QUI DÉTERMINENT LES
VARIATIONS DES ÉLÉMENTS DES ORBITES PLANÉ-
TAIRES, ET RELATIONS QUI EXISTENT ENTRE LES
INÉGALITÉS SÉCULAIRES DE CES ÉLÉMENTS.

47. Nous venons de voir qu'en vertu de l'action
réciproque des corps du système solaire, les éléments
des orbites des planètes étaient soumis à deux espèces
de variations distinctes. Les unes, indépendantes de
la configuration de ces différents corps et de leurs
positions respectives, qui reviennent les mêmes après
de courts intervalles, peuvent croître indéfiniment
avec le temps, ou être assujetties à des périodes qui
leur sont propres, mais dont la durée est toujours extrêmement longue. Les autres, au contraire, dépendent uniquement de la position des planètes, soit
entre elles, soit à l'égard de leurs nœuds et de leurs
aphélies, et reprennent les mêmes valeurs toutes les
fois que la disposition générale du système redevient
la même.

Ces dernières, comme nous l'avons dit n° **46**, ont
été nommées *variations périodiques*. Les éléments de
l'orbite, en vertu de ces inégalités, ne font qu'osciller
entre des limites qu'elles ne sauraient dépasser; leur
effet est de changer à chaque instant la position qu'au-

rait la planète dans son orbite supposée invariable, mais la stabilité du système du monde n'en peut être altérée.

Les premières, qui sont en même temps les plus importantes et les plus difficiles à déterminer, ont été appelées *variations séculaires*, parce que leurs accroissements étant extrêmement lents, ce n'est qu'après un grand nombre d'années que leur effet peut se manifester. Elles font varier de siècle en siècle, et par degrés insensibles, la figure des orbites et leur position dans l'espace, de sorte que, comme leur action est permanente et continue, il est impossible de décider *à priori* si la forme générale du système planétaire n'en sera pas à la longue entièrement bouleversée.

Il faut, pour résoudre cette importante question, examiner avec soin les valeurs finies de ces variations, valeurs qu'on obtiendra, comme nous l'avons dit, en intégrant les formules du n° 46. Cette intégration, il est vrai, est impossible en général dans l'état actuel de l'analyse, et il est, par conséquent, impossible aussi d'avoir rigoureusement les valeurs finies des variations des éléments elliptiques; mais le peu d'excentricité des orbites des planètes, et la petitesse de leurs inclinaisons mutuelles, permettent de déterminer par des approximations successives leurs valeurs approchées, aussi exactement qu'on le peut désirer.

48. Pour le faire voir, et pour calculer généralement toutes les inégalités que l'action mutuelle des planètes peut produire dans leurs mouvements, il est nécessaire de réduire en série la fonction que nous avons désignée par R. Occupons-nous donc d'abord de ce développement. En ne considérant que l'action d'une seule planète perturbatrice m' sur m, on a

$$R = m' \cdot \left[\frac{1}{\sqrt{(x'-x)^2 + (y'-y)^2 + (z'-z)^2}} - \frac{xx' + yy' + zz'}{(x'^2 + y'^2 + z'^2)^{\frac{3}{2}}} \right].$$

L'action des autres corps m'', m''', etc., introduit dans cette fonction des termes semblables.

Désignons par $r_,$ le rayon vecteur de m projeté sur le plan des xy, et par $v_,$ l'angle que fait ce rayon avec l'axe des x; désignons de même par $r'_,$ le rayon vecteur de m' projeté sur le même plan, et par $v'_,$ l'angle que forme cette projection avec l'axe des x; nous aurons

$$x = r_, \cos v_, , \quad y = r_, \sin v_, ,$$
$$x' = r'_, \cos v'_, , \quad y' = r'_, \sin v'_, .$$

Si l'on substitue ces valeurs dans la fonction R, elle devient

$$R = m' \cdot \left[\frac{1}{\sqrt{r'^2_, - 2 r_, r'_, \cos(v'_, - v_,) + r^2 + (z'-z)^2}} - \frac{r_, r'_, \cos(v'_, - v_,) + zz'}{(r'^2_, + z'^2)^{\frac{3}{2}}} \right].$$

Les excentricités et les inclinaisons mutuelles des orbites planétaires étant de très-petites quantités, puisque ces orbites s'éloignent peu de la forme circulaire, et que leur plus grande inclinaison à l'écliptique ne surpasse pas sept degrés, si l'on développe la fonction précédente en série ordonnée par rapport aux puissances et aux produits de ces deux éléments, cette série sera nécessairement très-convergente. Cela posé, choisissons le plan fixe des x, y, qu'on est libre de prendre à volonté, de manière que les inclinaisons des orbites sur ce plan soient peu considérables; les valeurs des ordonnées z et z' seront très-petites, et en développant dans cette hypothèse la fonction R, on aura

$$R = m'.\left[\frac{1}{\sqrt{[r_{\prime}^{\prime\,2} - 2\,r_{\prime}\,r_{\prime}'\cos(v_{\prime}' - v') + r'^2]}} - \frac{r_{\prime}\cos(v_{\prime} - v_{\prime})}{r_{\prime}'^{\,2}}\right]$$

$$- \frac{m'\,zz'}{r_{\prime}'^{\,3}} + \frac{3\,m'\,r_{\prime}\,z'^2\cos(v' - v_{\prime})}{2\,r_{\prime}'^{\,4}} - \frac{m'\,(z' - z)^2}{2.[r_{\prime}'^{\,2} - 2\,r_{\prime}\,r_{\prime}'\cos(v' - v_{\prime}) + r_{\prime}^2]^{\frac{3}{2}}}$$

$+$ etc.

Supposons, pour un moment, les orbites circulaires, et couchées toutes sur le plan des xy, en désignant par a et a' les distances moyennes des planètes m et m' au Soleil, et par $nt + \varepsilon$ et $n't + \varepsilon'$ leurs moyens mouvements autour de cet astre, nous aurons

$$r_{\prime} = a_{\prime},\quad v_{\prime} = nt + \varepsilon,\quad z = 0,\quad r_{\prime}' = a',\quad v_{\prime}' = n't + \varepsilon',\quad z' = 0;$$

et si l'on nomme $R_{\prime}$ ce que devient, dans ce cas, la valeur de R, on a

$$R_{\prime} = m'.\left\{[a'^2 - 2\,aa'\cos(n't - nt + \varepsilon' - \varepsilon) + a^2]^{-\frac{1}{2}} - \frac{a}{a'^2}\cos(n't - nt + \varepsilon' - \varepsilon)\right\}.$$

Nous démontrerons tout à l'heure que toute fonction de la forme $(a'^2 - 2\,aa'\cos\varphi + a^2)^{-\frac{1}{2}}$ peut toujours se développer en une série procédant suivant les cosinus de l'angle φ et de ses multiples : soit donc

$$[a'^2 - 2\,aa'\cos(n't - nt + \varepsilon' - \varepsilon) + a^2]^{-\frac{1}{2}} = \frac{1}{2}\,A'^{(0)} + A'^{(1)}\cos(n't - nt + \varepsilon' - \varepsilon)$$

$$+ A'^{(2)}\cos 2\,(n't - nt + \varepsilon' - \varepsilon) + \dots,$$

I.   23

on aura

$$[a'^2 - 2\,aa'\cos(n't - nt + \varepsilon' - \varepsilon) + a^2]^{-\frac{1}{2}} - \frac{a}{a'^2}\cos(n't - nt + \varepsilon' - \varepsilon) = \frac{1}{2}A'^{(0)}$$

$$+ \left(A'^{(1)} - \frac{a}{a'^2}\right)\cos(n't - nt + \varepsilon' - \varepsilon) + A'^{(2)}\cos 2\,(n't - nt + \varepsilon' - \varepsilon) + \text{etc.}$$

Si l'on observe que les arcs négatifs ont mêmes cosinus que les arcs positifs correspondants, on pourra représenter, pour abréger, par

$$\frac{1}{2}\Sigma\,.\,A^{(i)}\cos i\,(n't - nt + \varepsilon' - \varepsilon)$$

la somme de tous les termes de cette série. Le nombre i devant prendre toutes les valeurs entières, positives ou négatives, comprises depuis $i = 0$ jusqu'à $i = \pm\frac{1}{0}$, en ayant soin de faire $A^{(-i)} = A^{(i)}$; et le coefficient $A^{(i)}$ étant donné par l'équation $A^{(i)} = A_{,}^{(i)}$ toutes les fois que i est un nombre quelconque différent de l'unité, et par l'équation $A^{(i)} = A'^{(i)} - \frac{a}{a'^2}$ quand $i = 1$.

Cette manière très-simple de représenter une série procédant suivant les multiples du cosinus d'un arc donné et composée d'un nombre indéfini de termes, est fort usitée dans toutes les branches de l'analyse, et elle est d'un usage très-commode dans la théorie du système du monde, où l'on a souvent de pareilles suites à considérer.

La valeur précédente de $R_{,}$ deviendra ainsi

$$R_{,} = \frac{m}{2}\Sigma\,.\,A^{(i)}\cos i\,(n't - nt + \varepsilon' - \varepsilon).$$

Revenons maintenant aux orbites supposées peu

excentriques et peu inclinées les unes aux autres. On aura dans ce cas, d'après les valeurs du rayon vecteur et de la longitude vraie dans l'orbite elliptique, développées n° **25**,

$$v_{,} = a\,(1 + u), \qquad r'_{,} = a'\,(1 + u'),$$

$$v_{,} = nt + \varepsilon + v, \quad v'_{,} = n't + \varepsilon' + v',$$

en représentant par u, u', v, v' de très-petites quantités dépendantes des excentricités et des inclinaisons. Si l'on substitue ces valeurs dans la fonction R, et qu'on la développe par rapport aux puissances et aux produits de u, u', v, v', z et z', il suffira de remplacer ensuite ces quantités par leurs valeurs pour avoir une série ordonnée par rapport aux puissances et aux produits des excentricités et des inclinaisons, comme nous nous le sommes proposé. Mais la substitution que nous venons d'indiquer revient évidemment à donner aux quantités a, a', $nt + \varepsilon$, $n't + \varepsilon'$, qui entrent dans la fonction R, les accroissements au, $a'u'$, v et v', et à joindre à la fonction qui en résultera les termes du développement de R dépendants des variables z et z'. Si l'on fait donc

$$\left[a'^2 - 2\,aa'\cos(n't - nt + \varepsilon' - \varepsilon) + a^2\right]^{-\frac{3}{2}}$$

$$= \frac{1}{2}\,\mathrm{B}^{(0)} + \mathrm{B}^{(1)}\cos(n't - nt + \varepsilon' - \varepsilon)$$

$$+ \mathrm{B}^{(2)}\cos 2\,(n't - nt + \varepsilon' - \varepsilon) + \dots$$

$$= \frac{1}{2}\,\Sigma.\mathrm{B}^{(i)}\cos i\,(n't - nt + \varepsilon' - \varepsilon),$$

le nombre i dans cette série, comme dans la précédente, devant s'étendre à toutes les valeurs comprises

23.

entre $i = -\frac{1}{0}$ et $i = \frac{1}{0}$, en observant que $B^{(-i)} = B^{(i)}$, on trouvera par la formule ordinaire du développement des fonctions de plusieurs variables :

$$R = \frac{m'}{2}\, \Sigma . A^{(i)} \cos i(n't - nt + \varepsilon' - \varepsilon)$$

$$+ \frac{m'}{2}\, u\, \Sigma . a \left(\frac{d A^{(i)}}{da}\right) \cos i(n't - nt + \varepsilon' - \varepsilon)$$

$$+ \frac{m'}{2}\, u'\, \Sigma . a' \left(\frac{d A^{(i)}}{da'}\right) \cos i(n't - nt + \varepsilon' - \varepsilon)$$

$$- \frac{m'}{2}\, (v' - v)\, \Sigma . i A^{(i)} \sin i(n't - nt + \varepsilon' - \varepsilon)$$

$$+ \frac{m'}{4}\, u^2\, \Sigma . a^2 \left(\frac{d^2 A^{(i)}}{da^2}\right) \cos i(n't - nt + \varepsilon' - \varepsilon)$$

$$+ \frac{m'}{2}\, uu'\, \Sigma . aa' \left(\frac{d^2 A^{(i)}}{da\, da'}\right) \cos i(n't - nt + \varepsilon' - \varepsilon)$$

$$+ \frac{m'}{4}\, u'^2\, \Sigma . a'^2 \left(\frac{d^2 A^{(i)}}{da'^2}\right) \cos i(n't - nt + \varepsilon' - \varepsilon)$$

$$- \frac{m'}{2}\, (v' - v)\, u\, \Sigma . ia \left(\frac{d A^{(i)}}{da}\right) \sin i(n't - nt + \varepsilon' - \varepsilon)$$

$$- \frac{m'}{2}\, (v' - v)\, u'\, \Sigma . ia' \left(\frac{d A^{(i)}}{da'}\right) \sin i(n't - nt + \varepsilon' - \varepsilon)$$

$$- \frac{m'}{4}\, (v' - v)^2\, \Sigma . i^2 A^{(i)} \cos i(n't - nt + \varepsilon' - \varepsilon)$$

$$- \frac{m'zz'}{a'^3} + \frac{3\, m'\, az'^2}{2\, a'^4} \cos(n't - nt + \varepsilon' - \varepsilon)$$

$$- \frac{m'\, (z' - z)^2}{4}\, \Sigma . B^{(i)} \cos i(n't - nt + \varepsilon' - \varepsilon)$$

$$+ \ldots$$

Si l'on nomme s et s' les latitudes de m et de m' au-dessus du plan fixe de projection, ce qui donne $z = rs$, $z' = r's'$, on pourra remplacer, dans l'expression précédente, ces deux dernières quantités par leurs valeurs, et l'on aura ainsi la fonction R développée en série procédant suivant les puissances et les produits des quantités très-petites u, u', v et v', s et s'. En substituant ensuite à la place de ces six quantités leurs valeurs en séries déduites des formules du mouvement elliptique, la fonction R se trouvera développée en une suite de *sinus* et de *cosinus* d'angles proportionnels aux moyens mouvements des planètes troublées et des planètes perturbatrices, multipliés par des coefficients ordonnés par rapport aux puissances ascendantes des excentricités et des inclinaisons qui sont supposées également de très-petites quantités. Il ne reste plus qu'à montrer comment se forment les quantités $A^{(i)}$, $B^{(i)}$ qui entrent dans ce développement ainsi que leurs différentielles successives.

49. Pour cela, considérons généralement la fonction $V^{-s} = (a'^2 - 2\,aa'\cos\varphi + a^2)^{-s}$, et supposons que le développement de cette fonction en série suivant le cosinus de l'angle φ et de ses multiples soit

$$V^{-s} = \tfrac{1}{2} A_s^{(0)} + A_s^{(1)} \cos\varphi + A_s^{(2)} \cos 2\varphi + \ldots,$$

les coefficients $A_s^{(0)}$, $A_s^{(1)}$, $A_s^{(2)}$, etc., étant des fonctions de a, a', et de s.

Si l'on différentie par rapport à φ chacun des termes de ce développement, on aura

$$2\,s.aa'.\sin\varphi.V^{-s-1} = A_s^{(1)} \sin\varphi + 2 A_s^{(2)} \sin 2\varphi + \ldots.$$

Multiplions par V les deux membres de cette équation, et substituons ensuite pour V^{-s} et V leurs valeurs, nous aurons l'équation identique

$$2\,s.aa'.\sin\varphi.\left(\frac{1}{2}\,A_s^{(0)}+A_s^{(1)}\cos\varphi + A_s^{(2)}\cos 2\varphi + \dots\right)$$
$$=(a^2 - 2\,aa'\cos\varphi + a'^2)\left(A_s^{(1)}\sin\varphi + 2\,A_s^{(2)}\sin 2\varphi + \dots\right);$$

d'où l'on tire, en développant et comparant les cosinus semblables,

$$A_s^{(i)} = \frac{(i-1)(a^2 + a'^2)A_s^{(i-1)} - (i + s - 2)aa'\,A_s^{(i-2)}}{(i - s)\,aa'}\cdot\ (a)$$

On aura par cette formule $A_s^{(2)}$, $A_s^{(3)}$, etc., quand $A_s^{(0)}$ et $A_s^{(1)}$ seront connus.

Supposons maintenant

$$V^{-s-1} = \frac{1}{2}\,B_s^{(0)} + B_s^{(1)}\cos\varphi + B_s^{(2)}\cos 2\varphi + \dots.$$

Si l'on multiplie par $a'^2 - 2\,aa'\cos\varphi + a^2$ les deux membres de cette équation, et que pour V^{-s} on substitue sa valeur en série, on aura

$$\frac{1}{2}\,A_s^{(0)} + A_s^{(1)}\cos\varphi + A_s^{(2)}\cos 2\varphi + \ \ ..$$
$$=(a'^2 - 2\,aa'\cos\varphi + a^2)\left(\frac{1}{2}\,B_s^{(0)} + B_s^{(1)}\cos\varphi + B_s^{(2)}\cos 2\varphi + \dots\right);$$

et en comparant les coefficients des cosinus semblables, on trouvera

$$A_s^{(i)} = (a^2 + a'^2)\,B_s^{(i)} - aa'\,B_s^{(i-1)} - aa'\,B_s^{(i+1)};$$

mais il doit exister entre les coefficients $B_s^{i-(1)}$, $B_s^{(i)}$, $B_s^{(i+1)}$ des relations analogues à celles qui existent entre les coefficients $A_s^{(i-1)}$, $A_s^{(i)}$, $A_s^{(i+1)}$: la formule (a) donnera donc, en y changeant s en $s + 1$ et i en $i + 1$,

$$B_s^{(i+1)} = \frac{i\,(a^2 + a'^2)\,B_s^{(i)} - (i + s)\,aa'\,B_s^{(i-1)}}{(i - s)\,aa'}.$$

Si l'on substitue cette valeur dans l'expression précédente de $A_s^{(i)}$, elle devient

$$A_s^{(i)} = \frac{2\,s\,aa'\,B_s^{(i-1)} - s\,(a^2 + a'^2)\,B_s^{(i)}}{i - s}. \quad (1)$$

Cette équation donne, en y changeant i en $i + 1$,

$$A_s^{(i+1)} = \frac{2\,s\,aa'\,B_s^{(i)} - s\,(a^2 + a'^2)\,B_s^{(i+1)}}{i - s + 1}, \quad (2)$$

d'où l'on tire, en substituant pour $B_s^{(i+1)}$ sa valeur précédente,

$$A_s^{(i+1)} = \frac{s\,(i+s)\,aa'\,(a^2 + a'^2)\,B_s^{(i-1)} + s\,[\,2\,(i - s)\,a^2 a'^2 - i\,(a^2 + a'^2)^2\,]\,B_s^{(i)}}{(i - s)\,(i - s + 1)\,aa'}.$$

Si l'on élimine $B_s^{(i-1)}$ entre cette équation et l'équation (1), on aura

$$B_s^{(i)} = \frac{\dfrac{(i + s)}{s}\,(a^2 + a'^2)\,A_s^{(i)} - 2\,\dfrac{(i - s + 1)}{s}\,aa'\,A_s^{(i+1)}}{(a'^2 - a^2)^2}; \quad (b)$$

ou bien, en substituant pour $A_s^{(i+1)}$ sa valeur donnée par la formule (a),

$$B_s^{(i)} = \frac{\dfrac{(s - i)}{s}\,(a^2 + a'^2)\,A_s^{(i)} + 2\,\dfrac{(i + s - 1)}{s}\,aa'\,A_s^{(i-1)}}{(a'^2 - a^2)^2}. \quad (c)$$

On déterminera au moyen de cette formule les valèurs de $B_s^{(0)}$, $B_s^{(1)}$, $B_s^{(2)}$, etc., lorsque celles de $A_s^{(0)}$, $A_s^{(1)}$, $A_s^{(2)}$, etc., seront connues ; et comme celles-ci sont données par la formule (a) lorsque l'on connaît les valeurs de $A_s^{(0)}$ et $A_s^{(1)}$, il ne nous restera plus que ces deux quantités à déterminer.

50. Pour y parvenir, nous ferons usage de la méthode très-simple que nous avons déjà employée dans le n° **25** et qui s'applique à tous les cas analogues. Elle consiste à exprimer le cosinus qui entre dans la fonction V en exponentielles imaginaires et à la développer ensuite. On a, n° **24**, $\cos\varphi = \dfrac{c^{\varphi\sqrt{-1}} + c^{-\varphi\sqrt{-1}}}{2}$;

on aura donc $V = a'^2 - aa'\left(c^{\varphi\sqrt{-1}} + c^{-\varphi\sqrt{-1}}\right) + a^2$; on peut par conséquent regarder V comme le produit des deux facteurs $a' - ac^{\varphi\sqrt{-1}}$ et $a' - ac^{-\varphi\sqrt{-1}}$, de sorte qu'on aura généralement

$$V^{-s} = \left(a' - ac^{\varphi\sqrt{-1}}\right)^{-s}\left(a' - ac^{-\varphi\sqrt{-1}}\right)^{-s}.$$

Si l'on développe séparément chacun des facteurs du second membre, on aura les deux séries

$$\frac{1}{a'^s} + s\,\frac{a}{a'^{s+1}}c^{\varphi\sqrt{-1}} + \frac{s(s+1)}{1.2}\,\frac{a^2}{a'^{s+2}}c^{2\varphi\sqrt{-1}}$$
$$+ \frac{s(s+1)(s+2)}{1.2.3}\,\frac{a^3}{a'^{s+3}}c^{3\varphi\sqrt{-1}} + \dots,$$

$$\frac{1}{a'^s} + s\,\frac{a}{a'^{s+1}}c^{-\varphi\sqrt{-1}} + \frac{s(s+1)}{1.2}\,\frac{a^2}{a'^{s+2}}c^{-2\varphi\sqrt{-1}}$$
$$+ \frac{s(s+1)(s+2)}{1.2.3}\,\frac{a^3}{a'^{s+3}}c^{-3\varphi\sqrt{-1}} + \dots.$$

Si l'on multiplie ces deux séries l'une par l'autre,

et qu'on ordonne leur produit par rapport aux puissances de $c^{\varphi\sqrt{-1}}$ et de $c^{-\varphi\sqrt{-1}}$; que l'on substitue ensuite $2\cos\varphi$ à la place de $c^{\varphi\sqrt{-1}}+c^{-\varphi\sqrt{-1}}$, et en général $2\cos i\varphi$ à la place de $c^{i\varphi\sqrt{-1}}+c^{-i\varphi\sqrt{-1}}$; la valeur de V^{-s} se trouvera exprimée, comme il est facile de s'en assurer, par une série de cette forme,

$$k^{(0)}+2\,k^{(1)}\cos\varphi+2\,k^{(2)}\cos 2\,\varphi+\text{etc.}$$

On aura donc ainsi généralement $A_s^{(i)}=2\,k^{(i)}$; et en supposant $i=0$ et $i=1$, on trouvera

$$A_s^{(0)}=\frac{2}{a'^{2s}}\left[1+s^2\frac{a^2}{a'^2}+\left(\frac{s(s+1)}{1.2}\right)^2\frac{a^4}{a'^4}\right.$$
$$\left.+\left(\frac{s(s+1)(s+2)}{1.2.3}\right)^2\frac{a^6}{a'^6}+\dots\right],$$

$$A_s^{(1)}=\frac{2}{a'^{2s}}\left(s\frac{a}{a'}+s.\frac{s(s+1)}{1.2}.\frac{a^3}{a'^3}\right.$$
$$\left.+\frac{s(s+1)}{1.2}.\frac{s(s+1)(s+2)}{1.2.3}.\frac{a^5}{a'^5}+\dots\right).$$

Ces séries seront convergentes toutes les fois que le rapport $\frac{a}{a'}$ sera moindre que l'unité. Or, comme on peut regarder également la fonction V comme le produit des deux facteurs $a'-a\,c^{\varphi\sqrt{-1}}$ et $a'-a\,c^{-\varphi\sqrt{-1}}$, ou des deux facteurs $a-a'\,c^{\varphi\sqrt{-1}}$ et $a-a'\,c^{-\varphi\sqrt{-1}}$, il s'ensuit qu'on pourra changer dans les séries précédentes a en a', et réciproquement. On choisira donc pour déterminer $A_s^{(0)}$, $A_s^{(1)}$, celles de ces séries où la plus grande de ces deux quantités entrera au dénominateur.

51. Pour rendre ce qui précède applicable à la question qui nous occupe, il suffira de faire $s = \frac{1}{2}$, $s = \frac{3}{2}$ dans les formules que nous avons trouvées, et de supposer que les quantités que nous avons désignées par $A_s^{(0)}$, $A_s^{(1)}$, $A_s^{(2)}$, etc., deviennent $A'^{(0)}$, $A'^{(1)}$, $A'^{(2)}$, etc., et que celles que nous avons nommées $B_s^{(0)}$, $B_s^{(1)}$, $B_s^{(2)}$ etc., deviennent $B^{(0)}$, $B^{(1)}$, $B^{(2)}$, etc.; mais, dans ces deux cas, les séries précédentes sont peu convergentes; elles le deviennent davantage lorsqu'on suppose $s = -\frac{1}{2}$; et si l'on fait

$$V^{\frac{1}{2}} = (a, a') + (a, a')' \cos\varphi + (a, a')'' \cos 2\varphi + \dots$$

on trouve, pour déterminer (a, a') et $(a, a')'$,

$$(a, a') = a'\left[1 + \left(\frac{1}{2}\right)^2 \frac{a^2}{a'^2} + \left(\frac{1 \cdot 1}{2 \cdot 4}\right)^2 \frac{a^4}{a'^4} \right.$$
$$\left. + \left(\frac{1 \cdot 1 \cdot 3}{2 \cdot 4 \cdot 6}\right)^2 \frac{a^6}{a'^6} + \dots \right],$$

$$(a, a')' = - a'\left(\frac{a}{a'} - \frac{1 \cdot 1}{2 \cdot 4} \frac{a^3}{a'^3} - \frac{1 \cdot 1 \cdot 1 \cdot 3}{4 \cdot 2 \cdot 4 \cdot 6} \frac{a^5}{a'^5} \right.$$
$$\left. - \frac{1 \cdot 3 \cdot 5 \cdot 1 \cdot 1 \cdot 3 \cdot 5 \cdot 7}{4 \cdot 6 \cdot 8 \cdot 2 \cdot 4 \cdot 6 \cdot 8 \cdot 10} \frac{a^7}{a'^7} - \dots \right).$$

On aura par ces séries les valeurs de (a, a') et de $(a, a')'$ avec tel degré de précision que l'on voudra. Dans la théorie des planètes et des satellites, il suffira de prendre la somme des onze ou douze premiers termes, et l'on pourra négliger les suivants; ou plus exactement, comme ces termes approchent ensuite de plus en plus de l'égalité, on les sommera comme une progression géométrique dont la raison serait $1 - \dfrac{a^2}{a'^2}$; les valeurs de (a, a') et de $(a, a')'$ qui en résulteront seront exactes, à la sixième décimale près, ce qui est plus que suffisant dans tous les cas. Lorsqu'on aura déterminé ainsi (a, a') et $(a, a')'$, on aura par les formules (b) et (c), avec le même degré de précision, les valeurs de $A'^{(0)}$ et $A'^{(1)}$. Si l'on fait dans la première

$$s = -\frac{1}{2} \text{ et } i = 0, \text{ elle donnera}$$

$$A'^{(0)} = 2\,\frac{(a^2 + a'^2)(a, a') + 3\,aa'\,(a, a')'}{(a'^2 - a^2)^2}.$$

Et si l'on fait $s = -\dfrac{1}{2}$, $i = 1$ dans la formule (c), on aura

$$A'^{(1)} = \frac{4\,aa'\,(a, a') + 3\,(a^2 + a'^2)(a, a')'}{(a'^2 - a^2)^2}.$$

On déterminera ensuite par la formule (a) $A'^{(i)}$ en fonction de $A'^{(0)}$ et de $A'^{(1)}$, quel que soit le nombre i, et l'on en déduira $B^{(i)}$ par la formule (c). Si dans les expressions de $B^{(0)}$ et de $B^{(1)}$, trouvées de cette manière, on substitue pour $A'^{(0)}$ et $A'^{(1)}$ leurs valeurs précédentes, on aura les formules très-simples

$$B^{(0)} = \frac{2\,(a, a')}{(a'^2 - a^2)^2}, \qquad B^{(1)} = \frac{-3\,(a, a')'}{(a'^2 - a^2)^2}.$$

52. Voyons maintenant comment se formeront les différences successives des quantités $A'^{(0)}$, $A'^{(1)}$, etc., $B^{(0)}$, $B^{(1)}$, etc., que nous venons de déterminer, tant par rapport à a que par rapport à a'. Pour cela reprenons l'équation générale

$$V^{-s} = \frac{1}{2}A_s^{(0)} + A_s^{(1)}\cos\varphi + A_s^{(2)}\cos 2\varphi + \ldots$$

Si on la différentie par rapport à a, en observant que $\dfrac{d\mathrm{V}}{da} = 2\,(a - a'\cos\varphi)$, on aura

$$-2\,s\,(a - a'\cos\varphi)\,\mathrm{V}^{-s-1} = \frac{1}{2}\frac{d\mathrm{A}_s^{(0)}}{da} + \frac{d\mathrm{A}_s^{(1)}}{da}\cos\varphi$$

$$+ \frac{d\mathrm{A}_s^{(2)}}{da}\cos 2\,\varphi + \ldots;$$

mais l'équation $\mathrm{V} = a'^2 - 2\,aa'\cos\varphi + a^2$ donne $a - a'\cos\varphi = \dfrac{\mathrm{V} + a^2 - a'^2}{2\,a}$; on a donc ainsi

$$\mathrm{V}^{-s} + \left(a^2 - a'^2\right)\mathrm{V}^{-s-1} = -\frac{1}{2}\frac{a}{s}\frac{d\mathrm{A}_s^{(0)}}{da}$$

$$- \frac{a}{s}\frac{d\mathrm{A}_s^{(1)}}{da}\cos\varphi - \frac{a}{s}\frac{d\mathrm{A}_s^{(2)}}{da}\cos 2\,\varphi - \ldots,$$

ou bien, en mettant pour V^{-s} et V^{-s-1} leurs valeurs en série,

$$\frac{1}{2}\mathrm{A}_s^{(0)} + \mathrm{A}_s^{(1)}\cos\varphi + \mathrm{A}_s^{(2)}\cos 2\,\varphi + \ldots + \left(a^2 - a'^2\right)\left(\frac{1}{2}\mathrm{B}_s^{(0)}\right.$$

$$\left. + \mathrm{B}_s^{(1)}\cos\varphi + \mathrm{B}_s^{(2)}\cos 2\,\varphi + \ldots\right)$$

$$= -\frac{1}{2}\frac{a}{s}\frac{d\mathrm{A}_s^{(0)}}{da} - \frac{a}{s}\frac{d\mathrm{A}_s^{(1)}}{da}\cos\varphi - \frac{a}{s}\frac{d\mathrm{A}_s^{(2)}}{da}\cos 2\,\varphi - \ldots;$$

d'où l'on tire généralement, par la comparaison des termes affectés de cosinus semblables,

$$\frac{d\mathrm{A}_s^{(i)}}{da} = \frac{s\left(a'^2 - a^2\right)}{a}\mathrm{B}_s^{(i)} - \frac{s}{a}\mathrm{A}_s^{(i)},$$

ou bien, en mettant pour $\mathrm{B}^{(i)}$ sa valeur donnée par la formule (b),

$$\frac{d\mathrm{A}_s^{(i)}}{da} = \left(\frac{ia'^2 + (i + 2\,s)\,a^2}{a\left(a'^2 - a^2\right)}\right)\mathrm{A}_s^{(i)} - \left(\frac{2\,(i - s + 1)\,a'}{a'^2 - a^2}\right)\mathrm{A}_s^{(i+1)}. \quad (\mathrm{D})$$

Si l'on différentie successivement cette équation par rapport à a, et que dans les équations résultantes on substitue pour $\dfrac{d\,\mathrm{A}_s^{(i)}}{da}$ et $\dfrac{d\,\mathrm{A}_s^{(i+1)}}{da}$ leurs valeurs déterminées par la formule précédente, à mesure que ces quantités se présenteront, les différences successives de $\mathrm{A}_s^{(i)}$ se trouveront toutes exprimées en fonction de $\mathrm{A}_s^{(i)}$, $\mathrm{A}_s^{(i+1)}$, $\mathrm{A}_s^{(i+2)}$, et nous avons déjà vu comment on déterminait ces valeurs.

Si dans la formule (D) on suppose $s = \frac{1}{2}$, elle devient

$$\frac{d\,\mathrm{A}'^{(i)}}{da} = \left(\frac{ia'^2 + (i+1)\,a^2}{a\,(a'^2 - a^2)} \right) \mathrm{A}'^{(i)} - \left(\frac{(2\,i+1)\,a'}{a'^2 - a^2} \right) \mathrm{A}'^{(i+1)};$$

équation qui donne, en y faisant successivement $i = 0$ et $i = 1$,

$$\frac{d\,\mathrm{A}'^{(0)}}{da} = \frac{a}{a'^2 - a^2}\,\mathrm{A}'^{(0)} - \frac{a'}{a'^2 - a^2}\,\mathrm{A}'^{(1)},$$

$$\frac{d\,\mathrm{A}'^{(1)}}{da} = \frac{a'}{a'^2 - a^2}\,\mathrm{A}'^{(0)} - \frac{a'^2}{a\,(a'^2 - a^2)}\,\mathrm{A}'^{(1)} = \frac{a'}{a}\,\frac{d\,\mathrm{A}'^{(0)}}{da},$$

$$\frac{d^2\,\mathrm{A}'^{(0)}}{da^2} = \frac{2\,a^2}{(a'^2 - a^2)^2}\,\mathrm{A}'^{(0)} + \frac{a'^3 - 3\,a^2 a'}{a\,(a'^2 - a^2)^2}\,\mathrm{A}'^{(1)},$$

$$\frac{d^2\,\mathrm{A}'^{(1)}}{da^2} = \frac{2\,a'^4 - 4\,a^2 a'^2}{a^2\,(a'^2 - a^2)^2}\,\mathrm{A}'^{(1)} - \frac{a'\,(a'^2 - 3\,a^2)}{a\,(a'^2 - a^2)^2}\,\mathrm{A}'^{(0)},$$

etc.

On peut donner à ces formules une forme plus simple en substituant à la place de $\mathrm{A}'^{(0)}$ et $\mathrm{A}'^{(1)}$ leurs valeurs en $\mathrm{B}^{(0)}$ et $\mathrm{B}^{(1)}$, valeurs qu'on obtiendra aisément par les formules (1) et (2), en faisant dans ces formules $i = 0$, $s = \frac{1}{2}$. On aura de cette manière :

$$\mathrm{A}'^{(0)} = (a^2 + a'^2)\,\mathrm{B}^{(0)} - 2\,aa'\,\mathrm{B}^{(1)}, \quad \mathrm{A}'^{(1)} = 2\,aa'\,\mathrm{B}^{(0)} - (a^2 + a'^2)\,\mathrm{B}^{(1)},$$

$$\frac{d\,\mathrm{A}'^{(0)}}{da} = a'\,\mathrm{B}^{(1)} - a\,\mathrm{B}^{(0)}, \quad a\left(\frac{d\,\mathrm{A}'^{(1)}}{da}\right) = a'^2\,\mathrm{B}^{(1)} - aa'\,\mathrm{B}^{(0)},$$

$$a\left(\frac{d^2\,\mathrm{A}'^{(0)}}{da^2}\right) = 2\,a\,\mathrm{B}^{(0)} - a'\,\mathrm{B}^{(1)}, \quad a^2\left(\frac{d^2\,\mathrm{A}'^{(1)}}{da^2}\right) = 3\,aa'\,\mathrm{B}^{(0)} - 2\,a'^2\,\mathrm{B}^{(1)},$$

etc.

Lorsqu'on aura ainsi déterminé les différences successives de $\mathrm{A}'^{(i)}$ et de $\mathrm{B}^{(i)}$ par rapport à a, il sera facile d'en conclure les différences successives des mêmes quantités par rapport à a'. Pour cela on remarquera que le coefficient $\mathrm{A}'^{(i)}$ résultant du développement par rapport à φ d'une fonction homogène de a et a' de la dimension -1, est lui-même nécessairement une fonction semblable en a et a' de la même dimension ; par la propriété connue de ce genre de fonction, on a donc

$$a\left(\frac{d\,\mathrm{A}'^{(i)}}{da}\right) + a'\left(\frac{d\,\mathrm{A}'^{(i)}}{da'}\right) = -\,\mathrm{A}'^{(i)};$$

d'où l'on tire, en différentiant,

$$a'\left(\frac{d\,\mathrm{A}'^{(i)}}{da'}\right) = -\,\mathrm{A}'^{(i)} - a\left(\frac{d\,\mathrm{A}'^{(i)}}{da}\right),$$

$$a'\left(\frac{d^2\,\mathrm{A}'^{(i)}}{da\,da'}\right) = -\,2\left(\frac{d\,\mathrm{A}'^{(i)}}{da}\right) - a\left(\frac{d^2\,\mathrm{A}'^{(i)}}{da^2}\right),$$

$$a'^2\left(\frac{d^2\,\mathrm{A}'^{(i)}}{da'^2}\right) = 2\,\mathrm{A}'^{(i)} + 4\,a\left(\frac{d\,\mathrm{A}'^{(i)}}{da}\right) + a^2\left(\frac{d^2\,\mathrm{A}'^{(i)}}{da^2}\right),$$

etc.

De même, le coefficient $\mathrm{B}^{(i)}$ résultant du développement d'une fonction homogène en a et a' de la dimension -3, on aura

$$a\left(\frac{d\,\mathrm{B}^{(i)}}{da}\right) + a'\left(\frac{d\,\mathrm{B}^{(i)}}{da'}\right) = -\,3\,\mathrm{B}^{(i)},$$

et en différentiant,

$$a'\left(\frac{d\,\mathrm{B}^{(i)}}{da'}\right) = -\,3\,\mathrm{B}^{(i)} - a\left(\frac{d\,\mathrm{B}^{(i)}}{da}\right),$$

$$a'\left(\frac{d^2\mathrm{B}^{(i)}}{da\,da'}\right) = -\,4\left(\frac{d\,\mathrm{B}^{(i)}}{da}\right) - a\left(\frac{d^2\mathrm{B}^{(i)}}{da^2}\right),$$

$$a'^2\left(\frac{d^2\mathrm{B}}{da'^2}\right) = 12\,\mathrm{B}^{(i)} + 8\,a\left(\frac{d\,\mathrm{B}^{(i)}}{da}\right) + a^2\left(\frac{d^2\mathrm{B}^{(i)}}{da^2}\right),$$

etc.

On aura ainsi les différences partielles de $\mathrm{A}'^{(i)}$ et de $\mathrm{B}^{(i)}$, par rapport à a' au moyen de leurs différences partielles relatives à a.

On peut observer encore que les valeurs de $\mathrm{A}'^{(i)}$ et de $\mathrm{B}^{(i)}$ restant les mêmes lorsqu'on y change a en a', et réciproquement, ces valeurs et celles de leurs différences successives serviront à la fois dans le calcul des perturbations des deux corps m et m'. Lorsque la valeur de $\mathrm{A}'^{(i)}$ sera connue, on aura celle de $\mathrm{A}^{(i)}$ par l'équation $\mathrm{A}^{(i)} = \mathrm{A}'^{(i)}$, i étant un nombre quelconque différent de l'unité, et par l'équation $\mathrm{A}^{(i)} = \mathrm{A}'^{(i)} - \dfrac{a}{a'^2}$, i étant égal à l'unité.

53. On déterminera donc par ce qui précède les différentes quantités qui entrent dans le développement de R en série. Considérons de nouveau l'expression générale de ce développement. Pour cela, reprenons la valeur de R du n° **48**,

$$R = m' \left[\frac{1}{\sqrt{r_{,}'^{\,2} - 2\, r_{,}\, r_{,}'\, \cos(v_{,}' - v_{,}) + r_{,}^{2} + (z' - z)^{2}}} - \frac{r_{,}\, r_{,}'\, \cos(v_{,}' - v_{,}) + zz'}{(r_{,}'^{\,2} + z'^{2})^{\frac{3}{2}}} \right],$$

$r_{,}$ et $r_{,}'$ étant les rayons vecteurs de m et m' projetés sur le plan des xy, et $v_{,}$ et $v_{,}'$ les longitudes de ces rayons, comptées à partir de l'axe des x. Représentons par $(r_{,})$, $(v_{,})$, (z), et par $(r_{,}')$, $(v_{,}')$, (z') les parties des valeurs des variables $r_{,}$, $v_{,}$, z, et $r_{,}'$, $v_{,}'$, z' qui dépendent du mouvement elliptique ou qui sont dues à la seule action du Soleil, et désignons en général par la caractéristique ∂ placée devant une quantité, la variation finie de cette quantité due à l'action des forces perturbatrices. On aura

$$r_{,} = (r_{,}) + \partial r_{,}, \quad v_{,} = (v_{,}) + \partial v_{,}, \quad z = (z) + \partial z,$$
$$r_{,}' = (r_{,}') + \partial r_{,}', \quad v_{,}' = (v') + \partial v_{,}', \quad z' = (z') + \partial z'.$$

Telles sont donc les valeurs qu'il faudrait substituer à la place de $r_{,}$ $v_{,}$ z, etc., dans l'expression de R pour avoir la valeur exacte de cette fonction ; mais $\partial r_{,}$, $\partial v_{,}$, ∂z et $\partial r_{,}'$, $\partial v_{,}$, $\partial z'$, sont nécessairement de très-petites quantités de l'ordre des masses m', m'', etc., puisque ces variations sont nulles quand on fait abstraction des forces perturbatrices ; il n'en saurait donc résulter dans R que des termes de l'ordre du carré des masses, puisque cette fonction est elle-même du premier ordre par rapport à ces masses. Si l'on se borne donc à considérer les termes du développement de R du premier ordre relativement aux masses perturbatrices, ce qui suffit presque toujours pour les planètes, il faudra substituer seulement dans cette fonction, à la place de $r_{,}$, $v_{,}$, z, $r_{,}'$, $v_{,}'$, z' leurs valeurs elliptiques. On aura ainsi

$$r_{,} = (r_{,}), \quad v_{,} = (v_{,}), \quad z = (z),$$
$$r_{,}' = (r_{,}'), \quad v_{,}' = (v_{,}'), \quad z' = (z').$$

Désignons par r le rayon vecteur de m dans son orbite elliptique; par v la longitude de ce rayon comptée dans le plan de l'orbite à partir de son intersection avec le plan fixe des x, y; et par α la longitude de cette ligne comptée sur ce dernier plan à partir de l'axe des abscisses x, en sorte que $(r_{,})$ représente la projection du rayon vecteur r, et $v_{,} - \alpha$ la projection de l'angle v; nommons enfin φ l'inclinaison de l'orbite de m sur le plan fixe : nous aurons par le n° **25**, en bornant les approximations aux termes du second ordre par rapport aux excentricités et aux inclinaisons,

$$r_{,} = (r_{,}) = r \left(1 - \frac{1}{2} \tan^2 \varphi \sin^2 v \right),$$

$$v_{,} = (v_{,}) = v + \alpha - \tan^2 \tfrac{1}{2} \varphi \sin 2 v;$$

ou bien, en mettant à la place de r et v leurs valeurs données dans le n° **24**,

$$r_{,} = a \left\{ 1 - c \cos(nt + \varepsilon - \omega) + \frac{1}{2} e^2 \left[1 - \cos 2 (nt + \varepsilon - \omega) \right] \right\} \left[1 - \frac{1}{2} \tan^2 \varphi \sin^2 (nt + \varepsilon - \alpha) \right],$$

$$v_{,} = nt + \varepsilon + 2 e \sin(nt + \varepsilon - \omega) + \frac{5}{4} e^2 \sin 2 (nt + \varepsilon - \omega)$$

$$- \tan^2 \tfrac{1}{2} \varphi \sin 2 (nt + \varepsilon - \alpha),$$

a étant le demi-grand axe de l'orbite de m, c l'excentricité, ω la longitude de son périhélie, et $nt + \varepsilon$ la longitude moyenne de la planète comptée de la même origine que l'angle α.

En comparant les valeurs précédentes de $r_{,}$ et $v_{,}$ à celles que nous leur avons supposées n° **48**, savoir,

$$r_{,} = a\,(1 + u), \quad v_{,} = nt + \varepsilon + v,$$

on aura

$$u = -e\cos(nt+\varepsilon-\omega) + \frac{1}{2}e^2\left[1-\cos 2\,(nt+\varepsilon-\omega)\right] - \frac{1}{2}\tan^2\varphi\sin^2(nt+\varepsilon-\alpha),$$

$$v = 2e\sin(nt+\varepsilon-\omega) + \frac{5}{4}e^2\sin 2\,(nt+\varepsilon-\omega) - \tan^2\frac{1}{2}\varphi\sin 2\,(nt+\varepsilon-\alpha).$$

Si l'on désigne par a', e', n', ε', ω', α' et φ' par rapport à m' les quantités que nous avons désignées par a, e, n, ε, ω, α et φ relativement à m, on trouvera de la même manière

$$u' = -e'\cos(n't+\varepsilon'-\omega') + \frac{1}{2}e'^2\left[1-\cos 2\,(n't+\varepsilon'-\omega')\right] - \frac{1}{2}\tan^2\varphi'\sin^2(n't+\varepsilon'-\alpha'),$$

$$v' = 2e'\sin(n't+\varepsilon'-\omega') + \frac{5}{4}e'^2\sin 2\,(n't+\varepsilon'-\omega') - \tan^2\frac{1}{2}\varphi'\sin 2\,(n't+\varepsilon'-\alpha').$$

Enfin on aura pour déterminer z et z',

$$z = r_{,}\tan\varphi\sin(v_{,}-\alpha) \quad \text{et} \quad z' = r'_{,}\tan\varphi'\sin(v'_{,}-\alpha').$$

Telles sont par conséquent les valeurs qu'il faudra substituer à la place de u, v, z, u', v', z' dans le développement de R du n° **48**, et l'on aura ainsi la valeur de cette fonction exacte, aux quantités près du troisième ordre par rapport aux excentricités et aux inclinaisons.

Si à la place des inclinaisons φ et φ' des orbites de m et de m' sur le plan fixe, et des longitudes α et α' de leurs nœuds, on veut introduire dans R les variables p et q que nous avons considérées n° **44**, et leurs analogues p' et q', on fera comme dans ce numéro,

$$p = \tang\varphi \sin\alpha, \quad q = \tang\varphi \cos\alpha,$$

d'où l'on tire

$$\tang\varphi = \sqrt{p^2 + q^2}, \quad \tang\alpha = \frac{p}{q}.$$

On aura de même

$$\tang\varphi' = \sqrt{p'^2 + q'^2}, \quad \tang\alpha = \frac{p'}{q'}.$$

On aura ensuite

$$z = qy - px, \quad z' = q'y' - p'x'.$$

Comme la fonction R ne contient que les carrés et les produits de z et z' et que p, q, p' et q', sont des quantités de l'ordre des inclinaisons φ et φ', il suffira de substituer à la place de x et y, x' et y' dans ces équations, leurs valeurs indépendantes des excentricités et des inclinaisons : on a dans ce cas

$$x = a \cos(nt + \varepsilon), \quad y = a \sin(nt + \varepsilon),$$
$$x' = a' \cos(n't + \varepsilon'), \quad y' = a' \sin(n't + \varepsilon');$$

ce qui donne, par conséquent,

$$\frac{z}{a} = q \sin(nt + \varepsilon) - p \cos(nt + \varepsilon),$$

$$\frac{z'}{a'} = q' \sin(n't + \varepsilon') - p' \cos(n't + \varepsilon').$$

Si l'on substitue ces diverses valeurs dans l'expression de R du n° **48** et qu'on ne conserve que le premier terme du développement, c'est-à-dire le terme indépendant des angles nt et $n't$, on trouvera pour la valeur de la quantité que nous avons désignée par F

24.

dans le n° **46**,

$$F = \frac{m'}{2}\,A^{(0)} + \frac{m'}{4}\left[a\left(\frac{d\,A^{(0)}}{da}\right) + \frac{1}{2}\,a^2\left(\frac{d^2 A^{(0)}}{da^2}\right)\right]e^2$$

$$+ \frac{m'}{4}\left[a'\left(\frac{d\,A^{(0)}}{da'}\right) + \frac{1}{2}\,a'^2\left(\frac{d^2 A^{(0)}}{da'^2}\right)\right]e'^2$$

$$+ \frac{m'}{2}\left[2\,A^{(1)} + a\left(\frac{d\,A^{(1)}}{da}\right) + a'\left(\frac{d\,A^{(1)}}{da'}\right)\right.$$

$$\left. + \frac{1}{2}\,aa'\left(\frac{d^2 A^{(1)}}{da\,da'}\right)\right]ee'\cos(\omega' - \omega)$$

$$- \frac{m'}{2.4}\left[a\left(\frac{d\,A^{(0)}}{da}\right) + a^2 B^{(0)}\right](p^2 + q^2)$$

$$- \frac{m'}{2.4}\left[a'\left(\frac{d\,A^{(0)}}{da'}\right) + a'^2 B^{(0)}\right](p'^2 + q'^2)$$

$$+ \frac{m'}{4}\,aa'\,B^{(1)}(pp' + qq').$$

Si dans cette expression on fait $A^{(0)} = A'^{(0)}$ et $A^{(1)} = A'^{(1)} - \dfrac{a}{a'^2}$, et que pour $A'^{(0)}$, $A'^{(1)}$ et leurs différences partielles, on substitue leurs valeurs en $B^{(0)}$ et $B^{(1)}$ données dans le n° **52**, en remarquant que l'on a

$$a\left(\frac{d\,A'^{(0)}}{da}\right) + \frac{1}{2}\,a^2\left(\frac{d^2 A'^{(0)}}{da^2}\right) = \frac{1}{2}\,aa'\,B^{(1)},$$

$$a'\left(\frac{d\,A'^{(0)}}{da'}\right) + \frac{1}{2}\,a'^2\left(\frac{d^2 A'^{(0)}}{da'^2}\right) = a\left(\frac{d\,A'^{(0)}}{da}\right) + \frac{1}{2}\,a^2\left(\frac{d^2 A'^{(0)}}{da^2}\right) = \frac{1}{2}\,aa'\,B^{(1)}$$

$$2\,A'^{(1)} + a\left(\frac{d\,A'^{(1)}}{da}\right) + a'\left(\frac{d\,A'^{(1)}}{da'}\right) + \frac{1}{2}\,aa'\left(\frac{d^2 A'^{(1)}}{da\,da'}\right)$$

$$= A'^{(1)} - a\left(\frac{d\,A'^{(1)}}{da}\right) - \frac{1}{2}\,a^2\left(\frac{d^2 A'^{(1)}}{da^2}\right)$$

$$= \frac{3}{2}\,aa'\,B^{(0)} - (a^2 + a'^2)\,B^{(1)} = -\frac{1}{2}\,aa'\,B^{(2)},$$

$$a'\left(\frac{d\,A'^{(0)}}{da'}\right) + a'^2 B^{(0)} = a\left(\frac{d\,A'^{(0)}}{da}\right) + a^2 B^{(0)} = aa'\,B^{(1)},$$

la valeur précédente de F prend cette forme plus simple,

$$F = \frac{m'}{2} A^{(0)} + \frac{m'}{2.4} aa' B^{(1)} \left[e^2 + e'^2 - (p' - p)^2 - (q' - q)^2 \right] \left. + \frac{m'}{2} \left[\frac{3}{2} aa' B^{(0)} - (a^2 + a'^2) B^{(1)} \right] ee' \cos(\omega' - \omega). \right\} \quad (m)$$

Enfin, si dans cette expression on substitue pour $B^{(0)}$ et $B^{(1)}$ leurs valeurs

$$B^{(0)} = \frac{2\,(a, a')}{(a'^2 - a^2)^2}, \quad B^{(1)} = \frac{-3\,(a, a')'}{(a'^2 - a^2)^2},$$

on aura

$$F = \frac{m'}{2} A^{(0)} - \frac{3\,m'\,aa'\,(a, a')'}{2.4\,(a'^2 - a^2)^2} \left[e^2 + e'^2 - (p' - p)^2 - (q' - q)^2 \right] \left. + \frac{3\,m'\,[\,aa'\,(a, a') + (a^2 + a'^2)\,(a, a')'\,]}{2\,(a'^2 - a^2)^2} ee' \cos(\omega' - \omega). \right\} \quad (n)$$

On peut encore donner une autre forme à cette expression, en faisant, comme dans le n° **46**,

$$b = e \sin \omega, \quad c = e \cos \omega, \quad b' = e' \sin \omega', \quad c' = e' \cos \omega'.$$

On trouve alors

$$F = \frac{m'}{2} A^{(0)} - \frac{3\,m'\,aa'\,(a, a')'}{2.4\,(a'^2 - a^2)^2} \left[b^2 + c^2 + b'^2 + c'^2 - (p' - p)^2 - (q' - q)^2 \right] \left. + \frac{3\,m'\,[\,aa'\,(a, a') + (a^2 + a'^2)\,(a, a')'\,]}{2\,(a'^2 - a^2)^2} (bb' + cc'). \right\} \quad (p)$$

En substituant à la place de la fonction F sa valeur (n) dans les formules (11) de l'article **46**, ou sa valeur (p) dans les formules (12), on aura par la différentiation de chacun de ses termes les variations différentielles des éléments de l'orbite de m, exactes aux quantités près du second ordre, par rapport aux excentricités et aux inclinaisons, que nous regardons comme de très-petites quantités du premier ordre.

Il est bon de remarquer que $A^{(0)}$ ainsi que les fonctions de a et a' qui sont représentées par des parenthèses dans la valeur de F, étant symétriques par rapport à ces deux quantités, cette valeur ne varie pas lorsqu'on y change a, b, c, p, q, en a', b', c', p', q', et réciproquement, de sorte que si l'on fait $F = m'F'$, la fonction F′ sera la même pour les deux planètes, et pourra servir simultanément pour le calcul de leurs perturbations. C'est d'ailleurs ce qu'on peut conclure *à priori* de l'expression de R. En effet, on a

$$R = m'\left[\frac{1}{\sqrt{(x'-x)^2+(y'-y)^2+(z'-z)^2}} - \frac{xx'+yy'+zz'}{r'^3}\right].$$

Il est aisé de se convaincre, et nous prouverons dans le chapitre suivant, que lorsqu'on n'a égard qu'aux termes du premier ordre par rapport aux masses perturbatrices, la partie $-\dfrac{xx'+yy'+zz'}{r'^3}$ de la valeur précédente ne produit dans le développement de R que des termes périodiques, en sorte que la partie non périodique de R, que nous avons désignée par $F = m'F'$, ne peut provenir que de la partie non périodique de la fonction

$$m'\left[(x'-x)^2+(y'-y)^2+(z'-z)^2\right]^{-\frac{1}{2}},$$

d'où il suit que F′ est égal à la partie non périodique de la fonction $\left[(x'-x)^2+(y'-y)^2+(z'-z)^2\right]^{-\frac{1}{2}}$ développée en sinus et cosinus d'angles croissants proportionnellement au temps, et que par conséquent sa valeur est la même pour la planète m et pour la planète m'.

54. Après cette digression indispensable sur le développement de R en série, reprenons les formules générales que nous avons trouvées dans le chapitre précédent pour déterminer les variations séculaires des éléments du mouvement elliptique, et développons les conséquences importantes qui en résultent relativement à la stabilité de notre système planétaire. Considérons un système composé d'un nombre quelconque de corps m, m', m'', etc., réagissant les uns sur les autres. Nommons a', b', c', p', q', e', ω', α', φ' par rapport à m'; a'', b'', c'', p'', q'', e'', ω'', α'', φ'' par rapport à m'', et ainsi de suite, ce que nous avons nommé a, b, c, p, q, e, ω, α, φ relativement à m. Substituons pour $A^{(0)}$ sa valeur dans l'expression (p) de F, et faisons, pour abréger,

$$L = \Sigma.mm' \left\{ \begin{array}{l} \dfrac{(a^2 + a'^2)(a, a') + 3\,aa'(a, a')'}{(a'^2 - a^2)^2} - \dfrac{3\,aa'(a, a')^2}{2.4(a'^2 - a^2)'} \\[2mm] \times [b^2 + c^2 + b'^2 + c'^2 - (p' - p)^2 - (q' - q)^2] \\[2mm] + \dfrac{3[aa'(a, a') + (a^2 + a'^2)(a, a')']}{2(a'^2 - a^2)^2}(bb' + cc'), \end{array} \right.$$

en désignant par Σ la somme de tous les termes semblables aux précédents qu'on obtiendra en combinant entre elles deux à deux et de la même manière les masses m, m', m'', etc., et les quantités qui leur sont relatives.

Si l'on substitue L à la place de F dans les formules (11) et (12) du n° 46, on aura des équations différentielles au moyen desquelles on déterminera les variations séculaires des éléments b, c, p, q de l'orbite de m, causées par l'action des corps m', m'', etc.; et comme la fonction L est symétrique par rapport à tous les corps du système, il suffira de marquer successivement d'un accent dans ces formules les lettres m, b, c, p, q pour avoir les variations des mêmes éléments relatifs aux orbites de m', m'', etc. En négligeant les carrés et les puissances supérieures des excentricités et des inclinaisons, et en se rappelant que $a^3 n^2 = 1$, $a'^3 n'^2 = 1$, etc., on obtiendra de cette manière le système d'équations differentielles suivant :

$$
\begin{aligned}
db &= \frac{dt}{m\sqrt{a}}\frac{dL}{dc}, & dc &= -\frac{dt}{m\sqrt{a}}\frac{dL}{db}, \\[2mm]
dp &= \frac{dt}{m\sqrt{a}}\frac{dL}{dq}, & dq &= -\frac{dt}{m\sqrt{a}}\frac{dL}{dp}, \\[2mm]
db' &= \frac{dt}{m'\sqrt{a'}}\frac{dL}{dc'}, & dc' &= -\frac{dt}{m'\sqrt{a'}}\frac{dL}{db'}, \\[2mm]
dp' &= \frac{dt}{m'\sqrt{a'}}\frac{dL}{dq'}, & dq' &= -\frac{dt}{m'\sqrt{a'}}\frac{dL}{dp'}, \\[2mm]
db'' &= \frac{dt}{m''\sqrt{a''}}\frac{dL}{dc''}, & dc'' &= -\frac{dt}{m''\sqrt{a''}}\frac{dL}{db''}, \\[2mm]
dp'' &= \frac{dt}{m''\sqrt{a''}}\frac{dL}{dq''}, & dq'' &= -\frac{dt}{m''\sqrt{a''}}\frac{dL}{dp''},
\end{aligned}
\right\} \text{(M)}
$$

etc.

La forme simple et symétrique de ces formules fait connaître plusieurs relations qui existent entre les variations séculaires des éléments d'un système de planètes m, m', m'', etc. On tire d'abord des équations précédentes,

$$\frac{d\mathrm{L}}{db}\,db + \frac{d\mathrm{L}}{dc}\,dc = 0, \quad \frac{d\mathrm{L}}{db'}\,db' + \frac{d\mathrm{L}}{dc'}\,dc' = 0, \quad \frac{d\mathrm{L}}{db''}\,db'' + \frac{d\mathrm{L}}{dc''}\,dc'' = 0,$$

etc.,

$$\frac{d\mathrm{L}}{dp}\,dp + \frac{d\mathrm{L}}{dq}\,dq = 0, \quad \frac{d\mathrm{L}}{dp'}\,dp' + \frac{d\mathrm{L}}{dq'}\,dq' = 0, \quad \frac{d\mathrm{L}}{dp''}\,dp'' + \frac{d\mathrm{L}}{dq''}\,dq'' = 0,$$

etc.

Et comme L est une fonction des variables a, b, c, p, q, a', b', etc., indépendante du temps, et que d'ailleurs a, a', a'', etc., sont constants, n° **46**, par rapport aux variations séculaires, il s'ensuit qu'on aura $d\mathrm{L} = 0$, et par conséquent $\mathrm{L} =$ constante, équation qui doit subsister, quelques variations que les éléments b, c, p, q, b', c', etc., subissent dans la suite des siècles.

Si l'on multiplie les équations (M), la première par $m\sqrt{a}\,b$, la seconde par $m\sqrt{a}\,c$, la cinquième par $m'\sqrt{a'}\,b'$, la sixième par $m'\sqrt{a'}\,c'$, et ainsi de suite, qu'on ajoute entre eux ces différents produits, on aura

$$m\sqrt{a}\,(\,b\,db + c\,dc\,) + m'\sqrt{a'}\,(\,b'\,db' + c'\,dc'\,) + m''\sqrt{a''}\,(\,b''\,db'' + c''\,dc''\,)$$
$$+ \ldots = b\,\frac{d\mathrm{L}}{dc} - c\,\frac{d\mathrm{L}}{db} + b'\,\frac{d\mathrm{L}}{dc'} - c'\,\frac{d\mathrm{L}}{db'} + b''\,\frac{d\mathrm{L}}{dc''} - c''\,\frac{d\mathrm{L}}{db''} + \ldots$$

Il est aisé de se convaincre que le second membre de cette équation est nul de lui-même par la nature de la fonction L. Si l'on observe donc que les demigrands axes a, a', a'', etc., sont constants, et que $b^2 + c^2 = e^2$, $b'^2 + c'^2 = e'^2$, etc., l'équation précédente donnera, en l'intégrant,

$$m\sqrt{a}\,e^2 + m'\sqrt{a'}\,e'^2 + m''\sqrt{a''}\,e''^2 + \ldots = \text{const.} \quad (e)$$

C'est-à-dire que la somme des masses des différents corps du système, multipliées par les racines carrées des demi-grands axes et par les carrés des excentricités de leurs orbites, sera la même dans tous les temps. Si l'on suppose donc cette somme très-petite à une certaine époque et tous les radicaux $\sqrt{a}$, $\sqrt{a'}$, etc., de même signe, elle demeurera toujours peu considérable. Nous verrons bientôt que cette remarque assure relativement aux excentricités des orbes planétaires la stabilité du système du monde.

Si l'on multiplie les équations (M), la troisième par $m\sqrt{a}\,p$, la quatrième par $m\sqrt{a}\,q$, la septième par $m'\sqrt{a'}\,p'$, et ainsi de suite, qu'on intègre la somme de ces produits en observant que, par la nature de la fonction L, on a

$$p\frac{d\mathrm{L}}{dq} - q\frac{d\mathrm{L}}{dp} + p'\frac{d\mathrm{L}}{dq'} - q'\frac{d\mathrm{L}}{dp'} + p''\frac{d\mathrm{L}}{dq''} - q''\frac{d\mathrm{L}}{dp''} + \ldots = 0,$$

on trouvera

$$m\sqrt{a}\,(p^2+q^2) + m'\sqrt{a'}\,(p'^2+q'^2) + m''\sqrt{a''}\,(p''^2+q''^2) + \ldots = \text{const.} \quad (f)$$

D'ailleurs, en nommant φ, φ', φ'', etc., les inclinaisons des orbites de m, m', m'', etc., sur le plan fixe des xy, on a

$$p^2+q^2 = \mathrm{tang}^2\varphi, \quad p'^2+q'^2 = \mathrm{tang}^2\varphi', \quad p''^2+q''^2 = \mathrm{tang}^2\varphi'', \text{ etc.}$$

L'équation précédente donnera donc

$$m\sqrt{a}\,\mathrm{tang}^2\varphi + m'\sqrt{a'}\,\mathrm{tang}^2\varphi' + m''\sqrt{a''}\,\mathrm{tang}^2\varphi'' + \ldots = \text{const.}, \quad (l)$$

équation d'où l'on tirera, relativement aux inclinaisons des orbites, des conséquences analogues à celles qu'a fournies l'équation (c) par rapport à leurs excentricités.

Si l'on multiplie les mêmes équations, la troisième par $m\sqrt{a}$, la septième par $m'\sqrt{a'}$, et ainsi du reste, qu'on les ajoute ensuite; si l'on multiplie la quatrième par $m\sqrt{a}$, la huitième par $m'\sqrt{a'}$, et ainsi de suite; qu'on ajoute les produits, et qu'on intègre les deux sommes résultantes, en observant que par la nature de la fonction L, on a

$$\frac{d\mathrm{L}}{dq}+\frac{d\mathrm{L}}{dq'}+\frac{d\mathrm{L}}{dq''}+\ldots=0, \qquad \frac{d\mathrm{L}}{dp}+\frac{d\mathrm{L}}{dp'}+\frac{d\mathrm{L}}{dp''}+\ldots=0,$$

on aura les deux nouvelles intégrales suivantes :

$$\left.\begin{array}{l} m\sqrt{a}\,p+m'\sqrt{a'}\,p'+m''\sqrt{a''}\,p''+\ldots=\text{const.}, \\ m\sqrt{a}\,q+m'\sqrt{a'}\,q'+m''\sqrt{a''}\,q''+\ldots=\text{const.} \end{array}\right\} (h)$$

Si l'on multiplie la première des équations (M) par $m\sqrt{a}\,c$, la seconde par $-m\sqrt{a}\,b$, la troisième par $m\sqrt{a}\,q$, la quatrième par $-m\sqrt{a}\,p$, la cinquième par $m'\sqrt{a'}\,c'$, et ainsi de suite, et qu'on ajoute entre eux les produits résultants, on aura

$$m\sqrt{a}\left(\frac{c\,db-b\,dc}{dt}\right)+m'\sqrt{a'}\left(\frac{c'\,db'-b'\,dc'}{dt}\right)+m''\sqrt{a''}\left(\frac{c''\,db''-b''\,dc''}{dt}\right)+\ldots$$

$$+m\sqrt{a}\left(\frac{q\,dp-p\,dq}{dt}\right)+m'\sqrt{a'}\left(\frac{q'\,dp'-p'\,dq'}{dt}\right)+m''\sqrt{a''}\left(\frac{q''\,dp''-p''\,dq''}{dt}\right)+\ldots$$

$$=b\frac{d\mathrm{L}}{db}+c\frac{d\mathrm{L}}{dc}+b'\frac{d\mathrm{L}}{db'}+c'\frac{d\mathrm{L}}{dc'}+b''\frac{d\mathrm{L}}{db''}+c''\frac{d\mathrm{L}}{dc''}+\ldots$$

$$+p\frac{d\mathrm{L}}{dq}+q\frac{d\mathrm{L}}{dp}+p'\frac{d\mathrm{L}}{dp'}+q'\frac{d\mathrm{L}}{dq'}+p''\frac{d\mathrm{L}}{dp''}+q''\frac{d\mathrm{L}}{dq''}+\ldots$$

Or, la quantité que représente L étant une fonction homogène du second ordre, par rapport aux variables b, c, p, q, b', c', etc., on a, par la propriété de ces sortes de fonctions,

$$b\,\frac{d\mathrm{L}}{db} + c\,\frac{d\mathrm{L}}{dc} + b'\,\frac{d\mathrm{L}}{db'} + c'\,\frac{d\mathrm{L}}{dc'} + \ldots$$

$$+ p\,\frac{d\mathrm{L}}{dp} + q\,\frac{d\mathrm{L}}{dq} + p'\,\frac{d\mathrm{L}}{dp'} + q'\,\frac{d\mathrm{L}}{dq'} + \ldots = 2\,\mathrm{L}.$$

On a d'ailleurs, d'après les valeurs de b, c, p, q, b', c', etc.,

$$cdb - bdc = e^2\,d\omega, \quad c'\,db' - b'\,dc' = e'^2\,d\omega',$$
$$c''\,db'' - b''\,dc'' = e''^2\,d\omega'', \text{ etc.},$$
$$qdp - pdq = \tan^2\varphi\,d\alpha, \quad q'\,dp' - p'\,dq' = \tan^2\varphi'\,d\alpha',$$
$$q''\,dp'' - p''\,dp'' = \tan^2\varphi''\,d\alpha'', \text{ etc.}$$

L'équation précédente deviendra donc

$$\left.\begin{array}{l} m\,\sqrt{a}\,\dfrac{e^2\,d\omega}{dt} + m'\,\sqrt{a'}\,\dfrac{e'^2\,d\omega'}{dt} + m''\,\sqrt{a''}\,\dfrac{e''^2\,d\omega''}{dt} + \ldots \\[2ex] + m\,\sqrt{a}\,\dfrac{\tan^2\varphi\,d\alpha}{dt} + m'\,\sqrt{a'}\,\dfrac{\tan^2\varphi'\,d\alpha'}{dt} + m''\,\sqrt{a''}\,\dfrac{\tan^2\varphi''\,d\alpha''}{dt} + \ldots = 2\,\mathrm{L}, \end{array}\right\} \quad (b)$$

et comme la fonction L est constante, on peut, dans le second membre de cette équation, substituer sa valeur à un instant quelconque. D'ailleurs, comme les variations séculaires des excentricités et des inclinaisons, tant qu'on ne considère que les termes du premier ordre par rapport à ces quantités, sont données par des formules absolument indépendantes entre elles, on peut supposer les orbites de m, m', m'', etc., dans le même plan, lorsque l'on ne considère que les variations des excentricités, ou les supposer circulaires, lorsque l'on considère celles des inclinaisons. En faisant donc tour à tour $\varphi = 0$, $\varphi' = 0$, $\varphi'' = 0$, etc., et $e = 0$, $e' = 0$, $e'' = 0$, etc., dans l'équation précédente, on aura séparément,

$$m\sqrt{a}\,\frac{e^2 d\omega}{dt} + m'\sqrt{a'}\,\frac{e'^2 d\omega'}{dt} + m''\sqrt{a''}\,\frac{e''^2 d\omega''}{dt} + \ldots = \text{const.}$$

$$m\sqrt{a}\,\frac{\tang^2\varphi\, d\alpha}{dt} + m'\sqrt{a'}\,\frac{\tang^2\varphi'\, d\alpha'}{dt} + m''\sqrt{a''}\,\frac{\tang^2\varphi''\, d\alpha''}{dt} + \ldots = \text{const.}$$

(r)

Les quantités $\dfrac{d\omega}{dt}$, $\dfrac{d\omega'}{dt}$, etc., $\dfrac{d\alpha}{dt}$, $\dfrac{d\alpha'}{dt}$, etc., expriment les vitesses angulaires des mouvements des périhélies et des nœuds des différentes orbites ; les équations précédentes donnent par conséquent une relation qui doit toujours exister entre ces vitesses, et montrent qu'elles ne pourront pas croître indéfiniment, si on les suppose toutes de même signe, ainsi que les radicaux $\sqrt{a}$, $\sqrt{a'}$, etc.

Les diverses équations auxquelles nous venons de parvenir expriment des relations qui doivent toujours subsister entre les éléments des orbites de m, m', etc., regardées comme des ellipses variables à raison de l'action mutuelle de ces corps, quels que soient les changements que ces éléments éprouvent dans la suite des temps, du moins tant qu'on n'aura égard, dans la détermination de leurs valeurs, qu'à la première puissance des excentricités, des inclinaisons et des forces perturbatrices. Elles fournissent par conséquent autant d'équations de condition, au moyen desquelles on pourra vérifier ces valeurs lorsqu'on les aura déterminées.

55. Considérons en particulier les mouvements des orbites de deux planètes m et m' que nous supposerons assez éloignées des autres corps du système, pour qu'ils n'aient sur elles aucune influence, en sorte que ces deux planètes forment entre elles, avec le Soleil, une sorte de système particulier, Nous verrons dans la suite que ce cas est, à très-peu près, celui de Jupiter et de Saturne.

Si l'on prend pour plan fixe le plan de l'orbite de m à une époque quelconque, qu'on nomme γ l'inclinaison mutuelle des deux orbites, que nous supposerons toujours très-petite, on aura $\varphi = o$ et $\varphi' = \gamma$; d'ailleurs, d'après la remarque que nous avons faite dans le numéro précédent, si l'on ne considère que les variations des inclinaisons, on peut supposer nulles les excentricités dans la valeur de la fonction L, qui devient simplement alors

$$L' = mm'\left[\frac{(a^2+a'^2)(a,\,a')+3\,aa'(a,\,a')'}{(a'^2-a^2)^2} + \frac{3\,aa'(a,\,a')'}{2.4.(a'^2-a^2)^2}\cdot(p'^2+q'^2)\right].$$

La fonction L' doit demeurer constante, quelques variations que subissent les quantités p' et q'; on a d'ailleurs $p'^2 + q'^2 = \tang^2 \gamma$. L'équation précédente donnera donc

$$\tang\varphi' = \tang\gamma = \text{constante},$$

c'est-à-dire que, dans ce cas, l'inclinaison mutuelle des deux orbites est toujours la même.

Déterminons le mouvement des nœuds de l'orbite de m' sur l'orbite de m. Si dans la formule (5) du n° **42** on remplace R par $\frac{1}{m'}$ L', on aura

$$d\alpha' = \frac{dt}{m'\sqrt{a'(1-c'^2)}}\,\frac{d\,L'}{\sin\varphi'\,d\varphi'}.$$

En substituant dans cette expression, à la place de

L' sa valeur précédente, et en négligeant les termes du second ordre, par rapport aux excentricités et aux inclinaisons, on trouve

$$\frac{d\alpha'}{dt} = \frac{3\,m\,aa'\,(a,\,a')'}{4\sqrt{a'}\,(a'^2 - a^2)^2};$$

c'est l'expression de la vitesse angulaire du mouvement du nœud de l'orbite de m' sur le plan de l'orbite de m. On voit que cette vitesse est constante. Le mouvement de l'intersection de deux orbites pendant le temps t, en vertu de l'action mutuelle de m et de m', sera donc $\dfrac{3\,m\,aa'\,(a,\,a')'}{4\sqrt{a'}\,(a'^2 - a^2)^2}\,t$ sur le plan de l'orbite de m : le mouvement de cette intersection pendant le même intervalle sur le plan de l'orbite de m' sera $\dfrac{3\,m'\,aa'\,(a,\,a')'}{4\sqrt{a}\,(a'^2 - a^2)^2}\,t$ et leur inclinaison mutuelle pendant ce temps ne variera pas.

Concevons un plan fixe intermédiaire entre ceux des deux orbites, et passant par leur commune intersection. Soit φ l'inclinaison de l'orbite de m, et φ' l'inclinaison de l'orbite de m' sur ce plan, en sorte qu'on ait $\varphi' + \varphi = \gamma$. Le mouvement des nœuds de chacune des deux orbites sur le plan fixe sera déterminé par les équations

$$\frac{d\alpha}{dt} = \frac{1}{m\sqrt{a\,(1 - e^2)}}\,\frac{d\mathrm{L}}{\sin\varphi\,d\varphi},$$

$$\frac{d\alpha'}{dt} = \frac{1}{m'\sqrt{a'\,(1 - e'^2)}}\,\frac{d\mathrm{L}}{\sin\varphi'\,d\varphi'},$$

L ayant la même signification que dans le n° 54.

Si l'on n'a égard qu'à l'action mutuelle de deux planètes m et m', et qu'on substitue pour p, q, p', q' leurs valeurs n° 53, dans la fonction L, on aura, aux quantités près du second ordre en φ et φ',

$$\frac{d\mathrm{L}}{d\varphi} + \frac{d\mathrm{L}}{d\varphi'} = 0;$$

d'où l'on voit d'abord que les mouvements instantanés $d\alpha$ et $d\alpha'$ des nœuds des deux orbites sur le plan fixe, se font en sens contraire, ce qui résulte en effet de ce que, par la construction, le nœud ascendant de l'une d'elles coïncide avec le nœud descendant de l'autre, et réciproquement. On voit de plus que si l'on fait

$$m\sqrt{a(1 - e^2)}\sin\varphi = m'\sqrt{a'(1 - e'^2)}\sin\varphi',$$

on aura, pour un instant quelconque, $d\alpha = -\,d\alpha'$, c'est-à-dire que, dans ce cas, l'intersection commune des deux orbites restera toujours sur le plan que nous venons de considérer, pourvu qu'il partage l'angle γ de manière à ce que les angles φ et φ' satisfassent à l'équation précédente.

Cette équation combinée avec la suivante qui n'est qu'une extension de l'équation (l) du n° 54, et que nous démontrerons dans la suite,

$$m\sqrt{a(1 - e^2)}\sin^2\varphi + m'\sqrt{a'(1 - e'^2)}\sin^2\varphi' = c^2,$$

donne

$$\sin^2\varphi = \frac{m'\sqrt{a'(1 - e'^2)}\,c^2}{m\sqrt{a(1 - e^2)}\left[m\sqrt{a(1 - e^2)} + m'\sqrt{a'(1 - e'^2)}\right]},$$

$$\sin^2\varphi' = \frac{m\sqrt{a(1 - e^2)}\,c^2}{m'\sqrt{a'(1 - e'^2)}\left[m\sqrt{a(1 - e^2)} + m'\sqrt{a'(1 - e'^2)}\right]}.$$

Ces valeurs montrent que les deux angles φ et φ' sont constants; les inclinaisons des orbites de m et de m' sur le plan fixe sont donc invariables, ainsi que leurs inclinaisons mutuelles; ces trois plans auront toujours une intersection commune, et le mouvement de cette intersection sera uniforme. Nous verrons dans la suite que le plan qui jouit de cette propriété remarquable, est celui du *maximum* des aires, que nous avons nommé *plan invariable* dans le n° **23** du premier livre.

56. Il nous reste à considérer la variation de la longitude ε de l'époque. La troisième des formules (11) du n° **46** qui la détermine, peut être mise sous cette forme :

$$d\varepsilon = \left(1 - \sqrt{1 - e^2}\right) d\omega - 2\,a^2\,n\,dt\,\frac{d\mathrm{F}}{da}.$$

Si dans cette formule on substitue à la place de F la fonction $\frac{1}{m}\mathrm{L}$ du n° **54**, pour avoir des formules symétriques pour toutes les planètes, on aura

$$d\varepsilon = \left(1 - \sqrt{1 - e^2}\right) d\omega - \frac{2\,a^2\,n\,dt}{m}\,\frac{d\mathrm{L}}{da}.$$

Désignons par ε', ε'', etc., ce que devient ε relativement aux planètes m', m'', etc., nous aurons, pour déterminer les variations $d\varepsilon'$, $d\varepsilon''$, etc., des formules analogues à la précédente, en marquant successivement d'un accent dans celles-ci les lettres m, n, a, e, ω. Cela posé, si l'on multiplie ces différentes formules, la première par $m\sqrt{a}$, la seconde par $m'\sqrt{a'}$

et ainsi de suite; qu'on les ajoute en observant qu'on a généralement $an\sqrt{a} = 1$, on trouvera

$$m\sqrt{a}\,d\varepsilon + m'\sqrt{a'}\,d\varepsilon' + m''\sqrt{a''}\,d\varepsilon'' + \ldots$$
$$= m\sqrt{a}\left(1 - \sqrt{1-e^2}\right) d\omega$$
$$+ m'\sqrt{a'}\left(1 - \sqrt{1-e'^2}\right) d\omega' + m''\sqrt{a''}\left(1 - \sqrt{1-e''^2}\right) d\omega'' + \ldots$$
$$- 2\left(a\frac{dL}{da} + a'\frac{dL}{da'} + a''\frac{dL}{da''} + \ldots\right) dt,$$

L étant une fonction homogène en a, a', a'', etc., de la dimension -1; on a, par la propriété de ces fonctions,

$$a\frac{dL}{da} + a'\frac{dL}{da'} + a''\frac{dL}{da''} + \ldots = -L.$$

Nous avons vu (n° 54) que la fonction L est constante par rapport aux variations séculaires des éléments de m, m', etc.; d'ailleurs, si l'on néglige les puissances des excentricités supérieures à la deuxième, on a, numéro cité,

$$m\sqrt{a}\left(1 - \sqrt{1-e^2}\right) d\omega + m'\sqrt{a'}\left(1 - \sqrt{1-e'^2}\right) d\omega'$$
$$+ m''\sqrt{a''}\left(1 - \sqrt{1-e''^2}\right) d\omega'' + \ldots$$
$$= \frac{1}{2}m\sqrt{a}\,e^2\,d\omega + \frac{1}{2}m'\sqrt{a'}\,e'^2\,d\omega' + \frac{1}{2}m''\sqrt{a''}\,e''^2\,d\omega'' + \ldots = C\,dt,$$

C étant une constante invariable.

Ou aura donc enfin,

$$m\sqrt{a}\frac{d\varepsilon}{dt} + m'\sqrt{a'}\frac{d\varepsilon'}{dt} + m''\sqrt{a''}\frac{d\varepsilon''}{dt} + \ldots = \text{const}, \quad (s)$$

relation semblable à celle qui existe entre les longitudes des périhélies et des nœuds, et dont on peut tirer des conséquences analogues.

Si l'on ne veut considérer dans le premier membre de l'équation précédente que les termes de $\frac{d\varepsilon}{dt}$, $\frac{d\varepsilon'}{dt}$, etc., qui sont proportionnels au temps, on pourra faire abstraction de la constante du second membre. On aura donc entre ces termes l'équation

$$m\sqrt{a}\,d\varepsilon + m'\sqrt{a'}\,d\varepsilon' + m''\sqrt{a''}\,d\varepsilon'' + \ldots = 0, \quad (t)$$

d'où il suit que la somme des termes des longitudes ε, ε', ε'', etc., proportionnels au carré et aux puissances supérieures du temps, multipliés respectivement par $m\sqrt{a}$, $m'\sqrt{a'}$, $m''\sqrt{a''}$, etc., est constante. On retrouve donc entre ces parties des variations séculaires de la longitude de l'époque, les mêmes relations qu'on remarque entre celles des carrés des inclinaisons, et, en général, entre les inégalités dont les périodes sont très-longues.

57. Nous avons fait voir que la fonction L, et par conséquent la fonction F du n° **46**, ne varient pas lorsqu'on y fait varier les éléments a, b, c, p, q de la planète troublée et des planètes perturbatrices, en vertu de leurs inégalités séculaires; c'est-à-dire qu'on aura toujours

$$\frac{dF}{da}\,da + \frac{dF}{db}\,db + \frac{dF}{dc}\,dc + \frac{dF}{dp}\,dp + \frac{dF}{dq}\,dq + \ldots = 0.$$

Nous n'avons démontré cette proposition qu'en portant l'approximation jusqu'aux termes de l'ordre du carré par rapport aux excentricités et aux inclinaisons; mais il est facile de l'étendre à toutes les puis-

sances de ces éléments. En effet, si l'on substitue à la
place de *da*, *db*, etc., *da'*, *db'*, etc., leurs valeurs déterminées par les formules (11) du n° **46**, l'équation
précédente se vérifiera d'elle-même; d'où l'on peut
conclure que la fonction F est rigoureusement constante par rapport aux variations séculaires de la planète troublée et des planètes perturbatrices.

Au reste, cette propriété de la fonction F n'est qu'un
cas particulier d'une propriété plus générale dont jouit
la fonction R, et qui consiste en ce que si, après y
avoir substitué à la place des coordonnées x, y, z de
la planète troublée, leurs valeurs elliptiques, on regarde cette quantité comme une fonction du temps t
et des six éléments a, ε, e, ω, φ et α de l'orbite de m,
qu'on la différentie ensuite par rapport à ces mêmes
éléments, la fonction résultante sera identiquement
égale à zéro. Ce qui doit résulter, en effet, de ce que
la quantité que nous avons représentée par R étant
une fonction finie des trois variables x, y, z qui déterminent à chaque instant la position de la planète
m, la différentielle première de R, conformément aux
principes généraux de la variation des constantes arbitraires, doit conserver la même forme, soit qu'on y
fasse varier les éléments elliptiques introduits par la
substitution des valeurs de ces coordonnées, soit qu'on
les traite comme des quantités constantes. On aura
donc ainsi l'équation de condition suivante :

$$\frac{d\mathrm{R}}{da}\,da + \frac{d\mathrm{R}}{d\varepsilon}\,d\varepsilon + \frac{d\mathrm{R}}{de}\,de + \frac{d\mathrm{R}}{d\omega}\,d\omega + \frac{d\mathrm{R}}{d\varphi}\,d\varphi + \frac{d\mathrm{R}}{d\alpha}\,d\alpha = 0,$$

équation qui se vérifie en effet lorsqu'on y substitue

pour da, $d\varepsilon$, de, etc, leurs valeurs données par les formules du n° **42**, et qui peut servir, soit à contrôler ces valeurs lorsqu'on les a calculées séparément, soit à déterminer l'une quelconque d'entre elles lorsque les cinq autres sont connues.

Dans le chapitre suivant, nous examinerons en particulier les inégalités séculaires de chacun des éléments des orbites planétaires; nous développerons les formules différentielles de leurs variations, et nous les intégrerons ensuite; et comme la forme des intégrales a la plus grande influence sur la constitution et sur la stabilité du système solaire, nous donnerons à cet examen toute l'étendue et tous les développements que son importance exige.

CHAPITRE VIII.

INÉGALITÉS SÉCULAIRES DES ÉLÉMENTS DES ORBITES PLANÉTAIRES.

Variations séculaires des grands axes et des moyens mouvements.

58. Le grand axe est, de tous les éléments des or-bites planétaires, celui dont les variations séculaires sont les plus importantes, parce que non-seulement il influe de la manière la plus directe sur la forme de l'orbite, mais encore parce qu'il détermine le moyen mouvement, ou, pour parler plus exactement, ce qui dans l'orbite troublée répond au moyen mouvement dans l'orbite elliptique; d'où il résulte que la moindre altération dans le grand axe de l'orbite d'une planète en produit une nouvelle, beaucoup plus sensible en-core, dans la durée de sa révolution.

En effet, si l'on fait $n = a^{-\frac{3}{2}}$, et que l'on désigne par ζ le moyen mouvement de m, on a dans l'orbite elliptique $d\zeta = ndt$. Or, nous avons vu qu'on pou-vait dans le mouvement troublé, supposer que pen-dant chaque instant infiniment petit dt la planète m se meut dans un orbe elliptique; l'équation précé-dente aura donc encore lieu dans ce cas, seulement la quantité n ne sera plus constante, et ce mouvement, par conséquent, ne sera plus uniforme. Nous continuerons cependant, par analogie, à appeler ζ, ou l'intégrale $\int ndt$, le moyen mouvement de la planète troublée, parce qu'il correspond, dans les formules du mouvement troublé, au moyen mouvement nt dans les formules du mouvement elliptique. On aura (n° **43**) pour déterminer l'accroissement de ζ dans l'orbite variable, la formule

$$\partial\zeta = -3\int\int an\,dt\,d'\mathrm{R},\ (1)$$

et la variation du grand axe sera donnée par l'équation

$$\partial a = 2\int a^2\,d'\mathrm{R}.\ (2)$$

On voit donc que si la différentielle $d'\mathrm{R}$ renferme un terme proportionnel à l'élément du temps, ou, ce qui revient au même, si $\dfrac{d\mathrm{R}}{ndt}$ renferme un terme constant, il en résultera dans l'expression du grand axe, un terme croissant comme le temps et de la forme kt, k étant une fonction des éléments des orbites de m et de m'; et dans l'expression du moyen mouvement, un terme de la forme kt^2, qui, croissant comme le carré du temps, deviendra à la longue extrêmement sensible. Ainsi, au bout de quelques sièles, la forme des orbites et la durée des révolutions des planètes pourront se trouver sensiblement altérées. Si au contraire la différentielle $d'\mathrm{R}$ n'est composée que de termes périodiques dépendant des moyens mouvements nt et $n't$ de la planète troublée et des planètes perturbatrices, c'est-à-dire de termes où le temps t est toujours renfermé sous les signes *sinus* ou *cosinus*, les valeurs de $\delta\alpha$ et de $\delta\zeta$ ne contiendront que des termes semblables. Les grands axes des orbites et les moyens mouvements ne seront soumis par conséquent à aucune *inégalité séculaire* à longue période ou susceptible de croître indéfiniment avec le temps, n° **47**; ils ne seront assujettis qu'à des inégalités périodiques dont on pourra toujours assigner les limites, et qui, dépendant uniquement de la configuration des différents corps du système, reprendront les mêmes valeurs toutes les fois que ces corps reviendront aux mêmes positions.

Il est donc extrêmement important d'examiner avec soin la forme de la différentielle d'R. Nous avons déjà vu (n° **46**) que cette quantité ne pouvait contenir que des termes périodiques, lorsqu'on n'avait égard qu'à la première puissance des forces perturbatrices, quelque loin d'ailleurs que l'on porte les approximations par rapport aux puissances des excentricités et des inclinaisons des orbites. Mais, pour ne laisser aucun doute sur ce point, l'un des plus intéressants du système du monde, nous allons reprendre ici cette proposition, et nous la généraliserons en l'étendant au cas où l'on considère les carrés et les produits des forces perturbatrices.

59. Reprenons la formule du n° **43**,

$$da = 2\,a^2\,d'\mathrm{R}.$$

La caractéristique d' ne se rapporte ici qu'aux coordonnées de la planète troublée, en sorte que si l'on regarde R comme une fonction des coordonnées x, y, z, x', y', z', etc., de la planète troublée et des planètes perturbatrices, on a

$$d'\mathrm{R} = \frac{d\mathrm{R}}{dx}\,dx + \frac{d\mathrm{R}}{dy}\,dy + \frac{d\mathrm{R}}{dz}\,dz.$$

Par conséquent, si l'on remplace les coordonnées x, y, z, x', y', z', etc., par leurs valeurs en fonction du temps, il faudra, pour avoir la différentielle $d'\mathrm{R}$, faire varier le temps qui aura été introduit dans R par la substitution des valeurs des coordonnées de m, et regarder comme constant celui qui provient des coordonnées de m', m'', etc., c'est-à-dire qu'on aura $d'\mathrm{R} = \dfrac{d\mathrm{R}}{ndt}\,ndt$, le temps t ne devant varier dans R qu'autant qu'il est multiplié par la constante n.

Cela posé, ne considérons, pour plus de simplicité, que l'action mutuelle des deux planètes m et m'; ce que nous allons dire pouvant d'ailleurs s'étendre, comme on le verra, à un nombre quelconque de planètes perturbatrices. Si dans une première approximation on néglige les puissances des masses perturbatrices supérieures à la première, il suffira de substituer dans R, à la place des coordonnées de m et de m', leurs valeurs relatives au mouvement elliptique. Nous avons vu que la fonction R peut toujours se réduire alors en une suite infinie de sinus et de cosinus d'angles croissant proportionnellement au temps, de sorte que chacun des termes de ce développement sera de cette forme

$$m'\,\mathrm{A}\cos(i'n't - int + k),$$

nt et $n't$ représentant les moyens mouvements de la planète troublée et de la planète perturbatrice, i et i'

des nombres entiers qui peuvent prendre toutes les valeurs positives et négatives y compris zéro ; enfin, A et k, des fonctions des éléments des orbites de m et m' indépendantes du temps t.

Pour avoir la différentielle de ce terme, par rapport aux coordonnées de m, sans faire varier celles de m', il faut différentier, par rapport au moyen mouvement nt, et regarder le moyen mouvement $n't$ comme constant. Cette différentiation fera disparaître le terme constant du développement de R qui répond à $i' = 0$, $i = 0$, ainsi que les termes périodiques qui ne dépendraient que du moyen mouvement $n't$ de la planète m', et l'on aura, relativement au terme qui précède,

$$d'\mathrm{R} = m'\,\mathrm{A}\,in\,dt\,\sin(i'n't - int + k).$$

Le terme correspondant de da sera donc

$$da = 2\,m'\,\mathrm{A}\,ina^2\,dt\,\sin(i'n't - int + k),$$

et en intégrant, on aura

$$\partial a = -\frac{2\,m'\,\mathrm{A}\,ina^2}{i'n' - in}\cos(i'n't - int + k).$$

La différentielle da ne peut contenir aucun terme constant, à moins que l'on n'ait $i'n' - in = 0$, condition qui suppose les moyens mouvements des planètes m et m' commensurables entre eux, ce qui n'a jamais lieu dans notre système planétaire. Le grand axe, et par conséquent le moyen mouvement, ne contiendront donc aucun terme croissant comme le temps, et ils ne seront assujettis qu'à des variations périodiques dépendant des moyens mouvements nt et $n't$, et de leurs multiples, du moins tant qu'on n'aura égard qu'à la première puissance des masses perturbatrices.

Si le rapport des moyens mouvements nt et $n't$, sans être exactement commensurable, approchait beaucoup de celui de i à i', la quantité $i'n' - in$ deviendrait très-petite, et le terme précédent de la valeur de δa, et à plus forte raison celui qui lui correspond dans l'expression du moyen mouvement, et qui a le carré $(i'n' - in)^2$ pour diviseur, deviendraient très-considérables. Il en résulterait, dans l'expression de la longitude moyenne de la planète m, une inégalité qui, croissant avec une grande lenteur, pourrait faire penser, lorsqu'on comparera les anciennes observations aux modernes, que son moyen mouvement n'est pas uniforme, et qu'il est affecté d'une inégalité à longue période du genre de celles que l'on nomme *inégalités séculaires*. C'est ce qui est arrivé pour Jupiter et Saturne. Cinq fois le moyen mouvement de Saturne est à fort peu près égal à deux fois le moyen mouvement de Jupiter, en sorte que la quantité $5n' - 2n$ n'est pas la soixante-quatorzième partie de n; et cette circonstance singulière produit les grandes irrégularités observées dans les mouvements de ces deux planètes, et qu'on avait regardées longtemps comme inexplicables par la loi de la pesanteur universelle.

60. Voyons si le résultat précédent subsiste encore, lorsqu'on considère les carrés et les produits des masses m et m'. C'est une question importante à examiner,

parce que si la seconde puissance des forces perturbatrices introduisait dans l'expression différentielle
du grand axe des termes proportionnels à l'élément
du temps, ou des termes périodiques indépendants
des moyens mouvements de la planète troublée et de
la planète perturbatrice, les inégalités qui en résulteraient, quoique multipliées par le carré des masses,
pourraient à la longue devenir très-sensibles dans l'expression du mouvement moyen, les premières en s'y
trouvant multipliées par le carré du temps, les secondes
en acquérant par la double intégration qu'elles subissent, de très-petits diviseurs du même ordre que leurs
coefficients, ce qui les rendrait après l'intégration indépendantes des masses, et semblables, par conséquent,
aux inégalités séculaires des autres éléments de l'orbite, qui dépendent de la première puissance des
masses et qui sont données par une seule intégration.
On sait d'ailleurs qu'une inégalité de cette espèce, si
elle existe, serait du second ordre par rapport aux
excentricités; elle deviendrait comparable par conséquent à l'inégalité du mouvement elliptique, dont
l'argument est le double de l'anomalie moyenne, c'est-
à-dire au second terme de l'équation du centre. Il est
donc essentiel de s'assurer que le carré de la force perturbatrice ne produit que des termes périodiques dans
l'expression du moyen mouvement, ou que si elle y
introduit quelque inégalité séculaire, *à longue période*, c'est-à-dire dont l'argument soit indépendant
des moyens mouvements de la planète troublée et de
la planète perturbatrice, son coefficient, qui est une
très-petite quantité du second ordre dans la valeur

différentielle de cet élément, restera encore insensible après l'intégration.

Les termes du second ordre, par rapport aux masses, sont introduits dans R par les variations des éléments elliptiques de la planète troublée et de la planète perturbatrice. Si l'on substitue donc dans R, $\zeta + \partial\zeta$, $a + \partial a$, $e + \partial e$, etc., $\zeta' + \partial\zeta'$, $a' + \partial a'$, $e' + \partial e'$, etc., à la place de ζ, a, e, etc., ζ', a', e', etc., la caractéristique ∂ désignant ici des variations dépendantes seulement de la première puissance des masses m et m', et qu'on développe ensuite la fonction résultante que nous désignerons par $R_,$ en se bornant aux termes de l'ordre du carré des masses, on aura

$$R_, = R + \partial R + \partial' R. \quad (a)$$

En supposant, pour abréger,

$$\partial R = \frac{dR}{n\,dt}\,\partial\zeta + \frac{dR}{da}\,\partial a + \frac{dR}{d\varepsilon}\,\partial\varepsilon + \frac{dR}{dc}\,\partial c + \frac{dR}{d\omega}\,\partial\omega + \frac{dR}{dp}\,\partial p + \frac{dR}{dq}\,\partial q,$$

$$\partial' R = \frac{dR}{n'\,dt}\,\partial\zeta' + \frac{dR}{da'}\,\partial a' + \frac{dR}{d\varepsilon'}\,\partial\varepsilon' + \frac{dR}{dc'}\,\partial c' + \frac{dR}{d\omega'}\,\partial\omega' + \frac{dR}{dp'}\,\partial p' + \frac{dR}{dq'}\,\partial q',$$

l'équation (a) donnera, en la différentiant par rapport à d',

$$d'R_, = d'R + d'.\partial R + d'.\partial' R. \quad (b)$$

On doit remarquer ici que, pour avoir la différentielle $d'.\partial R$, il faudra, d'après ce que nous avons dit précédemment, faire varier dans ∂R le temps introduit par la substitution des valeurs des coordonnées de m et des variations $\partial\zeta$, ∂a, $\partial\varepsilon$, etc., et regarder comme constant celui qui provient des coordonnées de m'; de même pour avoir $d'.\partial' R$, il faudra faire

varier dans $\partial'R$ le temps introduit par les coordonnées x, y, z, et regarder comme constant celui qui
résulte des coordonnées x', y', z', et des variations
$\partial\zeta'$, $\partial a'$, $\partial\varepsilon'$, etc., des éléments de l'orbite de m'.

Examinons successivement les trois termes de la
valeur de $d'R_,$ pour nous assurer qu'aucun d'eux ne
peut contenir de partie non périodique. Le terme $d'R$
est celui que nous avons considéré dans la première
approximation; nous avons prouvé qu'il ne renferme
aucun terme de cette espèce; passons donc de suite
au second. Si dans l'expression de ∂R on considère
d'abord le premier terme en faisant abstraction de
tous les autres, et qu'on le différentie par rapport à
la caractéristique d', on aura, en vertu de ce terme
seulement,

$$d'.\partial R = \frac{d^2R}{n^2 dt^2}\,(n\,dt)\,\partial\zeta + \frac{dR}{n\,dt}\,d.\partial\zeta,$$

ou bien en substituant pour $\partial\zeta$ et $d.\partial\zeta$ leurs valeurs
données par la formule (1), n° **58**,

$$d'.\partial R = -\,3\,an\left\{\frac{d^2R}{n\,dt}\int dt\int d'R + \frac{dR}{n\,dt}dt\int d'R\right\}.$$

Cette fonction n'introduit dans $d'.\partial R$ que des termes
périodiques. En effet, supposons qu'on ait réuni en
un seul tous les termes de R dépendants du même argument $i'n't - int$, et soit $A\cos(i'n't - int + k)$ ce
terme, il en résultera dans $d'.\partial R$ les deux suivants :

$$\frac{3\,ai^3\,n^3\,A^2\,dt}{(i'n' - in)^2}\cos(i'n't - int + k)\sin(i'n't - int + k)$$

$$-\frac{3\,ai^2\,n^2\,A^2\,dt}{i'n' - in}\sin(i'n't - int + k)\cos(i'n't - int + k),$$

expression qui se réduit en sinus dépendants du double de l'angle $i'n't - int$.

Considérons maintenant les termes de l'expression de δR dont nous avons d'abord fait abstraction. Si l'on remplace les variations δa, δe, etc., par leurs valeurs résultantes de l'intégration des formules différentielles du n° **46**, on aura

$$\delta R = 2\,a^2 \left(\frac{dR}{da} \int \frac{dR}{d\varepsilon}\,ndt - \frac{dR}{d\varepsilon} \int \frac{dR}{da}\,ndt \right)$$

$$\frac{a\sqrt{1-e^2}}{e} \left(1 - \sqrt{1-e^2}\right) \left(\frac{dR}{d\varepsilon} \int \frac{dR}{de}\,ndt - \frac{dR}{de} \int \frac{dR}{d\varepsilon}\,ndt \right)$$

$$+ \frac{a\sqrt{1-e^2}}{e} \left(\frac{dR}{d\omega} \int \frac{dR}{de}\,ndt - \frac{dR}{de} \int \frac{dR}{d\omega}\,ndt \right)$$

$$+ \frac{a}{\sqrt{1-e^2}} \left(\frac{dR}{dp} \int \frac{dR}{dq}\,ndt - \frac{dR}{dq} \int \frac{dR}{dp}\,ndt \right).$$

Il faut observer que la différence partielle $\left(\frac{dR}{da}\right)$ doit être prise ici sans faire varier n, conformément à la remarque faite n° **43**.

Pour avoir la valeur de $d'.\delta R$, il faut différentier complétement l'expression de δR relativement aux variations des éléments de m, ou, ce qui revient au même, supprimer les signes $\int$ qui n'ont été introduits que par l'intégration des valeurs différentielles de ces éléments, et alors cette expression est identiquement nulle. Il suffira donc, pour avoir $d'.\delta R$, de différentier dans δR, par rapport à nt, les quantités hors du signe $\int$. Mais si l'on substitue dans δR à la place de R sa valeur développée en sinus et cosinus d'angles multiples des moyens mouvements nt et $n't$, les différents termes de cette fonction pourront prendre cette forme $P \int Q\, dt - Q \int P\, dt$, en représentant par P et Q une suite de termes de la forme

$$A \, {}^{\cos.}_{\sin.} \, (i'n - int + k),$$

i et i' étant des nombres entiers quelconques, positifs ou négatifs.

Pour avoir dans

$$d'.(P \int Q\, dt - Q \int P\, dt)$$

des termes où les moyens mouvements nt, $n't$ produisent en se détruisant des termes non périodiques, il faut combiner ensemble les termes de P et Q qui dépendent des mêmes multiples de nt et de $n't$. Soit donc $A \cos(i'n't - int + k)$ un terme quelconque de P, et soit $A' \cos(i'n't - int + k')$ le terme de Q qui a le même argument, on aura, relativement à ces termes,

$$d'.\delta R = A\, in\, dt \sin(i'n't - int + k) \int A'\, dt \cos(i'n't - int + k')$$
$$- A'\, in\, dt \sin(i'n't - int + k') \int A\, dt \cos(i'n't - int + k),$$

expression qui se réduit à zéro lorsqu'on effectue les intégrations indiquées. Concluons donc que les variations des éléments de la planète troublée m ne produisent dans $d'R$, aucun terme non périodique.

Il nous reste à considérer les différents termes de l'expression de $d'.\delta'R$ résultant des variations des éléments de m'; il n'est plus possible d'employer ici la réduction précédente, parce que la fonction R n'étant pas symétrique par rapport aux coordonnées x, y, z, x', y', z', cette fonction changera de valeur relativement aux perturbations de la planète m'. Soit R' ce que devient dans ce cas R ; on aura

$$R' = m \left(\frac{1}{\sqrt{x'-x)^2 + (y'-y)^2 + (z'-z)^2}} - \frac{xx' + yy' + zz'}{r^3} \right),$$

et par conséquent

$$R = \frac{m'}{m} R' + m) , xx' + yy' + zz') \left(\frac{1}{r^3} - \frac{1}{r'^3} \right).$$

La variation de R, produite par les variations des éléments de l'orbite de m', est donc égale à la variation du second membre de cette équation relative aux variations des mêmes éléments, et par conséquent si la différentielle de cette variation relative à la caractéristique d' ne renferme aucun terme non périodique, on sera assuré que la fonction $d' . \eth' R$ ne saurait contenir non plus aucun terme semblable.

Considérons d'abord le premier terme de ce second membre. La variation du moyen mouvement ζ' produit dans $\eth' R'$ le terme $\dfrac{dR'}{n' dt} \eth' \zeta'$, et l'on prouvera, comme on l'a fait pour le terme analogue $\dfrac{dR}{n dt} \eth \zeta$, qu'il n'en saurait résulter que des termes périodiques ; on peut donc en faire abstraction, et, en vertu des variations des autres éléments de l'orbite de m', on aura

$$\eth' R' = \frac{dR'}{da'} \eth a' + \frac{dR'}{d\varepsilon'} \eth \varepsilon' + \frac{dR'}{dc'} \eth c' + \frac{dR'}{d\omega'} \eth \omega' + \frac{dR'}{dp'} \eth p' + \frac{dR'}{dq'} \eth q'.$$

Si l'on remplace $\eth a'$, $\eth c'$, $\eth \varepsilon'$, $\eth \omega'$, $\eth p'$, $\eth q'$ par leurs valeurs, on voit, par l'analyse précédente, que $\eth' R'$ pourra se décomposer en une suite de termes de la

I.   26

forme $P' \int Q' dt - Q' \int P' dt$; et pour avoir la différentielle $d'. \delta' R'$, il suffira de différentier, par rapport à nt, les quantités hors des signes $\int$, celles qui sont sous le signe intégral étant relatives aux éléments de la planète m', et devant par conséquent être regardées comme constantes. On prouvera, par la même analyse, que cette fonction se réduit à zéro lorsqu'on n'a égard qu'aux termes non périodiques qu'elle peut renfermer. La fonction différentielle $d'. \delta' R'$ ne contient donc que des termes périodiques, et si des termes non périodiques peuvent exister dans $d'. \delta' R$, ils ne proviendront que de la variation de la fonction

$$m'. (xx' + yy' + zz') \left(\frac{1}{r^3} - \frac{1}{r'^3} \right).$$

Désignons, pour abréger, par L cette fonction. Si dans la première des équations (A) du n° **37**, on substitue $M + m$ à la place de μ, M étant la masse du Soleil, on en tirera

$$\frac{m' x}{r^3} = - \frac{m'}{M} \frac{d^2 x}{dt^2} - \frac{mm'}{M} \frac{x}{r^3} + \frac{m'}{M} \left(\frac{dR}{dx} \right);$$

on aurait pareillement

$$\frac{m' x'}{r'^3} = - \frac{m'}{M} \frac{d^2 x'}{dt^2} - \frac{m'^2}{M} \frac{x'}{r'^3} + \frac{m'}{M} \left(\frac{dR'}{dx'} \right).$$

Les équations différentielles en y, z, y' et z' fourniront des équations semblables. Si l'on multiplie respectivement par x', y', z', les équations en x, y, z ainsi obtenues, et par x, y, z les équations en x', y', z', et qu'on retranche ensuite les secondes des premières, on aura

$$L = \frac{m'}{M} \left[\frac{d.(x\,dx' - x'\,dx + y\,dy' - y'\,dy + z\,dz' - z'\,dz)}{dt^2} \right] + N; \quad (c)$$

en nommant, pour abréger, N la fonction en x, y, z, x', y', z' du second ordre relativement aux masses m et m', déterminée par l'équation

$$N = \frac{m'^2}{M}\left(\frac{xx' + yy' + zz'}{r'^3}\right) - \frac{mm'}{M}\left(\frac{xx' + yy' + zz'}{r^3}\right)$$

$$+ \frac{m'}{M}\left[x'\left(\frac{dR}{dx}\right) - x\left(\frac{dR'}{dx'}\right) + y'\left(\frac{dR}{dy}\right) - y\left(\frac{dR'}{dy'}\right) + z'\left(\frac{dR}{dz}\right) - z\left(\frac{dR'}{dz'}\right)\right].$$

L'équation (c) donnera, en la différentiant par rapport à la caractéristique d', et ne considérant que le premier terme du second membre,

$$d'L = \frac{m'}{M}\, d.\left[\frac{d'\left(xdx' - x'\,dx + ydy' - y'\,dy + zdz' - z'dz\right)}{dt^2}\right].$$

Le second membre de cette équation ne renferme aucun terme constant, puisqu'un pareil terme disparaîtrait de lui-même par la différentiation. La fonction $\int d'L$ ne peut contenir par conséquent aucun terme simplement proportionnel au temps t. Elle ne peut renfermer non plus aucune inégalité séculaire susceptible d'acquérir une valeur sensible par la suite des temps, parce que la valeur de $d'L$ étant une différentielle exacte, les termes qui contiennent sous le signe *sinus* ou *cosinus* le temps t indépendamment des angles nt et $n't$, n'augmenteront pas par l'intégration dans l'expression de la fonction $\int d'L$.

En n'ayant égard qu'au terme N de l'expression L, on aura

$$d'L = d'N.$$

La fonction N étant de l'ordre du carré des masses, si l'on n'a égard qu'aux termes de cet ordre, il suffira

26.

de substituer dans N, au lieu des coordonnées de m et de m', leurs valeurs elliptiques, et il est aisé de se convaincre alors que d'N ne renferme que des quantités périodiques. En effet, des équations du mouvement elliptique de m et m', on conclut

$$\frac{xx' + yy' + zz'}{r^3} = - \frac{x'd^2 x + y'd^2 y + z'd^2 z}{(M + m)\, dt^2},$$

$$\frac{xx' + yy' + zz'}{r'^3} = - \frac{xd^2 x' + yd^2 y' + zd^2 z'}{(M + m)\, dt^2}.$$

La fonction N devient donc ainsi

$$N = - \frac{m'^2}{M(M + m')} \left[\frac{xd^2 x' + yd^2 y' + zd^2 z'}{dt^2} \right]$$

$$+ \frac{mm'}{M(M + m)} \left(\frac{x'd^2 x + y'd^2 y + z'd^2 z}{dt^2} \right) + \frac{m'}{M} \left[x'\left(\frac{dR}{dx}\right) - x\left(\frac{dR'}{dx'}\right) \right.$$

$$\left. + y'\left(\frac{dR}{dy}\right) - y\left(\frac{dR'}{dy'}\right) + z'\left(\frac{dR}{dz}\right) - z\left(\frac{dR'}{dz'}\right) \right].$$

Les deux premiers termes du second membre ne renferment aucun terme non périodique, si l'on y substitue pour x, y, z, x', y', z' leurs valeurs elliptiques, ce qui suffit dans l'ordre d'approximation où nous nous arrêtons. En effet, les coordonnées x, y, z ne contiennent que des termes périodiques dépendants de l'angle nt et de ses multiples, et les coordonnées x', y', z' ne renferment que des termes semblables dépendants de l'angle $n't$; il est donc impossible que les moyens mouvements nt et $n't$ disparaissent dans les produits $xd^2 x'$, $x'd^2 x$, etc.

Quant au dernier terme, si l'on substitue dans $\frac{dR}{dx}$ à la place des coordonnées de m et de m' leurs valeurs elliptiques, cette fonction pourra se développer en une suite de *cosinus* d'arcs multiples de nt et de $n't$, et comme la valeur de x' ne contient que des termes périodiques dépendants de l'angle $n't$, il ne faudra considérer dans $\frac{dR}{dx}$ que les termes où n'entre pas le moyen mouvement nt pour que leur combinaison puisse produire dans $x'\frac{dR}{dx}$ des termes indépendants à la fois des moyens mouvements nt et $n't$. Or ces termes disparaissent d'eux-mêmes dans la valeur de la différentielle $d'N$ qui ne doit être prise que par rapport aux coordonnées de la planète m; le produit $x'\frac{dR}{dx}$ n'introduit donc dans cette expression aucun terme non périodique. Il en serait de même relativement aux produits $y'\frac{dR}{dy}$, $z'\frac{dR}{dz}$.

Quant aux trois autres produits $x\frac{dR}{dx'}$, $y\frac{dR}{dy'}$, $z\frac{dR}{dz'}$, on prouverait par un raisonnement contraire que, pour avoir dans N des termes non périodiques, il ne faut considérer dans les trois différences $\frac{dR}{dx'}$, $\frac{dR}{dy'}$, $\frac{dR}{dz'}$ que les termes dépendants du moyen mouvement nt de la planète m. Soit $mm'X$ l'un des termes indépendants de nt que leur combinaison avec les valeurs elliptiques des trois coordonnées x, y, z introduit dans N, il en résultera dans $\int d'N$ le terme $mm'\int d'X$ ou $mm'X$, parce que $d'X$ est alors une différentielle exacte : ces termes seront donc encore de l'ordre mm' après l'intégration et par conséquent insensibles. Il suit de là que la fonction $\int d'.\delta'R$ ne renferme que des quantités périodiques, du moins lorsqu'on néglige les *inégalités séculaires* qui seraient de l'ordre du carré et des puissances supérieures des masses, et qui par conséquent ne pourraient s'abaisser qu'au premier ordre dans l'expression du moyen mouvement.

Les résultats précédents peuvent aisément s'étendre à un nombre quelconque de planètes perturbatrices. Soit en effet m'' une nouvelle planète dont on considère l'action sur m; elle ajoutera à la fonction R les termes

$$\frac{m''}{\sqrt{(x''-x)^2+(y''-y)^2+(z''-z)^2}} - \frac{m''(xx''+yy''+zz'')}{r''^3}.$$

Les variations des coordonnées de m et de m'', résultant de l'action réciproque de ces deux planètes, produiront dans la variation de R des termes multipliés par mm'' et par m''^2, et l'on prouvera par l'analyse précédente qu'aucun d'eux ne pourra donner dans $\int d'.\partial'' R$ de termes non périodiques.

Les variations des coordonnées de m', résultant de l'action de m'' sur m', produiront une variation dans la partie de R dépendant de l'action de m' sur m, et qui est représentée par

$$\frac{m'}{\sqrt{(x'-x)^2+(y'-y)^2+(z'-z)^2}} - \frac{m'(xx'+yy'+zz')}{r'^3}.$$

Il en résultera, dans R, des termes multipliés par $m'm''$ et qui seront fonctions des coordonnées elliptiques x, y, z et des angles $n't$, $n''t$, ou bien, en remplaçant x, y, z par leurs valeurs, des termes fonctions des trois angles nt, $n't$, $n''t$. Ces trois moyens mouvements ne pouvant se détruire entre eux, ces termes ne produiront que des termes périodiques dans d'R. D'ailleurs s'il existe, dans le développement de R, des termes indépendants du moyen mouvement nt, ils disparaîtront d'eux-mêmes par la différentiation dans d'R, et si l'on considère au contraire les termes dépendants de cet angle seul, ces termes seront de la forme $m'm''d'$P, P étant une fonction des coordonnées elliptiques de m. Il en résultera dans $\int d'$R des termes de la forme $m'm''\int d'$P ou $m'm''$P, puisque d'P est alors une différentielle exacte. Ces termes seront donc encore du second ordre après l'intégration, et nous négligeons les quantités de cette espèce dans la valeur de cette fonction.

De même, la variation des coordonnées x, y, z, produite par l'action de m'' sur m, ne peut introduire dans la partie précédente de R que des termes multipliés par $m'm''$ et fonctions des coordonnées x', y', z' et des angles nt ou $n''t$, ou fonctions simplement des trois angles nt, $n't$, $n''t$, et ces trois angles ne pouvant se détruire entre eux, il n'en saurait résulter dans d'R que des termes périodiques. Quant aux termes dépendant seulement de nt, ils ne produiront que des termes non périodiques de l'ordre $m'm''$ dans $\int d'$R.

Les mêmes raisonnements s'appliquent évidemment à la partie de R dépendante de l'action de m'' sur m.

Concluons donc enfin que, quel que soit le nombre des planètes dont on considère l'action réciproque, les variations des éléments elliptiques de la planète troublée et des planètes perturbatrices, ne produiront dans $\int d'$R aucune *inégalité séculaire* croissant indéfiniment avec le temps, ni aucune *inégalité séculaire à longue période* susceptible de devenir considérable par la suite des siècles, du moins tant qu'on n'aura égard qu'aux carrés et aux produits des masses perturbatrices.

61. Reprenons maintenant la formule (2)

$$da = 2\,a^2\,d'\mathrm{R}. \quad (2)$$

Lorsqu'on a égard aux quantités du second ordre par rapport aux masses, il n'est plus permis de regarder comme constant le facteur a^2 dans le second membre de cette équation : en substituant donc à sa place $(a + \delta a)^2$, négligeant les termes d'un ordre supérieur au second et intégrant l'expression résultante, on aura, pour déterminer la variation du grand axe de l'orbite de m, la formule

$$\delta a = 2\,a^2 \textstyle\int d'\mathrm{R}, + 8\,a^3 \int(d'\mathrm{R}\int d'\mathrm{R}). \quad (3)$$

Nous venons de voir que la fonction $\int d'\mathrm{R}$, ne renferme que des quantités non périodiques de l'ordre mm', lorsque l'on considère dans R, les termes du premier et du second ordre par rapport aux masses perturbatrices. R étant une simple fonction des coordonnées elliptiques de la planète troublée et des planètes perturbatrices, peut se développer en une série de cosinus d'arcs multiples des moyens mouvements nt, $n't$, etc. Soit

$$m'\,\mathrm{A}\cos(i'\,n'\,t - int + k),$$

l'un des termes de ce développement. Les termes correspondants de d'R et de $\int d'$R seront

$$d'\mathrm{R} = in\,dt\,m'\mathrm{A}\sin(i'n't - int + k),$$

$$\int d'\mathrm{R} = -\frac{in}{i'n' - in}\,m'\mathrm{A}\cos(i'n't - int + k);$$

et il faudra évidemment combiner ensemble ces termes dans la valeur de ∂a pour que nt et $n't$ puissent s'y détruire. Mais on a de cette manière

$$d'\mathrm{R}.\int d'\mathrm{R} = \frac{i^2 n^2 dt}{in - i'n'}\,\frac{m'^2 \mathrm{A}^2}{2}\sin 2(i'n't - int + k),$$

ce qui donne dans ∂a une inégalité périodique dépendante de l'angle $2(i'n't - int + k)$.

Il suit de là que la variation du grand axe de l'orbite d'une planète ne peut contenir aucune inégalité séculaire du premier ou du second ordre par rapport aux forces perturbatrices, qui puisse devenir sensible par la suite des siècles, quel que soit le nombre des planètes qui troublent son mouvement. Le même résultat s'applique évidemment à la variation du moyen mouvement; en effet, nous avons trouvé pour la déterminer la formule

$$d\zeta = -3\int an\,dt\,d'\mathrm{R}.\quad (1)$$

Si l'on considère les termes du second ordre, il faut regarder comme variable le facteur an dans le second membre de cette équation : or, on a $an = a^{-\frac{1}{2}}$, d'où l'on tire, en différentiant,

$$d.an = -a^{\frac{1}{2}}\frac{da}{2\,a^2} = -a^2 n\,d'\mathrm{R}.$$

La valeur de $\partial \zeta$ deviendra donc, par conséquent,

$$\partial \zeta = - \, 3\,an \textstyle\int\int d'\mathrm{R}, dt + 3\,a^2 \int\int (n dt\, d'\mathrm{R} \int d'\mathrm{R}), \quad (4)$$

formule qui ne peut renfermer aucune inégalité non périodique si la formule (3) n'en contient pas de semblable.

Concluons donc de l'analyse qui précède, ce beau théorème qui est de la plus haute importance dans la théorie du système du monde : *Les moyens mouvements des planètes et les grands axes de leurs orbites sont invariables lorsqu'on fait abstraction des inégalités périodiques et que l'on néglige les quantités du troisième ordre par rapport aux forces perturbatrices.*

Ce résultat cesserait d'avoir lieu si les moyens mouvements de la planète troublée et des planètes perturbatrices avaient entre eux des rapports commensurables. Nous avons vu que ce cas n'existait pas dans la nature lorsqu'on n'a égard qu'à la première puissance des forces perturbatrices; mais il pourrait se présenter lorsque l'on pousse plus loin les approximations. En effet, si l'on considère l'action mutuelle de trois corps m, m', m'' circulant autour de M, on voit par l'analyse précédente qu'il en résultera dans $d'\mathrm{R}$ des termes du second ordre par rapport aux masses m, m', m'', et de la forme $\mathrm{K}\sin(int - i'n't + i''n''t + k)$. Si l'on suppose donc que les rapports des moyens mouvements nt, $n't$, $n''t$ soient tels, que la quantité $in - i'n' + i''n''$ soit une très-petite fraction de n, il en résultera dans la valeur de ζ une inégalité qui pourra devenir considérable. Ce cas très-singulier se présente dans le système des satellites de Jupiter; le moyen mouvement du premier satellite, moins trois fois celui du second, plus deux fois celui du troisième, est exactement et constamment égal à zéro, c'est-à-dire que l'on a $n - 3n' + 2n'' = 0$; et ce phénomène, unique dans le système du monde, produit dans les moyens mouvements de ces astres des variations dépendantes de la seconde puissance des masses perturbatrices que la théorie détermine, mais que les observations n'ont pu jusqu'ici rendre sensibles.

62. Il suit du théorème que nous venons d'énoncer que, dans la suite des siècles, les orbites planétaires ne feront que s'aplatir plus ou moins en vertu des inégalités séculaires de leurs excentricités; elles conserveront toujours les mêmes grands axes, et les moyens mouvements, qui s'en déduisent par la troisième loi de Képler, seront inaltérables, ou du moins, s'ils sont soumis à quelques variations séculaires, elles seront insensibles. On ne peut pas encore en conclure rigoureusement, il est vrai, que la durée de la révolution sidérale moyenne des planètes sera constante aussi; en effet, nous avons vu, n° **22**, que la planète m revenait au même point de son orbite lorsque la longitude moyenne $nt + \varepsilon$ était augmentée d'une circonférence; le premier terme de cette expression, qui est proprement ce qu'on appelle le moyen mouvement de la planète, croît uniformément avec le temps, et son coefficient est invariable, comme nous venons de le voir; mais le second terme peut être soumis, comme nous le démontrerons bientôt, à des inégalités séculaires contenant des termes croissants comme le temps et du premier ordre par rapport aux masses, et des termes proportionnels au carré du temps et du second ordre par rapport à ces masses. On pourra faire abstraction des premiers, parce qu'ils s'ajouteront au moyen mouvement; mais les seconds produiront dans la longitude moyenne de véritables inégalités séculaires. Heureusement ces termes, comme nous le verrons, sont tout à fait insensibles pour la Terre et pour les planètes; mais ce sont eux qui produisent l'accélération séculaire qu'on observe dans le mouvement de la Lune, et dont les astronomes avaient longtemps vainement cherché la cause.

Les résultats précédents s'appliquent à tous les corps de notre système planétaire; mais c'est surtout dans la théorie de la Terre que leur importance se fait sentir, à cause de l'influence que les inégalités de son moyen mouvement auraient sur la durée de l'année sidérale, élément que les astronomes ont toujours regardé comme invariable et qui sert de base aux calculs de toutes les Tables des mouvements célestes. On devait désirer qu'il ne restât aucune incertitude sur une donnée aussi essentielle; mais d'une part les observations anciennes sont trop peu exactes, et de l'autre les modernes sont comprises dans un trop court intervalle de temps pour qu'on en pût conclure rien de certain sur l'invariabilité de l'année sidérale. Cette question est donc une de celles où la théorie devait devancer l'observation, et l'analyse que nous venons de développer fixe un point important du système du monde, qui n'aurait pu être établi d'une manière incontestable, par les observations seules, qu'après un grand nombre de siècles.

*Variations séculaires des excentricités et des
longitudes des périhélies.*

63. Après avoir démontré l'invariabilité des grands
axes et des moyens mouvements par rapport aux inégalités séculaires, avec tout le soin qu'exigeait cette
importante question, nous allons examiner successivement les variations séculaires des autres éléments
des orbites planétaires.

Commençons par les variations des excentricités et
des longitudes des périhélies. Pour cela, reprenons
les expressions différentielles de ces variations, données n° **46,**

$$de = -\ \frac{an\,dt\,\sqrt{1 - e^2}}{e}\left(\frac{dF}{d\omega}\right),$$

$$d\omega = \ \frac{an\,dt\,\sqrt{1 - e^2}}{e}\left(\frac{dF}{de}\right).$$

En différentiant par rapport à ω et par rapport à e la
valeur (n) de F, trouvée n° **53,** on aura

$$\frac{dF}{d\omega} = \frac{3\,m'\left[aa'(a,\,a') + (a^2 + a'^2)(a,\,a')'\right]}{2\,(a'^2 - a^2)^2}\,ee'\sin(\omega' - \omega),$$

$$\frac{dF}{de} = -\frac{3\,m'\,aa'(a,\,a')'}{4\,(a'^2 - a^2)^2}\,e$$

$$+ \frac{3\,m'\left[aa'(a,\,a') + (a^2 + a'^2)(a,\,a')'\right]}{2\,(a'^2 - a^2)^2}\,e'\cos(\omega' - \omega).$$

Si par conséquent on fait, pour abréger,

$$[a,\,a'] = -\frac{3\,m'\,a^2\,a'\,n\,(a,\,a')'}{4\,(a'^2 - a^2)^2},$$

$$\boxed{a,\,a'} = -\frac{3\,m'\,an\left[aa'(a,\,a') + (a^2 + a'^2)(a,\,a')'\right]}{2\,(a'^2 - a^2)^2},$$

on aura, pour déterminer les variations séculaires des excentricités et des périhélies, en ne portant l'approximation que jusqu'aux premières puissances des excentricités et des inclinaisons, et en ne considérant que l'action d'une seule planète perturbatrice m', les deux équations

$$\frac{dc}{dt} = \boxed{a,\ a'}\ e' \sin(\omega' - \omega),$$

$$\frac{d\omega}{dt} = [a,\ a'] - \boxed{a,\ a'}\ \frac{c'}{c}\cos(\omega' - \omega).$$

L'action des planètes m'', m''', etc., ne fera qu'ajouter à ces équations des termes semblables. Désignons donc par $[a, a'']$, $\boxed{a,\ a''}$, ce que deviennent les fonctions $[a, a']$, $\boxed{a,\ a'}$, lorsqu'on y change a' et m' en a'' et m''; désignons semblablement par $[a, a''']$, $\boxed{a,\ a'''}$, ce que deviennent ces mêmes fonctions lorsqu'on y change a' et m' en a''' et m''', et ainsi de suite; on aura, en vertu des actions réunies de tous les corps m', m'', m''', etc.,

$$\frac{de}{dt} = \boxed{a,\ a'}\ e' \sin(\omega' - \omega) + \boxed{a,\ a''}\ e'' \sin(\omega'' - \omega) + \text{etc.,}$$

$$\frac{d\omega}{dt} = [a,\ a'] + [a,\ a''] + \ldots - \boxed{a,\ a'}\ \frac{e'}{c}\cos(\omega' - \omega)$$

$$- \boxed{a,\ a''}\ \frac{e''}{c}\cos(\omega'' - \omega) - \text{etc.}$$

De ces expressions, il est facile de conclure celles de $\frac{de'}{dt}$, $\frac{d\omega'}{dt}$, $\frac{de''}{dt}$, $\frac{d\omega''}{dt}$, etc., en changeant successivement, dans les équations précédentes, ce qui se rapporte à la planète m dans ce qui se rapporte aux planètes m', m'', etc., et réciproquement. Soit donc

$$[a', a], [a', a''], [a', a'''], \text{etc.}, \boxed{a', a}, \boxed{a', a''}, \boxed{a', a'''}, \text{etc.},$$
$$[a'', a'], [a'', a], [a'', a''], \text{etc.}, \boxed{a'', a'}, \boxed{a'', a}, \boxed{a'', a'''}, \text{etc.},$$
$$\text{etc.,}$$

ce que deviennent les fonctions que nous avons désignées par

$$[a, a'], [a, a''], [a, a'''], \text{etc.}, \boxed{a, a'}, \boxed{a, a''}, \boxed{a, a'''}, \text{etc.},$$

lorsqu'on y change successivement ce qui est relatif à m en ce qui se rapporte à m', m'', etc., et réciproquement ; nous aurons pour déterminer les excentricités et les périhélies des orbites de m, m', m'', etc., le système d'équations différentielles suivant :

$$\frac{dc}{dt} = \boxed{a, a'}\, c' \sin(\omega'-\omega) + \boxed{a, a''}\, c'' \sin(\omega''-\omega) + \text{etc.,}$$

$$\frac{dc'}{dt} = \boxed{a', a}\, c \sin(\omega-\omega') + \boxed{a', a''}\, c'' \sin(\omega''-\omega') + \text{etc.,}$$

$$\frac{dc''}{dt} = \boxed{a'', a}\, c \sin(\omega-\omega'') + \boxed{a'', a'}\, c' \sin(\omega'-\omega'') + \text{etc.,}$$

$$\text{etc.,}$$

$$\frac{d\omega}{dt} = [a, a'] + [a, a''] + \ldots - \boxed{a, a'}\, \frac{c'}{c} \cos(\omega'-\omega)$$
$$- \boxed{a, a''}\, \frac{c''}{c} \cos(\omega''-\omega) - \text{etc.,} \qquad (o)$$

$$\frac{d\omega'}{dt} = [a', a] + [a', a''] + \ldots - \boxed{a', a}\, \frac{c}{c'} \cos(\omega-\omega')$$
$$- \boxed{a', a''}\, \frac{c''}{c'} \cos(\omega''-\omega') - \text{etc.,}$$

$$\frac{d\omega''}{dt} = [a'', a] + [a'', a'] + \ldots - \boxed{a'', a}\, \frac{c}{c''} \cos(\omega-\omega'')$$
$$- \boxed{a'', a'}\, \frac{c'}{c''} \cos(\omega'-\omega'') - \text{etc.,}$$

$$\text{etc.}$$

On détermine fort simplement, au moyen de ces formules, les variations annuelles des excentricités et des périhélies. En effet, pendant ce court intervalle, on peut supposer constants les éléments e, e', etc., ω, ω', etc., qui entrent dans les équations différentielles précédentes, et les intégrer dans cette hypothèse, ce qui revient à multiplier par le temps t les valeurs de $\frac{de}{dt}$, $\frac{de'}{dt}$, etc., $\frac{d\omega}{dt}$, $\frac{d\omega'}{dt}$, etc. Les expressions qu'on obtiendra de cette manière pourront même s'étendre, relativement aux planètes, à plusieurs siècles avant et après l'époque que l'on aura choisie pour l'origine du temps. Si l'on veut avoir des valeurs plus exactes, on observera que les excentricités et la position des périhélies variant avec le temps, l'excentricité de l'orbite de m, pour un temps quelconque t, sera égale à

$$e + t\frac{de}{dt} + \frac{t^2}{1.2}\frac{d^2e}{dt^2} + \text{etc.};$$

et la longitude de son périhélie à

$$\omega + t\frac{d\omega}{dt} + \frac{t^2}{1.2}\frac{d^2\omega}{dt^2} + \text{etc.};$$

e, $\frac{de}{dt}$, $\frac{d^2e}{dt^2}$, etc., ω, $\frac{d\omega}{dt}$, $\frac{d^2\omega}{dt^2}$, etc., étant relatifs à l'époque. Or les valeurs précédentes de $\frac{de}{dt}$ et de $\frac{d\omega}{dt}$ donneront, en les différentiant et en observant que a et a', etc., sont constants, les valeurs de $\frac{d^2e}{dt^2}$, $\frac{d^3e}{dt^3}$, etc., $\frac{d^2\omega}{dt^2}$, $\frac{d^3\omega}{dt^3}$, etc. On pourra donc continuer aussi loin que l'on voudra les séries qui précèdent; mais il suffira,

dans la comparaison des observations les plus anciennes qui nous soient parvenues, d'avoir égard, relativement aux planètes, aux termes de ces séries multipliées par le carré du temps.

64. Quoique cette manière de déterminer les variations séculaires des excentricités et des périhélies
suffise aux usages astronomiques, cependant la théorie de ces variations ne serait pas complète, si elle ne
donnait pas leurs valeurs finies pour un temps quelconque, ce qui exige qu'on intègre rigoureusement
les formules différentielles (o). Leur intégration directe est impossible ; mais par la transformation que
nous avons indiquée n° **46**, et dont l'idée ingénieuse
est due à Lagrange, on les ramène à la forme d'équations différentielles linéaires du premier ordre que l'on
sait intégrer. En effet, supposons, comme dans le numéro cité,

$$\left. \begin{aligned} b &= e\sin\omega, \quad b' = e'\sin\omega', \quad b'' = e''\sin\omega'', \text{ etc.,}\\ c &= e\cos\omega, \quad c' = e'\cos\omega', \quad c'' = e''\cos\omega'', \text{ etc.} \end{aligned} \right\} (\alpha)$$

En différentiant ces expressions, on aura

$$\frac{db}{dt} = \sin\omega\,\frac{de}{dt} + e\cos\omega\,\frac{d\omega}{dt},$$

$$\frac{dc}{dt} = \cos\omega\,\frac{de}{dt} - e\sin\omega\,\frac{d\omega}{dt},$$

$$\frac{db'}{dt} = \sin\omega'\,\frac{de'}{dt} + e'\cos\omega'\,\frac{d\omega'}{dt},$$

$$\frac{dc'}{dt} = \cos\omega'\,\frac{de'}{dt} - e'\sin\omega'\,\frac{d\omega'}{dt},$$

etc.

Si dans ces équations on remplace $\frac{de}{dt}$, $\frac{d\omega}{dt}$, $\frac{de'}{dt}$, $\frac{d\omega'}{dt}$, etc.,
par leurs valeurs, on aura, pour déterminer $\frac{db}{dt}$, $\frac{dc}{dt}$, etc.,
les équations différentielles suivantes :

$$\frac{db}{dt} = \quad \{[a, a'] + [a, a''] + \text{etc.,}\} c - \boxed{a,\, a'}\, c' - \boxed{a,\, a''}\, c'' - \text{etc.,}$$

$$\frac{dc}{dt} = -\{[a, a'] + [a, a''] + \text{etc.,}\} b + \boxed{a,\, a'}\, b' + \boxed{a,\, a''}\, b'' + \text{etc.,}$$

$$\frac{db'}{dt} = \quad \{[a', a] + [a', a''] + \text{etc.,}\} c' - \boxed{a',\, a}\, c - \boxed{a',\, a''}\, c'' - \text{etc.,}$$

$$\frac{dc'}{dt} = -\{[a', a] + [a', a''] + \text{etc.,}\} b' + \boxed{a',\, a}\, b + \boxed{a',\, a''}\, b'' + \text{etc.,} \qquad (\mathbf{P})$$

$$\frac{db''}{dt} = \quad \{[a'', a] + [a'', a'] + \text{etc.,}\} c'' - \boxed{a'',\, a}\, c - \boxed{a'',\, a'}\, c' - \text{etc.,}$$

$$\frac{dc''}{dt} = -\{[a'', a] + [a'', a'] + \text{etc.,}\} b'' + \boxed{a'',\, a}\, b + \boxed{a'',\, a'}\, b' + \text{etc.,}$$

etc.

On peut d'ailleurs déduire directement ces équations des formules (12), en y substituant pour F sa valeur en fonction de b, b', c, c', etc., donnée n° 53.

Les équations précédentes sont linéaires et s'intègrent par les méthodes connues. Lorsque, par leur moyen, on aura déterminé les valeurs des quantités b, c, b', c', b'', c'', etc., on obtiendra celles des excentricités et des longitudes des périhélies, en remarquant que les équations (α) donnent

$$e^2 = \sqrt{b^2 + c^2}, \quad \tang\omega = \frac{b}{c}, \quad e' = \sqrt{b'^2 + c'^2}, \quad \tang\omega' = \frac{b'}{c'},$$

etc.

Il ne nous reste donc plus qu'à opérer l'intégration

des équations précédentes ; pour y parvenir, faisons

$$b = \text{M} \sin(ht + l), \quad c = \text{M} \cos(ht + l),$$
$$b' = \text{M}' \sin(ht + l), \quad c' = \text{M}' \cos(ht + l),$$
$$b'' = \text{M}'' \sin(ht + l), \quad c'' = \text{M}'' \cos(ht + l),$$
$$\text{etc.,} \qquad\qquad \text{etc.,}$$

M, M', M'', etc., étant, ainsi que h et l, des quantités constantes indéterminées.

Si l'on substitue ces valeurs et leurs différentielles dans les équations (P), il en résultera entre les indéterminées M, M', M'', etc., h et l, les équations de condition suivantes :

$$\left.\begin{aligned}
\text{M}\,h &= \left\{[a, a'] + [a, a''] + \text{etc.}\right\} \text{M} - \boxed{a, a'}\ \text{M} - \boxed{a, a''}\ \text{M}'' - \text{etc.,} \\
\text{M}'\,h &= \left\{[a', a] + [a', a''] + \text{etc.}\right\} \text{M}' - \boxed{a', a}\ \text{M} - \boxed{a', a''}\ \text{M}'' - \text{etc.,} \\
\text{M}''\,h &= \left\{[a'', a] + [a'', a'] + \text{etc.}\right\} \text{M}'' - \boxed{a'', a}\ \text{M} - \boxed{a'', a'}\ \text{M}' - \text{etc.,}
\end{aligned}\right\} \quad (k)$$

etc.

Le nombre de ces équations sera égal à celui des coefficients M, M', M'', etc.; mais comme chacun des termes qui les composent est multiplié par l'un de ces coefficients, il s'ensuit que l'on ne pourra déterminer, par les équations précédentes, que le rapport de ces quantités entre elles, de sorte qu'il y en aura toujours une qui restera indéterminée. En effet, soit i, par exemple, le nombre de ces équations de condition ; il est aisé de voir, d'après leur forme, que si, au moyen des $i - 1$ premières, on élimine de la dernière les $i - 1$ coefficients M', M'', etc., le coefficient M en disparaîtra de lui-même ; de sorte qu'on arrivera à une équation finale en h du degré i, qui ne contiendra plus que cette constante d'inconnue, et pourra servir par conséquent à la déterminer. Cette équation sera toujours d'un degré égal au nombre des coefficients arbitraires M, M′, M″, etc., ou des corps m, m', m'', etc., du système ; elle aura donc un nombre égal de racines qui, substituées tour à tour dans les $i - 1$ premières équations (k), serviront à déterminer chacune un pareil nombre de coefficients arbitraires M, M′, M″, etc.

Soient donc h, h_1, h_2, etc., les racines de l'équation finale en h ; soient M, M′, M″, etc., M_1, M'_1, M''_1, etc., M_2, M'_2, M''_2, etc., les différents systèmes de coefficients indéterminés qui correspondent respectivement à chacune de ces racines, les valeurs de b, b', b'', etc., de c, c', c'', etc., qui en résulteront, satisferont toutes aux équations (P). Or l'intégrale complète d'une équation différentielle linéaire est égale, comme on sait, à la somme de ses intégrales particulières, on aura donc

$$b = M \sin(ht + l) + M_1 \sin(h_1 t + l_1) + M_2 \sin(h_2 t + l_2) + \text{etc.},$$
$$b' = M' \sin(ht + l) + M'_1 \sin(h_1 t + l_1) + M'_2 \sin(h_2 t + l_2) + \text{etc.},$$
etc.,
$$c = M \cos(ht + l) + M_1 \cos(h_1 t + l_1) + M_2 \cos(h_2 t + l_2) + \text{etc.},$$
$$c' = M' \cos(ht + l) + M'_1 \cos(h_1 t + l_1) + M'_2 \cos(h_2 t + l_2) + \text{etc.},$$
etc.,

l, l_1, l_2, etc., étant des constantes arbitraires.

Ces équations renferment autant d'arbitraires qu'il y a d'équations différentielles (P) ; car chaque système d'indéterminées M, M′, etc., contient une arbitraire, et il y a de plus i arbitraires l, l_1, l_2, etc. Ces équations sont donc les intégrales complètes des équations différentielles proposées. Quant aux $2i$ constantes arbitraires qui entrent dans ces équations, on les déterminera au moyen des observations. Elles ne donnent pas directement ces constantes, il est vrai; mais elles font connaître, pour une époque fixée, les valeurs des excentricités et des longitudes des périhélies des orbites, et par suite les valeurs des quantités b, b', etc., c, c', etc.; on pourra donc toujours en déduire les valeurs des arbitraires inconnues.

65. Il résulte de ce qui précède que les excentricités et les longitudes des périhélies des orbites planétaires ne sont plus, comme les grands axes, assujetties à de simples inégalités périodiques; les variations de ces deux éléments contiennent des termes indépendants de la situation mutuelle des corps du système, et par conséquent la forme des orbites et la position des grands axes peuvent éprouver dans la suite des altérations considérables; mais les ellipticités, en vertu de leurs variations séculaires, sont-elles susceptibles de croître indéfiniment? S'il en était ainsi, les orbites, aujourd'hui presque circulaires, deviendraient à la longue fort excentriques, et pourraient même finir par changer entièrement de nature. L'invariabilité des grands axes ne suffirait plus alors pour assurer la conservation de notre système solaire, qu'une pareille progression menacerait dans la suite des siècles d'un bouleversement total. L'équation (e) à laquelle nous sommes parvenus (n° **54**) montre heureusement que ces changements sont à jamais impossibles; mais il ne sera pas superflu d'examiner ici avec plus de détail cette question, puisque c'est sur elle que repose l'une des conditions essentielles de la stabilité du système du monde.

Pour cela, reprenons les expressions que nous avons trouvées pour déterminer les valeurs des quantités b et c, savoir :

$$b = \mathrm{M}\sin(ht + l) + \mathrm{M}_1\sin(h_1 t + l_1) + \mathrm{M}_2\sin(h_2 t + l_2) + \text{etc.},$$

$$c = \mathrm{M}\cos(ht + l) + \mathrm{M}_1\cos(h_1 t + l_1) + \mathrm{M}_2\cos(h_2 t + l_2) + \text{etc.},$$

les quantités h, h_1, h_2, etc., étant les racines d'une équation déterminée d'un degré égal au nombre des corps agissants du système, et M, M_1, M_2, etc., l, l_1, l_2, etc., des constantes arbitraires dont la détermination dépend des valeurs de b et de c, à une époque donnée.

Substituons ces valeurs à la place de b et c dans l'expression de l'excentricité de l'orbite de m; on a $e^2 = b^2 + c^2$; on aura donc

$$e^2 = \mathrm{M}^2 + \mathrm{M}_1^2 + \mathrm{M}_2^2 + \ldots + 2\,\mathrm{M}\mathrm{M}_1\cos[(h_1 - h)t + l_1 - l]$$
$$+ 2\,\mathrm{M}\mathrm{M}_2\cos[(h_2 - h)t + l_2 - l] + 2\,\mathrm{M}_1\mathrm{M}_2\cos[(h_2 - h_1)t + l_2 - l_1]$$
$$+ \text{etc.}$$

Le premier membre de cette équation est constamment plus petit que $(\mathrm{M} + \mathrm{M}_1 + \mathrm{M}_2 + \ldots)^2$, tant que les cosinus qui entrent dans le second membre sont tous réels; ainsi donc, toutes les fois que les racines h, h_1, h_2, etc., sont réelles et inégales, l'excentricité e de l'orbite de m ne peut jamais surpasser la somme des coefficients M, M_1, M_2, etc., pris avec le même signe;

et si l'on suppose ces coefficients fort petits à une époque donnée, comme cela a lieu en effet dans la nature, elle demeurera toujours peu considérable.

Mais il n'en serait plus de même, si quelques-unes des racines de l'équation en h devenaient égales ou imaginaires. Ces racines introduiraient, au lieu de sinus et de cosinus, dans les expressions de b et de c, des arcs de cercle et des exponentielles, et ces quantités étant susceptibles d'augmenter indéfiniment avec le temps, il en résulterait que les valeurs de b et de c ne seraient plus resserrées entre des limites qu'elles ne doivent pas dépasser; que par conséquent les orbites pourraient dans la suite des temps devenir fort excentriques, et que les résultats auxquels nous sommes parvenus jusqu'ici, fondés sur la petitesse des excentricités et des inclinaisons des orbites, cesseraient d'être exacts. Il s'agit donc de montrer que les racines h, h_1, h_2, etc., sont toutes réelles et inégales; c'est ce que l'on peut faire d'une manière fort simple, et sans être obligé de former l'équation dont elles dépendent, dans le cas où l'on suppose que les différents corps m, m', m'', etc., du système, circulent tous dans le même sens.

En effet, reprenons les équations (o) du n° **63**. Si l'on multiplie respectivement ces équations par $m \sqrt{a}\, e$, $m' \sqrt{a'}\, e'$, $m'' \sqrt{a''}\, e''$, etc.; qu'on les ajoute, et qu'on remarque que

$$\sin(\omega-\omega') = -\sin(\omega'-\omega), \quad \sin(\omega-\omega'') = -\sin(\omega''-\omega), \text{etc.,}$$

et qu'en vertu des valeurs de $\boxed{a,\ a'}$, $\boxed{a',\ a}$, etc., données dans le n° **63,** on a généralement

$$\boxed{a,\ a'}\ m\sqrt{a} - \boxed{a',\ a}\ m'\sqrt{a'} = 0,$$

$$\boxed{a,\ a''}\ m\sqrt{a} - \boxed{a'',\ a}\ m''\sqrt{a''} = 0,$$

etc.,

cette somme se réduira à l'équation suivante :

$$m\sqrt{a}\,ede + m'\sqrt{a'}\,e'\,de' + m''\sqrt{a''}\,e''\,de'' + \ldots = 0.$$

Si l'on intègre cette équation, en observant que les grands axes a, a', etc., sont constants, puisqu'on n'a égard qu'aux variations séculaires, on aura

$$m\sqrt{a}\,e^2 + m'\sqrt{a'}\,e'^2 + m''\sqrt{a''}\,e''^2 + \ldots = \text{const.} \quad (e)$$

Les corps m, m', etc., étant supposés tourner dans le même sens, les radicaux $\sqrt{a}$, $\sqrt{a'}$, $\sqrt{a''}$ devront être pris positivement, et chacun des termes du premier membre de cette équation sera par conséquent positif. Nous sommes déjà parvenus à cette équation, n° **54**; mais nous avons voulu montrer comment elle résulte des équations différentielles (o)

Supposons maintenant que l'équation qui détermine h ait des racines imaginaires; quelques-uns des sinus ou cosinus qui entrent dans les expressions de b et c, se changeront en exponentielles, de sorte que la valeur de b, par exemple, contiendra un nombre fini de termes de la forme Cc^{gt}, c étant le nombre dont le logarithme hyperbolique est l'unité, et C une quantité réelle puisque b ou sa valeur $e\sin\varpi$ est une quantité réelle. Soient Dc^{gt}, $C'c^{gt}$, $D'c^{gt}$, etc., les termes correspondants de c, b', c', etc. D, C, D', etc., étant aussi des quantités réelles; la valeur de e^2 contiendra le terme $(C^2 + D^2) c^{2gt}$, la valeur de e'^2 contiendra le terme $(C'^2 + D'^2) c^{2gt}$, et ainsi de suite. Le premier membre de l'équation (e) renfermera par conséquent le terme

$$c^{2gt} \left[m \sqrt{a} \, (C^2 + D^2) + m' \sqrt{a'} \, (C'^2 + D'^2) \right.$$
$$\left. + m'' \sqrt{a''} \, (C''^2 + D''^2) + \ldots \right].$$

Si c^{gt} est la plus grande des exponentielles que renferment les expressions de b, c, b', c', etc., c^{2gt} sera la plus grande des exponentielles que renfermera le premier membre de l'équation (e); le terme précédent ne pourra donc être détruit par aucun autre terme de cette équation; en sorte que pour que son premier membre se réduise à une constante, il faudra que le coefficient de c^{2gt} soit nul de lui-même, ce qui donne

$$m \sqrt{a} \, (C^2 + D^2) + m' \sqrt{a'} \, (C'^2 + D'^2)$$
$$+ m'' \sqrt{a''} \, (C''^2 + D''^2) + \ldots = 0;$$

équation qui ne peut être satisfaite, à moins qu'on n'ait séparément $C = 0$, $D = 0$, $C' = 0$, $D' = 0$, etc., si l'on suppose que les radicaux $\sqrt{a}$, $\sqrt{a'}$, $\sqrt{a''}$, etc., sont de même signe, c'est-à-dire que les corps m, m', m'', etc., circulent dans le même sens; d'où il suit que les valeurs de b, c, b', c', etc., ne renferment pas d'exponentielles, et que par conséquent l'équation en h ne contient pas de racines imaginaires.

Si cette équation avait des racines égales, il en résulterait des arcs de cercle dans les expressions de b, c, b', c', etc. L'expression de b, par exemple, ren-

fermerait un nombre fini de termes de la forme Ct^r.
Soient Dt^r, $C't^r$, $D't^r$, etc., les termes correspondants
des valeurs de c, b', c', etc., C, D, C', D', etc., étant
des quantités réelles, le premier membre de l'équation (e) renfermera le terme

$$t^{2r}.\left[m\sqrt{a}(C^2+D^2)+m'\sqrt{a'}(C'^2+D'^2)+m''\sqrt{a''}(C''^2+D''^2)+\ldots\right];$$

et si t^r est supposé la plus haute puissance de t que
renferment les valeurs de b, c, b', c', etc., t^{2r} sera la
plus haute puissance de t qui entrera dans cette équation; il faudra donc, pour que son premier membre
se réduise à une constante, qu'on ait

$$m\sqrt{a}(C^2+D^2)+m'\sqrt{a'}(C'^2+D'^2)+m''\sqrt{a''}(C''^2+D''^2)+\ldots=0;$$

ce qui est impossible lorsque les corps m, m', m'', etc.,
circulent dans le même sens, à moins qu'on n'ait séparément $C=0$, $D=0$, $C'=0$, $D'=0$, etc. Les valeurs de b, c, b', c', etc., ne peuvent donc contenir
ni exponentielles ni arcs de cercle, et l'équation en h
a par conséquent toutes ses racines réelles et inégales.

Le cas particulier que nous avons examiné est celui
de la nature, où toutes les planètes circulent dans le
même sens autour du Soleil. Il suit donc, de ce que
nous venons de démontrer, que les excentricités des
orbes planétaires n'éprouveront pas par la suite des
siècles d'accroissements considérables, et qu'elles resteront dans tous les temps très-petites, comme elles
le sont aujourd'hui.

C'est d'ailleurs ce qu'on peut conclure immédiatement de l'équation

$$m\sqrt{a}\,e^2+m'\sqrt{a'}\,e'^2+m''\sqrt{a''}\,e''^2+\ldots=C.$$

En effet, tous les termes du premier membre de cette équation étant positifs, lorsqu'on suppose que les corps m, m', m'', etc., tournent dans le même sens, chacun de ces termes est plus petit que la constante du second membre. Si l'on suppose donc à une époque donnée les excentricités e, e', e'', etc., très-petites, la constante C sera une fort petite quantité; chacun des termes de l'équation précédente restera donc aussi fort petit, et ne sera pas susceptible par conséquent de croître indéfiniment. Mais les considérations précédentes montrent comment l'éternelle petitesse des excentricités des orbites des planètes résulte de la forme même de leurs valeurs, et nous avons cru devoir les développer ici, pour ne rien laisser à désirer sur une question aussi importante.

66. Considérons maintenant les équations d'où dépend la position des périhélies. Si l'on remplace dans l'équation $\tang \omega = \dfrac{b}{c}$, b et c par leurs valeurs, on aura

$$\tang \omega = \frac{M \sin(ht+l) + M_1 \sin(h_1 t+l_1) + M_2 \sin(h_2 t + l_2)+\ldots}{M \cos(ht+l) + M_1 \cos(h_1 t+l_1) + M_2 \cos(h_2 t + l_2)+\ldots}.$$

Si de l'angle ω on retranche l'angle $ht + l$, en observant que

$$\tang(\omega - ht - l) = \frac{\tang \omega - \tang(ht + l)}{1 + \tang \omega \tang(ht + l)},$$

en vertu de l'expression précédente, on aura

$$\tang(\omega - ht - l) = \frac{M_1 \sin[(h_1 - h) t+l_1 - l] + M_2 \sin[(h_2 - h) t + l_2 - l] + \ldots}{M + M' \cos[(h_1 - h) t+l_1 - l] + M_2 \cos[(h_2 - h) t+l_2 - l] + \ldots}.$$

Si le coefficient M est supposé plus grand que la

somme de tous les autres coefficients M_1, M_2, M_3, etc., pris positivement, le dénominateur du second membre ne sera jamais nul; $\tang(\omega - ht - l)$ ne pourra donc pas devenir infini, l'angle $\omega - ht - l$ n'atteindra jamais le quart de la circonférence, et cet angle sera compris par conséquent dans les limites $+ 90°$ et $- 90°$, entre lesquelles il ne pourra faire que des oscillations plus ou moins grandes, de sorte que $ht + l$ exprimera le vrai mouvement moyen du périhélie.

Mais de ce cas particulier il est impossible de rien conclure en général sur la nature de l'angle ω; on doit donc regarder les mouvements des périhélies comme n'étant pas uniformes, et comme pouvant éprouver dans la suite des siècles des variations dont on ne saurait assigner les limites; on a seulement la certitude qu'en vertu de la première des équations (r) n° 54, ces variations seront toujours très-lentes, comme elles le sont aujourd'hui.

67. Concluons de ce qui précède que la stabilité du système du monde est assurée relativement aux excentricités comme elle l'est par rapport aux grands axes. Les orbites des planètes, en vertu de leurs actions mutuelles, et en ne considérant que les variations séculaires, ne font qu'osciller autour d'un état moyen d'ellipticité dont elles s'écartent peu, de sorte que ces orbites dans les siècles à venir conserveront toujours à peu près la forme circulaire. Les grands axes des orbites demeureront constamment de la même grandeur, les moyens mouvements qui en dépendent seront toujours uniformes, et la position de ces grands

axes pourra seule éprouver dans la suite des variations considérables; enfin les excentricités, quelques altérations qu'elles subissent, seront sans cesse assujetties à la condition suivante : *la somme de leurs carrés, multipliés par les masses des corps du système, et par les racines carrées des grands axes de leurs orbites, restera constamment la même.*

Il faut bien remarquer que ces résultats, du moins quant à ce qui regarde les excentricités et les périhélies, ne sont exacts qu'aux quantités près du second ordre par rapport aux excentricités, aux inclinaisons et aux forces perturbatrices. Nous montrerons bientôt comment on peut les étendre aux secondes dimensions de ces forces et à des excentricités et des inclinaisons quelconques.

Variations séculaires des inclinaisons et des longitudes des nœuds.

68. Déterminons maintenant les variations séculaires des nœuds et des inclinaisons. Leur théorie a la plus grande analogie avec celle des variations séculaires des excentricités et des périhélies.

En désignant par φ l'angle que forme le plan de l'orbite primitive de m avec un plan fixe que nous supposons très-peu incliné au plan de cette orbite, et par α l'angle que fait leur commune intersection avec une droite prise à volonté dans le plan fixe, en donnant à φ' et α' des significations analogues relatives à l'orbite de m', et en supposant, afin de simplifier les formules,

$$p = \tang\varphi\,\sin\alpha, \quad q = \tang\varphi\,\cos\alpha,$$
$$p' = \tang\varphi'\,\sin\alpha', \quad q' = \tang\varphi'\,\cos\alpha',$$

nous avons trouvé dans le n° **46**, pour déterminer les variations différentielles des quantités p et q, les équations suivantes :

$$dp = \frac{an\,dt}{\sqrt{1-e^2}}\left(\frac{dF}{dq}\right),$$
$$dq = -\frac{an\,dt}{\sqrt{1-e^2}}\left(\frac{dF}{dp}\right).$$

Si l'on différentie par rapport aux variables p et q la valeur de F du n° **53**, on aura

$$\frac{dF}{dp} = \frac{3\,m'\,aa'\,(a,\,a')'}{4\,(a'^2 - a^2)^2}\,(p - p'),$$
$$\frac{dF}{dq} = \frac{3\,m'\,aa'\,(a,\,a')'}{4\,(a'^2 - a^2)^2}\,(q - q').$$

En faisant donc, pour abréger, comme dans le n° **63**,

$$[a,\,a'] = -\frac{3\,m'\,a^2 a'\,n\,(a,\,a')'}{4\,(a'^2 - a^2)^2},$$

on aura, en négligeant les carrés des excentricités et des inclinaisons,

$$\left.\begin{aligned}
\frac{dp}{dt} &= -\,[a,\,a']\,(q - q'),\\
\frac{dq}{dt} &= [a,\,a']\,(p - p').
\end{aligned}\right\}\ (a)$$

Il est aisé de conclure de là les variations différentielles de φ et de α. En effet, les valeurs que nous avons supposées aux quantités p et q donnent

$$\tang \varphi = \sqrt{p^2 + q^2}, \quad \tang \alpha = \frac{p}{q}.$$

En différentiant, et en observant que nous négligeons les carrés des inclinaisons, ce qui donne $\cos \varphi = 1$, on trouve

$$d\varphi = \sin \alpha\, dp + \cos \alpha\, dq, \quad d\alpha = \frac{\cos \alpha\, dp - \sin \alpha\, dq}{\tang \varphi}.$$

Si l'on substitue pour dp et dq leurs valeurs données par les équations (a), après y avoir remplacé p, q, p', q' par les quantités de ces lettres représentent, on aura

$$\frac{d\varphi}{dt} = [a, a']\, \tang \varphi' \sin(\alpha - \alpha'),$$

$$\frac{d\alpha}{dt} = -[a, a'] + [a, a']\, \frac{\tang \varphi'}{\tang \varphi} \cos(\alpha - \alpha');$$

valeurs qu'on aurait pu d'ailleurs déduire directement des formules (5) et (6) du n° **42**, comme il est aisé de le vérifier.

Nous n'avons considéré jusqu'ici que l'action d'une seule planète perturbatrice m'; l'action des planètes m'', m''', etc., introduirait dans les seconds membres des équations précédentes des termes semblables à ceux qu'ils renferment. Si dans ces équations on change ce qui a rapport à m dans ce qui est relatif à m', et réciproquement, on aura des expressions analogues pour $\frac{d\varphi'}{dt}$, $\frac{d\alpha'}{dt}$, et l'on trouverait de la même manière les valeurs des différentielles $\frac{d\varphi''}{dt}$, $\frac{d\alpha''}{dt}$, $\frac{d\varphi'''}{dt}$, etc., relatives à m'', m''', etc.; d'où l'on peut conclure qu'on aura généralement, pour déterminer les variations séculaires des inclinaisons et des longitudes des périhélies des orbites des planètes m, m', m'', etc., le système d'équations différentielles suivant :

$$\frac{d\varphi}{dt} = [a, a']\tan\varphi' \sin(\alpha - \alpha') + [a, a'']\tan\varphi'' \sin(\alpha - \alpha'') + \ldots,$$

$$\frac{d\alpha}{dt} = -\left\{[a, a'] + [a, a''] + \ldots\right\} + [a, a']\frac{\tan\varphi'}{\tan\varphi}\cos(\alpha - \alpha')$$
$$+ [a, a'']\frac{\tan\varphi''}{\tan\varphi}\cos(\alpha - \alpha'') + \ldots,$$

$$\frac{d\varphi'}{dt} = [a', a]\tan\varphi \sin(\alpha' - \alpha) + [a', a'']\tan\varphi'' \sin(\alpha' - \alpha'') + \ldots,$$

$$\frac{d\alpha'}{dt} = -\left\{[a', a] + [a', a''] + \ldots\right\} + [a', a]\frac{\tan\varphi}{\tan\varphi'}\cos(\alpha' - \alpha)$$
$$+ [a', a'']\frac{\tan\varphi''}{\tan\varphi'}\cos(\alpha' - \alpha'') + \ldots,$$

$$\frac{d\varphi''}{dt} = [a'', a]\tan\varphi \sin(\alpha'' - \alpha) + [a'', a']\tan\varphi' \sin(\alpha'' - \alpha') + \ldots,$$

$$\frac{d\alpha''}{dt} = -\left\{[a'', a] + [a'', a'] + \ldots\right\} + [a'', a]\frac{\tan\varphi}{\tan\varphi''}\cos(\alpha'' - \alpha)$$
$$+ [a'', a']\frac{\tan\varphi'}{\tan\varphi''}\cos(\alpha'' - \alpha') + \ldots,$$

$$(b)$$

etc.

Ces équations sont de forme absolument semblable à celles qui nous ont servi à déterminer les variations séculaires des excentricités et des périhélies ; la seule différence qui existe entre elles, c'est que les symboles $\boxed{a, a'}$, $\boxed{a, a''}$, etc., sont ici remplacés par les symboles $[a, a']$, $[a, a'']$, etc.; les quantités e, e', e'', etc., par $\tan\varphi$, $\tan\varphi'$, $\tan\varphi''$, etc., et les angles ω, ω', etc., par α, α', etc. Nous pouvons donc appliquer aux équations précédentes les mêmes considérations que nous avons développées dans les n^{os} **63** et suivants, ce qui abrégera beaucoup ce que nous avons à dire sur cet objet.

69. Nous voyons d'abord que si l'on intègre les équations (b) en y regardant les angles φ, φ', etc., α, α', etc., comme constants, on aura pour les variations séculaires des inclinaisons et des nœuds des expressions qui ne sont rigoureuses que lorsque le temps t est infiniment petit, mais qui pourront cependant servir pour les planètes pendant un long intervalle. Si l'on veut avoir des valeurs plus exactes de ces variations, on réduira en séries ordonnées par rapport au temps les expressions de φ, α, φ', α', etc., et en différentiant les valeurs précédentes de $\frac{d\varphi}{dt}$, $\frac{d\alpha}{dt}$, $\frac{d\varphi'}{dt}$, etc., on pourra continuer ces séries aussi loin que l'on voudra.

Déterminons les expressions rigoureuses des inclinaisons et des nœuds. Il faut pour cela intégrer complétement les équations (b), ce qui exige qu'on leur donne d'abord une autre forme. Faisons, comme précédemment,

$$p = \operatorname{tang}\varphi \sin\alpha, \qquad q = \operatorname{tang}\varphi \cos\alpha,$$
$$p' = \operatorname{tang}\varphi' \sin\alpha', \qquad q' = \operatorname{tang}\varphi' \cos\alpha',$$
$$\text{etc.,} \qquad\qquad\qquad \text{etc.}$$

Différentions ces expressions, et substituons pour $d\varphi$, $d\alpha$, $d\varphi'$, $d\alpha'$, etc., leurs valeurs, nous aurons

$$\left.\begin{aligned}
\frac{dp}{dt} &= -\left\{[a, a'] + [a, a''] + \ldots\right\} q + [a, a']q' + [a, a'']q'' + \ldots, \\
\frac{dq}{dt} &= \left\{[a, a'] + [a, a''] + \ldots\right\} p - [a, a']p' - [a, a'']p'' - \ldots,
\end{aligned}\right\} (c)$$

$$\left.\begin{aligned}
\frac{dp'}{dt} &= -\left\{[a',a]+[a',a'']+\ldots\right\}q'+[a',a]q+[a',a'']q''+\ldots,\\[4pt]
\frac{dq'}{dt} &= \left\{[a',a]+[a',a'']+\ldots\right\}p'-[a',a]p-[a',a'']p''-\ldots,\\[4pt]
\frac{dp''}{dt} &= -\left\{[a'',a]+[a'',a']+\ldots\right\}q''+[a'',a]q+[a'',a']q'+\ldots,\\[4pt]
\frac{dq''}{dt} &= \left\{[a'',a]+[a'',a']+\ldots\right\}p''-[a'',a]p-[a'',a']p'-\ldots,
\end{aligned}\right\} (c)$$

etc.

Ces expressions résultent d'ailleurs immédiatement de celles que nous avons trouvées directement pour $\frac{dp}{dt}$ et $\frac{dq}{dt}$, n° **68**.

On obtient aisément plusieurs intégrales du système d'équations précédentes. En effet, si l'on multiplie respectivement ces équations par $m\sqrt{a}\,p$, $m\sqrt{a}\,q$, $m'\sqrt{a'}\,p'$, $m'\sqrt{a'}\,q'$, etc., qu'on les ajoute ensuite et qu'on intègre leur somme, en faisant attention qu'en vertu des valeurs des quantités $[a,a']$, $[a',a]$, etc., on a

$$[a,a']\,m\sqrt{a} - [a',a]\,m'\sqrt{a'} = 0,$$
$$[a,a'']\,m\sqrt{a} - [a'',a]\,m''\sqrt{a''} = 0,$$
$$\text{etc.,}$$

on aura,

$$m\sqrt{a}\,(p^2+q^2)+m'\sqrt{a'}\,(p'^2+q'^2)+m''\sqrt{a''}\,(p''^2+q''^2)+\ldots = \text{const.} \quad (p)$$

Si l'on multiplie ces mêmes équations, la première par $m\sqrt{a}$, la troisième par $m'\sqrt{a'}$, la cinquième par $m''\sqrt{a''}$, et ainsi de suite, et qu'on les ajoute, on aura, en vertu des mêmes relations,

$$m\sqrt{a}\,\frac{dp}{dt} + m'\sqrt{a'}\,\frac{dp'}{dt} + m''\sqrt{a''}\,\frac{dp''}{dt} + \ldots = 0,$$

d'où l'on tire, en intégrant,

$$m \sqrt{\bar{a}}\, p + m' \sqrt{\bar{a'}}\, p' + m'' \sqrt{\bar{a''}}\, p'' + \ldots = \text{const.}$$

On trouverait d'une manière analogue,

$$m \sqrt{\bar{a}}\, q + m' \sqrt{\bar{a'}}\, q' + m'' \sqrt{\bar{a''}}\, q'' + \ldots = \text{const.}$$

Nous étions déjà parvenus dans le chapitre VII à ces diverses équations qui expriment des relations qui doivent toujours exister entre les quantités p, q, p', q', etc., quelques changements qu'elles éprouvent, et qui pourront servir par conséquent à vérifier leurs valeurs.

Le système d'équations différentielles linéaires (c) étant d'ailleurs parfaitement semblable à celui des équations (P) du n° **64**, on pourra appliquer à leur intégration la même analyse. On trouvera ainsi

$$\left. \begin{aligned}
p &= \mathrm{N} \sin(ht + l) + \mathrm{N}_1 \sin(h_1 t + l_1) + \mathrm{N}_2 \sin(h_2 t + l_2) + \ldots, \\
q &= \mathrm{N} \cos(ht + l) + \mathrm{N}_1 \cos(h_1 t + l_1) + \mathrm{N}_2 \cos(h_2 t + l_2) + \ldots, \\
p' &= \mathrm{N}' \sin(ht + l) + \mathrm{N}'_1 \sin(h_1 t + l_1) + \mathrm{N}'_2 \sin(h_2 t + l_2) + \ldots, \\
q' &= \mathrm{N}' \cos(ht + l) + \mathrm{N}'_1 \cos(h_1 t + l_1) + \mathrm{N}'_2 \cos(h_2 t + l_2) + \ldots, \\
&\text{etc.,}
\end{aligned} \right\} \quad (d)$$

h, h_1, h_2, etc., étant les racines d'une équation d'un degré égal au nombre des corps agissants du système, et les arbitraires N, N', N'', etc., l, l_1, l_2, etc., des constantes qui dépendent de la position des orbites à une époque donnée.

Si les racines h, h_1, h_2, etc., sont toutes réelles et inégales, les valeurs de p, q, p', q', etc., ne sauraient contenir ni exponentielles ni arcs de cercle. Or c'est une conséquence que l'on peut tirer de l'équation (p),

28.

comme nous l'avons fait voir dans le n° 65, pourvu que les corps m, m', m'', etc., soient supposés circuler dans le même sens; d'où l'on doit conclure que les inclinaisons des orbites planétaires sur un plan fixe, si elles ont été très-petites à une certaine époque, demeureront toujours peu considérables, et ne feront qu'osciller entre d'étroites limites qu'elles ne pourront jamais franchir. La position des nœuds, au contraire, pourra éprouver dans la suite des siècles des variations considérables, et leurs mouvements devront être regardés comme n'étant pas uniformes.

La stabilité du système planétaire est donc aussi assurée relativement aux inclinaisons des orbites qu'elle l'est par rapport aux excentricités.

70. Les expressions de p et q, données par les formules (d), offrent un moyen facile de construire géométriquement les valeurs de ces quantités par le moyen des épicycles.

En effet, que l'on imagine un cercle dont le rayon soit N, et qu'à partir d'un diamètre fixe on prenne sur ce cercle un arc qui comprenne l'angle $ht + l$, qu'à l'extrémité de cet angle on place le centre d'un nouveau cercle dont le rayon soit N_1, et qu'on prenne, à partir d'un diamètre mené parallèlement à celui du premier cercle, un arc qui réponde à l'angle $h_1 t + l_1$, qu'on place à l'extrémité de cet arc le centre d'un nouveau cercle dont le rayon soit N_2, et qu'on prenne de même sur ce cercle, à partir d'un diamètre parallèle aux précédents, un arc qui sous-tende l'angle $h_2 t + l_2$, et ainsi de suite; si de l'extrémité du dernier arc, on abaisse une ordonnée perpendiculaire au diamètre du premier cercle, cette ordonnée sera la valeur de p, et l'abscisse correspondante, comptée à partir du centre du même cercle, sera celle de q.

En effet, il est visible, d'après cette construction, que la première de ces deux coordonnées sera exprimée par

$$N \sin(ht+l) + N_1 \sin(h_1 t+l_1) + N_2 \sin(h_2 t+l_2) + \ldots,$$

et la seconde par

$$N \cos(ht+l) + N_1 \cos(h_1 t+l_1) + N_2 \cos(h_2 t+l_2) + \ldots.$$

On voit de plus que si du centre du premier cercle on mène un rayon vecteur à l'extrémité de l'arc pris sur la circonférence du dernier cercle, ce rayon sera l'expression de $\tan \varphi$, et l'angle qu'il forme avec l'axe des abscisses sera égal à l'angle α, puisqu'en effet on aura ainsi

$$\tan \varphi = \sqrt{p^2 + q^2}, \quad \tan \alpha = \frac{p}{q}.$$

En appliquant la même construction aux expressions de b et de c du n° **64**, on déterminerait géométriquement les valeurs de l'excentricité e de l'orbite et de la longitude ω de son périhélie. La première serait égale au rayon vecteur mené du centre du premier cercle à l'extrémité de l'arc pris sur le dernier épicycle, et la seconde à l'angle que forme ce rayon avec l'axe des abscisses.

71. Jusqu'à présent nous avons supposé fixe le plan auquel nous avons rapporté la position des orbites planétaires, mais les astronomes ont coutume de la rapporter au plan mobile de l'écliptique ou de l'orbite que décrit la Terre autour du Soleil dans son mouvement annuel ; c'est en effet du plan de cette orbite que nous observons tous les mouvements célestes. Il est donc nécessaire, pour rendre les formules précédentes immédiatement applicables aux usages astronomiques, de montrer comment elles peuvent être modifiées de manière à déterminer directement les variations des nœuds et des inclinaisons des orbites des corps m, m', m'', etc., par rapport à l'orbite mobile de l'un d'entre eux pris à volonté, relativement à l'orbite de m, par exemple. Soient donc x', y', z', les trois coordonnées de m' rapportées à un plan fixe quelconque ; soit z l'ordonnée d'un point situé sur l'orbite de m et répondant aux mêmes abscisses x' et y', nous aurons

$$z' = -p'x' + q'y', \quad z = -px' + qy'.$$

Si l'on suppose très-petite l'inclinaison mutuelle des deux orbites ainsi que leur inclinaison sur le plan fixe, la différence $z' - z = -(p'-p)x' + (q'-q)y'$ des deux ordonnées z' et z exprimera à très-peu près la hauteur de m' au-dessus de l'orbite de m. Or, si l'on désigne par $z_,$ cette hauteur, et par $\varphi'_,$ et $\alpha'_,$ l'inclinaison et la longitude du nœud de l'orbite de m' sur l'orbite de m, on a aussi, à très-peu près,

$$z'_, = -\operatorname{tang}\varphi'_, \sin\alpha'_,\, x' + \operatorname{tang}\varphi'_, \cos\alpha'_,\, y',$$

d'où l'on conclura

$$\operatorname{tang}\varphi'_, \sin\alpha'_, = p' - p, \quad \operatorname{tang}\varphi'_, \cos\alpha'_, = q' - q,$$

et par conséquent

$$\operatorname{tang}\varphi'_{,} = \sqrt{(p'-p)^2 + (q'-q)^2}, \quad \operatorname{tang}\alpha'_{,} = \frac{p'-p}{q'-q}.$$

On déterminera aisément, au moyen de ces deux équations, le lieu du nœud commun et l'inclinaison mutuelle des deux orbites.

Si l'on suppose que le plan fixe auquel se rapportent les quantités p, p', q, q' soit celui de l'orbite de m à une époque donnée, on aura pour cette époque $p = 0$, $q = 0$. Mais les différentielles dp et dq ne seront pas nulles, et en différentiant les valeurs précédentes on aura

$$d\varphi'_{,} = (dp' - dp)\sin\alpha' + (dq' - dq)\cos\alpha',$$
$$d\alpha'_{,} = \frac{(dp' - dp)\cos\alpha' - (dq' - dq)\sin\alpha'}{\operatorname{tang}\varphi'}.$$

En substituant pour dp, dq, dp', dq', leurs valeurs n° **69**, on trouvera

$$\frac{d\varphi'_{,}}{dt} = \left\{[a',a''] - [a,a'']\right\}\operatorname{tang}\varphi''\sin(\alpha' - \alpha'')$$
$$+ \left\{[a',a'''] - [a,a''']\right\}\operatorname{tang}\varphi'''\sin(\alpha' - \alpha''') + \text{etc.},$$
$$\frac{d\alpha'_{,}}{dt} = -\left\{[a',a] + [a',a''] + [a',a'''] + \ldots\right\} - [a,a']$$
$$+ \left\{[a',a''] - [a,a'']\right\}\frac{\operatorname{tang}\varphi''}{\operatorname{tang}\varphi'}\cos(\alpha' - \alpha'')$$
$$+ \left\{[a',a'''] - [a,a''']\right\}\frac{\operatorname{tang}\varphi'''}{\operatorname{tang}\varphi'}\cos(\alpha' - \alpha''') + \ldots.$$

On obtiendrait de la même manière des formules semblables pour déterminer les variations des inclinaisons et des nœuds des orbites de m'', m''', etc., relativement à l'orbite de m. Quant au degré de précision de ces réductions, il est facile de se convaincre qu'elles sont exactes, aux quantités près du troisième ordre, relativement aux inclinaisons mutuelles des orbites; en sorte qu'on pourra toujours les employer comme tout à fait rigoureuses, tant qu'on ne voudra pas pousser au delà les approximations.

72. De ce que nous avons démontré dans le n° **69**, il résulte que la stabilité du système solaire est assurée relativement aux inclinaisons des orbites planétaires, comme elle l'est par rapport aux excentricités. L'action réciproque des planètes les unes sur les autres, à laquelle sont dus les déplacements séculaires de leurs orbites, ne cause dans leurs inclinaisons mutuelles que des variations comprises entre d'étroites limites qu'elles ne pourront jamais dépasser; elles resteront par conséquent toujours très-petites, comme elles le sont aujourd'hui. La position des nœuds pourra au contraire éprouver dans la suite des temps des altérations considérables, et l'on ne devra pas regarder leurs mouvements comme uniformes. Enfin, quelles que soient les altérations que subissent les inclinaisons des orbes planétaires, elles seront toujours assujetties à la condition suivante : *La somme de leurs carrés, multipliés par les masses des corps du système et par les racines carrées des grands axes de leurs orbites, demeurera constamment la même.*

Nous étendrons bientôt ces résultats, qui ne sont exacts qu'aux quantités près du second ordre par rapport aux excentricités, aux inclinaisons et aux masses perturbatrices, au cas où l'on a égard au carré de ces

masses et à toutes les puissances des excentricités et
des inclinaisons.

Variation séculaire de la longitude de l'époque.

73. Il nous reste, pour compléter la théorie des
variations séculaires, à considérer les variations du
sixième élément des orbites planétaires, de celui qui,
dans l'ellipse non troublée, dépend de la position de
la planète à une époque donnée, ou, ce qui revient
au même, de l'instant de son passage par le périhélie.

Pour bien concevoir l'importance de cet élément,
il faut remarquer que c'est de la variation séculaire
de la longitude ε de l'époque, que dépend celle de la
longitude vraie de la planète dans son orbite, c'est-
à-dire de la coordonnée la plus nécessaire pour la
détermination exacte de sa position dans l'espace. En
effet, en nommant v cette longitude, on a, par les formules du n° **24**,

$$v = nt + \varepsilon + P,$$

en désignant par P une suite de sinus des multiples
de l'anomalie moyenne $nt + \varepsilon - \omega$ multipliés par les
puissances de l'excentricité e. Or, si l'on regarde
comme variables les éléments elliptiques, et qu'on ne
considère que la partie non périodique de la variation de P, il est évident que cette partie sera une
fonction des éléments de la planète troublée et de la
planète perturbatrice de l'ordre m'; en sorte que si
l'on y regarde de nouveau ces éléments comme variables, en vertu de leurs variations séculaires, les
termes du second ordre contenus dans cette fonction

seront simplement proportionnels au temps t, et s'a-
jouteront au moyen mouvement nt dans la valeur de
v; et les termes dépendant du carré du temps t, les
seuls, comme nous le dirons, qu'il importe de considérer, seront du troisième ordre et pourront toujours
être négligés. Nous avons vu d'ailleurs que le moyen
mouvement nt n'était soumis à aucune variation séculaire; la seule variation de cette espèce dépendante
du carré du temps, dont puisse être affectée la longitude v, est donc celle qui provient de la variation de
la longitude ε de l'époque, et c'est une raison, par conséquent, de l'examiner avec soin.

74. Reprenons la valeur de $d\varepsilon$ donnée par la troisième des formules (11), du n° **46**,

$$d\varepsilon = \frac{an\,dt\sqrt{1-e^2}}{e}\left(1-\sqrt{1-e^2}\right)\left(\frac{d\mathrm{F}}{de}\right) - 2a^2\,n\,dt\left(\frac{d\mathrm{F}}{da}\right). \quad (a)$$

Si l'on différentie la valeur (m) de la fonction F,
n° **53**, relativement aux constantes e et a, et qu'à la
place des différentielles partielles $\dfrac{d\mathrm{A}^{(0)}}{da}$, $\dfrac{d\mathrm{B}^{(0)}}{da}$, $\dfrac{d\mathrm{B}^{(1)}}{da}$,
on substitue leurs valeurs données en fonction de $\mathrm{B}^{(0)}$
et $\mathrm{B}^{(1)}$, par le n° **52**, savoir,

$$\frac{d\mathrm{A}^{(0)}}{da} = a'\,\mathrm{B}^{(1)} - a\,\mathrm{B}^{(0)},$$

$$\frac{d\mathrm{B}^{(0)}}{da} = \frac{3a\,\mathrm{B}^{(0)} + a'\,\mathrm{B}^{(1)}}{a'^2 - a^2}, \quad \frac{d\mathrm{B}^{(1)}}{da} = \frac{3a'\,\mathrm{B}^{(0)} + \left(2a - \dfrac{a'^2}{a}\right)\mathrm{B}^{(1)}}{a'^2 - a^2},$$

on trouvera

$$\frac{d\mathrm{F}}{de} = \frac{m'}{4}\,aa'\,\mathrm{B}^{(1)}\,c + \frac{m'}{2}\left[\frac{3}{2}\,aa'\,\mathrm{B}^{(0)} - (a^2 + a'^2)\,\mathrm{B}^{(1)}\right]c'\cos(\omega' - \omega),$$

$$\frac{d\mathrm{F}}{da} = \frac{m'}{2}\left(a'\,\mathrm{B}^{(1)} - a\,\mathrm{B}^{(0)}\right) + \frac{m'}{4}\frac{a'^2}{a}\left[\frac{(2a'^2 - 3a^2)\mathrm{B}^{(1)} - 3aa'\mathrm{B}^{(0)}}{a'^2 - a^2}\right] ce'\cos(\omega' - \omega)$$

$$+ \frac{m'}{2.4}\,aa'\left[\frac{3a'\,\mathrm{B}^{(0)} + a\,\mathrm{B}^{(1)}}{a'^2 - a^2}\right]\left[e^2 + e'^2 - (p' - p)^2 - (q' - q)^2\right],$$

si l'on substitue ces valeurs dans l'équation (a), en négligeant les puissances de e supérieures à la seconde et en faisant, pour abréger,

$$\overline{(a,\,a')} = m'\,a^2 n\,(a\,\mathrm{B}^{(0)} - a'\,\mathrm{B}^{(1)}),$$

$$\overline{(a,\,a')}_1 = -\frac{m'\,a^2 a'\,n\,[6\,aa'\,\mathrm{B}^{(0)} + (3a^2 - a'^2)\,\mathrm{B}^{(1)}]}{2.4\,(a'^2 - a^2)},$$

$$\overline{(a,\,a')}_2 = -\frac{m'\,an\,[(3a^3 a' - 15\,aa'^3)\,\mathrm{B}^{(0)} - (2a^4 + 12a^2 a'^2 - 10a'^4)\,\mathrm{B}^{(1)}]}{2.4\,(a'^2 - a^2)},$$

$$\overline{(a,\,a')}_3 = \frac{m'\,a^2 a'\,n\,(3\,aa'\,\mathrm{B}^{(0)} + a^2\,\mathrm{B}^{(1)})}{4\,(a'^2 - a^2)};$$

quantités que l'on peut exprimer aussi en fonction de (a, a') et de $(a, a')'$ pour les avoir sous la même forme que les quantités analogues $[a, a']$, $\boxed{a,\,a'}$. En effet, il suffit pour cela de remplacer $\mathrm{B}^{(0)}$ et $\mathrm{B}^{(1)}$, que nous n'avons introduits que pour la commodité du calcul, par leurs valeurs données nº **51**,

$$\mathrm{B}^{(0)} = \frac{2\,(a,\,a')}{(a'^2 - a^2)^2}, \quad \mathrm{B}^{(1)} = -\frac{3\,(a,\,a')'}{(a'^2 - a^2)^2},$$

les quantités (a, a'), et $(a, a')'$ représentant, comme on sait, les coefficients des deux premiers termes du développement de $(a^2 - 2aa'\cos\varphi + a'^2)^{\frac{1}{2}}$ en série, de sorte que l'on a

$$(a^2 - 2aa'\cos\varphi + a'^2)^{\frac{1}{2}} = (a,\,a') + (a,\,a')'\cos\varphi + \ldots$$

On trouve ainsi :

$$\overline{(a,\,a')} = \frac{m'\,an\,[\,2\,a^2\,(a,\,a') + 3\,aa'\,(a,\,a')']}{(a'^2 - a^2)^2},$$

$$\overline{(a,\,a')}_1 = -\,\frac{m'\,an\,[\,12\,a^2\,a'\,(a,\,a') - 3\,(3\,a^3\,a' - aa'^3)\,(a,\,a')']}{2.4.(a'^2 - a^2)^3},$$

$$\overline{(a,\,a')}_2 = -\,\frac{m'\,an\,[\,3\,(a^2 - 5\,a'^2)\,aa'\,(a,\,a') + 3\,(a^4 + 6\,a^2\,a'^2 - 5\,a'^4)\,(a,\,a')']}{4\,(a'^2 - a^2)^6}$$

$$\overline{(a,\,a')}_3 = \frac{m\,an\,[\,6\,a^2\,a'^2\,(a,\,a') - 3\,a^3\,a'\,(a,\,a')']}{4\,(a'^2 - a^2)^3},$$

on aura

$$\left.\begin{aligned}
\frac{d\varepsilon}{dt} &= \overline{(a,\,a')} + \overline{(a,\,a')}_1\,e^2 + \overline{(a,\,a')}_2\,ee'\cos(\omega' - \omega)\\
&\quad + \overline{(a,\,a')}_3\,\{(p' - p)^2 + (q' - q)^2 - c'^2\}.
\end{aligned}\right\} \quad (b)$$

On voit par cette expression que si dans la valeur
de $d\varepsilon$ on n'avait égard qu'aux termes du premier
ordre par rapport aux excentricités et aux inclinaisons, comme nous l'avons fait pour la détermination
des variations séculaires des autres éléments de l'orbite, le second membre de l'équation précédente se
réduirait à une constante, dans le cas même où l'on
considère le carré des forces perturbatrices. Il en résulterait par l'intégration dans la valeur de ε un terme
proportionnel au temps qui s'ajouterait au moyen
mouvement nt dans la valeur $nt + \varepsilon$ de la longitude
moyenne : nous verrons bientôt que les termes de cette
espèce demeurent toujours insensibles ; d'où l'on doit
conclure que si la longitude ε de l'époque est soumise
à une variation séculaire, elle ne peut dépendre que
des termes de la valeur de $d\varepsilon$ du second ordre par
rapport aux excentricités et aux inclinaisons ; c'est

par cette raison que nous avons conservé ces termes dans l'équation (b).

Si l'on suppose, comme dans les n^{os} **46** et **64**,

$$b = e \sin \omega, \quad b' = e' \sin \omega',$$

$$c = e \cos \omega, \quad c' = e' \cos \omega',$$

la formule (b) deviendra

$$\frac{d\varepsilon}{dt} = \overline{(a,\, a')} + \overline{(a,\, a')}_1 (b^2 + c^2) + \overline{(a,\, a')}_2 (bb' + cc') \left.\begin{array}{c} \\ \\ \end{array}\right\} (1)$$
$$+ \overline{(a,\, a')}_3 [(p' - p)^2 + (q' - q)^2 - b'^2 - c'^2].$$

Cette formule servira à déterminer la variation séculaire de la longitude ε de l'époque, causée par l'action de la planète perturbatrice m'; l'action des planètes m'', m''', etc., ne fera qu'ajouter au second membre de l'équation précédente des termes semblables, qu'on obtiendra en y marquant successivement d'un accent de plus les lettres a', b', c', p' et q'. Si dans l'expression résultante on change ce qui a rapport à la planète m en ce qui est relatif à m', et réciproquement, on aura une formule semblable pour déterminer la variation $d\varepsilon'$, relative à m'; et l'on aurait de la même manière les variations $d\varepsilon''$, $d\varepsilon'''$, etc., qui se rapportent à m'', m''', etc. Nous continuerons, pour plus de simplicité, à ne considérer que l'action mutuelle de deux planètes m et m', ce que nous dirons pouvant aisément s'étendre à un nombre quelconque de corps m, m', m'', etc.

Nous aurons ainsi

$$\frac{d\varepsilon'}{dt} = \overline{(a', a)} + \overline{(a', a)}_1 (b'^2 + c'^2) + \overline{(a', a)}_2 (bb' + cc') \left. \right\} \quad (2)$$
$$+ \overline{(a', a)}_3 [(p' - p)^2 + (q' - q)^2 - b^2 - c^2].$$

Il est aisé de vérifier sur les équations (1) et (2) la relation que nous avons vue exister généralement entre les variations séculaires des longitudes d'un système quelconque de planètes m, m', m'', etc. En effet, si l'on multiplie la première par $m\sqrt{a}$, la seconde par $m'\sqrt{a'}$, qu'on les ajoute en observant que $a\sqrt{a}\,n = a'\sqrt{a'}\,n' = 1$, et que les valeurs que nous supposons aux quantités $\overline{(a, a')}$, $\overline{(a', a)}$, etc., donnent

$$m\sqrt{a}\,\overline{(a, a')} + m'\sqrt{a'}\,\overline{(a', a)} = mm'\,\mathrm{A}^{(0)},$$

$$m\sqrt{a}\,\overline{(a, a')}_1 - m'\sqrt{a'}\,\overline{(a', a)}_3 = m'\sqrt{a'}\,\overline{(a', a)}_1 - m\sqrt{a}\,\overline{(a, a')}_3$$

$$= \frac{3}{2.4}\,mm'\,aa'\,\mathrm{B}^{(1)}; \quad m\sqrt{a}\,\overline{(a, a')}_2 + m'\sqrt{a'}\,\overline{(a', a)}_2$$

$$= \frac{3}{2}\,mm'\left[\frac{3}{2}\,aa'\,\mathrm{B}^{(0)} - (a^2 + a'^2)\,\mathrm{B}^{(1)}\right],$$

$$m\sqrt{a}\,\overline{(a, a')}_3 + m'\sqrt{a'}\,\overline{(a', a)}_3 = -\frac{1}{4}\,mm'\,aa'\,\mathrm{B}^{(1)},$$

on aura, en mettant la fonction F du n° 53, à la place de la valeur qu'elle représente,

$$m\sqrt{a}\,\frac{d\varepsilon}{dt} + m'\sqrt{a'}\,\frac{d\varepsilon'}{dt} = 2\,m\mathrm{F} + \frac{1}{2.4}\,mm'\,aa'\,\mathrm{B}^{(1)}(b^2 + c^2 + b'^2 + c'^2)$$

$$+ \frac{1}{2}\,mm'\left[\frac{3}{2}\,aa'\,\mathrm{B}^{(0)} - (a^2 + a'^2)\,\mathrm{B}^{(1)}\right](bb' + cc'),$$

équation qui, en substituant pour $\mathrm{B}^{(0)}$ et $\mathrm{B}^{(1)}$ leurs valeurs, et les symboles $[a, a']$, $\boxed{a, a'}$ à la place des quantités qu'ils représentent, devient

$$m \sqrt{a}\, \frac{d\varepsilon}{dt} + m' \sqrt{a'}\, \frac{d\varepsilon'}{dt} = 2\, m\, \mathrm{F} + \frac{1}{2}\, m \sqrt{a}\, [a, a']\,(b^2 + c^2 + b'^2 + c'^2)$$
$$- m \sqrt{a}\, \boxed{a, a'}\,(bb' + cc').\ (c)$$

La fonction F est constante relativement aux variations séculaires n° **57**; il en est de même de la fonction

$$[a, a']\,\{ b^2 + c^2 + b'^2 + c'^2 \} - 2\, \boxed{a, a'} \cdot (bb' + cc').$$

En effet, si on la différentie par rapport à b, b', c, c', et qu'on substitue pour db, db', dc, dc' leurs valeurs données par les équations (P) du n° **64**, dans lesquelles on ne considérera que l'action de deux planètes m et m', et qu'on observe que l'on a par les n°ˢ **65** et **69**

$$m \sqrt{a}\,[a, a'] = m' \sqrt{a'}\,[a', a], \quad m \sqrt{a}\, \boxed{a, a'} = m' \sqrt{a'}\, \boxed{a', a},$$

d'où l'on tire par conséquent

$$[a, a']\, \boxed{a', a} = [a', a]\, \boxed{a, a'},$$

on verra que cette différentielle se réduit à zéro. Ainsi donc le second membre de l'équation (c) est constant; de sorte que si l'on ne considère dans $d\varepsilon$ et $d\varepsilon'$ que les termes qui sont dépendants du temps t, on pourra en faire abstraction, et l'on aura entre ces termes l'équation

$$m \sqrt{a}\, d\varepsilon + m' \sqrt{a'}\, d\varepsilon' = 0.\ (3)$$

Nous verrons, comme nous l'avons dit n° **73**, qu'il est inutile d'avoir égard, dans les expressions des variations séculaires de ε et de ε', aux termes simplement proportionnels au temps, parce qu'ils se confondent avec les moyens mouvements nt et $n't$ dans les expressions des longitudes moyennes de m et de m', et qu'ils demeurent d'ailleurs toujours insensibles; on aura donc immédiatement, au moyen de l'équation précédente, la variation séculaire de ε' lorsque celle de ε sera connue, ou si l'on a calculé séparément ces variations, cette équation servira à vérifier les valeurs trouvées. Ces valeurs seront de signes contraires, et en raison inverse des produits $m\sqrt{a}$ et $m'\sqrt{a'}$, ce qui s'accorde avec le résultat auquel nous étions parvenus par une autre voie, n° **56**.

75. Occupons-nous maintenant de déterminer la valeur de ε; pour cela, reprenons la formule (1)

$$\frac{d\varepsilon}{dt} = \overline{(a,\,a')} + \overline{(a,\,a')}_1\,(b^2+c^2) + \overline{(a,\,a')}_2\,(bb'+cc') \left. \atop + \overline{(a,\,a')}_3\,[(p'-p)^2 + (q'-q)^2 - b'^2 - c'^2]. \right\} \quad (1)$$

Pour intégrer cette formule, il faut, dans le second membre, remplacer les quantités b, c, b', c', p, p', q, q', par leurs valeurs en fonction du temps t. Or nous avons donné deux moyens de les obtenir, l'un qui peut servir à déterminer ces valeurs pendant plusieurs siècles avant ou après l'époque que l'on a choisie pour origine du temps, l'autre qui embrasse un nombre d'années indéfini. En substituant donc les premières valeurs dans le second membre de l'équation (1), on aura, pour déterminer la variation de la longitude ε de l'époque, une expression qui pourra s'étendre à plusieurs siècles, ce qui suffira presque toujours aux besoins de l'Astronomie, et en employant les secondes, une expression qui fera connaître sa valeur exacte lorsque cela sera jugé nécessaire.

Si l'on désigne par $b_,, c_,, b'_,, c'_,, p_,, q_,, p'_,, q'_,$, les valeurs de $b, c, b', c', p, q, p', q'$ relatives à l'époque d'où l'on compte le temps, les équations (P) et (c), n^{os} **64** et **69**, donneront, après les avoir intégrées en y regardant les éléments elliptiques comme constants, et en négligeant les termes très-petits de l'ordre t^2,

$$b^2 + c^2 = b_,^2 + c_,^2 + 2\,t \left(b_, \frac{db_,}{dt} + c_, \frac{dc_,}{dt} \right),$$

$$bb' + cc' = b_, b'_, + c_, c'_, + t \left(b_, \frac{db'_,}{dt} + c_, \frac{dc'_,}{dt} + b'_, \frac{db_,}{dt} + c'_, \frac{dc_,}{dt} \right),$$

$$(p' - p)^2 + (q' - q)^2 = (p'_, - p_,)^2 + (q'_, - q_,)^2$$
$$+ 2\,t \left[(p'_, - p_,) \left(\frac{dp'_,}{dt} - \frac{dp_,}{dt} \right) + (q'_, - q_,) \left(\frac{dq'_,}{dt} - \frac{dq_,}{dt} \right) \right],$$

$$b'^2 + c'^2 = b'^{\,2}_, + c'^{\,2}_, + 2\,t \left(b_, \frac{db_,}{dt} + c_, \frac{dc_,}{dt} \right).$$

Qu'on substitue ces valeurs dans l'équation (1) et qu'on fasse, pour abréger,

$$n\mathrm{A} = \overline{(a, a')} + \overline{(a, a')}_1 (b_,^2 + c_,^2) + \overline{(a, a')}_2 (b_, b'_, + c_, c'_,)$$
$$+ \overline{(a, a')}_3 [(p'_, - p_,)^2 + (q'_, - q_,)^2 - b'^{\,2}_, - c'^{\,2}_,],$$

$$\mathrm{B} = \frac{1}{2}\, n \frac{d\mathrm{A}}{dt} = \overline{(a, a')}_1 \left(b_, \frac{db_,}{dt} + c_, \frac{dc_,}{dt} \right)$$
$$+ \frac{1}{2} \overline{(a, a')}_2 \left(b_, \frac{db'_,}{dt} + c_, \frac{dc'_,}{dt} + b'_, \frac{db_,}{dt} + c'_, \frac{dc_,}{dt} \right)$$
$$+ \overline{(a, a')}_3 \left[(p'_, - p_,) \left(\frac{dp'_,}{dt} - \frac{dp_,}{dt} \right) + (q'_, - q_,) \left(\frac{dq'_,}{dt} - \frac{dq_,}{dt} \right) \right.$$
$$\left. - b'_, \frac{db'_,}{dt} - c'_, \frac{dc'_,}{dt} \right],$$

I.

on aura

$$d\varepsilon = A\,ndt + 2\,B\,tdt;$$

d'où l'on tire, en intégrant,

$$\partial\varepsilon = A\,nt + B\,t^2.$$

C'est l'expression de la variation de la longitude ε de l'époque qui doit être ajoutée à cette longitude dans l'expression de la longitude moyenne $nt + \varepsilon$.

Le terme $A\,nt$ ne fait qu'augmenter le moyen mouvement primitif dans le rapport de 1 à $1 + A$, de sorte que le moyen mouvement, tel qu'il doit résulter des observations, sera $(1 + A)\,nt$, et semblera répondre par conséquent à une distance moyenne égale à $\dfrac{a}{(1 + A)^{\frac{2}{3}}}$.

Ainsi, connaissant cette distance qui est celle qui provient de la comparaison des temps périodiques, on pourra déterminer la distance primitive a qui entre comme élément dans le calcul des perturbations; mais la quantité A étant une fraction infiniment petite, puisqu'elle est de l'ordre des masses m et m', il ne résultera de là qu'une correction insensible et de nulle considération dans les distances moyennes. On peut donc n'avoir aucun égard à l'effet du terme dont il s'agit.

Mais il n'en est pas de même du terme $B\,t^2$ qui, croissant comme le carré du temps, produit dans l'expression de ε, et par conséquent dans celle de la longitude moyenne de m, une véritable inégalité séculaire. Il ne restera plus qu'à savoir si la valeur du coefficient B est assez grande pour que cette inégalité puisse devenir sensible par les observations. Comme ce coefficient est du second ordre par rapport aux masses m et m', il est à présumer qu'il sera toujours fort peu considérable. En effet, dans la théorie des planètes, le terme Bt^2 est insensible et l'on peut le négliger; dans la théorie de Jupiter et de Saturne, par exemple, celles de toutes les planètes dont les perturbations sont les plus considérables, ce terme est pour Jupiter,

$$- 0'',0000003250\, t^2,$$

d'où, en vertu de l'équation (3), on conclut pour Saturne,

$$+ 0'',000001 5114\, t^2,$$

t désignant un nombre d'années juliennes. Ces inégalités ne s'élèveraient pas, par conséquent, à un soixantième de seconde sexagésimale dans un siècle; elles sont insensibles par rapport aux plus anciennes observations qui nous soient parvenues.

Mais ce même terme devient très-sensible dans la théorie de la Lune, et sert à expliquer la variation séculaire que les observations ont fait remarquer dans l'expression de sa longitude. En effet, ce terme pour la Lune, troublée par l'action du Soleil dans son mouvement autour de la Terre, est

$$0'',00102066\, t^2.$$

De sorte que, dans un siècle, cette inégalité peut s'élever à plus de 10 secondes, ce qui s'accorde assez bien avec les observations qui la font monter à 9 secondes à peu près En multipliant $10'',2066$ par le carré du nombre de siècles écoulés depuis l'époque d'où l'on compte le temps, on aura l'accélération du moyen mouvement de la Lune, due à son équation séculaire.

La cause de cette inégalité, dont la découverte est due à Laplace, dépend, comme on voit, de la variation de l'excentricité de l'orbe solaire qui, peu considérable par elle-même, produit cependant un effet très-sensible en se réfléchissant, pour ainsi dire, comme les rayons solaires au foyer d'un miroir, dans le mouvement de notre satellite.

76. Déterminons maintenant, quoique cette donnée paraisse peu nécessaire dans l'état actuel de l'Astronomie, la valeur exacte de la variation séculaire de ε. Il faudra pour cela substituer, comme nous l'avons dit, dans l'expression de $d\varepsilon$ les valeurs des quantités b, c, b', c', p, q, p', q', déterminées par les formules des n^{os} **65** et **69**, et comme ces valeurs sont exprimées par des suites de sinus et de cosinus d'angles croissant avec le temps t, la variation $d\varepsilon$ sera intégrable. Les termes constants qu'elle pourra contenir donneront dans ε des termes proportionnels au temps, qui se confondront avec le moyen mouvement dans l'expression de la longitude moyenne, et les termes en sinus et cosinus produiront des termes semblables qui exprimeront les variations séculaires dont cette longitude peut être affectée.

Les formules du n° **65** donnent, en ne considérant que l'action mutuelle de deux planètes m et m',

$$b^2 + c^2 = \mathrm{M}^2 + \mathrm{M}_{,}^2 + 2\,\mathrm{MM}_{,}\cos[(h_{,} - h)t + l_{,} - l],$$
$$b'^2 + c'^2 = \mathrm{M}'^2 + \mathrm{M}'^{\,2}_{,} + 2\,\mathrm{M}'\mathrm{M}'_{,}\cos[(h_{,} - h)t + l_{,} - l],$$
$$bb' + cc' = \mathrm{MM}' + \mathrm{M}_{,}\mathrm{M}'_{,} + (\mathrm{MM}'_{,} + \mathrm{M}'\mathrm{M}_{,})\cos[(h_{,} - h)t + l_{,} - l].$$

On a, en second lieu, en nommant φ l'inclinaison mutuelle des deux orbites, et en remarquant que cette inclinaison est invariable, n° 55,

$$\operatorname{tang}^2\varphi = (p' - p)^2 + (q' - q)^2 = N^2,$$

N étant une constante.

Si l'on substitue ces valeurs dans la formule (1), en faisant, pour abréger,

$$A'n = \overline{(a,\ a')} + \overline{(a,\ a')}_{,}(M^2 + M_{,}^2) + \overline{(a,\ a')}_{_2}(MM' + M_{,}M'_{,})$$
$$+ \overline{(a,\ a')}_{_3}[N^2 - M'^2 - M'^2_{,}],$$
$$B' = 2\,\overline{(a,\ a')}_{,}MM' - 2\,\overline{(a,\ a')}_{_3}M'M'_{,} + \overline{(a,\ a')}_{_2}(MM'_{,} + M_{,}M'),$$

on aura

$$d\varepsilon = A'ndt + B'\cos[(h_{,} - h)t + l_{,} - l]dt. \quad (d)$$

Si, dans cette équation, on néglige le premier terme du second membre qui ne produit dans l'expression de ε que des termes proportionnels à nt, termes dont on peut faire abstraction comme nous l'avons vu n° 75, on aura, en intégrant,

$$\partial\varepsilon = \frac{B'}{h_{,} - h}\sin[(h_{,} - h)t + l_{,} - l].$$

C'est l'expression de la variation séculaire de la longitude de l'époque relative à un temps t quelconque.

Cette variation séculaire, comme celles des autres éléments de l'orbite elliptique, est périodique; mais sa période, qui dépend de l'argument $h_{,} - h$, est extrêmement longue. Nous verrons, par exemple, dans la théorie des planètes, que, pour Jupiter et Saturne, elle est de 70414 années.

L'expression précédente de $d\varepsilon$ montre encore comment la variation différentielle $d\varepsilon$, quoique composée de termes de l'ordre des masses m et m', peut cependant devenir sensible dans la suite des siècles, en acquérant par l'intégration un très-petit diviseur $h' - h$ du même ordre. Nous montrerons toutefois, lorsque nous appliquerons les formules précédentes à la théorie des planètes, que, relativement à Jupiter et à Saturne, celles d'entre elles dont les masses sont le plus considérables, ce coefficient ne s'élèverait guère qu'à un millième de seconde, et que par conséquent les variations séculaires de la longitude de l'époque peuvent être regardées dans cette théorie comme absolument insensibles, ce qui est conforme à ce que nous avons dit dans le n° **75**.

Enfin la formule (d) peut servir à trouver une valeur de ε plus exacte que celle que nous avons donnée dans le numéro cité, en réduisant en série ordonnée par rapport aux temps t les cosinus qu'elle renferme, et en négligeant les termes constants ainsi que ceux qui sont simplement proportionnels à t, et qui se confondent avec le mouvement moyen dans l'expression de la longitude moyenne.

De la stabilité du système solaire.

77. Nous avons vu, dans le n° **65**, que la stabilité du système solaire reposait sur deux conditions : 1° l'invariabilité des grands axes des orbites planétaires ; 2° le peu d'étendue des limites dans lesquelles doivent être constamment renfermées les variations séculaires de leurs excentricités et de leurs inclinaisons.

Nous avons démontré la première proposition en ayant égard à toutes les puissances des excentricités et des inclinaisons, et en portant les approximations jusqu'aux carrés des masses perturbatrices.

Nous avons prouvé ensuite, en regardant les excentricités et les inclinaisons comme de très-petites quantités dont il est permis de négliger les carrés et les produits, que les orbites des planètes resteront dans tous les temps presque circulaires et peu inclinées les unes aux autres, comme elles le sont aujourd'hui. Cette approximation suffit sans doute aux besoins de l'Astronomie ; mais le principe de la conservation des aires fournit une démonstration nouvelle de cette proposition, qui a l'avantage d'embrasser toutes les puissances des excentricités et des inclinaisons, et qui peut même s'étendre aux termes du second ordre, par rapport aux forces perturbatrices. Comme un point aussi important dans la constitution du système du monde ne saurait être établi avec trop de précision, nous allons le développer ici, et prouver par ce moyen l'éternelle petitesse des excentricités et des inclinaisons des orbes planétaires, en poussant les approximations aussi loin que nous l'avons fait pour démontrer l'invariabilité de leurs grands axes.

Reprenons, pour cet effet, les trois intégrales que nous ont fournies, n° **9**, en vertu du principe cité, les équations différentielles d'un système de corps m,

m', m'', etc., circulant autour de **M**. Ces formules peuvent s'écrire ainsi :

$$\Sigma.m(\mathbf{M}+m')\left(\frac{y\,dx-x\,dy}{dt}\right)+\Sigma.mm'\left(\frac{x\,dy'-y'\,dx+x'\,dy-y\,dx'}{dt}\right)=\mathrm{C},$$

$$\Sigma.m(\mathbf{M}+m')\left(\frac{x\,dz-z\,dx}{dt}\right)+\Sigma.mm'\left(\frac{z\,dx'-x'\,dz+z'\,dx-x\,dz'}{dt}\right)=\mathrm{C}', \quad (A)$$

$$\Sigma.m(\mathbf{M}+m')\left(\frac{z\,dy-y\,dz}{dt}\right)+\Sigma.mm'\left(\frac{y\,dz'-z'\,dy+y'\,dz-z\,dy'}{dt}\right)=\mathrm{C}'',$$

C, C', C'' étant des constantes arbitraires.

Il est aisé de retrouver, au moyen de ces équations, les diverses relations qui existent entre les excentricités et les inclinaisons des orbites d'un système de corps, m, m', m'', etc. En effet, $y\,dx - x\,dy$ est le double de l'aire que décrit pendant l'instant dt la projection du rayon vecteur de m sur le plan des xy. L'aire décrite par ce rayon sur le plan de l'orbite supposée elliptique, pendant l'instant dt, est $\frac{dt}{2}\sqrt{\mu a\,(1-e^2)}$; pour rapporter cette surface au plan des xy, il faut la multiplier par le cosinus de l'inclinaison φ de l'orbite sur ce plan ; on aura ainsi

$$\frac{y\,dx - x\,dy}{dt} = \sqrt{\mu a\,(1-e^2)}\cos\varphi = \sqrt{\frac{\mu a\,(1-e^2)}{1+\tan^2\varphi}}.$$

On aurait de même, par rapport à m',

$$\frac{y'\,dx' - x'\,dy'}{dt} = \sqrt{\mu' a'\,(1-e'^2)}\cos\varphi' = \sqrt{\frac{\mu' a'\,(1-e'^2)}{1+\tan^2\varphi'}},$$

et ainsi de suite.

Il faut remarquer que ces valeurs déduites de la considération du mouvement elliptique subsisteront encore dans le cas du mouvement troublé, puisque pendant chaque intervalle de temps infiniment petit dt, les corps m, m', etc., sont supposés se mouvoir dans des orbes elliptiques; seulement il faudra alors regarder les éléments a, a', e, e', φ, φ', etc., comme variables en vertu de leurs inégalités périodiques et séculaires. Nous ne nous occuperons ici que de ces dernières variations. Cela posé, si l'on substitue les valeurs précédentes dans la première des équations (A), qu'on néglige les masses m, m', etc., par rapport à la masse M du Soleil prise pour unité, ce qui donne $\mu = 1$, $\mu' = 1$, et qu'on fasse d'abord abstraction des termes qui sont de l'ordre du carré des forces perturbatrices, on aura

$$m \sqrt{\frac{a\,(1 - e^2)}{1 + \tan g^2\varphi}} + m' \sqrt{\frac{a'\,(1 - e'^2)}{1 + \tan g^2 \varphi'}} + \ldots = C, \quad (a)$$

C étant une constante égale à la valeur du premier membre de cette équation dans un instant donné.

Cette équation exprime donc une relation qui doit toujours exister entre les excentricités et les inclinaisons des orbites planétaires, quelques changements que leurs valeurs éprouvent dans la suite des temps en vertu de leurs variations séculaires.

Si l'on néglige les quantités de l'ordre e^4 et $e^2\varphi^2$, cette équation devient

$$m \sqrt{a} + m' \sqrt{a'} + \ldots - \frac{1}{2} m \sqrt{a}\,[\,e^2 + \tan g^2\varphi\,]$$

$$- \frac{1}{2} m' \sqrt{a'}\,[\,e'^2 + \tan g^2\varphi'\,] - \ldots = C.$$

On peut faire passer dans le second membre la partie

$m \sqrt{a} + m' \sqrt{a'} +$ etc., qui est constante puisque a, a', etc., sont constants séparément; on aura donc, aux quantités près de l'ordre e^4 et $e^2 \varphi^2$,

$$m \sqrt{a} \,(e^2 + \tan^2\varphi) + m' \sqrt{a'} \,(e'^2 + \tan^2\varphi') + \ldots = \text{const.} \quad (a)$$

Nous avons vu, n° **54**, que lorsqu'on n'a égard qu'aux premières puissances des excentricités et des inclinaisons, les variations séculaires de ces éléments sont données par des équations différentielles indépendantes les unes des autres, c'est-à-dire que les variations des excentricités sont les mêmes que si les orbites étaient dans un même plan, et que les variations des inclinaisons sont les mêmes que si ces orbites étaient circulaires. L'équation précédente, en y supposant tour à tour $\varphi = 0$, $\varphi' = 0$, etc., et $e = 0$, $e' = 0$, etc., donnera donc, dans ce cas,

$$m \sqrt{a}\, e^2 + m' \sqrt{a'}\, e'^2 + \ldots = \text{constante,}$$

$$m \sqrt{a} \tan^2 \varphi + m' \sqrt{a'} \tan^2 \varphi' + \ldots = \text{constante,}$$

équations auxquelles nous sommes déjà parvenus dans les n°ˢ **54, 65** et **69**.

Si, dans la seconde des équations (A), on substitue de même, à la place de $\dfrac{x\,dz - z\,dx}{dt}$, sa valeur $\sqrt{a\,(1 - e^2)}$ multipliée par le cosinus de l'angle que forme le plan de l'orbite avec le plan des xz, cosinus qui est égal à $\sin\varphi \cos\alpha$, α étant la longitude du nœud ascendant de cette orbite sur le plan des xy; en négligeant les termes de l'ordre mm', on trouvera

$$m \sqrt{a\,(1 - e^2)} \sin\varphi \cos\alpha + m' \sqrt{a'\,(1 - e'^2)} \sin\varphi' \cos\alpha' + \ldots = \text{const.} \quad (b)$$

La dernière des équations (A) donnerait de même, en observant que $\sin\varphi\sin\alpha$ est égal au cosinus de l'inclinaison de l'orbite de m sur le plan des yz,

$$m\sqrt{a(1-e^2)}\sin\varphi\sin\alpha + m'\sqrt{a'(1-e'^2)}\sin\varphi'\sin\alpha' + \ldots = \text{const.} \quad (c)$$

Si dans ces équations on néglige les quantités de l'ordre du carré des excentricités et des inclinaisons, ce qui permet de prendre les tangentes des angles φ, φ', etc., à la place de leurs sinus, en faisant

$$p = \operatorname{tang}\varphi\sin\alpha, \qquad q = \operatorname{tang}\varphi\cos\alpha,$$
$$p' = \operatorname{tang}\varphi'\sin\alpha', \qquad q' = \operatorname{tang}\varphi'\cos\alpha',$$
$$\text{etc.,}$$

on aura

$$m\sqrt{a}\,p + m'\sqrt{a'}\,p' + m''\sqrt{a''}\,p'' + \ldots = \text{const.,}$$
$$m\sqrt{a}\,q + m'\sqrt{a'}\,q' + m''\sqrt{a''}\,q'' + \ldots = \text{const.,}$$

équations auxquelles nous sommes déjà parvenus dans les n^{os} **54** et **69**.

Si l'on ne considère que l'action mutuelle de deux planètes m et m', qu'on désigne par γ l'inclinaison de leurs orbites l'une sur l'autre, et qu'on observe que p, q, $\cos\varphi$, et p', q', $\cos\varphi'$ étant les cosinus des angles que forment les plans de ces orbites avec les trois plans coordonnés, on a

$$\cos\gamma = \cos\varphi\cos\varphi' + pp' + qq'.$$

On trouvera, en ajoutant ensemble les carrés des trois équations (a), (b), (c)

$$\left. \begin{array}{l} m^2 a(1-e^2) + m'^2 a'(1-e'^2) \\ + 2mm'\sqrt{a(1-e^2)}\sqrt{a'(1-e'^2)}\cos\gamma = \text{const.,} \end{array} \right\} \quad (d)$$

ou bien, en observant que $\cos \gamma = 1 - 2 \sin^2 \frac{1}{2}\gamma$, on aura

$$\left[m\sqrt{a(1-e^2)} + m'\sqrt{a'(1-e'^2)} \right]^2$$
$$- 4\,mm'\sqrt{a(1-e^2)}\sqrt{a'(1-e'^2)} \sin^2 \frac{1}{2}\gamma = \text{const.}$$

Si l'on néglige les quantités du quatrième ordre, par rapport aux excentricités et aux inclinaisons, et qu'on fasse passer dans le second membre les termes tout constants, on trouve

$$m\sqrt{a}\,e^2 + m'\sqrt{a'}\,e'^2 + \frac{4\,mm'\sqrt{aa'}\sin^2\frac{1}{2}\gamma}{m\sqrt{a} + m'\sqrt{a'}} = C.$$

La constante C est égale au premier membre de cette équation à une époque déterminée; elle doit donc être indépendante des variations des éléments e, e', γ. Si l'on désigne donc par δe, $\delta e'$, $\delta \gamma$ ces variations, et qu'on observe que a et a' sont constants, on aura

$$m\sqrt{a}\,e\,\delta e + m'\sqrt{a'}\,e'\,\delta e' + \frac{2\,mm'\sqrt{aa'}\,\gamma\,\delta\gamma}{m\sqrt{a} + m'\sqrt{a'}} = 0;$$

relation qui doit toujours exister entre les variations séculaires des excentricités des deux orbites et de leur inclinaison mutuelle, et qui se vérifie en effet, lorsqu'après avoir déterminé leurs valeurs, on les substitue dans cette équation.

78. Voyons maintenant comment, à l'aide des équations (A), on peut démontrer que les excentricités des orbites et leurs mutuelles inclinaisons resteront toujours très-petites, en ayant égard au carré des masses

m, m', etc., et à toutes les puissances des excentricités et des inclinaisons.

Reprenons les équations (A) du numéro précédent, sans y rien négliger : si l'on substitue pour $x dy - y dx$, $x' dy' - y' dx'$, etc., leurs valeurs, et qu'on suppose, ce qui n'ôte rien à la généralité de la démonstration, $M + m = 1$, $M + m' = 1$, etc., la première de ces équations devient

$$m \sqrt{a(1 - e^2)} \cos \varphi + m' \sqrt{a'(1 - e'^2)} \cos \varphi' + \ldots$$
$$= mm' \left(\frac{y dx' - x dy' + y' dx - x' dy}{dt} \right) + \ldots + C.$$

Si l'on fait abstraction des variations périodiques, et si l'on néglige les quantités du quatrième ordre, par rapport aux masses m et m', le premier terme du second membre de cette équation peut être regardé comme constant. En effet, le produit $y dx'$ ne saurait contenir de termes non périodiques, lorsqu'on y substitue pour y et dx' leurs valeurs elliptiques ; car la valeur de y ne contenant que des termes périodiques dépendants de nt, tandis que la différentielle dx' ne contient que des termes périodiques dépendant de $n't$, le produit $y dx'$ ne peut renfermer aucun terme où les moyens mouvements nt et $n't$ se détruisent. Si ce produit contient des termes non périodiques, ces termes sont donc du premier ordre, par rapport aux masses m et m' ; et comme ils sont fonctions des éléments elliptiques de m et de m', leur variation est du second ordre, et par conséquent la variation du produit $mm' y dx'$ est du quatrième ; il en serait de même des autres produits $x dy'$, $y' dx$, $x' dy$.

La même observation peut se répéter à l'égard des autres termes du second membre de l'équation précédente, puisqu'ils sont tous absolument de même forme que le premier. Ce second membre doit donc être considéré comme une constante, indépendante des variations séculaires que subissent les éléments des orbites de m, m', etc., du moins lorsqu'on néglige les quantités du quatrième ordre, par rapport aux masses m, m', m'', etc.

Il est aisé de voir encore que si, dans le premier membre de la même équation, on substitue à la place des éléments elliptiques la partie périodique de leur valeur, les termes non périodiques qui en résulteront seront de l'ordre m^3, et pourront être regardés comme constants, aux quantités près de l'ordre m^4.

La première des équations (1) devient ainsi

$$m \sqrt{a\,(1-e^2)} \cos\varphi + m' \sqrt{a'\,(1-e'^2)} \cos\varphi'$$
$$+ m'' \sqrt{a''\,(1-e''^2)} \cos\varphi'' + \ldots = C.$$

Les deux autres intégrales (A) donneraient de même

$$m \sqrt{a\,(1-e^2)} \sin\varphi \cos\alpha + m' \sqrt{a'\,(1-e'^2)} \sin\varphi' \cos\alpha'$$
$$+ m'' \sqrt{a''\,(1-e''^2)} \sin\varphi' \cos\alpha' + \ldots = C',$$
$$m \sqrt{a\,(1-e^2)} \sin\varphi \sin\alpha + m' \sqrt{a'\,(1-e'^2)} \cdot \sin\varphi \sin\alpha'$$
$$+ m'' \sqrt{a''\,(1-e''^2)} \sin\varphi'' \sin\alpha'' + \ldots = C''.$$

Et ces équations, exactes aux quantités près du quatrième ordre, subsisteront, quelques changements que subissent dans la suite des temps les excentricités et les inclinaisons des orbites en vertu de leurs variations séculaires, même en ayant égard, dans la détermination de ces variations, au carré des forces perturbatrices.

Si l'on ajoute ensemble les trois équations précédentes après avoir élevé au carré les deux membres de chacune d'elles; que pour simplifier on ne considère que l'action réciproque de deux planètes m et m', et qu'on nomme γ l'inclinaison mutuelle de leurs orbites, en observant que

$$\cos\gamma = \cos\varphi\,\cos\varphi' + \sin\varphi\,\sin\varphi'\cos(\alpha' - \alpha),$$

on aura

$$\left.\begin{array}{l} m^2 a\,(1 - e^2) + m'^2 a'\,(1 - e'^2) \\ \quad + 2\,mm'\,\sqrt{a\,(1 - e^2)}\,\sqrt{a'\,(1 - e'^2)}\,\cos\gamma = \text{const.} \end{array}\right\} \;(g)$$

Cette équation coïncide avec l'équation (d) à laquelle nous sommes parvenus n° **77**, en n'ayant égard qu'à la première puissance des forces perturbatrices. On voit que cette équation est exacte en considérant même les termes dépendants du carré de ces forces, et l'on en peut conclure, comme dans le numéro cité, la relation suivante,

$$m\,\sqrt{a}\,e\,\delta e + m'\,\sqrt{a'}\,e'\,\delta e' + \frac{mm'\,\sqrt{aa'}\,\gamma\,\delta\gamma}{m\,\sqrt{a} + m'\,\sqrt{a'}} = 0,$$

qui se vérifie en effet lorsqu'à la place de δe, $\delta e'$, $\delta\gamma$, on substitue leurs valeurs dépendantes non-seulement de la première puissance, mais encore du carré des masses m et m', et exactes aux quantités près du quatrième ordre par rapport aux excentricités et aux inclinaisons.

Si l'on fait passer dans le second membre de l'équation (g) les termes constants, elle devient

$$m^2 ac^2 + m'^2 a' c'^2 - 2\, mm'\, a^2 a'^2 nn' \sqrt{1 - e^2} \sqrt{1 - e'^2} \cos\gamma = \text{const.} \quad (k)$$

On peut écrire d'une autre manière cette équation, en observant que l'on a

$$\sqrt{1 - e^2} = 1 - \frac{e^2}{1 + \sqrt{1 - e^2}},$$

$$\sqrt{1 - e'^2} = 1 - \frac{e'^2}{1 + \sqrt{1 - e'^2}},$$

$$\cos\gamma = 1 - \frac{\sin^2\gamma}{1 + \cos\gamma} :$$

d'où l'on tire

$$\sqrt{1 - e^2} \sqrt{1 - e'^2} \cos\gamma = 1 - \frac{e^2 \sqrt{1 - e'^2} \cos\gamma}{1 + \sqrt{1 - e^2}} - \frac{e'^2 \cos\gamma}{1 + \sqrt{1 - e'^2}} - \frac{\sin^2\gamma}{1 + \cos\gamma}.$$

Substituons cette valeur dans l'équation (k), et faisons passer dans le second membre le terme constant $2\, mm'\, a^2 a'^2 nn'$, nous aurons

$$\left. \begin{aligned} & m^2 ae^2 + m'^2 a' c'^2 + 2\, mm'\, a^2 a'^2 nn'\, \frac{e^2 \sqrt{1 - e'^2} \cos\gamma}{1 + \sqrt{1 - e^2}} \\ & + 2\, mm'\, a^2 a'^2 nn'\, \frac{e'^2 \cos\gamma}{1 + \sqrt{1 - e'^2}} + 2\, mm'\, a^2 a'^2 nn'\, \frac{\sin^2\gamma}{1 + \cos\gamma} = \text{C}, \end{aligned} \right\} \quad (\text{H})$$

C étant une constante arbitraire.

La valeur de cette constante est une très-petite quantité par rapport aux carrés et aux produits des masses m et m', puisque ces carrés et ces produits sont multipliés dans le premier membre de cette équation par e^2, e'^2, $\sin^2\gamma$, et que nous supposons qu'à une époque déterminée les excentricités et l'inclinaison mutuelle des orbites sont très-petites. Il suit de là que chacun des termes du premier membre restera très-petit par rapport aux carrés et au produit de m et m', tant que ces termes seront de même signe, puisque chacun d'eux sera alors nécessairement plus petit que la constante C du second membre. Or, si les planètes m et m' sont supposées tourner dans le même sens autour du Soleil, comme cela a lieu dans la nature, les moyens mouvements nt et $n't$ seront de même signe; les six termes du premier membre de l'équation (H) seront donc positifs tant que l'angle γ sera plus petit que 90 degrés; mais si l'on suppose $\gamma = 90°$, on a $\sin\gamma = 1$, $\cos\gamma = 0$. Le dernier terme de l'équation (H) n'est donc plus très-petit par rapport à mm', ce qui est impossible, puisque la constante C est très-petite par rapport au produit des masses m et m' et que les autres termes du premier membre sont positifs. L'angle γ ne pouvant jamais atteindre 90 degrés, il s'ensuit que l'inclinaison γ et les excentricités e et e' des deux orbites demeureront toujours peu considérables; car $\cos\gamma$ ne pouvant pas devenir négatif, tous les termes du premier membre de l'équation (H) seront positifs, et chacun d'eux par conséquent restera toujours très-petit par rapport aux carrés et aux produits des masses m et m', ou, ce qui revient au même, les coefficients e^2, e'^2, $\sin^2\gamma$ de ces termes seront toujours de très-petites quantités, comme ils le sont aujourd'hui.

Les mêmes raisonnements s'appliqueront évidemment à l'équation (H), quel que soit le nombre des planètes m, m', m'', etc., que l'on considère, puisque chacune d'elles ne fait qu'ajouter au premier

I.

membre des termes semblables à ceux qui le composent.

Concluons de là que *la stabilité du système planétaire est assurée par rapport aux excentricités et aux inclinaisons des orbites, comme elle l'est par rapport aux grands axes, quelque loin que l'on pousse les approximations relativement aux excentricités et aux inclinaisons, et en ayant égard aux termes du second ordre par rapport aux masses perturbatrices.*

79. Nous avons vu, dans le n° **23** du Ier livre, que dans le mouvement d'un système de corps, il existe un plan qui reste toujours parallèle à lui-même et que, par cette raison, nous avons nommé *plan invariable*. La propriété remarquable qui le caractérise, c'est que la somme des masses des différents corps du système, multipliées respectivement par les projections des aires décrites par leurs rayons vecteurs dans un temps donné, est un *maximum* par rapport à ce plan, et qu'elle est nulle par rapport à tout autre plan qui lui est perpendiculaire.

La considération de ce plan pourrait être surtout utile dans la théorie du système du monde, parce que l'écliptique, les orbes planétaires et la position des étoiles elles-mêmes, variant à la longue d'une manière sensible, nous n'avons dans le ciel aucuns points fixes auxquels nous puissions rapporter celle des autres parties du système.

La position du plan invariable se détermine aisément au moyen des trois équations (A) n° **77**. En effet, si l'on nomme Φ son inclinaison sur le plan des

xy, et Π la longitude de son nœud ascendant, ce qui donne (n° **23**, livre Ier)

$$\cos l = \cos \Phi, \quad \cos l' = \sin \Phi \cos \Pi, \quad \cos l'' = \sin \Phi \sin \Pi,$$

on aura, pour déterminer ces deux angles, les équations

$$\operatorname{tang} \Phi \sin \Pi = \frac{C''}{C}, \quad \operatorname{tang} \Phi \cos \Pi = \frac{C'}{C},$$

et par conséquent, en substituant pour C, C', C'' leurs valeurs,

$$\left. \begin{aligned} \operatorname{tang} \Phi \sin \Pi &= \frac{m \sqrt{a(1-e^2)} \sin \varphi \sin \alpha + m' \sqrt{a'(1-e'^2)} \sin \varphi' \sin \alpha' + \dots}{m \sqrt{a(1-e^2)} \cos \varphi + m' \sqrt{a'(1-e'^2)} \cos \varphi' + \dots}, \\ \operatorname{tang} \Phi \cos \Pi &= \frac{m \sqrt{a(1-e^2)} \sin \varphi \cos \alpha + m' \sqrt{a'(1-e'^2)} \sin \varphi' \cos \alpha' + \dots}{m \sqrt{a(1-e^2)} \cos \varphi + m' \sqrt{a'(1-e'^2)} \cos \varphi' + \dots}. \end{aligned} \right\} \quad (K)$$

Nous avons démontré que les seconds membres des équations (A) sont constants, quelles que soient les variations séculaires qu'éprouvent les éléments elliptiques qui entrent dans le premier membre, et lors même qu'on a égard aux termes du second ordre dans la détermination de ces variations; d'où il suit, par conséquent, que la position du *plan maximum des aires* demeure encore invariable lorsqu'on a égard aux perturbations causées par les mouvements elliptiques des planètes par leur action mutuelle, et qu'on porte les approximations jusqu'aux carrés des masses.

On voit par les équations (K) que, pour fixer exactement la position du plan invariable, il faudrait connaître les masses de tous les corps du système solaire, et les éléments de leurs orbites : c'est ce qu'on est loin encore d'avoir avec précision; mais comme les planètes dont nous connaissons les masses sont celles qui

doivent le plus influer sur la position du plan invariable, et que les masses des comètes paraissent en
général assez petites pour que l'on puisse négliger
leur action, il sera facile au moyen des équations (K),
et avec les données que nous avons sur les éléments
du système du monde, de déterminer d'une manière
approchée la position de ce plan. En prenant pour
plan fixe celui de l'écliptique au commencement de
l'année 1750, et la ligne des équinoxes pour la droite
à partir de laquelle on compte les longitudes, on a
trouvé ainsi, pour l'époque de 1750,

$$\Phi = \quad 1°35'31'',$$
$$\Pi = 102°57'30''.$$

En substituant ensuite dans les équations (K) pour
e, φ, α, e', φ', α', etc., les valeurs que ces quantités auront en 1950, on a trouvé pour cette époque,

$$\Phi = \quad 1°35'31'',$$
$$\Pi = 102°57'15''.$$

Ces valeurs diffèrent très-peu des précédentes, et ce
résultat peut servir de vérification aux formules (K) et
aux données employées pour les convertir en nombres.

La théorie du *plan invariable* ne laisse donc rien à
désirer sous le rapport de l'exactitude, et l'on pourra
dans tous les temps retrouver sa position par rapport
à un plan mené arbitrairement par le centre du Soleil,
du moment que l'on connaîtra les masses des différents
corps du système solaire, les paramètres de leurs orbites, leurs inclinaisons et leurs nœuds relatifs au
même plan, quantités que l'on peut toujours regarder
comme des données fournies par l'observation. Mais

pour que la considération de ce plan puisse être véritablement utile aux astronomes, et servir à reconnaître les changements survenus dans la position des orbes et des équateurs planétaires, ou dans celle des étoiles, il faudrait avoir le moyen de déterminer réciproquement à une époque quelconque la position du plan de l'écliptique, d'où nous observons tous les mouvements célestes, par rapport à ce même plan invariable. Or les formules précédentes font simplement connaître l'inclinaison mutuelle des deux plans, et pour déterminer complétement la position de l'orbite solaire, il faudrait connaître encore sur le plan invariable une ligne fixe à laquelle on puisse rapporter la direction de leur mutuelle intersection. M. Poisson a proposé de choisir pour cette ligne la projection sur le plan invariable de la droite que décrit, en vertu des lois générales de la mécanique (n° 22, livre I), le centre de gravité du système solaire, en supposant qu'il ne soit soumis qu'à l'action mutuelle des corps qui le composent. Mais la direction de cette droite est trop imparfaitement connue, et trop difficile à déterminer, pour que cette idée, très-ingénieuse d'ailleurs, puisse passer de longtemps des spéculations de la théorie dans le domaine de la pratique. Heureusement les mouvements des corps célestes sont observés aujourd'hui avec assez de régularité pour que la considération du *plan invariable* soit inutile à leur exacte détermination, et tout en regardant sa découverte comme un théorème d'analyse extrêmement intéressant, les astronomes, que je sache, n'en ont fait jusqu'ici aucun usage.

CHAPITRE IX.

VARIATIONS PÉRIODIQUES DES ÉLÉMENTS DES ORBITES PLANÉTAIRES.

80. Nous avons vu, n° 46, qu'en vertu de leurs attractions mutuelles, le mouvement des planètes était soumis à deux espèces de perturbations distinctes. Les premières, dont l'accroissement est très-lent, ne se rendent sensibles à l'observateur qu'après un grand nombre de siècles; elles affectent immédiatement et d'une manière continue les dimensions et les positions des orbites; les secondes, plus rapides dans leur marche, sont simplement périodiques, et ne dépendent que du lieu qu'occupent dans l'espace les différents corps du système solaire. Nous venons de donner la théorie complète de celles de ces inégalités dont le calcul est le plus important et le plus difficile; il nous reste à nous occuper des inégalités de la seconde espèce, qu'on a nommées, pour les distinguer des précédentes, *inégalités périodiques*.

Nous supposerons, comme nous l'avons fait jusqu'ici, que la planète troublée se meut dans une ellipse dont les éléments sont variables, et en tenant compte des termes que nous avons rejetés pour déterminer les variations séculaires des éléments de son orbite, nous arriverons de la manière la plus simple à la détermination de leurs variations totales. En introduisant ensuite les éléments ainsi corrigés dans les formules du mouvement elliptique, il nous sera facile de déterminer pour chaque instant le lieu de la planète par les méthodes ordinaires.

Nous ferons observer, toutefois, que, comme les inégalités périodiques demeurent toujours très-petites, et n'ont pour ainsi dire qu'un effet passager et alternatif, il est peu important, pour les besoins de l'Astronomie, de connaître en particulier les altérations qui en résultent dans chacun des éléments de l'orbite ; il suffit d'avoir l'effet total de ces variations sur le lieu de la planète, ce qui peut se faire par l'intégration directe des équations différentielles du mouvement troublé. On détermine immédiatement en effet, par ce moyen, les inégalités périodiques des trois variables qui fixent à chaque instant la position de la planète : on peut donc, en regardant l'orbite comme constante par rapport aux variations périodiques, traiter ces inégalités comme de simples corrections à faire aux valeurs de ces coordonnées calculées dans l'orbite elliptique corrigée des variations séculaires. Mais cette méthode a l'inconvénient d'introduire dans les formules des termes qui renferment le temps hors des signes *sinus* et *cosinus;* on est obligé d'employer ensuite des réductions particulières pour le faire disparaître, et l'on n'en déduit d'ailleurs que d'une manière indirecte les variations séculaires. Celle que nous avons adoptée, au contraire, n'est sujette à aucune difficulté de ce genre ; elle présente dans une même analyse, et sous un même point de vue, toutes les inégalités des mouvements des planètes, et rien n'est plus aisé, lorsqu'on a déterminé la partie périodique de la variation des éléments, que d'en conclure les inégalités du rayon vecteur, de la longitude et de la latitude. On verra d'ailleurs que cette méthode est la meilleure qu'on puisse suivre lorsque, dans la détermination des inégalités périodiques, on veut avoir égard aux termes, dépendants du carré et des puissances supérieures des excentricités et des inclinaisons, que quelques circonstances particulières peuvent rendre sensibles.

81. Les formules du n° **42** nous ont donné, en considérant seulement la partie non périodique du développement de R, les variations séculaires des éléments de l'orbite de m; les mêmes formules serviront à déterminer les variations périodiques de ces éléments, en ayant égard, dans le développement de R, à la partie périodique que nous avions rejetée d'abord. Reprenons donc l'expression de R du n° **48**; si à la place de u, u', v, v', on substitue leurs valeurs données n° **53**, et qu'on réduise l'expression résultante, en observant qu'on a généralement

$$\genfrac{}{}{0pt}{}{\sin.}{\cos.}(gt + \omega)\,\Sigma.\cos i(n't - nt + \varepsilon' - \varepsilon)$$
$$= \Sigma.\genfrac{}{}{0pt}{}{\sin.}{\cos.}\big[i(n't - nt + \varepsilon' - \varepsilon) + gt + \omega\big],$$

on trouvera, en ne portant l'approximation que jusqu'aux carrés des excentricités et des inclinaisons, et en rejetant les termes dépendant des inclinaisons dont nous nous occuperons plus tard,

$$R = \frac{m'}{2} A^{(i)} \cos i\,(n't - nt + \varepsilon' - \varepsilon)$$

$$+ \frac{m'}{2} M^{(0)} e \cos\left[i\,(n't - nt + \varepsilon' - \varepsilon) + nt + \varepsilon - \omega\right]$$

$$+ \frac{m'}{2} M^{(1)} e' \cos\left[i\,(n't - nt + \varepsilon' - \varepsilon) + nt + \varepsilon - \omega'\right]$$

$$+ \frac{m'}{2} N^{(0)} e^2 \cos\left[i\,(n't - nt + \varepsilon' - \varepsilon) + 2\,nt + 2\,\varepsilon - 2\,\omega\right]$$

$$+ \frac{m'}{2} N^{(1)} ee' \cos\left[i\,(n't - nt + \varepsilon' - \varepsilon) + 2\,nt + 2\,\varepsilon - \omega - \omega'\right]$$

$$+ \frac{m'}{2} N^{(2)} e'^2 \cos\left[i\,(n't - nt + \varepsilon' - \varepsilon) + 2\,nt + 2\,\varepsilon - 2\,\omega'\right]$$

$$+ \frac{m'}{2} N^{(3)} (e^2 + e'^2) \cos\left[i\,(n't - nt + \varepsilon' - \varepsilon)\right]$$

$$+ \frac{m'}{2} N^{(4)} ee' \cos\left[i\,(n't - nt + \varepsilon' - \varepsilon) + \omega - \omega'\right],$$

i étant susceptible de toutes les valeurs entières positives et négatives, en y comprenant zéro, et en ayant soin seulement de rejeter, dans ce dernier cas, les termes tout constants.

Nous supposons, pour abréger, dans cette expression,

$$M^{(0)} = - a\left(\frac{dA^{(i)}}{da}\right) - 2\,i\,A^{(i)},$$

$$M^{(1)} = - a'\left(\frac{dA^{(i-1)}}{da'}\right) + 2\,(i - 1)\,A^{(i-1)},$$

$$N^{(0)} = \frac{1}{4}\left[i\,(4\,i - 5)\,A^{(i)} + 2\,(2\,i - 1)\,a\left(\frac{dA^{(i)}}{da}\right) + a^2\left(\frac{d^2A^{(i)}}{da^2}\right)\right],$$

$$N^{(1)} = - \frac{1}{2}\left[4\,(i - 1)^2\,A^{(i-1)} + 2\,(i - 1)\,a\left(\frac{dA^{(i-1)}}{da}\right)\right.$$
$$\left. - 2\,(i - 1)\,a'\left(\frac{dA^{(i-1)}}{da'}\right) - aa'\left(\frac{d^2A^{(i-1)}}{da\,da'}\right)\right],$$

$$N^{(2)} = \frac{1}{4}\left[(i - 2)\,(4\,i - 3)\,A^{(i-2)} - 2\,(2\,i - 3)\,a'\left(\frac{dA^{(i-2)}}{da'}\right) + a'^2\left(\frac{d^2A^{(i-2)}}{da'^2}\right)\right],$$

$$N^{(3)} = -\frac{1}{4}\left[4\,i^2 A^{(i)} - 2\,a\left(\frac{dA^{(i)}}{da}\right) - a^2\left(\frac{d^2 A^{(i)}}{da^2}\right)\right],$$

$$N^{(4)} = \frac{1}{2}\left[4\,(i-1)^2 A^{(i-1)} - 2\,(i-1)\,a\left(\frac{dA^{(i-1)}}{da}\right)\right.$$
$$\left. - 2\,(i-1)\,a'\left(\frac{dA^{(i-1)}}{da'}\right) + aa'\left(\frac{d^2 A^{(i-1)}}{da\,da'}\right)\right].$$

Le nombre i doit être supposé plus grand que zéro dans ces trois dernières expressions, le cas de $i = 0$ ne donnant dans R que des termes non périodiques.

Il est commode, pour les applications numériques, de n'avoir dans les formules que les différences relatives à l'une ou à l'autre des deux quantités a et a'. On trouve alors, par le n° **52**, en transformant les différences relatives à a' en différences relatives à a,

$$M^{(1)} = a\left(\frac{dA^{(i-1)}}{da}\right) + (2\,i - 1)\,A^{(i-1)},$$

$$N^{(1)} = -\frac{1}{2}\left[(2\,i-2)(2\,i-1)\,A^{(i-1)} + 2(2\,i-1)\,a\left(\frac{dA^{(i-1)}}{da}\right) + a^2\left(\frac{d^2 A^{(i-1)}}{da^2}\right)\right],$$

$$N^{(2)} = \frac{1}{4}\left[(4\,i^2 - 7\,i + 2)\,A^{(i-2)} + 2\,(2\,i - 1)\,a\left(\frac{dA^{(i-2)}}{da}\right) + a^2\left(\frac{d^2 A^{(i-2)}}{da^2}\right)\right],$$

$$N^{(4)} = \frac{1}{2}\left[(2\,i - 2)(2\,i - 1)\,A^{(i-1)} - 2\,a\left(\frac{dA^{(i-1)}}{da}\right) - a^2\left(\frac{d^2 A^{(i-1)}}{da^2}\right)\right].$$

Si l'on substitue dans les formules des n°ˢ **42** et **43**, à la place de R sa valeur, on aura, par la simple différentiation de chacun de ses termes, les termes correspondants des variations différentielles des éléments de l'orbite de m, et l'on en conclura ensuite par l'intégration leurs valeurs finies. On trouve, de cette manière, en bornant les approximations aux premières puissances des excentricités et des inclinaisons :

Pour la variation du demi-grand axe,

$$\delta a = - m' a^2 \frac{n}{n' - n} A^{(i)} \cos i (n' t - nt + \varepsilon' - \varepsilon)$$

$$- m' a^2 c \frac{(i - 1) n}{i (n' - n) + n} M^{(0)} \cos[i (n' t - nt + \varepsilon' - \varepsilon) + nt + \varepsilon - \omega]$$

$$- m' a^2 c' \frac{(i - 1) n}{i (n' - n) + n} M^{(1)} \cos[i (n' t - nt + \varepsilon' - \varepsilon) + nt + \varepsilon - \omega'];$$

Pour la variation du mouvement moyen,

$$\delta \zeta = \frac{3}{2} m' a \frac{n^2}{i (n' - n)^2} A^{(i)} \sin i (n' t - nt + \varepsilon' - \varepsilon)$$

$$+ \frac{3}{2} m' ac \frac{(i - 1) n^2}{[i (n' - n) + n]^2} M^{(0)} \sin[i (n' t - nt + \varepsilon' - \varepsilon) + nt + \varepsilon - \omega]$$

$$+ \frac{3}{2} m' ac' \frac{(i - 1) n^2}{[i (n' - n) + n]^2} M^{(1)} \sin[i (n' t - ni + \varepsilon' - \varepsilon) + nt + \varepsilon - \omega'].$$

On peut remarquer ici que la double intégration, d'où résulte la valeur de ζ, donne pour diviseur à chaque terme du développement de R, le carré du coefficient qui multiplie le temps t sous les signes *sinus* ou *cosinus,* ce qui rend ce terme très-grand, lorsque ce coefficient est fort petit. Cette observation importante est, comme nous l'avons dit nº 59, celle qui conduisit Laplace à la découverte de la cause des deux grandes inégalités de Jupiter et de Saturne.

On trouve de même, pour la variation de l'excentricité,

$$\delta e = \frac{1}{2} m' a \frac{n}{i (n' - n) + n} M^{(0)} \cos[i (n' t - nt + \varepsilon' - \varepsilon) + nt + \varepsilon - \omega]$$

$$+ \frac{1}{4} m' ac \frac{n}{n' - n} A^{(i)} \cos i (n' t - nt + \varepsilon' - \varepsilon)$$

$$+ m' ac \frac{n}{i (n' - n) + 2 n} N^{(0)} \cos[i (n' t - nt + \varepsilon' - \varepsilon) + 2 nt + 2 \varepsilon - 2 \omega]$$

$$+ \frac{1}{2} m' ac' \frac{n}{i(n'-n)+2n} N^{(1)} \cos[i(n't-nt+\varepsilon'-\varepsilon)+2nt+2\varepsilon-\omega-\omega']$$

$$- \frac{1}{2} m' ac' \frac{n}{i(n'-n)} N^{(1)} \cos[i(n't-nt+\varepsilon'-\varepsilon)+\omega-\omega'];$$

Pour la variation de l'époque,

$$\delta\varepsilon = -m'a \frac{n}{i(n'-n)} a\left(\frac{dA^{(i)}}{da}\right) \sin i(n't-nt+\varepsilon'-\varepsilon)$$

$$+ \frac{1}{4} m' ac \frac{n}{i(n'-n)+n} M^{(0)} \sin[i(n't-nt+\varepsilon'-\varepsilon)+nt+\varepsilon-\omega)$$

$$- m' a^2 c \frac{n}{i(n'-n)+n} \frac{dM^{(0)}}{da} \sin[i(n't-nt+\varepsilon'-\varepsilon)+nt+\varepsilon-\omega]$$

$$- m' a^2 c' \frac{n}{i(n'-n)+n} \frac{dM^{(1)}}{da} \sin[i(n't-nt+\varepsilon'-\varepsilon)+nt+\varepsilon-\omega'];$$

Pour la variation de la longitude du périhélie,

$$c\,\delta\omega = \frac{1}{2} m' a \frac{n}{i(n'-n)+n} M^{(0)} \sin[i(n't-nt+\varepsilon'-\varepsilon)+nt+\varepsilon-\omega]$$

$$+ m' ac \frac{n}{i(n'-n)+2n} N^{(0)} \sin[i(n't-nt+\varepsilon'-\varepsilon)+2nt+2\varepsilon-2\omega]$$

$$+ m' ac \frac{n}{i(n'-n)} N^{(3)} \sin i(n't-nt+\varepsilon'-\varepsilon)$$

$$+ \frac{1}{2} m' ac' \frac{n}{i(n'-n)+2n} N^{(1)} \sin[i(n't-nt+\varepsilon'-\varepsilon)+2nt+2\varepsilon-\omega-\omega']$$

$$+ \frac{1}{2} m' ac' \frac{n}{i(n'-n)} N^{(4)} \sin[i(n't-nt+\varepsilon'-\varepsilon)+\omega-\omega'].$$

Enfin, la troisième formule du n° **45** donnera, pour la variation du demi-paramètre k,

$$\delta k = -\frac{m'}{2} \frac{1}{n'-n} A^{(i)} \cos i(n't-nt+\varepsilon'-\varepsilon)$$

$$- \frac{m'}{2} c \frac{i}{i(n'-n)+n} M^{(0)} \cos[i(n't-nt+\varepsilon'-\varepsilon)+nt+\varepsilon-\omega]$$

$$- \frac{m'}{2} c' \frac{i-1}{i(n'-n)+n} M^{(1)} \cos[i(n't-nt+\varepsilon'-\varepsilon)+nt+\varepsilon-\omega'].$$

Il nous reste à déterminer les variations des deux quantités p et q, d'où dépend la position de l'orbite mobile. Si l'on regarde les trois variables r, v et z comme des fonctions connues de ces deux éléments, on aura généralement

$$\frac{d\mathrm{R}}{dp} = \frac{dr}{dp}\left(\frac{d\mathrm{R}}{dr}\right) + \frac{dv}{dp}\left(\frac{d\mathrm{R}}{dv}\right) + \frac{dz}{dp}\left(\frac{d\mathrm{R}}{dz}\right),$$

$$\frac{d\mathrm{R}}{dq} = \frac{dr}{dq}\left(\frac{d\mathrm{R}}{dr}\right) + \frac{dv}{dq}\left(\frac{d\mathrm{R}}{dv}\right) + \frac{dz}{dq}\left(\frac{d\mathrm{R}}{dz}\right).$$

Prenons pour plan des x, y le plan de l'orbite de m à une époque déterminée, l'inclinaison de son orbite mobile sur ce plan fixe, ainsi que les quantités qui en dépendent, seront de l'ordre des forces perturbatrices, et comme les expressions de r et de v ne contiennent que le carré de cette inclinaison, les deux premiers termes des valeurs précédentes seront des quantités du second ordre dont on pourra faire abstraction, puisque nous négligeons les quantités de cet ordre. Nous avons trouvé d'ailleurs, n° **53**, $z = - px + qy$, on aura donc simplement ainsi

$$\frac{d\mathrm{R}}{dp} = - x\left(\frac{d\mathrm{R}}{dz}\right), \quad \frac{d\mathrm{R}}{dq} = y\left(\frac{d\mathrm{R}}{dz}\right).$$

L'ordonnée z est une quantité du même ordre que l'inclinaison de l'orbite mobile sur l'orbite fixe, c'est-à-dire de l'ordre des forces perturbatrices. On pourra donc supposer $z = o$ dans la différence $\frac{d\mathrm{R}}{dz}$, puisqu'on néglige le carré de ces forces. L'expression de R du n° **48** donne, de cette manière,

$$\frac{d\mathrm{R}}{dz} = - \frac{m'z'}{a'^3} + \frac{m'z'}{2}\cdot\Sigma.\mathrm{B}^{(i)}\cos i(n't - nt + \varepsilon' - \varepsilon),$$

la valeur de i s'étendant à tous les nombres positifs et négatifs, depuis $i = 1$ jusqu'à l'infini.

Nommons γ la tangente de l'inclinaison de l'orbite de m' sur le plan fixe, Π la longitude de son nœud ascendant, et désignons, comme dans le n° 53, par $r'_,$ la projection du rayon vecteur de m' sur ce même plan, et par $v'_,$ la longitude de $r'_,$ comptée à partir d'une ligne fixe, on aura

$$z' = r'_, \, \gamma \sin (v'_, - \Pi).$$

Subtituons, pour $r'_,$ et $v'_,$ leurs valeurs numéro cité, et négligeons les produits des excentricités par les inclinaisons, nous aurons

$$z' = a' \, \gamma \sin (n' t + \varepsilon' - \Pi);$$

et la valeur de $\dfrac{d\mathrm{R}}{dz}$ deviendra, par conséquent,

$$\frac{d\mathrm{R}}{dz} = - \frac{m'}{a'^2} \gamma \sin (n' t + \varepsilon' - \Pi)$$

$$+ \frac{m'}{2} a' \, \Sigma . \mathrm{B}^{(i-1)} \gamma \sin [i (n' t - n t + \varepsilon' - \varepsilon) + n t + \varepsilon - \Pi],$$

la valeur de i devant s'étendre ici, comme dans ce qui va suivre, à tous les nombres positifs et négatifs, la seule valeur $i = 0$ exceptée.

Si dans les formules (9) et (10) du n° 44 on substitue pour $\dfrac{d\mathrm{R}}{dq}$ et $\dfrac{d\mathrm{R}}{dp}$ leurs valeurs ainsi déterminées, et que l'on néglige le produit des excentricités par les inclinaisons, ce qui permet de supposer $x = a \cos (n t + \varepsilon)$, $y = a \sin (n t + \varepsilon)$ dans ces valeurs, on aura, pour la variation de p,

$$\delta p = -\frac{m'}{2}\frac{a^2 n}{a'^2}\,\gamma\left[\frac{1}{n'-n}\sin(n't-nt+\varepsilon'-\varepsilon-\Pi)-\frac{1}{n'+n}\sin(n't+nt+\varepsilon'+\varepsilon-\Pi)\right]$$
$$+\frac{m'}{4}\,a^2 a' n\,\Sigma\,.\,\mathrm{B}^{(i-1)}\,\gamma\left\{\frac{1}{i(n'-n)}\sin\left[i(n't-nt+\varepsilon'-\varepsilon)-\Pi\right]\right.$$
$$\left.-\frac{1}{i(n'-n)+2n}\sin\left[i(n't-nt+\varepsilon'-\varepsilon)+2nt+2\varepsilon-\Pi\right)\right\};$$

et pour la variation de q,

$$\delta q = \frac{m'}{2}\frac{a^2 n}{a'^2}\,\gamma\left[\frac{1}{n'+n}\cos(n't+nt+\varepsilon'+\varepsilon-\Pi)+\frac{1}{n'-n}\cos(n't-nt+\varepsilon'-\varepsilon-\Pi)\right]$$
$$-\frac{m'}{4}\,a^2 a' n\,\Sigma\,.\,\mathrm{B}^{(i-1)}\,\gamma\left\{\frac{1}{i(n'-n)}\cos\left[i(n't-nt+\varepsilon'-\varepsilon)-\Pi\right]\right.$$
$$\left.+\frac{1}{i(n'-n)+2n}\cos\left[i(n't-nt+\varepsilon'-\varepsilon)+2nt+2\varepsilon-\Pi\right]\right\}.$$

82. Nous n'avons pas ajouté de constantes aux valeurs de δa, δe, $\delta\omega$, $\delta\varepsilon$, δp, δq, parce que leur considération était inutile à l'objet que nous nous proposons, et que l'on peut d'ailleurs les supposer comprises dans les valeurs des éléments a, e, ω, ε, p, q du mouvement elliptique, qui deviendront ainsi $a+a,$, $e+e,$, $\omega+\omega,$, $\varepsilon+\varepsilon,$, $p+p,$, $q+q,$; en représentant par $a,$, $e,$, $\omega,$, $\varepsilon,$, $p,$, $q,$ de très-petites quantités de l'ordre des forces perturbatrices. Les éléments de l'orbite troublée seront donc

$$a+a,+\delta a, \quad e+e,+\delta e, \quad \omega+\omega,+\delta\omega,$$
$$\varepsilon+\varepsilon,+\delta\varepsilon, \quad p+p,+\delta p, \quad q+q,+\delta q.$$

Comme $a,$, $e,$, etc., ainsi que δa, δe, etc., sont de l'ordre m', on pourra substituer, dans ces dernières quantités, $a+a,$, $e+e,$, etc., à la place de a, e, etc.; elles deviendront, par conséquent, des fonctions du temps et des six constantes $a + a_,$ $e + e_,$ etc. Les formules du mouvement troublé ne contiendront donc en définitive, comme celles du mouvement elliptique, que six constantes arbitraires, et par là disparaîtra ce que pouvait avoir d'étrange l'introduction des six nouvelles constantes $a_,$ $e_,$ $\omega_,$ $\varepsilon_,$ $p_,$ $q_,$ dans une question qui, par sa nature, n'en comportait que six.

Quant à la détermination de ces arbitraires, elle se fera très-simplement de la manière suivante : Supposons que l'on veuille connaître les perturbations que subit la planète m pendant un intervalle de temps donné, on déterminera les constantes a, e, etc., d'après sa position, sa vitesse et sa direction à l'instant que l'on a choisi pour époque, et les constantes $a_,$ $e_,$ etc., par les équations

$$a_, + \partial a = 0, \quad e_, + \partial e = 0, \quad \text{etc.},$$

dans lesquelles on subtituera, pour ∂a, ∂e, etc., leurs valeurs relatives au même instant.

L'effet des forces perturbatrices, pendant la période que l'on considère, sur chacun des éléments elliptiques, sera alors exprimé tout entier par les quantités $a_, + \partial a$, $e_, + \partial e$, etc., qui ne contiendront plus rien d'arbitraire. Ce procédé est le même, comme nous le verrons, que celui que l'on suit dans la théorie des comètes, où l'on est forcé de calculer par des quadratures les variations que subit chaque élément de l'orbite pendant l'intervalle de temps qui s'écoule entre deux retours successifs de l'astre à son périhélie.

En réunissant les valeurs de ∂a, $\partial \zeta$, ∂e, $\partial \varepsilon$, $\partial \omega$,

δp, δq déterminées par les formules précédentes, à celles qui dérivent des équations différentielles (11), n° **46**, et que nous avons considérées avec étendue dans le chapitre précédent, on aura les deux parties dont se composent les variations des éléments de l'orbite elliptique, résultant de l'action des forces perturbatrices; l'une de ces parties dépendant, n° **47**, de la configuration mutuelle des corps m, m', etc., et l'autre indépendante de cette configuration.

Variations périodiques du rayon vecteur, de la longitude et de la latitude.

83. La position d'une planète dans l'espace est fixée lorsque l'on connaît son rayon vecteur projeté sur un plan fixe, sa longitude vraie, ou l'angle que fait la projection de ce rayon avec une ligne fixe, et sa latitude, ou l'angle que forme le rayon vecteur de l'orbite vraie avec celui de l'orbite projetée. C'est donc à la détermination de ces trois éléments que doivent finalement aboutir toutes les recherches qui ont pour objet les mouvements de translation des corps célestes. Nous avons donné, dans le n° **24**, les expressions du rayon vecteur, de la longitude vraie et de la latitude dans l'orbite elliptique, en séries procédant suivant les puissances ascendantes des excentricités et des inclinaisons; il nous suffira donc de substituer à la place des éléments elliptiques, dans ces formules, ces éléments corrigés au moyen de leurs variations périodiques et séculaires que nous venons de déterminer, pour avoir la vraie valeur du rayon vecteur, de la longitude et de la latitude dans l'orbite troublée. Or on voit, par les formules du n° **25**, que la valeur du rayon vecteur et de la longitude dans l'orbite projetée, ne diffère de celle du rayon vecteur et de la longitude dans l'orbite vraie, qu'aux quantités près du second ordre relativement aux inclinaisons, quantités très-petites, qui ne produisent que des variations insensibles lorsqu'on prend, comme nous le ferons, pour plan fixe, celui de l'orbite de la planète à une époque donnée. Il en est de même des termes de l'expression de la latitude qui sont de l'ordre du produit des excentricités par les inclinaisons. Il résulte de ces observations que, dans la recherche des variations du rayon vecteur et de la longitude, on pourra faire abstraction des inclinaisons des orbites, et dans celle des variations de la latitude faire abstraction de leurs excentricités, ou, ce qui revient au même, regarder, dans le premier cas, les orbites comme étant toutes dans le même plan, et dans le second les regarder comme circulaires, ce qui facilitera le calcul de leurs perturbations.

Reprenons les valeurs du rayon vecteur et de la longitude développées dans le n° **25**; on a généralement par ces formules

$$r = \text{fonc.}\,(a, \zeta, e, \varepsilon, \omega), \quad v = \text{fonc.}\,(\zeta, e, \varepsilon, \omega).$$

Si, à la place de a, ζ, e, ε, ω, on substitue dans ces équations leurs valeurs corrigées $a + \partial a$, $\zeta + \partial \zeta$, $e + \partial e$, $\varepsilon + \partial \varepsilon$, $\omega + \partial \omega$, en désignant par la caractéristique ∂ les variations périodiques dépendantes de

la première puissance des masses, on aura, en ne
considérant que les termes de cet ordre :

Pour la variation du rayon vecteur,

$$\partial r = \frac{dr}{da}\partial a + \frac{dr}{d\zeta}\partial\zeta + \frac{dr}{de}\partial e + \frac{dr}{d\varepsilon}\partial\varepsilon + \frac{dr}{d\omega}\partial\omega\,;$$

Pour la variation de la longitude,

$$\partial v = \frac{dv}{d\zeta}\partial\zeta + \frac{dv}{de}\partial e + \frac{dv}{d\varepsilon}\partial\varepsilon + \frac{dv}{d\omega}\partial\omega.$$

Il ne s'agira plus maintenant que de substituer dans
ces deux expressions, à la place des variations ∂a, $\partial\zeta$,
∂e, $\partial\varepsilon$ et $\partial\omega$, leurs valeurs développées précédemment, pour avoir celles du rayon vecteur et de la lon-
gitude vraie, exactes aux quantités près du second
ordre par rapport aux excentricités et aux inclinaisons.

Mais, au lieu d'effectuer ces substitutions dans l'expression de ∂v, il sera plus commode de faire dépendre la détermination des inégalités de la longitude
de celles du rayon vecteur, au moyen de l'équation (h) n° **20**, que nous avons déjà employée dans
un cas analogue n° **24**. En effet, cette équation donne,
pour le cas de l'ellipse invariable,

$$dv = \frac{dt\sqrt{a\left(1 - e^2\right)}}{r^2}.$$

Cette équation, étant une différentielle du premier
ordre, a encore lieu dans l'ellipse troublée, et ne
doit pas changer de forme lorsque les éléments de
l'orbite varient ; on aura donc, en la différentiant par

31.

rapport à la caractéristique δ,

$$d.\delta v = \frac{1}{2}\, dt\, \sqrt{\frac{1-e^2}{a}\frac{\delta a}{r^2}} - dt\, \sqrt{\frac{a}{1-e^2}\frac{c\,\delta e}{r^2}} - 2\,dt\,\sqrt{a(1-e^2)}\frac{\delta r}{r^3}\,;$$

d'où l'on tire, en intégrant et négligeant le carré des forces perturbatrices,

$$\delta v = \frac{1}{2a}\int \delta a\, dv - \frac{e}{1-e^2}\int \delta e\, dv - 2\int \frac{\delta r}{r}\, dv. \quad (\mathrm{a})$$

On peut donner à cette équation une forme plus simple encore. En effet, k étant le demi-paramètre de l'orbite, on a $k = \sqrt{a(1-e^2)}$, d'où en différentiant on tire

$$\frac{\delta k}{k} = \frac{1}{2a}\,\delta a - \frac{e}{1-e^2}\,\delta e.$$

On aura donc ainsi

$$\delta v = \int dv \left(\frac{\delta k}{k} - \frac{2\,\delta r}{r}\right), \quad (\mathrm{a'})$$

formule très-commode qui donnera immédiatement les perturbations de la planète en longitude lorsque celles du rayon vecteur seront connues.

84. Occupons-nous donc uniquement de déterminer la valeur de δr. Nous avons trouvé n° **24**, en négligeant les cubes et les puissances supérieures des excentricités,

$$r = a\left[1 + \frac{1}{2}e^2 - e\cos(nt + \varepsilon - \omega) - \frac{1}{2}e^2\cos 2(nt + \varepsilon - \omega)\right].$$

En différentiant par rapport à la caractéristique δ cette valeur, on aura

$$\left.\begin{aligned} \delta r = {}&[\delta a - a\,\delta e\cos(nt + \varepsilon - \omega) - ac\,\delta\omega\sin(nt + \varepsilon - \omega)][1 + 2e\cos(nt + \varepsilon - \omega)] \\ &- 3c\,\delta a\cos(nt + \varepsilon - \omega) + 2ae\,\delta e + ae(\delta\zeta + \delta\varepsilon)\sin(nt + \varepsilon - \omega). \end{aligned}\right\} \quad (\alpha)$$

Si dans cette expression on substitue, pour δa, δe, $e\,\delta\omega$, $\delta\zeta$ et $\delta\varepsilon$ leurs valeurs, et qu'on n'ait égard qu'aux termes du premier ordre par rapport aux excentricités, on trouvera

$$\frac{\delta r}{a} = -\frac{m'an}{2}\left[\frac{2}{n'-n}A^{(i)} + \frac{1}{i(n'-n)+n}M^{(o)}\right]\cos i(n't - nt + \varepsilon' - \varepsilon)$$

$$-m'ane\left[\frac{2}{n'-n}A^{(i)} + \frac{1}{i(n'-n)+n}M^{(o)} + \frac{i-2}{i(n'-n)+n}M^{(o)} + \frac{1}{i(n'-n)+2n}N^{(o)}\right.$$

$$\left.-\frac{1}{i(n'-n)}N^{(3)} - \frac{1}{4}\frac{1}{n'-n}A^{(i)} + \frac{3}{2}\frac{n}{i(n'-n)^2}A^{(i)} - \frac{1}{i(n'-n)}a\frac{dA^{(i)}}{da}\right]$$

$$\times\cos[i(n't - nt + \varepsilon' - \varepsilon) + nt + \varepsilon - \omega]$$

$$-m'ane'\left[\frac{i-1}{i(n'-n)+n}M^{(1)} + \frac{1}{2}\frac{1}{i(n'-n)+2n}N^{(1)} - \frac{1}{2}\frac{1}{i(n'-n)}N^{(4)}\right]$$

$$\times\cos[i(n't - nt + \varepsilon' - \varepsilon) + nt + \varepsilon - \omega'].$$

Si l'on remplace dans cette expression $M^{(o)}$, $M^{(1)}$, $N^{(o)}$, $N^{(1)}$, $N^{(3)}$, $N^{(4)}$ par leurs valeurs, on trouvera, après les réductions convenables,

$$\left.\begin{aligned}
\frac{\delta r}{a} = {}&\frac{m'}{2}\,\Sigma.\,C^{(i)}\cos i(n't - nt + \varepsilon' - \varepsilon)\\
&+ m'e\,\Sigma.\,D^{(i)}\cos[i(n't - nt + \varepsilon' - \varepsilon) + nt + \varepsilon - \omega]\\
&+ m'e'\,\Sigma.\,E^{(i)}\cos[i(n't - nt + \varepsilon' - \varepsilon) + nt + \varepsilon - \omega')
\end{aligned}\right\}\ (a).$$

En faisant, pour abréger,

$$C^{(i)} = \frac{n^2}{n^2 - i^2(n'-n)^2}\left[\frac{2n}{n-n'}aA^{(i)} + a^2\frac{dA^{(i)}}{da}\right]$$

$$D^{(i)} = \frac{n^2}{[i.(n'-n)+n]^2 - n^2}\left\{\frac{3n}{n'-n}aA^{(i)} - \frac{i^2(n'-n)[i(n'-n)-n] - 3n^2}{n^2 - i^2(n'-n)^2}\right.$$

$$\left.\times\left[\frac{2n}{n-n'}aA^{(i)} + a^2\frac{dA^{(i)}}{da}\right] + \frac{1}{2}a^3\frac{d^2A^{(i)}}{da^2}\right\}$$

$$E^{(i)} = \frac{n^2}{[i(n'-n)+n]^2 - n^2}\left[\frac{(i-1)(2i-1)n}{i(n'-n)+n}aA^{(i-1)}\right.$$

$$\left.-\frac{i^2(n'-n)+n}{i(n'-n)+n}a^2\frac{dA^{(i-1)}}{da} - \frac{1}{2}a^3\frac{d^2A^{(i-1)}}{da^2}\right].$$

Le signe intégral Σ devant s'étendre dans l'expression de ∂r à toutes les valeurs positives et négatives de i, la seule valeur $i = 0$ étant exceptée, parce que nous examinerons ce cas séparément.

Après avoir ainsi déterminé la valeur de ∂r, on aura celle de ∂v au moyen de la formule (a'). En faisant, pour abréger,

$$F^{(i)} = \frac{n}{i(n-n')} \left\{ -\frac{n}{n-n'} a A^{(i)} + \frac{2 n^2 \left[\frac{2n}{n-n'} a A^{(i)} + a^2 \frac{dA^{(i)}}{da} \right]}{n^2 - i^2 (n'-n)^2} \right\},$$

$$G^{(i)} = \frac{n}{i(n'-n)+n} \left\{ \frac{(i-1)n}{n'-n} a A^{(i)} - \frac{\frac{in}{2}[i(n'-n)-n] + 3 n^2}{n^2 - i^2 (n'-n)^2} \right.$$
$$\left. \times \left[\frac{2n}{n-n'} a A^{(i)} + a^2 \frac{dA^{(i)}}{da} \right] - 2 D^{(i)} \right\},$$

$$H^{(i)} = \frac{n}{i(n'-n)+n} \left\{ \frac{-(i-1)(2i-1) n a A^{(i-1)} - (i-1) n a^2 \frac{dA^{(i-1)}}{da}}{2[i(n'-n)+n]} - 2 E^{(i)} \right\},$$

on trouvera pour ∂v la formule suivante :

$$\left. \begin{aligned} \delta v = {} & \frac{m'}{2} \Sigma . F^{(i)} \sin i (n' t - nt + \varepsilon' - \varepsilon) \\ & + m' e \, \Sigma . G^{(i)} \sin [i (n' t - nt + \varepsilon' - \varepsilon) + nt + \varepsilon - \omega] \\ & + m' e' \Sigma . H^{(i)} \sin [i (n' t - nt + \varepsilon' - \varepsilon) + nt + \varepsilon - \omega']. \end{aligned} \right\} \quad (b)$$

Le signe Σ devant s'étendre comme précédemment à toutes les valeurs positives et négatives de i, la valeur $i = 0$ exceptée.

Il est bon de remarquer que les expressions de $\frac{\delta r}{a}$ et de ∂v deviennent convergentes, dans le cas même où la série représentée par $\Sigma . A^{(i)} \cos i (n' t - nt + \varepsilon' - \varepsilon)$ l'est peu, par les diviseurs qu'elles acquièrent. Cette

remarque est surtout importante pour la détermination des perturbations des planètes dont les rapports
des distances au Soleil diffèrent peu de l'unité.

85. Déterminons maintenant en particulier les ter-
mes des valeurs de ∂r et de ∂v qui naissent de la supposition de $i = 0$. Reprenons l'équation (α) et ne
considérons d'abord que la partie non périodique de
son second membre. Si l'on fait $i = 0$ dans la valeur
de la fonction R, n° **81**, en ayant soin de rejeter
comme nous l'avons dit, la partie constante de cette
valeur, on verra aisément que la seule partie sembla-
ble qui en résulte dans ∂r est celle-ci : $\dfrac{m'}{2} a^3 \left(\dfrac{d\mathrm{A}^{(0)}}{da} \right)$.
La constante jointe à la valeur de l'intégrale ∂a intro-
duira un nouveau terme constant dans cette même
expression; en déterminant cette arbitraire d'après les
principes du n° **82**, et supposant, afin de fixer les idées,
que pour l'époque où commence le temps, c'est-à-
dire pour l'origine de la période pour laquelle on veut
calculer les perturbations causées par m' sur le mouvement de m, on choisisse l'instant d'une conjonction
de ces deux planètes, ce qui donne alors

$$n't - nt + \varepsilon' - \varepsilon = 0,$$

on trouvera

$$\partial a = -\, 2 m' a^2 \cdot \frac{n}{n' - n} \cdot \Sigma \,.\, \mathrm{A}^{(i)},$$

le signe intégrale Σ s'étendant à toutes les valeurs
positives de i depuis $i = 1$ jusqu'à $i = \infty$.

On aura donc, en vertu des deux termes précédents,

$$\partial r = \frac{m'}{2}\, a^3 \left(\frac{d\mathrm{A}^{(0)}}{da}\right) - 2\, m'a^2 \cdot \frac{n}{n'-n} \cdot \Sigma\, . \,\mathrm{A}^{(i)}.$$

Si l'on substitue cette valeur et celle de ∂a dans l'équation (a), on en tire

$$\partial v = m'a \left[\frac{3\,n}{n'-n}\, \Sigma\, . \,\mathrm{A}^{(i)} - a \left(\frac{d\,\mathrm{A}^{(0)}}{da}\right)\right] nt.$$

En joignant à ces valeurs les parties non périodiques de r et de v, relatives au mouvement elliptique, on aura, pour la partie non périodique du rayon vecteur et de la longitude dans l'orbite troublée,

$$\left.\begin{aligned}
r + \delta r &= a - 2\,m'a^2 \,\frac{n}{n'-n}\, \Sigma\, . \,\mathrm{A}^{(i)} + \frac{1}{2}\, m'a^3 \left(\frac{d\,\mathrm{A}^{(0)}}{da}\right), \\
v + \delta v &= nt + \varepsilon + m'a \left[\frac{3\,n}{n'-n}\, \Sigma\, . \,\mathrm{A}^{(i)} - a \left(\frac{d\,\mathrm{A}^{(0)}}{da}\right)\right] nt.
\end{aligned}\right\} (o)$$

Telles sont les expressions de la distance et de la longitude moyennes qui résultent directement de nos formules ; mais on peut leur donner une forme plus simple qu'il est bon de connaître. En effet, d'après les suppositions précédentes, les constantes a, n, e, ε, ω sont celles qui répondent à l'époque où l'on compte $t = 0$, et qui seraient les éléments de l'orbe elliptique décrit par la planète m, si à cet instant les forces perturbatrices cessaient leur action ; supposons que l'on désigne par $n_{,}t$ le moyen mouvement de m, tel qu'il résulte de l'observation, d'après la seconde des équations (o), on aura

$$n_{,} = n \left\{ 1 + m'a \left[\frac{3\,n}{n'-n}\, \Sigma\, . \,\mathrm{A}^{(i)} - a \left(\frac{d\,\mathrm{A}^{(0)}}{da}\right)\right]\right\}.$$

Soit $a_,$ la valeur du demi-grand axe correspondant au moyen mouvement $n_,$ et qui se déduit de l'équation

$$n_,^2 = \frac{M + m}{a_,^3},$$

si l'on substitue dans cette équation $n + n_, - n$ et $a + a_, - a$ à la place de $n_,$ et de $a_,$, en négligeant les carrés des quantités très-petites $n_, - n$ et $a_, - a$, on en conclura

$$2\,n\,(n_, - n) = -\frac{3\,n^2}{a}\,(a_, - a);$$

d'où, en substituant pour $n_,$ sa valeur, on tire

$$a - a_, = \frac{2\,m'\,a^2}{3}\left[\frac{3\,n}{n' - n}\,\Sigma.\,A^{(i)} - a\left(\frac{d\,A^{(i)}}{da}\right)\right].$$

Les deux équations (o) deviendront donc, en observant qu'on peut remplacer a par $a_,$ dans les termes multipliés par m',

$$r + \delta r = a_, - \frac{1}{6}\,m'\,a^3\left(\frac{d\,A^o}{da_,}\right), \quad v + \delta v = n_,t + \varepsilon. \;(d)$$

Ces valeurs de la distance et de la longitude moyennes dans l'orbite troublée ne sont qu'une transformation de celles que donnent les équations (o); mais l'introduction des constantes $a_,$ et $n_,$, à la place des constantes a et n, fait que la partie δv de la longitude vraie ne contient plus aucun terme proportionnel au temps, en sorte que le moyen mouvement de la planète troublée est contenu tout entier dans la partie v de cette longitude et peut se conclure mmédiatement des observations sans leur faire subir aucune correction;

ce qui est un avantage pour la construction des Tables astronomiques.

Pour déterminer les termes de la valeur de δr qui dépendent de la première puissance des excentricités, et qui résultent de l'hypothèse $i = 0$, il suffira de calculer les valeurs correspondantes de δa, δe, etc., avant de les substituer dans l'équation (α); en se conformant à ce que nous avons dit n° **81**, on trouvera ainsi

$$\left.\begin{aligned}
\frac{\delta r}{a} =& -\frac{m'}{4}\,ae\left[3a\left(\frac{d\mathrm{A}^{(0)}}{da}\right)+\frac{1}{2}\,a^2\left(\frac{d^2\mathrm{A}^{(0)}}{da^2}\right)\right]\cos(nt+\varepsilon-\omega)\\
&-\frac{m'}{4}\,ae'\left[3\mathrm{A}^{(1)}-3a\left(\frac{d\mathrm{A}^{(1)}}{da}\right)-\frac{1}{2}\,a^2\left(\frac{d^2\mathrm{A}^{(1)}}{da^2}\right)\right]\cos(nt+\varepsilon-\omega');
\end{aligned}\right\}\ (c)$$

et l'équation (a') donnera, pour la partie correspondante de δv,

$$\begin{aligned}
\delta v =& \frac{m'}{2}\,ae\left[3a\left(\frac{d\mathrm{A}^{(0)}}{da}\right)+\frac{1}{2}\,a^2\left(\frac{d^2\mathrm{A}^{(0)}}{da^2}\right)\right]\sin(nt+\varepsilon-\omega)\\
&+\frac{m'}{2}\,ae'\left[2\mathrm{A}^{(1)}-2a\left(\frac{d\mathrm{A}^{(1)}}{da}\right)-\frac{1}{2}\,a^2\left(\frac{d^2\mathrm{A}^{(1)}}{da^2}\right)\right]\sin(nt+\varepsilon-\omega').
\end{aligned}$$

En réunissant les différentes parties des valeurs de δr et de δv que nous venons de déterminer, et faisant, pour abréger,

$$f = \frac{1}{4}\left[3a^2\left(\frac{d\mathrm{A}^{(0)}}{da}\right)+\frac{1}{2}\,a^3\left(\frac{d^2\mathrm{A}^{(0)}}{da^2}\right)\right],$$

$$f' = \frac{1}{4}\left[3a\mathrm{A}^{(1)}-3a^2\left(\frac{d\mathrm{A}^{(1)}}{da^2}\right)-\frac{1}{2}\,a^3\left(\frac{d\mathrm{A}^{2(1)}}{da^2}\right)\right],$$

$$f'' = \frac{1}{4}\left[2a\mathrm{A}^{(1)}-2a^2\left(\frac{d\mathrm{A}^{(1)}}{da}\right)-\frac{1}{2}\,a^3\left(\frac{d^2\mathrm{A}^{(1)}}{da^2}\right)\right],$$

on aura enfin, pour la variation du rayon vecteur,

$$\left.\begin{aligned}
\frac{\delta r}{a} = &-\frac{m'}{6}\,a_{,}^{3}\left(\frac{d\,\mathrm{A}^{(0)}}{da_{,}}\right) + \frac{m'}{2}\,\Sigma.\mathrm{C}^{(i)}\cos i\,(n't - nt + \varepsilon' - \varepsilon) \\
&- m'ef\cos(nt + \varepsilon - \omega) - m'e'f'\cos(nt + \varepsilon - \omega') \\
&+ m'e\,\Sigma.\mathrm{D}^{(i)}\cos[i\,(n't - nt + \varepsilon' - \varepsilon) + nt + \varepsilon - \omega] \\
&+ m'e'\,\Sigma.\mathrm{E}^{(i)}\cos[i\,(n't - nt + \varepsilon' - \varepsilon) + nt + \varepsilon - \omega'],
\end{aligned}\right\}\quad (\mathrm{A})$$

et pour la variation de la longitude,

$$\left.\begin{aligned}
\delta v = &\frac{m'}{2}\,\Sigma.\mathrm{F}^{(i)}\sin i\,(n't - nt + \varepsilon' - \varepsilon) \\
&+ 2\,m'ef\sin(nt + \varepsilon - \omega) + 2\,m'e'f''\sin(nt + \varepsilon - \omega') \\
&+ m'e\,\Sigma.\mathrm{G}^{(i)}\sin[i\,(n't - nt + \varepsilon' - \varepsilon) + nt + \varepsilon - \omega] \\
&+ m'e'\,\Sigma.\mathrm{H}^{(i)}\sin[i\,(n't - nt + \varepsilon' - \varepsilon) + nt + \varepsilon - \omega'].
\end{aligned}\right\}\quad (\mathrm{B})$$

Les formules (A) et (B) serviront à déterminer les inégalités périodiques d'une planète quelconque m troublée par l'action d'une autre planète m'; chaque planète perturbatrice introduira dans ces deux formules des termes semblables aux précédents, et la somme de tous ces termes exprimera l'effet total des perturbations.

Si l'on veut que δv et δr expriment les effets produits par la force perturbatrice pendant un temps donné sur la longitude et le rayon vecteur de la planète troublée, on déterminera les constantes arbitraires qui doivent servir à compléter les valeurs de δe, $\delta\omega$, $\delta\varepsilon$, et que nous désignerons par $e_{,}$, $\omega_{,}$, $\varepsilon_{,}$, de manière à ce qu'on ait

$$e_{,} + \delta e = 0, \quad \omega_{,} + \delta\omega = 0, \quad \varepsilon_{,} + \delta\varepsilon = 0,$$

en même temps que $t = 0$. C'est ce que nous avons

déjà pratiqué à l'égard de la constante jointe à l'intégrale ∂a.

On substituera ensuite ces quantités à la place de ∂e, $\partial \omega$, $\partial \varepsilon$ dans l'équation (α), et les valeurs qui en résulteront serviront à compléter celles de ∂r et de ∂v, qui ne contiendront plus rien d'arbitraire et qui exprimeront alors les augmentations totales de la longitude et de la distance au Soleil résultant de l'action des forces perturbatrices.

En ajoutant ensuite les valeurs de ∂r et de ∂v à celles du rayon vecteur (r) et de la longitude (v), calculées dans l'orbite elliptique, corrigée au moyen des variations séculaires de ses éléments, on aura les valeurs totales du rayon vecteur de la planète et de son mouvement en longitude. On trouvera ainsi

$$r = (r) + \partial r, \quad v = (v) + \partial v.$$

86. Il nous reste à déterminer les perturbations du mouvement en latitude. Nommons s la tangente de la latitude de m au-dessus du plan fixe des xy, nous aurons $z = r_{,}s$, en désignant par $r_{,}$ la projection du rayon vecteur de m sur le même plan; on tirera de là

$$\partial z = r_{,}\partial s + s\,\partial r_{,},$$

et l'équation $z = qy - px$ donne, pour déterminer ∂z,

$$\partial z = y\,\partial q - x\,\partial p + q\,\partial y - p\,\partial x.$$

Supposons, comme nous l'avons fait jusqu'ici, que l'on prenne pour plan fixe celui de l'orbite de m à une époque donnée; l'ordonnée z et les quantités p

et q seront de l'ordre des forces perturbatrices; en négligeant donc le carré de ces forces, les deux équations précédentes donneront

$$\partial s = \frac{\partial z}{r_{,}}, \qquad \partial z = y\,\partial q - x\,\partial p.$$

Les coordonnées x et y se rapportent au mouvement elliptique; on peut donc substituer à leur place leurs valeurs $x = r_{,}\cos v$ et $y = r_{,}\sin v$; et si l'on néglige, comme nous le ferons, le produit des excentricités par les inclinaisons, il suffira de faire $x = a\cos(nt + \varepsilon)$ et $y = a\sin(nt + \varepsilon)$; on aura ainsi

$$\frac{\partial z}{a} = \partial q \sin(nt + \varepsilon) - \partial p \cos(nt + \varepsilon).$$

Si pour ∂p et ∂q on substitue leurs valeurs données n° **81**, on trouvera

$$\frac{\partial z}{a} = \frac{m'n}{2}\frac{a^2}{a'^2}\left[\frac{1}{n'-n} - \frac{1}{n'+n}\right]\gamma \sin(n't + \varepsilon' - \Pi)$$

$$-\frac{m'n}{4}a^2a'\,\Sigma.\left[\frac{1}{i(n'-n)} - \frac{1}{i(n'-n)+2n}\right]\gamma\, B^{(i-1)}\sin[i(n't - nt + \varepsilon' - \varepsilon) + nt + \varepsilon - \Pi],$$

γ désignant la tangente de l'inclinaison de l'orbite de m' sur l'orbite primitive de m, Π la longitude de son nœud ascendant comptée sur ce plan, et i désignant un nombre entier quelconque positif ou négatif, la seule valeur $i = 0$ étant exceptée.

Si l'on réduit cette expression, et que l'on observe qu'en négligeant les produits des excentricités par les inclinaisons, on a $\partial z = a\,\partial s$, on en conclura

$$\partial s = \frac{m'n^2}{n'^2 - n^2}\frac{a^2}{a'^2}\,\gamma \sin(n't + \varepsilon' - \Pi)$$

$$+\frac{m'n^2a^2a'}{2}\,\gamma\,\Sigma.\frac{B^{(i-1)}}{n^2 - [n + i(n'-n)]^2}\sin[i(n't - nt + \varepsilon' - \varepsilon) + nt + \varepsilon - \Pi].$$

Supposons qu'au lieu de prendre pour plan fixe celui de l'orbite primitive de m, on rapporte son mouvement à un plan très-peu incliné au plan de cette orbite. Soient φ et φ' les inclinaisons des orbites de m et de m' sur le plan fixe, α et α' les longitudes de leurs nœuds ascendants sur le même plan, les tangentes des latitudes de ces deux planètes, correspondantes à une même longitude v, seront $\operatorname{tang}\varphi \sin(v - \alpha)$ et $\operatorname{tang}\varphi' \sin(v - \alpha')$; la latitude de m' au-dessus de l'orbite de m, correspondante à la longitude v, sera $\gamma \sin(v - \Pi)$. D'ailleurs les inclinaisons des trois plans que nous considérons, étant très-petites, les tangentes des latitudes peuvent être prises pour ces latitudes elles-mêmes; on aura donc à très-peu près

$$\operatorname{tang}\varphi' \sin(v - \alpha') - \operatorname{tang}\varphi \sin(v - \alpha) = \gamma \sin(v - \Pi).$$

Si l'on développe cette équation et qu'on compare séparément les termes multipliés par $\sin v$ et $\cos v$, on aura

$$\gamma \sin \Pi = \operatorname{tang}\varphi' \sin \alpha' - \operatorname{tang}\varphi \sin \alpha,$$

$$\gamma \cos \Pi = \operatorname{tang}\varphi' \cos \alpha' - \operatorname{tang}\varphi \cos \alpha;$$

et si l'on fait, comme précédemment,

$$\operatorname{tang}\varphi \sin \alpha = p, \quad \operatorname{tang}\varphi' \sin \alpha' = p',$$

$$\operatorname{tang}\varphi \cos \alpha = q, \quad \operatorname{tang}\varphi' \cos \alpha' = q',$$

on aura

$$\gamma \sin \Pi = p' - p \quad \text{et} \quad \gamma \cos \Pi = q' - q.$$

Si l'on désigne donc par $s = (s) + \delta s$ la latitude

de m au-dessus du plan fixe, on aura à très-peu près

$$\left.\begin{aligned}
s =\ & q \sin(nt + \varepsilon) - p \cos(nt + \varepsilon) \\
+\ & \frac{m' n^2}{n'^2 - n^2} \frac{a^2}{a'^2} [(q' - q) \sin(n' t + \varepsilon') - (p' - p) \cos(n' t + \varepsilon')] \\
-\ & \frac{m' n^2 a^2 a'}{2} (q' - q) \Sigma \cdot \frac{B^{(i-1)}}{[i(n'-n)+n]^2 - n^2} \sin[i(n' t - nt + \varepsilon' - \varepsilon) + nt + \varepsilon] \\
+\ & \frac{m' n^2 a^2 a'^2}{2} (p' - p) \Sigma \cdot \frac{B^{(i-1)}}{[i(n'-n)+n]^2 - n^2} \cos[i(n' t - nt + \varepsilon' - \varepsilon) + nt + \varepsilon].
\end{aligned}\right\} \quad \text{(C)}$$

Les deux premiers termes de cette expression, c'est-à-dire la partie indépendante de m', représentent la latitude de m au-dessus du plan fixe dans le cas où m ne quitterait pas le plan de son orbite primitive ; en remplaçant ces deux termes par la valeur exacte de cette latitude, la formule en aura plus de précision.

Chacune des planètes perturbatrices m'', m''', etc., introduirait dans les expressions précédentes des termes semblables.

87. Les trois formules (A), (B), (C) que nous venons de trouver, renferment toute la théorie des perturbations du mouvement des planètes, en portant la précision jusqu'aux quantités de l'ordre des excentricités et des inclinaisons, ce qui suffit dans les cas ordinaires.

Si l'on voulait pousser plus loin les approximations, il faudrait conserver dans R les termes dépendant des cubes et des puissances supérieures des excentricités et des inclinaisons que nous avons négligés.

Il faut remarquer, en effet, que par l'abaissement que subit la fonction perturbatrice dans les trois formules (2), (4) et (5), n° **42**, on est obligé de porter le développement de cette fonction à un ordre d'approximation supérieur d'une unité à celui que l'on veut obtenir dans les formules finales. Ainsi, par exemple, il faudrait dans le développement de R calculer les termes dépendants des cubes et des produits de trois dimensions relativement aux excentricités et aux inclinaisons, pour obtenir dans les expressions du *rayon vecteur*, de la *longitude* et de la *latitude* les termes simplement proportionnels aux carrés et aux produits de ces quantités. Cet inconvénient, joint à ce que les opérations se compliquent de plus en plus, à mesure que l'on considère dans R un plus grand nombre de termes, rendrait bientôt les réductions précédentes impraticables et la méthode tout à fait impossible, si l'on était forcé de suivre cette recherche dans toute sa rigueur. Heureusement on peut observer que tous les termes qui dépendent du carré et des puissances supérieures des excentricités et des inclinaisons, sont très-petits dans la valeur de R, en sorte que si quelques-uns d'entre eux doivent devenir sensibles par l'intégration dans la valeur du rayon vecteur, de la longitude et de la latitude, il est aisé d'en connaître d'avance la cause, et l'on facilitera le calcul des inégalités des ordres supérieurs en le bornant à celui de ces termes. Nous développerons ces considérations dans le chapitre suivant.

CHAPITRE X.

INÉGALITÉS PÉRIODIQUES DU RAYON VECTEUR, DE LA LONGITUDE ET DE LA LATITUDE DÉPENDANTES DES PUISSANCES SUPÉRIEURES DES EXCENTRICITÉS ET DES INCLINAISONS.

88. Quoique la méthode que nous avons suivie jusqu'ici dans la théorie des perturbations planétaires, et qui consiste à regarder l'orbite troublée comme une ellipse dont les éléments varient à chaque instant, soit extrêmement ingénieuse, et semble résulter naturellement des phénomènes observés, on ne peut disconvenir cependant que, lorsqu'on se propose simplement de déterminer les inégalités périodiques qui résultent dans le mouvement des planètes de leurs actions mutuelles, il ne soit plus expéditif de les déduire directement des équations différentielles du mouvement troublé. Les variations des trois coordonnées, d'où dépend à chaque instant la position de la planète, sont alors données immédiatement sous leur forme la plus simple, sans qu'on soit obligé de recourir aux réductions pénibles qu'exigent les autres méthodes, et il ne reste plus qu'à appliquer ces corrections au rayon vecteur, à la longitude et à la latitude calculés dans l'orbite elliptique. Comme ce procédé est très en usage parmi les géomètres, et qu'il

peut être utile dans beaucoup d'occasions, nous allons en développer ici les formules.

Désignons par r, v, s les trois coordonnées qui déterminent dans l'orbite elliptique la position de la planète m, c'est-à-dire son rayon vecteur, sa longitude et sa latitude, et par $r + \partial r$, $v + \partial v$, $s + \partial s$ ce que deviennent ces trois quantités en vertu des perturbations qu'éprouve cet astre dans son mouvement autour du Soleil. Nous avons trouvé, par une première approximation, les valeurs du rayon vecteur, de la longitude et de la latitude, en faisant abstraction des forces perturbatrices; dans une seconde approximation, nous aurons simplement égard aux termes du premier ordre, par rapport à ces forces, et nous négligerons tous les autres. ∂r, ∂v, ∂s seront alors de très-petites quantités du même ordre, et ce sont ces quantités qu'il s'agit de déterminer.

89. Reprenons pour cela les trois équations différentielles (A), n° **37**,

$$
\left.
\begin{aligned}
\frac{d^2 x}{dt^2} + \frac{\mu x}{r^3} &= \frac{dR}{dx}, \\
\frac{d^2 y}{dt^2} + \frac{\mu y}{r^3} &= \frac{dR}{dy}, \\
\frac{d^2 z}{dt^2} + \frac{\mu z}{r^3} &= \frac{dR}{dz}.
\end{aligned}
\right\} \quad (A)
$$

Si l'on multiplie ces équations, la première par $2\,dx$, la seconde par $2\,dy$, la troisième par $2\,dz$, qu'on les ajoute ensuite, et qu'on intègre leur somme, on trouve

$$
\frac{dx^2 + dy^2 + dz^2}{dt^2} - \frac{2\mu}{r} + \frac{\mu}{a} = 2\int d'R, \quad (1)
$$

a étant une constante arbitraire qui représente le demi-grand axe de l'orbite dans le mouvement elliptique, et $d'R$ désignant, comme précédemment, la différentielle de la fonction R prise par rapport aux seules coordonnées de m, ou au temps introduit par la substitution de leurs valeurs, en sorte que l'on a

$$d'R = \frac{dR}{dx}\,dx + \frac{dR}{dy}\,dy + \frac{dR}{dz}\,dz.$$

Si l'on ajoute les mêmes équations après avoir multiplié la première par x, la seconde par y, la troisième par z, on aura

$$\frac{x\,d^2x + y\,d^2y + z\,d^2z}{dt^2} + \frac{\mu}{r} = r\left(\frac{dR}{dr}\right), \quad (2)$$

en observant qu'aux quantités près du second ordre, par rapport aux inclinaisons, on a (n° **86**)

$$x = r\cos v, \quad y = r\sin v, \quad z = rs,$$

et qu'en prenant pour plan fixe des xy celui de l'orbite primitive de m, on peut négliger ces quantités qui sont de l'ordre du carré des forces perturbatrices, ce qui donne, dans ce cas,

$$x\,\frac{dR}{dx} + y\,\frac{dR}{dy} + z\,\frac{dR}{dz} = r\left(\frac{dR}{dr}\right).$$

Si l'on ajoute entre elles les équations (1) et (2), en observant que l'on a

$$x\,d^2x + y\,d^2y + z\,d^2z + dx^2 + dy^2 + dz^2$$
$$= d(x\,dx + y\,dy + z\,dz) = \tfrac{1}{2}\,d^2r^2,$$

on trouve

$$\tfrac{1}{2}\frac{d^2r^2}{dt^2} - \frac{\mu}{r} + \frac{\mu}{a} = 2\int d'R + r\left(\frac{dR}{dr}\right). \quad (3)$$

Si l'on désigne par dv l'angle compris entre les deux rayons vecteurs consécutifs r et $r + dr$, on aura

$$dx^2 + dy^2 + dz^2 = r^2 \, dv^2 + dr^2,$$

et, par conséquent,

$$x \, d^2 x + y \, d^2 y + z \, d^2 z = d(x \, dx + y \, dy + z \, dz) - (dx^2 + dy^2 + dz^2)$$
$$= r \, d^2 r - r^2 \, dv^2.$$

L'équation (2) peut donc prendre cette forme,

$$\frac{r \, d^2 r - r^2 \, dv^2}{dt^2} + \frac{\mu}{r} = r\left(\frac{d\mathrm{R}}{dr}\right),$$

d'où l'on tire

$$\frac{dv^2}{dt^2} - \frac{d^2 r}{r \, dt^2} - \frac{\mu}{r^3} = -\frac{1}{r}\left(\frac{d\mathrm{R}}{dr}\right). \quad (4)$$

Si l'on suppose nuls les seconds membres des équations (3) et (4), on aura les valeurs du rayon vecteur et de la longitude qui se rapportent au mouvement elliptique; en y substituant donc $r + \partial r$ et $v + \partial v$ à la place de r et v, et en effaçant la partie relative à ce mouvement qui serait nulle d'elle-même, d'après l'hypothèse, la partie restante servira à déterminer les valeurs de ∂r et de ∂v. Nous ne nous occuperons ici, comme nous l'avons dit, que des inégalités du premier ordre, par rapport aux masses perturbatrices; en effectuant donc la substitution précédente et négligeant les puissances de ∂r et de ∂v supérieures à la première, ce qui revient à différentier, par rapport à la caractéristique ∂, les équations (3) et (4), on aura d'abord

$$\frac{d^2 r \, \partial r}{dt^2} + \frac{\mu \, r \, \partial r}{r^3} - 2 \int d' \mathrm{R} - r\left(\frac{d\mathrm{R}}{dr}\right) = 0. \quad (5)$$

Cette formule servira à déterminer la variation du rayon vecteur.

L'équation (4) donnera ensuite

$$\frac{2\,r^2\,dv\,d\delta v}{dt^2} - \frac{r\,d^2\delta r - d^2 r\,\delta r}{dt^2} + \frac{3\,\mu\,r\,\delta r}{r^3} + r\left(\frac{dR}{dr}\right) = 0\,;$$

formule au moyen de laquelle on déterminera la variation de l'angle v, lorsque celle du rayon vecteur sera connue. On peut faire prendre à cette dernière équation une forme plus simple : en effet, si l'on élimine, à l'aide de la première, la quantité $\frac{r\,\delta r}{r^3}$, et qu'on remarque que, par les formules du mouvement elliptique, on a $r^2\,dv = \sqrt{\mu\,a\,(1 - e^2)}\,dt$ et $\mu = a^3 n^2$, on trouve

$$\frac{d\delta v}{dt} = \frac{\dfrac{d(2\,r\,d\delta r + dr\,\delta r)}{a^2\,n\,dt^2} - \dfrac{an}{\mu}\left[3\int d'R + 2r\left(\dfrac{dR}{dr}\right)\right]}{\sqrt{1 - e^2}}\,;$$

d'où, en intégrant, on tire

$$\delta v = \frac{\dfrac{2\,r\,d\delta r + dr\,\delta r}{a^2\,n\,dt} - \dfrac{an}{\mu}\left[3\iint dt\,d'R + 2\int r\left(\dfrac{dR}{dr}\right)dt\right]}{\sqrt{1 - e^2}}\,. \quad (6)$$

Nous avons nommé dv l'angle compris entre deux positions consécutives du rayon vecteur r, cet angle doit se compter, par conséquent, dans le plan même de l'orbite troublée ; mais il est aisé de voir qu'il ne diffère de sa projection, sur le plan fixe des x, y, qu'aux quantités près du second ordre, par rapport aux inclinaisons ; nous pouvons donc, puisque nous négligeons ces quantités, le prendre pour cette projection même. L'angle v représentera alors la longitude de la planète m comptée sur le plan fixe, et l'équation (6) donnera aisément ses perturbations lorsque celles du rayon vecteur seront déterminées.

Il nous reste à considérer les inégalités du mouvement en latitude. Supposons que l'on prenne pour plan fixe celui de l'orbite primitive de m, et qu'on nomme ∂s la latitude au-dessus de ce plan résultante des perturbations, on aura $z = r\partial s$, et en substituant cette valeur dans la troisième des équations (A), elle donnera

$$\frac{d^2 r\partial s}{dt^2} + \frac{\mu\, r\partial s}{r^3} - \frac{d\mathrm{R}}{dz} = 0. \quad (7)$$

Cette équation servira à déterminer ∂s. Si l'on veut rapporter ensuite la position de la planète à un plan très-peu incliné à celui de son orbite primitive, en joignant à la valeur de ∂s celle de la latitude de la planète dans le cas où elle ne quitterait pas le plan de sa première orbite, on aura, à très-peu près, l'expression de sa latitude au-dessus de ce nouveau plan.

90. Il ne s'agit donc plus que d'intégrer les formules (5) et (7). Occupons-nous d'abord de la première. On verra plus bas qu'en ordonnant l'équation (5) par rapport aux puissances et aux produits des excentricités et des inclinaisons, on peut toujours faire dépendre la détermination de la valeur de $r\partial r$ de l'intégration d'équations de cette forme,

$$\frac{d^2 r\partial r}{dt^2} + n^2 r\partial r - \mathrm{P} = 0,$$

P représentant une fonction rationnelle et entière de sinus et de cosinus d'angles proportionnels au temps t. Si l'on intègre cette équation linéaire par les méthodes ordinaires, on aura (Lacroix, *Éléments de calcul différentiel*, n° **282**)

$$r\,\partial r = c \sin nt + c' \cos nt + \frac{\sin nt}{n} \int P\,dt \cos nt - \frac{\cos nt}{n} \int P\,dt \sin nt,$$

c et c' étant deux constantes arbitraires.

Il suit de là que chacun des termes de P étant supposé de la forme $H \frac{\sin}{\cos} (mt + 6)$, il en résultera, dans la valeur de $r\,\partial r$, le terme suivant :

$$\frac{H}{m^2 - n^2} \frac{\sin}{\cos} (mt + 6).$$

Si $m = n$, le terme $H \sin (mt + 6)$ produira, dans $r\,\partial r$: 1° le terme $\frac{H}{4n^2} \frac{\sin}{\cos} (nt + 6)$, qui se trouve compris dans ceux qu'ajoutent à la valeur de $r\,\partial r$ les constantes introduites par l'intégration, et qui, par conséquent, peut être négligé ; 2° un terme de la forme $\mp \frac{H\,t}{2n} \frac{\sin}{\cos} (nt + 6)$, le signe supérieur se rapportant au cas où le terme de l'expression de P est un cosinus, et le signe inférieur au cas où ce terme est un sinus. On voit ainsi comment s'introduit dans la valeur de $r\,\partial r$ le temps t, hors des signes sinus et cosinus, quoiqu'il ne se trouve pas sous cette forme dans l'équation différentielle qui la détermine. La considération de ces termes, proportionnels au temps t, a d'abord embarrassé les géomètres ; mais ils ont bientôt reconnu qu'ils n'existaient pas réellement dans la valeur rigoureuse de $r\partial r$, et qu'ils n'étaient que le développement en séries d'une certaine classe de sinus et de cosinus qui y sont contenus. Les termes de cette espèce, quelle que soit la lenteur avec laquelle ils croissent, rendraient à la longue fautive l'expression des variables qui déterminent la position des planètes; aussi a-t-on cherché à les faire disparaître, et l'on a imaginé, pour y parvenir, plusieurs moyens ingénieux qui conduisent par une voie nouvelle à la détermination des variations séculaires des éléments de l'orbite elliptique. Comme nous avons donné, dans le chapitre VIII, la théorie complète de ces inégalités, nous n'y reviendrons pas ici (*), et nous ferons abstraction, dans l'expression de $r\partial r$, de l'espèce de termes dont nous venons de parler; ce qui revient à supposer que, conformément aux usages astronomiques, les éléments de l'orbite elliptique qu'elle renferme sont déjà corrigés de leurs variations séculaires.

L'équation (7.) étant absolument de même forme que l'équation (5), ce que nous venons de dire relativement au rayon vecteur s'applique identiquement à la valeur de la latitude.

91. Cela posé, déterminons les variations du rayon vecteur, de la longitude et de la latitude de m, en portant l'approximation comme nous l'avons fait n^os **84** et **86**, jusqu'aux termes de l'ordre du carré des excentricités et des inclinaisons. Reprenons d'abord

---

(*) *Voir* le supplément au livre II.

l'équation (5),

$$\frac{d^2 r\,\delta r}{dt^2} + \frac{\mu r\,\delta r}{r^3} - 2\int d'\mathrm{R} - r\left(\frac{d\mathrm{R}}{dr}\right) = 0.$$

D'après les formules du mouvement elliptique, on a

$$\frac{\mu}{a^3} = n^2, \quad r = a\left[1 - e\cos(nt + \varepsilon - \omega)\right].$$

L'équation précédente, au moyen de ces valeurs, devient

$$\frac{d^2 r\,\delta r}{dt^2} + n^2 r\,\delta r + 3an^2\,\delta\,r\,e\cos(nt+\varepsilon-\omega) - 2\int d'\mathrm{R} - r\left(\frac{d\mathrm{R}}{dr}\right) = 0. \quad (8)$$

En ne poussant l'approximation que jusqu'aux termes du premier ordre, par rapport aux excentricités et aux inclinaisons, on a, n° **81**,

$$\mathrm{R} = \frac{m'}{2}\Sigma.\,\mathrm{A}^{(i)}\cos i(n't - nt + \varepsilon' - \varepsilon)$$

$$+ \frac{m'}{2}\Sigma.\,\mathrm{M}^{(0)}e\cos\left[i(n't - nt + \varepsilon' - \varepsilon) + nt + \varepsilon - \omega\right]$$

$$+ \frac{m'}{2}\Sigma.\,\mathrm{M}^{(1)}e'\cos\left[i(n't - nt + \varepsilon' - \varepsilon) + nt + \varepsilon - \omega'\right];$$

i étant susceptible de toutes les valeurs positives et négatives y compris zéro. Pour avoir la valeur de $\int d'\mathrm{R}$, il faut différentier l'expression précédente, par rapport à nt, en y regardant $n't$ comme constant, et intégrer ensuite l'expression résultante. On a d'ailleurs, en substituant dans R au lieu de r sa valeur $a(1 + u)$, n° **48**,

$$r\left(\frac{d\mathrm{R}}{dr}\right) = a\left(\frac{d\mathrm{R}}{da}\right).$$

D'après cela, on trouvera aisément

$$2\int d'R + r\left(\frac{dR}{dr}\right) = 2m'g + \frac{m'}{2}a\frac{dA^{(0)}}{da} + \frac{m'}{2}\Sigma.\left[\frac{2n}{n-n'}A^{(i)} + a\frac{dA^{(i)}}{da}\right]$$
$$\times \cos i\,(n't - nt + \varepsilon' - \varepsilon)$$
$$+ \frac{m'}{2}\Sigma.\left[\frac{2(i-1)n}{i(n-n')-n}M^{(0)} + a\frac{dM^{(0)}}{da}\right]e\cos[i(n't-nt+\varepsilon'-\varepsilon)+nt+\varepsilon-\omega]$$
$$+ \frac{m'}{2}\Sigma.\left[\frac{2(i-1)n}{i(n-n')-n}M^{(1)} + a\frac{dM^{(1)}}{da}\right]e'\cos[i(n't-nt+\varepsilon'-\varepsilon)+nt+\varepsilon-\omega'],$$

$m'g$ étant une constante arbitraire ajoutée à l'intégrale $\int d'R$.

Le signe intégral Σ doit s'étendre ici à toutes les valeurs entières, positives ou négatives, de i, la valeur $i = 0$ exceptée, parce que nous avons fait sortir de dessous le signe Σ tous les termes, correspondants à cette supposition, qu'il nous sera utile de considérer, d'après ce qui a été dit n° 90. L'équation (8), en y substituant cette valeur et en faisant d'abord abstraction des termes qui dépendent des excentricités, deviendra

$$\frac{d^2 r\delta r}{dt^2} + n^2 r\delta r - 2m'g - \frac{m'}{2}a\frac{dA^{(0)}}{da} - \frac{m'}{2}\Sigma.\left[\frac{2n}{n-n'}A^{(i)} + a\frac{dA^{(i)}}{da}\right]$$
$$\times \cos i\,(n't - nt + \varepsilon' - \varepsilon) = 0,$$

et l'on satisfera à cette équation, en supposant

$$\frac{r\delta r}{a^2} = 2m'ag + \frac{m'}{2}a^2\frac{dA^{(0)}}{da} + \frac{m'n^2}{2}\Sigma.\frac{\dfrac{2n}{n-n'}aA^{(1)}+a^2\dfrac{dA^{(1)}}{da}}{n^2 - i^2(n-n')^2}\cos i\,(n't - nt + \varepsilon' - \varepsilon).$$

Considérons maintenant dans la valeur de $r\delta r$ les termes de l'ordre des excentricités et des inclinaisons.

Si l'on substitue dans l'équation (8) pour $2\int d'R + r\left(\frac{dR}{dr}\right)$, les termes de cette fonction qui sont du même ordre, et pour $\dfrac{\delta r}{a}$ sa valeur tirée de l'équation précédente, valeur que, pour abréger, nous écrirons ainsi :

$$\frac{\delta r}{a} = 2\,m'\,ag + \frac{m'}{2}\,a^2\,\frac{d\mathrm{A}^{(0)}}{da} + \frac{m'}{2}\,\Sigma\,.\,\mathrm{C}^{(i)}\cos i\,(n't - nt + \varepsilon' - \varepsilon),$$

on aura

$$\frac{d^2 r\delta r}{dt^2} + n^2 r\delta r + \frac{m'}{2}\,\Sigma\,.\left[\,3n^2 a^2\mathrm{C}^{(i)} - \frac{2(i-1)n}{i(n-n')-n}\,\mathrm{M}^{(0)} - a\,\frac{d\mathrm{M}^{(0)}}{da}\right]$$
$$\times\, e\cos\left[\,i\,(n't - nt + \varepsilon' - \varepsilon) + nt + \varepsilon - \omega\,\right]$$
$$-\,\frac{m'}{2}\,\Sigma\,.\left[\frac{2(i-1)n}{i(n-n')-n}\mathrm{M}^{(1)} + a\,\frac{d\mathrm{M}^{(1)}}{da}\right]e'\cos\left[i\,(n't-nt+\varepsilon'-\varepsilon)+nt+\varepsilon-\omega'\right]$$
$$= 0.$$

Si, pour abréger, on suppose

$$\mathrm{K}^{(i)} = 3\,\mathrm{C}^{(i)} - \frac{2(i-1)\,n}{i(n-n')-n}\,a\mathrm{M}^{(0)} - a^2\,\frac{d\mathrm{M}^{(0)}}{da},$$

$$\mathrm{L}^{(i)} = -\,\frac{2(i-1)\,n}{i(n-n')-n}\,a\mathrm{M}^{(1)} - a^2\,\frac{d\mathrm{M}^{(1)}}{da},$$

et qu'on observe que $a^3\,n^2 = 1$, on verra aisément qu'on satisfait à cette équation en faisant

$$\frac{r\delta r}{a^2} = \Sigma\,.\,\frac{\dfrac{m'\,n^2}{2}\left\{\begin{array}{l}+\mathrm{K}^{(i)}e\cos[i(n't - nt + \varepsilon'-\varepsilon)+nt+\varepsilon-\omega]\\ +\mathrm{L}^{(i)}e'\cos[i(n't-nt+\varepsilon'-\varepsilon)+nt+\varepsilon-\omega']\end{array}\right\}}{[\,i\,(n'-n)+n\,]^2 - n^2}.$$

Il faut maintenant, d'après la théorie des équations linéaires, pour avoir la valeur complète de $\dfrac{r\delta r}{a^2}$, joindre aux différentes parties de cette valeur que nous venons de déterminer, celle qui a lieu lorsqu'on suppose nuls les trois derniers termes de l'équation (8);

on a, dans ce cas,

$$\frac{d^2 r\, \delta r}{dt^2} + n^2 r\, \delta r = 0,$$

et l'on satisfait à cette équation, en supposant

$$\frac{r\, \delta r}{a^2} = m' f e \cos(nt + \varepsilon - \omega) + m' f' e' \cos(nt + \varepsilon - \omega'),$$

f et f' étant deux constantes arbitraires.

En réunissant donc toutes les parties de la valeur de $\frac{r\, \delta r}{a^2}$, et en remplaçant r par sa valeur

$$a\left[1 - e \cos(nt + \varepsilon - \omega)\right],$$

on aura

$$\frac{\delta r}{a} = 2m'ag + \frac{m'}{2}a^2 \frac{d A^{(0)}}{da} + \frac{m'n^2}{2}\Sigma.\frac{\frac{2n}{n-n'}a A^{(i)} + a^2 \frac{d A^{(i)}}{da}}{n^2 - i^2(n'-n)^2}\cos i\left(n' t - nt + \varepsilon' - \varepsilon\right)$$
$$+ m' f e \cos(nt + \varepsilon - \omega) + m' f' e' \cos(nt + \varepsilon - \omega')$$
$$+ \frac{m'}{2}\Sigma.\left\{C^{(i)} + \frac{n^2 K^{(i)}}{[i(n'-n)+n]^2 - n^2}\right\} e \cos\left[i(n' t - nt + \varepsilon' - \varepsilon) + nt + \varepsilon - \omega\right]$$
$$+ \frac{m'}{2}\Sigma.\frac{n^2 L^{(i)}}{[i(n'-n)+n]^2 - n^2} e' \cos\left[i(n' t - nt + \varepsilon' - \varepsilon) + nt + \varepsilon - \omega'\right].$$

On a, n° **84**,

$$M^{(0)} = -2i A^{(i)} - a\frac{d A^{(i)}}{da},$$

$$M^{(1)} = (2i - 1)A^{(i-1)} + a\frac{d A^{(i-1)}}{da},$$

d'où, en différentiant, on tire

$$a\frac{d M^{(0)}}{da} = -(2i + 1)a\frac{d A^{(i)}}{da} - a^2 \frac{d^2 A^{(i)}}{da^2},$$

$$a\frac{d M^{(1)}}{da} = 2ia\frac{d A^{(i-1)}}{da} + a^2 \frac{d^2 A^{(i-1)}}{da^2},$$

Si l'on substitue ces valeurs dans $K^{(i)}$ et $L^{(i)}$, et qu'ensuite, dans l'expression de $\dfrac{\delta r}{a}$, on remplace $C^{(i)}$, $K^{(i)}$, $L^{(i)}$ par les fonctions que ces lettres représentent, on retrouvera identiquement la valeur de $\dfrac{\delta r}{a}$, à laquelle nous sommes parvenu par une autre voie, n° **84**, ce qui peut servir à confirmer l'exactitude de ces résultats.

Reprenons maintenant la valeur de δv, n° **89**. Si l'on néglige les termes du second ordre, par rapport aux excentricités et aux inclinaisons, et qu'on observe que nous supposons $\mu = a^3 n^2 = 1$, on aura

$$\delta v = \frac{2\, rd\, \delta r + dr\, \delta r}{a^2\, ndt} - 3\, an \iint dt d' \mathrm{R} - 2\, an \int r \left(\frac{d\mathrm{R}}{dr} \right) dt.$$

A l'aide de cette formule et des valeurs précédentes, on trouvera aisément

$$\delta v = - m' a \left[3 g + a \frac{d\mathrm{A}^{(0)}}{da} \right] nt$$

$$+ \frac{m'}{2} \Sigma . \left\{ - \frac{n^2}{i\, (n-n')^2} a\, \mathrm{A}^{(i)} + \frac{2\, n^3 \left[\dfrac{2\, n}{n-n'} a\, \mathrm{A}^{(i)} + a^2 \dfrac{d\mathrm{A}^{(i)}}{da} \right]}{i\, (n-n')\, [\, n^2 - i^2\, (n-n')^2 \,]} \right\} \sin i\, (n't - nt + \varepsilon' - \varepsilon)$$

$$+ m' f_{,}\, c \sin (nt + \varepsilon - \omega) + m' f'_{,}\, e' \sin (nt + \varepsilon - \omega')$$

$$+ m'\, c\, \Sigma . \mathrm{G}^{(i)} \sin [\, i\, (n't - nt + \varepsilon' - \varepsilon) + nt + \varepsilon - \omega \,]$$

$$+ m'\, e'\, \Sigma . \mathrm{H}^{(i)} \sin [\, i\, (n't - nt + \varepsilon' - \varepsilon) + nt + \varepsilon - \omega' \,],$$

formule dans laquelle on fait, pour abréger,

$$f_{,} = 3 a^2 \frac{d\mathrm{A}^{(0)}}{da} + a^3 \frac{d^2\mathrm{A}^{(0)}}{da^2} + 2 ag - 2f,$$

$$f'_{,} = \frac{3}{2} a\, \mathrm{A}^{(1)} - \frac{3}{2} a^2 \frac{d\mathrm{A}^{(1)}}{da} - a^3 \frac{d^2\mathrm{A}^{(1)}}{da^2} - 2 f';$$

et où l'on désigne par $G^{(i)}$ et $H^{(i)}$ les mêmes fonctions que ces lettres représentent dans le n° **85** ; le signe intégral Σ devant d'ailleurs s'étendre, dans cette expression, comme dans celle de $\dfrac{\partial r}{a}$, à toutes les valeurs positives et négatives de i, la valeur de $i = 0$ exceptée.

92. Les équations qui déterminent ∂r et ∂v renferment quatre constantes arbitraires, savoir, les trois constantes g, f, f' et la constante qui devrait être ajoutée à la valeur de ∂v, et que nous supposons, pour plus de simplicité, égale à zéro ; ces équations sont donc les intégrales complètes des équations différentielles (5). Nous allons nous occuper de la détermination des constantes arbitraires introduites par l'intégration.

Si l'on ne considère que la partie non périodique du rayon vecteur et de la longitude, en joignant aux valeurs précédentes de ∂r et de ∂v celles de r et de v, qui dépendent du mouvement elliptique de m, on aura

$$r + \partial r = a + 2\,m'a^2 g + \frac{1}{2}\,m'a^3\,\frac{d\,\mathrm{A}^{(0)}}{da},$$

$$v + \partial v = nt + \varepsilon - m'a\left[3g + a\,\frac{d\,\mathrm{A}^{(0)}}{da}\right]nt,$$

$v + \partial v$ représente la longitude moyenne de la planète au bout du temps t ; elle résulte directement des observations. Si l'on veut donc, comme cela se pratique ordinairement, que cette longitude soit la même dans l'orbite elliptique de la planète et dans l'orbite qu'elle décrit réellement, cette condition déterminera la constante g; on aura ainsi

$$g = -\frac{1}{3}\, a\, \frac{d\,\mathrm{A}^{(0)}}{da},$$

et il en résultera

$$r + \delta r = a - \frac{m'}{6}\, a^3\, \frac{d\,\mathrm{A}^{(0)}}{da}.$$

On voit que, dans l'hypothèse précédente, la distance moyenne de la planète au Soleil, dans l'orbite troublée, n'est plus représentée par a, comme dans l'orbite elliptique. Cette dernière quantité se déduit toujours du moyen mouvement nt par l'équation $\frac{1}{a^3} = n^2$; mais il faut la diminuer de la quantité $\frac{m'}{6}\, a^3\, \frac{d\,\mathrm{A}^{(0)}}{da}$ pour avoir la distance moyenne.

93. Nous nous sommes conformé ici à l'usage des astronomes en supposant à la planète m la même longitude moyenne dans son orbite elliptique et dans son orbite troublée. C'est, en effet, ce qu'il y a de plus commode pour la pratique, comme nous l'avons remarqué n° **85**, parce que la valeur de la constante n se déduit alors immédiatement des observations sans leur faire subir aucune correction. Mais il est aisé de voir que l'on peut déterminer d'une manière quelconque la constante g sans que la position moyenne de la planète en soit altérée.

Supposons, par exemple, que l'on fasse $g = 0$, en désignant par a et n ce que deviennent, dans cette hypothèse, les deux constantes a et n, on aura

$$r + \eth r = a_{,} + \frac{1}{2}m'a_{,}^{3}\frac{d\,\mathrm{A}^{(0)}}{da_{,}},$$

$$v + \eth v = \left[1 - m'a_{,}^{2}\frac{d\,\mathrm{A}^{(0)}}{da_{,}} \right]n_{,}t + \varepsilon,$$

et il sera facile, d'après les nouvelles valeurs de $a_{,}$ et $n_{,}$, qui résulteront de ces équations, de montrer, comme dans le n° **85**, qu'elles sont identiques avec les précédentes.

Si l'on s'imposait pour condition que la distance moyenne de la planète au Soleil fût la même dans l'orbite elliptique et dans l'orbite troublée, on ferait $g = -\frac{1}{4}m'a\frac{d\,\mathrm{A}^{(0)}}{da}$; on aurait pour déterminer la constante $n_{,}$, qui convient à ce cas, l'équation

$$n = n_{,}\left[1 - m'a\frac{d\,\mathrm{A}^{(0)}}{da} \right],$$

et l'on démontrerait encore que les valeurs de la distance moyenne et du moyen mouvement qui en résulteraient, coïncideront avec les précédentes. Ce résultat tient évidemment à ce que, n'ayant qu'une seule équation pour déterminer les deux constantes $n_{,}$ et g, on peut s'imposer à volonté une seconde condition à laquelle devront satisfaire leurs valeurs. Les parties de la distance et de la longitude moyennes, qui appartiennent à l'orbite elliptique et aux perturbations, se trouveront ainsi différemment divisées; mais leur somme, qui entre seule dans la comparaison de la théorie aux observations, demeurera toujours la même.

Au reste, quelque valeur que l'on suppose à la constante g, comme il n'en résultera, par ce qui précède, dans l'expression du grand axe, que des termes constants et, par suite, dans l'expression du moyen mouvement, que des termes proportionnels au temps t, ces deux éléments demeureront inaltérables dans les différents siècles, conformément au théorème du n° **61**; mais il n'en serait pas de même si l'on essayait de porter plus loin les approximations. Il en résulterait alors, dans l'expression du grand axe, des termes proportionnels au carré des excentricités et des inclinaisons qui, à raison de la variabilité de ces deux éléments, pourraient produire, dans les expressions du grand axe et du moyen mouvement, des inégalités séculaires très-sensibles, ce qui serait contraire au théorème général établi n° **61**. Mais cette contradiction n'est qu'apparente, et tient simplement à ce que les astronomes et les géomètres ne définissent pas toujours de la même manière *le moyen mouvement* d'une planète, et de ce que ces mots sont employés souvent dans des acceptions différentes. Les premiers comprennent à la fois, dans le moyen mouvement, tous les termes de la longitude moyenne qui varient avec le temps, et les seconds la partie seulement de cette longitude qui dépend du grand axe de l'orbite, et qui s'en déduit par la troisième loi de Képler. Or c'est à cette partie seulement de la longitude moyenne que s'applique le théorème du n° **61** sur l'invariabilité des *grands axes* et des *moyens mouvements* des planètes, tandis que le moyen mouvement, tel que le définissent les astronomes, n'est plus invariable; sa valeur peut changer

1.

dans les différents siècles à raison des termes proportionnels au carré du temps qui résultent de la variation séculaire de l'époque (nº **75**), et qui correspondent aux termes de même espèce qu'introduit, comme on vient de le dire, dans la seconde approximation, l'intégration directe des formules du mouvement troublé dans l'expression de la longitude vraie.

C'est dans ce sens que l'on doit entendre les mots d'*accélération du moyen mouvement* lunaire, locution vicieuse souvent employée, mal à propos, pour désigner la *variation séculaire* de la longitude moyenne de notre satellite, puisque le *grand axe* et le *moyen mouvement* de la Lune sont rigoureusement invariables, comme ceux de tous les autres corps du système planétaire.

94. Il nous reste maintenant à déterminer les constantes f et f', ou, ce qui revient au même, les constantes $f_,$ et $f'_,$. Ce qu'il y a de plus simple à cet égard, c'est d'en disposer de manière que les termes qui dépendent de $\sin(nt + \varepsilon - \omega)$ et $\sin(nt + \varepsilon - \omega')$ disparaissent dans la valeur de δv; en sorte que l'équation du centre soit tout entière comprise dans la valeur de v. On aura ainsi $f' = 0$ et $f'_, = 0$, et l'on en conclura

$$f = \frac{1}{2}\left[\frac{7}{3} a^2 \frac{d\,A^{(0)}}{da} + a^3 \frac{d^2 A^{(0)}}{da^2} \right],$$

$$f' = \frac{1}{2}\left[\frac{3}{2} a\,A^{(1)} - \frac{3}{2} a^2 \frac{d\,A^{(1)}}{da} - a^3 \frac{d^2 A^{(1)}}{da^2} \right].$$

Les valeurs de $\dfrac{\delta r}{a}$ et de δv deviendront donc, enfin,

$$\frac{\delta r}{a} = -\frac{m'}{6}\,a^2\,\frac{d\,A^{(0)}}{da} + \frac{m'}{2}\,\Sigma.C^{(i)}\cos i\,(n't - nt + \varepsilon' - \varepsilon)$$
$$+ m'fe\cos(nt+\varepsilon-\omega) + m'f'e'\cos(nt+\varepsilon-\omega')$$
$$+ m'e\,\Sigma.D^{(i)}\cos[i\,(n't - nt + \varepsilon' - \varepsilon) + nt + \varepsilon - \omega]$$
$$+ m'e'\,\Sigma.E^{(i)}\cos[i\,(n't - nt + \varepsilon' - \varepsilon) + nt + \varepsilon - \omega'],$$
$$\delta\nu = \frac{m}{2}\,\Sigma.F^{(i)}\sin i\,(n't - nt + \varepsilon' - \varepsilon)$$
$$+ m'e\,\Sigma.G^{(i)}\sin[i\,(n't - nt + \varepsilon' - \varepsilon) + nt + \varepsilon - \omega]$$
$$+ m'e'\,\Sigma.H^{(i)}\sin[i\,(n't - nt + \varepsilon' - \varepsilon) + nt + \varepsilon - \omega'], \qquad (A)$$

les lettres $C^{(i)}$, $D^{(i)}$, $E^{(i)}$, $F^{(i)}$, $G^{(i)}$, $H^{(i)}$ ayant ici la même signification que dans le n° **84**, et le signe intégral Σ devant embrasser toutes les valeurs entières, positives et négatives, de i, la seule valeur $i = 0$ exceptée.

95. Considérons maintenant les inégalités de la latitude. Reprenons l'équation différentielle (7). Si l'on néglige le produit des excentricités par les inclinaisons des orbites, elle devient

$$\frac{d^2.r\delta s}{dt^2} + n^2\,r\,\delta s - \frac{d\,R}{dz} = 0. \quad (9)$$

En prenant pour plan fixe celui de l'orbite primitive de m, et en désignant par γ l'inclinaison de l'orbite de m' sur la première orbite et par Π la longitude de son nœud ascendant, on a (n° **84**)

$$\frac{d\,R}{dz} = -\frac{m'}{a'^2}\,\gamma\sin(n't + \varepsilon' - \Pi) + \frac{m'}{2}\,a'\,\Sigma.B^{(i-1)}\gamma\sin[i\,(n't - nt + \varepsilon' - \varepsilon) + nt + \varepsilon - \Pi],$$

i représentant un nombre entier quelconque, y compris zéro.

33.

L'équation (9), en y substituant cette valeur, devient

$$\frac{d^2.r\,\delta s}{dt^2} + n^2 r\,\delta s + \frac{m'}{a'^2}\gamma \sin^2(n't + \varepsilon' - \Pi)$$

$$- \frac{m'}{2}a'\gamma\,\Sigma.B^{(i-1)}\sin\left[i\,(n't - nt + \varepsilon' - \varepsilon) + nt + \varepsilon - \Pi\right] = 0 :$$

d'où, en intégrant et en observant que $a^3 n^2 = 1$, on tire

$$\left.\begin{aligned}
\delta s = {}& \frac{m'\,n^2}{n'^2 - n^2}\frac{a^2}{a'^2}\gamma \sin(n't + \varepsilon' - \Pi) \\
& + \frac{m'}{2}\frac{a'}{a}\gamma\,\Sigma.\frac{B^{(i-1)}}{n^2 - [i\,(n' - n) + n]^2}\sin\left[i\,(n't - nt + \varepsilon' - \varepsilon) + nt + \varepsilon - \Pi\right];
\end{aligned}\right\} \quad (B)$$

le nombre i devant s'étendre à toutes les valeurs entières positives et négatives de i, la seule valeur $i = 0$ exceptée, parce que les termes qui en résulteraient seraient compris dans ceux qui dépendent des constantes que l'intégration ajoute à l'équation (B).

La valeur précédente de δs est conforme à celle à laquelle nous sommes parvenus par une autre voie, n° **86**. Nous n'avons point eu égard aux constantes arbitraires que l'intégration introduit dans cette valeur, ou du moins nous les avons supposées nulles, ce qui est plus commode pour la pratique. Cette hypothèse n'altère en rien l'exactitude de la formule (B). En effet, si l'on rapporte, comme on le fait ordinairement, le mouvement de m à un plan très-peu incliné à celui de son orbite primitive, qu'on désigne, comme dans le n° **86**, par (s), la latitude de m relative au mouvement elliptique, tous les termes qui ont pour argument la longitude moyenne $nt + \varepsilon - \Pi$, se trouveront renfermés dans (s), d'après notre hypothèse; mais de quelque manière que l'on détermine les constantes arbitraires qui entrent dans δs, la quantité $(s) + \delta s$, calculée par les Tables, exprimera toujours la latitude de m au-dessus du plan fixe.

Les trois formules (A) et (B) sont celles dont on fait ordinairement usage pour calculer les inégalités du rayon vecteur, de la longitude et de la latitude dans l'orbite troublée; en les réduisant en nombres et en les ajoutant aux parties de ces valeurs qui dépendent du mouvement elliptique, on pourra en former des Tables qui donneront à chaque instant la position dans l'espace des différents corps du système solaire.

96. La méthode par laquelle nous venons de déterminer, au moyen des équations différentielles du mouvement troublé, les perturbations planétaires dépendantes de la première puissance des excentricités et des inclinaisons, suffit pour montrer comment, par des approximations successives, et en employant à chaque approximation nouvelle les valeurs du rayon vecteur et de la latitude qui résultent des approximations précédentes, on peut calculer les inégalités de ces deux quantités dépendantes d'une puissance quelconque des excentricités et des inclinaisons, et arriver ainsi à déterminer leurs valeurs aussi exactement qu'on voudra.

Lorsqu'on ne porte l'approximation que jusqu'aux termes de l'ordre des excentricités et des inclinaisons, ce procédé est, comme nous l'avons dit, le plus simple que l'on puisse employer pour déterminer les inégalités périodiques des mouvements des planètes; mais quand on veut étendre les approximations aux inégalités dépendantes des carrés et des puissances supérieures des excentricités et des inclinaisons, les opérations analytiques se compliquent de plus en plus, et elles deviendraient bientôt impraticables (n° **87**) si l'on voulait calculer rigoureusement toutes ces inégalités. Heureusement, la détermination de celles qui dépendent de la première puissance des excentricités et des inclinaisons, suffit en général pour les planètes, et lorsqu'il devient indispensable d'avoir égard aux inégalités d'un ordre supérieur, les considérations mêmes qui obligent d'en tenir compte, servent à faciliter leur calcul. Ces inégalités, en effet, ne deviennent sensibles que par les petits diviseurs, dépendants des rapports qui existent entre les moyens mouvements des différents corps du système, que l'intégration leur fait acquérir; on peut donc prévoir aisément la circonstance qui rendra sensibles quelques-uns des termes de ces inégalités, et se borner à les calculer, en négligeant tous les autres.

Considérons, par exemple, dans R un terme quelconque de la forme

$$M \cos\left[i(n't - nt + \varepsilon' - \varepsilon) + i'nt + K\right],$$

i et i' représentant des nombres entiers quelconques et K une quantité constante, fonction des éléments des orbites de m et m'.

Il en résultera dans $\dfrac{r\,\partial r}{a^2}$ le terme suivant :

$$\frac{r\,\partial r}{a^2} = \frac{\left[\dfrac{2\,(i'-i)\,n}{in'+(i'-i)\,n}\,a\,\mathrm{M}+a^2\dfrac{d\mathrm{M}}{da}\right]n^2}{n^2-\left[in'+(i'-i)\,n\right]^2}\cos\left[i\,(n't-nt+\varepsilon'-\varepsilon)+i'\,nt+\mathrm{K}\right]$$

Le dénominateur de cette expression peut se mettre sous la forme

$$\left[(i'-i+\mathrm{1})\,n+in'\right]\left[(i-i'+\mathrm{1})\,n-in'\right],$$

et l'inégalité qui précède pourra acquérir une valeur sensible, si l'un de ces deux facteurs est peu considérable.

Il suffira donc de calculer les inégalités du rayon vecteur, de la longitude et de la latitude qui ont l'une des deux quantités précédentes pour diviseur; on peut d'ailleurs, dans ce cas, employer avec avantage la méthode de la variation des constantes arbitraires. En effet, il suffit de considérer dans R les termes dépendants de l'argument auquel on veut avoir égard, et au moyen des formules du n° **42**, on aura immédiatement les inégalités correspondantes de chacun des éléments de l'orbite elliptique; en les substituant ensuite dans les formules de ce mouvement, on aura, de la manière la plus simple, toutes les inégalités du mouvement de la planète qui peuvent devenir considérables.

La plus grande difficulté de la détermination des perturbations planétaires, de l'ordre du carré et des puissances supérieures des excentricités et des inclinaisons, consiste donc dans le développement de la fonction perturbatrice R. Mais plusieurs géomètres zé-

lés se sont déjà occupés de cette recherche. M. Burckhardt a poussé ce développement jusqu'aux termes du
sixième ordre; et M. Binet, dans un Mémoire présenté
à l'Académie des Sciences en 1812, mais qui malheureusement n'a pas été imprimé, a donné la préparation des quantités nécessaires pour le porter jusqu'au
septième. Le travail de Burckhardt, comme il l'annonce
lui-même dans le préambule de son Mémoire (*),
laissait beaucoup à désirer sous le rapport de la correction; nous l'avons donc repris de nouveau avec
tout le soin qu'exigeait son importance, nous l'avons
étendu et corrigé, et l'on trouvera, dans le livre VI de
cet ouvrage, l'expression complète et exacte de la
fonction perturbatrice, développée jusqu'aux quantités du *sixième* ordre par rapport aux puissances
ascendantes des excentricités et des inclinaisons. Cette
approximation est plus que suffisante pour toutes les
recherches que peut présenter la détermination théorique du mouvement des centres de gravité des corps
célestes.

(*) *Mémoires de l'Institut*, année 1808.

NOTES.

NOTE I (page 119).

Sur le mouvement de rotation.

Les relations (l) peuvent s'obtenir de différentes manières; celle que nous indiquons est la plus simple. On trouve ainsi

$$\mathrm{K}x' = (b'c'' - b''c')x + (b''c - bc'')y + (bc' - b'c)z,$$
$$\mathrm{K}y' = (a''c' - a'c'')x + (ac'' - a''c)y + (a'c - ac')z,$$
$$\mathrm{K}z' = (a'b'' - a''b')x + (a''b - ab'')y + (ab' - a'b)z,$$

en supposant, pour abréger,

$$\mathrm{K} = a(b'c'' - b''c') + a'(b''c - bc'') + a''(bc' - b'c).$$

Or, par la comparaison des équations précédentes aux équations (2), on trouve

$$a = \frac{b'c'' - b''c'}{\mathrm{K}}, \quad a' = \frac{b''c - bc''}{\mathrm{K}}, \quad a'' = \frac{bc' - b'c}{\mathrm{K}}.$$

Si l'on ajoute les carrés de ces trois valeurs, on aura, en vertu des relations (m) et (n),

$$\mathrm{K}^2 = (b'c'' - b''c')^2 + (b''c - bc'')^2 + (bc' - b'c)^2 = 1,$$

par conséquent,

$$a = b'c'' - b''c', \quad a' = b''c - bc'', \quad a'' = bc' - b'c,$$
etc.

(*Voir* page 124, ligne 19.) Cette belle propriété des moments est facile à démontrer par ce qui précède. En effet, on a, par le n° **29** et par la supposition,

$$M = S.(yZ - zY).dm, \qquad N = S.(y'Z' - z'Y').dm,$$
$$M' = S.(zX - xZ)\,dm, \qquad N' = S.(z'X' - x'Z').dm,$$
$$M'' = S.(xY - yX).dm, \qquad N'' = S.(x'Y' - y'X').dm.$$

Substituons pour x', y', z', X', Y', Z', leurs valeurs, en observant que les forces X', Y', Z' résultent de X, Y, Z, par la même transformation que les coordonnées x', y', z' des coordonnées x, y, z. On aura, en vertu des formules (2), n° **28**,

$$N = S.\left[\begin{array}{c} (bx + b'y + b''z)(cX + c'Y + c''Z) \\ - (cx + c'y + c''z)(bX + b'Y + b''Z) \end{array} \right].dm,$$

ou bien, en réduisant et observant que l'intégrale S se rapporte uniquement à l'élément dm et aux quantités qui varient avec lui,

$$N = (b'c'' - b''c')\,S.(yZ - zY)\,dm + (b''c - bc'')\,S.(zX - xZ)\,dm$$
$$+ (bc' - b'c)\,S.(xY - yX)\,dm.$$

On trouverait pour N' et N'' des expressions semblables, et en vertu des relations (l), n° **28**, on aura

$$N = aM + a'M' + a''M'',$$
$$N' = bM + b'M' + b''M'',$$
$$N'' = cM + c'M' + c''M''.$$

Il existe donc entre les coordonnées, les forces, les moments et les projections, rapportés à deux systèmes d'axes rectangulaires, des relations analogues, et leur transformation s'opère de la même manière, en multipliant chacune de ces quantités, relatives aux trois premiers axes, par les cosinus des angles qu'ils forment respectivement avec le nouvel axe que l'on considère.

NOTE II (page 254).

Sur l'intégration des équations différentielles du mouvement elliptique.

Les géomètres ont combiné de toutes les manières imaginables les équations (a) pour en déduire, sous des formes variées, les diverses intégrales qu'elles peuvent fournir. Les méthodes les plus savantes de l'Analyse ont été prodiguées en cette occasion d'une manière très-superflue, et ces intégrales, sous quelque forme qu'elles se présentent, peuvent aisément se déduire des équations (b) et (c) jointes aux deux suivantes, qui résultent très-simplement des équations (a) :

$$\left. \begin{array}{c} \dfrac{dx\,d^2x + dy\,d^2y + dz\,d^2z}{dt^2} + \dfrac{\mu\,(xdx + ydy + zdz)}{r^3} = 0, \\[2ex] \dfrac{xd^2x + yd^2y + zd^2z}{dt^2} + \dfrac{\mu\,(x^2 + y^2 + z^2)}{r^3} = 0. \end{array} \right\} \quad (p)$$

Ainsi, par exemple, si l'on observe que

$$xd^2x + yd^2y + zd^2z = d.(xdx + ydy + zdz) - dx^2 - dy^2 - dz^2,$$

la seconde de ces équations devient

$$\frac{dx^2 + dy^2 + dz^2}{dt^2} - \frac{d.rdr}{dt^2} - \frac{\mu}{r} = 0.$$

On a d'ailleurs, en faisant $c^2 + c'^2 + c''^2 = k^2$,

$$r^2 \left(\frac{dx^2 + dy^2 + dz^2}{dt^2} \right) - \left(\frac{rdr}{dt} \right)^2 = k^2.$$

Si entre ces deux équations on élimine $\dfrac{dx^2 + dy^2 + dz^2}{dt^2}$, on trouve

$$\frac{d^2r}{dt^2} + \frac{\mu r - k^2}{r^3} = 0,$$

et en faisant

$$s = \mu r - k^2,$$

cette équation prend cette forme :

$$\frac{d^2 s}{dt^2} + \frac{\mu s}{r^3} = 0, \quad (q)$$

équation absolument semblable aux équations (a); et de même qu'on satisfait à l'équation en z en faisant $z = mx + ny$, on satisfera à l'équation (q) en faisant $s = px + qy$: c'est une nouvelle intégrale finie des équations (a), et dont les géomètres ont fait un fréquent usage.

Si l'on multiplie la première des équations (p) par x, et la seconde par dx, et qu'on les retranche l'une de l'autre, on aura

$$\frac{d^2 y}{dt^2} \cdot \frac{x\,dy - y\,dx}{dt} + \frac{d^2 z}{dt^2} \cdot \frac{x\,dz - z\,dx}{dt} = \mu \cdot \frac{r\,dx - x\,dr}{r^2},$$

équation qui, en vertu des intégrales (b) et (c), devient

$$\frac{c\,d^2 y - c'\,d^2 z}{dt} = d \cdot \frac{\mu x}{r}.$$

En l'intégrant et en opérant de la même manière relativement à y et à z, on aura

$$\frac{\mu x}{r} = \frac{c\,dy - c'\,dz}{dt} + f,$$

$$\frac{\mu y}{r} = \frac{c''\,dz - c\,dx}{dt} + f',$$

$$\frac{\mu z}{r} = \frac{c'\,dx - c''\,dy}{dt} + f'',$$

équations très-utiles, auxquelles nous sommes parvenu, n° **21**, livre II, et que nous avons employées dans la *Théorie des perturbations des comètes*, chap. III, liv. III.

NOTE III (page 213).

Sur un principe du Calcul différentiel et intégral.

Le procédé qui permet de différentier sous le signe $\int$ une fonction intégrale, alors même qu'on ne saurait obtenir sa valeur sous forme finie par les méthodes connues, est dû à *Leibnitz*, et comme il est d'un fréquent usage dans la théorie du système du monde, il ne sera pas inutile d'en rappeler ici les principes.

Représentons par V la fonction $\int_a^b f(x, \alpha)\, dx$ dans laquelle le signe intégral $\int$ se rapporte uniquement à la variable x regardée comme une quantité indépendante de α. Supposons d'abord les limites b et a également indépendantes de cette quantité, on aura

$$V = \int_a^b f(x, \alpha)\, dx,$$

et si l'on suppose l'intégration effectuée, V sera une fonction de α; en donnant à cette quantité l'accroissement $d\alpha$, on aura donc, pour la variation correspondante de V :

$$\frac{dV}{d\alpha} d\alpha = \int_a^b \frac{d.f(x, \alpha)}{d\alpha} dx\, d\alpha. \quad (1)$$

On peut faire sortir $d\alpha$ de dessous le signe intégral qui en est indépendant, et l'on trouve ainsi

$$\frac{dV}{d\alpha} = \int_a^b \frac{d.f(x, \alpha)}{d\alpha} dx. \quad (2)$$

Supposons maintenant que les limites a et b de l'intégrale définie $\int_a^b f(x, \alpha)\, dx$ soient fonctions de α.

Faisons généralement $\int f(x, \alpha)\, dx = \varphi x$, on aura, entre les limites données :

$$\mathbf{V} = \varphi b - \varphi a.$$

En supposant que les limites b et a varient avec α et en n'ayant égard qu'à la variation de ces quantités, on aura donc

$$\frac{d\mathbf{V}}{d\alpha}\,d\alpha = \left[\frac{d.\varphi b}{db}\frac{db}{d\alpha} - \frac{d.\varphi a}{da}\frac{da}{d\alpha}\right]d\alpha.$$

L'équation $\int f(x,\,\alpha)\,dx = \varphi x$ donne d'ailleurs, en la différentiant et substituant ensuite b et a à la place de x,

$$\frac{d.\varphi b}{db} = f(b,\,\alpha),\quad \frac{d.\varphi a}{da} = f(a,\,\alpha).$$

On aura donc, en vertu de la variation des limites a et b,

$$\frac{d\mathbf{V}}{d\alpha}\,d\alpha = \left[\frac{db}{d\alpha}f(b,\,\alpha) - \frac{da}{d\alpha}f(a,\,\alpha)\right]d\alpha,$$

et én ajoutant cette partie de la variation de V à celle qui résulte directement de la variation de α dans la fonction $f(x,\,\alpha)$ et qui est donnée par l'équation (1), on aura sa variation totale ; en divisant l'expression résultante par $d\alpha$, on trouve ainsi en vertu de l'équation (2),

$$\frac{d\mathbf{V}}{d\alpha} = \int_a^b \frac{d.f(x,\,\alpha)}{d\alpha}\,dx + \frac{db}{d\alpha}f(b,\,\alpha) - \frac{da}{d\alpha}f(a,\,\alpha).$$

Il suit de là que lorsque les limites a et b de l'intégrale $\int_a^b f(x,\,\alpha)\,dx$ seront des quantités indépendantes de α, pour avoir le coefficient différentiel de cette fonction par rapport à α, il suffira de différentier sous le signe $\int$ la fonction $f(x,\,\alpha)$ par rapport à α. Dans le cas contraire, on ajoutera à ce résultat, ainsi obtenu, la partie de la variation de ce coefficient qui dépend de la variation des limites.

Si la quantité par rapport à laquelle on veut avoir le coefficient différentiel de V, était l'une des deux limites b et a qu'on suppose indépendantes l'une de l'autre et n'entrant pas dans $f(x, \alpha)$, on aurait simplement :

$$\frac{d\mathrm{V}}{db} = f(b, \alpha), \quad \frac{d\mathrm{V}}{da} = -f(a, \alpha).$$

Les remarques précédentes s'étendront aux intégrales multiples dont les coefficients différentiels, relatifs à une quantité regardée d'abord comme constante, s'obtiendront en différentiant sous le signe intégral et en ajoutant au résultat les termes provenant de la variation des limites, lorsque ces limites dépendront d'une manière quelconque de cette quantité.

NOTE IV (page 266).

Sur le développement en séries des formules du mouvement elliptique.

La théorie du mouvement dans l'ellipse nous a conduit, n° **22**, livre II, aux trois formules suivantes :

$$\left.\begin{aligned} nt &= u - e \sin u, \\ r &= a(1 - e \cos u), \\ \tan\tfrac{1}{2}v &= \sqrt{\frac{1+e}{1-e}}\,\tan\tfrac{1}{2}u, \end{aligned}\right\} \quad (1)$$

dans lesquelles nt représente la longitude moyenne de la planète, v sa longitude vraie, r son rayon vecteur, u l'anomalie excentrique, a la demi-grand axe de l'orbite et e l'excentricité.

Nous avons employé pour développer ces formules par rapport à l'excentricité e, supposée très-petite, la formule connue sous le nom de *série de Lagrange*, et nous en avons déduit les expressions des trois variables u, r et v en fonction de la longitude moyenne nt. Mais on peut obtenir ces mêmes expressions par une autre méthode, qui est d'un usage utile dans un grand nombre de questions de physique et de mécanique, et qui a l'avantage d'être indépendante de la grandeur de l'excentricité e, en sorte qu'elle peut s'appliquer aux anciennes planètes comme à celles d'une découverte plus récente.

Représentons, pour abréger, par x la longitude moyenne nt, et supposons les trois variables u, r et v développées en séries périodiques des sinus et cosinus de l'angle x et de ses multiples, en sorte que l'on ait

$$\left. \begin{aligned} u - x &= A_1 \sin x + A_2 \sin 2x + A_3 \sin 3x + \dots, \\ r &= B_0 + B_1 \cos x + B_2 \cos 2x + B_3 \cos 3x + \dots, \\ v - x &= C_1 \sin x + C_2 \sin 2x + C_3 \sin 3x + \dots. \end{aligned} \right\} \quad (2),$$

Dans ces séries A_1, $A_2, \dots, B_1$, $B_2, \dots, C_1$, C_2, etc., représentent des coefficients indéterminés indépendants de l'angle x, et qu'on pourra exprimer au moyen d'intégrales définies de la manière suivante.

On observera d'abord que i et i' désignant deux nombres entiers quelconques, et π la demi-circonférence dont le diamètre est l'unité, on a généralement

$$\int_0^\pi \cos ix \cos i'x \, dx = 0, \qquad \int_0^\pi \sin ix \sin i'x \, dx = 0,$$

pour le cas où i et i' sont deux nombres différents l'un de l'autre, et

$$\int_0^\pi \cos^2 ix \, dx = \frac{1}{2}\pi, \qquad \int_0^\pi \sin^2 ix \, dx = \frac{1}{2}\pi,$$

pour le cas où l'on suppose $i = i'$.

Enfin, si l'on suppose $i = 0$ dans ces deux dernières formules, la première sera égale à π et la seconde à zéro.

Cela posé, si l'on multiplie respectivement les trois formules (2), la première et la dernière par $\sin ix \, dx$, la seconde par $\cos ix \, dx$, et qu'on intègre les équations résultantes, en vertu des relations précédentes, on aura

$$\left. \begin{aligned} A_i &= \frac{2}{\pi} \int (u - x) \sin ix \, dx, \\ B_i &= \frac{2}{\pi} \int r \cos ix \, dx, \\ C_i &= \frac{2}{\pi} \int (v - x) \sin ix \, dx, \end{aligned} \right\} \quad (3)$$

i étant un nombre entier quelconque; pour le cas particulier, où l'on suppose $i = 0$, on aura

$$B_0 = \frac{1}{\pi} \int_0^\pi r\,dx.$$

On pourra, au moyen de ces formules, calculer les valeurs des coefficients A_i, B_i, C_i soit par la méthode des quadratures mécaniques lorsque l'excentricité e est supposée d'une grandeur quelconque, soit par des développements ordonnés par rapport aux puissances ascendantes de cette quantité lorsqu'elle est supposée très-petite, comme cela a lieu pour les planètes principales.

Pour rendre ce calcul plus facile, il convient de substituer dans les formules précédentes à la variable x et à sa différentielle dx les angles u et du. La première des équations (1), en la différentiant et en observant que $dx = n\,dt$, donne

$$dx = (1 - e \cos u)\, du.$$

Les deux premières formules (3), en y substituant cette valeur, ainsi que celles de x et de r, tirées des équations (1), et en observant que les limites $x = 0$ et $x = \pi$ répondent aux limites $u = 0$ et $u = \pi$, deviennent

$$A_i = \frac{2\,c}{\pi} \int_0^\pi du\,(1 - e \cos u)\, \sin u \sin i\,(u - e \sin u),$$

$$B_i = \frac{2\,a}{\pi} \int_0^\pi du\,(1 - e \cos u)^2 \cos i\,(u - e \sin u),$$

ou bien, en intégrant par parties et observant que l'on a $\sin u = 0$ et $\sin i\,(u - e \sin u) = 0$, aux limites de l'intégrale,

$$\left. \begin{aligned} A_i &= \frac{2\,c}{i\,\pi} \int_0^\pi du \cos u \cos i\,(u - e \sin u), \\[2mm] B_i &= - \frac{2\,ac}{i\,\pi} \int_0^\pi du \sin u \sin i\,(u - e \sin u). \end{aligned} \right\} \quad (4)$$

1.

Dans le cas particulier de $i = 0$, on a

$$B_0 = \frac{a}{\pi} \int_0^\pi du \, (1 - e \cos u)^2 = a \left(1 + \frac{1}{2} e^2 \right).$$

La valeur de B_0 est alors donnée sous forme finie, mais c'est la seule des valeurs des coefficients des trois séries (2) qui puisse s'exprimer de cette manière.

On peut donner aux formules précédentes une forme encore plus simple ; en effet, la valeur de A_i peut s'écrire ainsi :

$$A_i = \frac{2}{i\,\pi} \int_0^\pi du \cos i \, (u - e \sin u)$$

$$- \frac{2}{i\pi} \int_0^\pi du \, (1 - e \cos u) \cos i \, (u - e \sin u).$$

La seconde de ces intégrales est égale à $\frac{1}{i} \sin i \, (u - e \sin u)$, quantité toujours nulle aux limites $u = 0$ et $u = \pi$, puisque l'on suppose i un nombre entier différent de zéro, on aura donc simplement

$$A_i = \frac{2}{i\,\pi} \int_0^\pi du \cos i \, (u - e \sin u).$$

Quant à la valeur de B_i, elle est liée à celle de A_i par une relation très-simple. En effet, si l'on différentie par rapport à e la valeur précédente, on aura

$$\frac{dA_i}{de} = \frac{2}{i\,\pi} \int_0^\pi du \sin u \sin i \, (u - e \sin u).$$

En comparant cette expression à la deuxième des formules (4), on trouve

$$i B_i = - ae \frac{dA_i}{de},$$

pour toutes les valeurs de i différentes de zéro.

On aura immédiatement, au moyen de cette équation, la valeur de B_i du moment que celle de A_i sera connue.

La troisième des équations (3), en l'intégrant par parties et en observant que $v = nt = x$ aux deux limites de l'intégrale, donne

$$C_i = \frac{2}{i\pi} \int_0^\pi \cos ix \left(\frac{dv}{dx} - 1 \right) dx.$$

La troisième des formules (1), en la différentiant, donne d'ailleurs

$$dv = \frac{du\sqrt{1 - e^2}}{1 - e\cos u},$$

et, par conséquent,

$$\frac{dv}{dx} = \frac{\sqrt{1 - e^2}}{(1 - e\cos u)^2}.$$

En substituant cette valeur, ainsi que celle de dx et de $\cos ix$, dans l'expression de C_i, et en observant que l'intégrale $\int \cos ix \, dx$ est nulle aux deux limites $x = 0$ et $x = \pi$ pour toutes les valeurs de i différentes de zéro, on trouve

$$C_i = \frac{2\sqrt{1 - e^2}}{i\pi} \int_0^\pi \frac{du \cos i\,(u - e\sin u)}{1 - e\cos u}. \quad (5)$$

Les coefficients A_i, B_i, C_i sont ainsi exprimés sous une forme très-commode pour le calcul, soit qu'on veuille les déterminer par des quadratures mécaniques ou par la méthode des séries. Il ne s'agira plus, dans ce dernier cas, que de développer les formules précédentes en suites ordonnées par rapport aux puissances de l'excentricité e, après qu'on les aura disposées de manière que les différents termes de ces séries puissent être aisément ramenés à des intégrales que l'on sache obtenir par les formules connues.

La méthode précédente peut s'appliquer encore à un grand nombre de questions du système du monde, et l'on pourra l'employer avec avantage toutes les fois qu'on aura à développer une fonction donnée en série dont la forme est connue d'avance. Ainsi, par exemple, dans la théorie des perturbations planétaires, où l'on a, comme nous l'avons vu nº 49, livre II, à déve-

34.

lopper une fonction de cette forme $(1 - 2\alpha\cos\varphi + \alpha^2)^{-s}$ en série ordonnée suivant les cosinus de l'angle φ et de ses multiples, on posera

$$\frac{1}{(1 - 2\alpha\cos\varphi + \alpha^2)^s} = \frac{1}{2} b_s^{(0)} + b_s^{(1)} \cos\varphi + b_s^{(2)} \cos 2\varphi \ldots \left.\vphantom{\frac{1}{2}}\right\} \quad (6)$$
$$+ b_s^{(i)} \cos i\varphi \ldots,$$

et l'on pourra, en lui appliquant l'analyse précédente, exprimer chacun des coefficients indéterminés $b_s^{(0)}$, $b_s^{(1)}$, etc., d'une manière très-simple au moyen d'une intégrale définie. En effet, si l'on multiplie par $\cos i\varphi \, d\varphi$ les deux membres de cette équation, et qu'on intègre l'équation résultante depuis $\varphi = 0$ jusqu'à $\varphi = 2\pi$, en observant que l'on a, entre ces limites, $\displaystyle\int_0^{2\pi} d\varphi \cos i\varphi \cos i'\varphi = 0$, toutes les fois que i est un nombre entier différent de i', en effectuant les intégrations indiquées, on trouvera généralement

$$b_s^{(i)} = \frac{1}{\pi} \int_0^{2\pi} \frac{d\varphi \cos i\varphi}{(1 - 2\alpha\cos\varphi + \alpha^2)_s}.$$

En faisant successivement $i = 0$, $i = 1$, $i = 2$, etc., dans cette expression, on aura les valeurs des divers coefficients $b_s^{(0)}$, $b_s^{(1)}$, $b_s^{(2)}$, etc., exprimés de la même manière. C'est par ce moyen que d'Alembert, Clairaut et les premiers géomètres qui s'occupèrent de la théorie des perturbations planétaires, déterminèrent les valeurs numériques des deux premiers coefficients de la série (6), que l'on a trouvé ensuite le moyen de calculer d'une manière plus expéditive par les développements en suites récurrentes (n° 51, livre II).

Enfin, en étendant à des fonctions de deux variables le même procédé, on détermine par des intégrales doubles les coefficients des différents termes de la fonction perturbatrice R développée en série de cosinus des moyens mouvements de la planète troublée et de la planète perturbatrice, et de leurs multiples, et l'on peut obtenir les valeurs de ces coefficients par les méthodes du calcul intégral avec plus d'exactitude que l'on n'en doit espérer de la méthode ordinaire des développements en suites ordonnées par rapport aux excentricités et aux inclinaisons des orbites, moyen d'ailleurs qui devient insuffisant lorsque les valeurs des excentricités et des inclinaisons ne sont plus renfermées dans des limites assez étroites, comme dans le cas des nouvelles planètes, pour assurer la convergence des séries (*).

L'étendue de cette Note nous force à supprimer l'application que nous nous proposions de donner ici des formules précédentes à la détermination analytique des trois coefficients généraux A_i, B_i, C_i en suites ordonnées par rapport aux puissances de l'excentricité e, et à montrer, par la comparaison des résultats avec les expressions obtenues n° **24**, livre II, le parfait accord des deux méthodes; nous renverrons donc pour les détails de ce calcul à un Mémoire très-intéressant de M. Poisson, inséré dans la *Connaissance des Temps* pour 1829.

NOTE V (page 3o6).

Sur le mouvement d'un point matériel attiré vers un centre fixe.

Le défaut d'espace nous oblige à supprimer la Note que nous avions préparée sur cet objet; nous renverrons à un Mémoire de · M. Plana, sur le même sujet, inséré dans le tome VIII de la *Correspondance* Quételet, et où toutes les difficultés que peut présenter le mouvement d'un point matériel attiré vers un centre fixe, autour duquel il oscille, ont été longuement discutées et habilement aplanies.

(*) On trouvera de plus amples développements sur ce sujet, n° **18**, livre VI.

NOTE VI (page 466).

Sur le plan invariable du système planétaire.

Nous avons développé, dans le n° **79** du second livre, la théorie du *plan invariable :* nous avons démontré que ce plan pouvait être regardé comme fixe, même lorsqu'on avait égard dans sa détermination au carré des forces perturbatrices ; mais nous avons présenté en même temps des observations tendantes à restreindre l'utilité pratique dont ce plan peut être pour les besoins futurs de l'astronomie. Nous avons montré que pour qu'il pût servir, comme l'espérait l'illustre géomètre auquel on en doit la découverte, à déterminer exactement les changements survenus par la suite des siècles dans les positions des orbes planétaires, et dans celles des étoiles mêmes que nous appelons fixes, il faudrait connaître également une ligne fixe d'où l'on pût compter les longitudes des nœuds des orbites planétaires sur ce plan, en même temps qu'on mesure leurs mutuelles inclinaisons, puisque ces deux éléments sont nécessaires pour fixer d'une manière certaine leur position dans l'espace. M. Poisson avait proposé de choisir pour cette ligne la droite que décrit par son mouvement rectiligne le centre de gravité du système solaire et qui semble se diriger vers l'étoile α de la constellation d'Hercule, mais cette ligne est encore trop imparfaitement connue pour que cette idée ingénieuse puisse être réalisée avant un grand nombre de siècles, et la théorie du *plan invariable*, par conséquent, doit être regardée comme un beau résultat d'analyse, mais jusqu'ici de peu d'utilité pour la pratique.

Telle est donc l'idée précise que l'on peut se faire de ce plan dont l'introduction dans la théorie du Système du Monde est due à Laplace : ses avantages pratiques sont contestables, mais sa détermination analytique est exacte et sa découverte fait honneur au génie inventif de son auteur. Cependant un géomètre distingué, M. Poinsot, membre de l'Institut et du Bureau des Longitudes, a cru pouvoir élever quelques doutes sur l'exactitude même de la détermination analytique de ce plan telle que nous l'avons présentée, dans le n° **79** du livre II, d'après les idées de Laplace et en portant l'approximation jusqu'aux quantités du second ordre. Il a prétendu qu'une partie des quantités qui doivent concourir à la détermination du *plan invariable*, telles que celles qui résultent des aires engendrées par la rotation du Soleil et des principales planètes autour de leur centre de gravité, avaient été omises dans l'analyse de Laplace, et que leur existence même avait échappé à l'esprit clairvoyant de ce grand géomètre. Ces observations, qui d'ailleurs ne sont appuyées sur aucun calcul numérique qui seul pourrait leur donner quelque valeur, ne supportent point un examen sérieux. En effet, si des variations appréciables, dues aux causes que nous venons de mentionner, pouvaient exister dans la position du plan invariable, c'est aux équations mêmes du mouvement de translation des corps célestes qu'il faudrait recourir pour les déterminer. Nous avons montré, dans le n° **10** du livre cité, que les circonstances inhérentes à la constitution de notre système planétaire, autorisent à négliger dans ce mouvement tous les termes provenant de la figure non sphérique du Soleil et des planètes ; c'est ce qu'a fait Laplace, c'est ce qu'ont fait tous les géomètres qui l'ont précédé ; bien plus, nous nous sommes assuré par un calcul direct que ces termes étaient en effet insensibles, et nous ferons voir, n° **85**, livre **VI**, que la stabilité du système du monde n'en pourrait être altérée. S'il en était autrement, nous en serions avertis par l'observation, et ce ne seraient pas alors les changements peu importants du plan invariable, qu'il nous faudrait considérer d'abord, ce seraient les inégalités nouvelles que nous apercevrions dans les mouvements planétaires ainsi que dans les expressions de leurs excentricités et des quantités qui fixent la position de leurs orbites. Pour les déterminer, il suffirait d'introduire dans le développement de la fonction perturbatrice les termes dus à la non-sphéricité des planètes et du Soleil. On arriverait ainsi de la manière la plus simple aux formules d'où dépend la position du plan invariable dans ce nouveau système (*). Leur réduction en nombres ne serait pas aussi facile, il est vrai, parce qu'elle dépendrait des trois moments d'inertie du Soleil, qui nous

---

(*) *Voyez* Livre VI, chapitre IX.

sont totalement inconnus; mais heureusement ces quantités sont inutiles à considérer, parce qu'elles n'ajouteraient aux équations (K) du n° **79**, que des termes absolument insensibles. Il en est donc de la théorie du *plan invariable* comme de la plupart des questions de la *Mécanique céleste*, on ne doit pas entendre ces mots dans un sens trop absolu, mais admettre seulement que le plan invariable, tel que nous l'avons défini n° **79**, livre II, ne diffère du plan qui serait rigoureusement invariable dans un système quelconque de corps soumis à leurs actions mutuelles, que de quantités tout à fait insensibles et que la constitution du système solaire nous permet de négliger, de même que l'on dit que les pôles terrestres sont invariables à la surface du globe, par la raison que l'on s'est assuré que si leur position subit quelques variations, elles seront, dans tous les temps, inappréciables aux observations les plus précises. Le *plan invariable*, dont nous devons la découverte à Laplace, en supposant sa théorie complétée comme nous l'avons dit plus haut, suffira donc à nos besoins; l'invariabilité de ce dernier plan consiste en ce que, à toutes les époques, dans les siècles les plus reculés, les astronomes le retrouveront à la même place que nous lui assignons aujourd'hui. Il leur suffira, pour déterminer sa position relativement à un plan quelconque mené arbitrairement par le centre du Soleil, de reconnaître par l'observation les masses des planètes, les grands axes et les excentricités de leurs orbites, ainsi que les inclinaisons et les longitudes des nœuds de ces orbites rapportées au même plan. Dans l'état actuel du système solaire, deux causes peuvent seules faire éprouver à ce plan des dérangements sensibles. La première serait le cas où quelque planète, jusqu'ici inconnue, ou bien les comètes dont nous n'avons pas considéré l'action, influeraient d'une manière appréciable sur sa position; la seconde, le cas où, par quelque grande catastrophe de la nature, quelqu'une des plus grosses planètes serait tout à coup anéantie, et cesserait de participer, par son action, au mouvement général du système.

NOTE VII (page 314).

Sur la théorie de la variation des constantes arbitraires.

Euler, le grand analyste, avait imaginé le premier cet ingénieux artifice de calcul, qui consiste à faire varier les constantes arbitraires introduites par l'intégration d'un nombre quelconque d'équations différentielles, pour étendre les intégrales à des termes supposés très-petits par rapport aux autres et que l'on n'avait pas considérés dans une première approximation. Laplace et Lagrange, en appliquant ce procédé au mouvement troublé des planètes autour du Soleil, étaient parvenus ensuite à donner aux variations des éléments de l'orbite elliptique une forme particulière, très-propre à faciliter le calcul des diverses inégalités tant *périodiques* que *séculaires*. Lagrange, toujours porté à généraliser les méthodes, couronna sa carrière scientifique en étendant au mouvement d'un système de corps, liés entre eux d'une manière quelconque, les mêmes formules qu'il avait trouvées pour le mouvement d'un point libre, et en établissant ainsi entre tous les problèmes de la Mécanique une corrélation qui les unit entre eux. Il est curieux de voir par quels moyens très-simples il parvint à cette découverte, l'une des plus belles et des plus utiles qu'on ait faites dans l'analyse.

1. En conservant toutes les notations du n° 15, livre II, les trois équations différentielles du mouvement d'un système de corps, réagissant les uns sur les autres d'une manière quelconque, prendront cette forme :

$$\frac{ds}{dt} - \frac{dU}{d\varphi} = \frac{d\Omega}{d\varphi}, \quad \frac{du}{dt} - \frac{dU}{d\psi} = \frac{d\Omega}{d\psi}, \quad \frac{dv}{dt} - \frac{dU}{d\theta} = \frac{d\Omega}{d\theta}. \quad (1)$$

Soient a, b, c, f, g, h les six constantes arbitraires qui entrent dans les intégrales de ces équations obtenues en faisant abstraction de leurs seconds membres. Si l'on désigne généralement par la caractéristique δ, placée devant une quantité, sa variation différentielle due à la variation des constantes arbitraires que son ex-

pression renferme, d'après les principes de la théorie de la variation des constantes arbitraires, qui permet de s'imposer, outre les
conditions du problème, celle que les coordonnées φ, ψ, θ, et leurs
premières différences conservent les mêmes valeurs dans le mou-
vement troublé et dans celui qui aurait lieu sans l'action des forces
perturbatrices, on aura entre les quantités φ, ψ, θ, s, u, v les six
équations suivantes :

$$\delta\varphi = 0, \qquad \delta\psi = 0, \qquad \delta\theta = 0,$$
$$\delta s = \frac{d\Omega}{d\varphi}\,dt, \quad \delta u = \frac{d\Omega}{d\psi}\,dt, \quad \delta v = \frac{d\Omega}{d\theta}\,dt. \left.\right\} \quad (2)$$

Ces équations, en y substituant pour $\delta\varphi$, $\delta\psi$, $\delta\theta$, δs, δu et δv
leurs valeurs, suffisent pour déterminer les variations différen-
tielles des six constantes a, b, c, etc.; mais les procédés ordinaires
de l'élimination conduisant à des formules trop compliquées pour
être d'aucun usage, on les en déduit d'une manière indirecte mais
très-simple par les considérations suivantes.

La fonction perturbatrice Ω étant supposée une fonction don-
née des trois variables φ, ψ, θ, si à la place de ces quantités, on
substitue leurs valeurs en fonction du temps t et des constantes a,
b, c, f, g, h introduites par l'intégration ; et qu'ensuite on différentie par rapport à l'une d'elles, par rapport à la constante a par
exemple, l'expression résultante, on aura

$$\frac{d\Omega}{da} = \left(\frac{d\Omega}{d\varphi}\right)\frac{d\varphi}{da} + \left(\frac{d\Omega}{d\psi}\right)\frac{d\psi}{da} + \left(\frac{d\Omega}{d\theta}\right)\frac{d\theta}{da};$$

équation qui, en vertu des formules (2), peut s'écrire ainsi :

$$\left(\frac{d\Omega}{da}\right)dt = \frac{d\varphi}{da}\,\delta s + \frac{d\psi}{da}\,\delta u + \frac{d\theta}{da}\,\delta v - \frac{ds}{da}\,\delta\varphi - \frac{du}{da}\,\delta\psi - \frac{dv}{da}\,\delta\theta;$$

on aurait des formules semblables pour chacune des constantes
arbitraires b, c, f, g, h.

Si dans l'expression précédente on substitue pour δs, δu, etc.,
leurs valeurs en observant que s, u, v, φ, ψ, θ étant supposés des
fonctions du temps t et des constantes a, b, c, f, g, h, on a géné-

ralement :

$$\delta s = \frac{ds}{da}\,da + \frac{ds}{db}\,db + \frac{ds}{dc}\,dc + \frac{ds}{df}\,df + \frac{ds}{dg}\,dg + \frac{ds}{dh}\,dh,$$

et ainsi des autres; que, pour abréger, on fasse

$$\left.\begin{aligned}[a,\,b] =\; & \frac{d\varphi}{da}\frac{ds}{db} - \frac{d\varphi}{db}\frac{ds}{da} + \frac{d\psi}{da}\frac{du}{db} - \frac{d\psi}{db}\frac{du}{da} \\ & + \frac{d\theta}{da}\frac{dv}{db} - \frac{d\theta}{db}\frac{dv}{da}, \end{aligned}\right\} \quad (3)$$

et qu'on représente généralement par le symbole $[\,l,\,k\,]$ une combinaison des deux constantes l et k, formée de la même manière, notation suivant laquelle on aura

$$[l,\,k] = -[k,\,l], \quad [l,\,l] = 0,$$

on trouvera

$$\frac{d\Omega}{da}\,dt = [a,\,b]\,db + [a,\,c]\,dc + [a,\,f]\,df + [a,\,g]\,dg + [a,\,h]\,dh. \quad (4)$$

On formerait des équations semblables relativement à chacune des constantes b, c, f, g, h, et l'on en déduirait ensuite, par l'élimination, les valeurs des variations différentielles da, db, etc., exprimées en fonction des différences partielles de la fonction Ω prises par rapport à ces mêmes constantes.

C'est de cette manière que Lagrange a le premier présenté la nouvelle théorie de la *variation des constantes arbitraires* dans les problèmes de Mécanique. Ses formules sont, comme on voit, inverses de celles auxquelles nous sommes parvenu dans le n° 18 du livre II, et qui donnent directement l'expression des variations différentielles de chacune des constantes arbitraires du problème, sans que l'on soit obligé de recourir à aucune élimination pour les obtenir. Mais outre que cette élimination n'offre par elle-même aucune difficulté dans la pratique, les formules de Lagrange permettent de démontrer d'une manière très-simple l'importante propriété qui rend ce procédé d'analyse si utile dans la théorie des inégalités planétaires.

On sait, en effet, que son principal avantage consiste en ce que les variations différentielles des constantes arbitraires sont exprimées en fonction des différences partielles de la fonction perturbatrice prises par rapport à ces mêmes constantes et multipliées par des coefficients indépendants du temps. Pour vérifier ce résultat, il suffit de démontrer que chacune des quantités $[a, b]$, $[a, c]$, etc., est en effet une constante absolue, ou une fonction des arbitraires a, b, c, etc., qui ne renferme pas explicitement le temps t.

Or la quantité que nous avons représentée par U, étant une fonction connue des six variables φ, ψ, θ, φ', ψ', θ', si on la différentie par rapport à la constante a introduite par la substitution des valeurs de ces quantités, on aura

$$\frac{d\mathrm{U}}{da} = \left(\frac{d\mathrm{U}}{d\varphi}\right)\frac{d\varphi}{da} + \left(\frac{d\mathrm{U}}{d\psi}\right)\frac{d\psi}{da} + \left(\frac{d\mathrm{U}}{d\theta}\right)\frac{d\theta}{da}$$
$$+ \left(\frac{d\mathrm{U}}{d\varphi'}\right)\frac{d\varphi'}{da} + \left(\frac{d\mathrm{U}}{d\psi'}\right)\frac{d\psi'}{da} + \left(\frac{d\mathrm{U}}{d\theta'}\right)\frac{d\theta'}{da}.$$

En observant que nous avons supposé, n° 13, livre II,

$$s = \frac{d\mathrm{U}}{d\varphi'}, \quad u = \frac{d\mathrm{U}}{d\psi'}, \quad v = \frac{d\mathrm{U}}{d\theta'},$$

et que les équations (1), en faisant abstraction de leurs seconds membres, donnent

$$ds = \frac{d\mathrm{U}}{d\varphi}\,dt, \quad du = \frac{d\mathrm{U}}{d\psi}\,dt, \quad dv = \frac{d\mathrm{U}}{d\theta}\,dt,$$

cette formule peut s'écrire ainsi :

$$\frac{d\mathrm{U}}{da} = \frac{ds}{dt}\frac{d\varphi}{da} + \frac{du}{dt}\frac{d\psi}{da} + \frac{dv}{dt}\frac{d\theta}{da} + s\frac{d\varphi'}{da} + u\frac{d\psi'}{da} + v\frac{d\theta'}{da};$$

on trouverait de même par rapport à la constante b,

$$\frac{d\mathrm{U}}{db} = \frac{ds}{dt}\frac{d\varphi}{db} + \frac{du}{dt}\frac{d\psi}{db} + \frac{dv}{dt}\frac{d\theta}{db} + s\frac{d\varphi'}{db} + u\frac{d\psi'}{db} + v\frac{d\theta'}{db}.$$

Cela posé, si l'on différentie la première de ces valeurs par rapport à la constante b, et qu'on en retranche la seconde différentiée par rapport à la constante a, en effaçant les termes qui se détruisent mutuellement dans le résultat, et en observant que l'on a

$$\frac{d^2 U}{da\, db} = \frac{d^2 U}{db\, da},$$

on trouvera la formule suivante :

$$d.\left\{ \frac{ds}{db}\frac{d\varphi}{da} - \frac{ds}{da}\frac{d\varphi}{db} + \frac{du}{db}\frac{d\psi}{da} - \frac{du}{da}\frac{d\psi}{db} + \frac{dv}{db}\frac{d\theta}{da} - \frac{dv}{da}\frac{d\theta}{db} \right\} = 0.$$

On aura donc, en intégrant,

$$\frac{ds}{db}\frac{d\varphi}{da} - \frac{ds}{da}\frac{d\varphi}{db} + \frac{du}{db}\frac{d\psi}{da} - \frac{du}{da}\frac{d\psi}{db} + \frac{dv}{db}\frac{d\theta}{da} - \frac{dv}{da}\frac{d\theta}{db} = \text{const.}$$

Or le premier membre de cette équation est précisément la valeur de la quantité que nous avons représentée par le symbole $[a,\ b]$; cette quantité est donc une fonction indépendante du temps t, ce qu'il s'agissait de démontrer.

Il est facile de conclure de là que l'élimination n'introduira que des coefficients pareillement indépendants du temps dans les valeurs des variations différentielles des constantes arbitraires, exprimées en fonction des différences partielles de la fonction perturbatrice, prises par rapport à ces mêmes constantes.

Nous étions déjà parvenu à cet important résultat dans le n° 17 du livre II, mais la démonstration directe de cette proposition exige une analyse compliquée et très-délicate. C'est par cette raison, sans doute, que Lagrange, pour bien faire ressortir le principe fondamental de sa nouvelle théorie de la variation des constantes arbitraires, avait préféré une route détournée à celle qui devait le conduire plus directement, mais d'une manière plus pénible, au but qu'il se proposait d'atteindre.

Les quantités $[a,\ b]$, $[a,\ c]$, etc., qui entrent dans les formules précédentes, ont avec celles que nous avons désignées par les symboles $(a,\ b)$, $(a,\ c)$, etc., dans le n° 18 du livre II, la plus grande analogie, mais leurs valeurs sont, pour ainsi dire, renversées. Les premières supposent les variables exprimées en fonction du temps t et des constantes introduites par l'intégration, ce qui est, en effet, le but final de tous les problèmes de mécanique, mais ce qu'on ne pourrait obtenir le plus souvent sous forme finie que par des éliminations très-compliquées et quelquefois même impraticables à cause des fonctions transcendantes introduites par l'analyse. Les secondes, au contraire, supposent les constantes exprimées en fonction des variables du problème et de leurs différences premières, ce qu'on obtient aisément dans les deux principales questions du système du monde : celles des mouvements de translation et de rotation des corps célestes. Les formules directes du n° **18**, livre II, semblent donc encore sous ce rapport avoir de l'avantage sur celles de Lagrange ; mais il est bon d'avoir des formules applicables aux différents cas qui peuvent se présenter : c'est ensuite aux géomètres à choisir entre elles, selon les circonstances.

2. Pour montrer l'usage des formules précédentes, faisons-en d'abord l'application au mouvement de translation d'une planète m troublé par l'action de la planète m'. Si l'on désigne par x, y, z, les coordonnées de m dans son orbite elliptique, rapportées à trois axes rectangulaires passant par le centre du soleil, on pourra supposer x, y, z exprimés en fonction du temps t et des six constantes introduites par l'intégration des formules du mouvement elliptique.

On peut prendre, dans ce cas, les trois coordonnées rectangulaires x, y, z pour les variables indépendantes du problème, et en supposant $x' = \dfrac{dx}{dt}$, $y' = \dfrac{dy}{dt}$, $z' = \dfrac{dz}{dt}$, la formule générale (3) deviendra

$$\left. \begin{aligned} [a,\,b] = {} & \frac{dx}{da}\frac{dx'}{db} - \frac{dx}{db}\frac{dx'}{da} + \frac{dy}{da}\frac{dy'}{db} \\ & - \frac{dy}{db}\frac{dy'}{da} + \frac{dz}{da}\frac{dz'}{db} - \frac{dz}{db}\frac{dz'}{da}. \end{aligned} \right\} \quad (5)$$

Cela posé, si l'on désigne par u l'*anomalie excentrique* de la planète, par $nt + c$ sa *longitude moyenne* au bout du temps t, par e l'excentricité de l'orbite et par a le demi-grand axe, lié à la constante n par l'équation $n = a^{-\frac{3}{2}}$, on aura par les formules du mouvement dans l'ellipse,

$$nt + c = u - e \sin u.$$

Si l'on désigne ensuite par X et Y les deux coordonnés rectangulaires de m, rapportées au plan et au grand axe de son orbite, l'origine étant au foyer de la courbe, on aura (n° 51, livre II)

$$X = a \cos u - ae, \quad Y = a \sqrt{1 - e^2} \sin u.$$

Désignons maintenant par g l'angle que le grand axe de l'orbite fait avec la ligne d'intersection du plan de cette orbite et du plan fixe des xy, par α l'angle compris entre cette intersection et une droite fixe que nous prendrons pour l'axe des x, et par φ l'inclinaison mutuelle des deux plans ; par les règles ordinaires de la transformation des coordonnées, on aura (n° 51, livre II)

$$x = (X \cos g - Y \sin g) \cos \alpha - (X \sin g + Y \cos g) \cos \varphi \sin \alpha,$$
$$y = (X \cos g - Y \sin g) \sin \alpha + (X \sin g + Y \cos g) \cos \varphi \cos \alpha,$$
$$z = (X \sin g + Y \cos g) \sin \varphi.$$

Ces valeurs sont sous une forme très-commode pour l'usage de la formule (5), parce que les constantes s'y trouvent séparées en deux groupes ; les variables X et Y ne renfermant que les constantes a, e, c qui dépendent de la forme de l'orbite et de la position de la planète sur cette courbe à un instant donné et étant indépendantes des trois constantes g, α, φ qui fixent la position du grand axe et du plan de l'orbite.

A l'aide de ces valeurs et de leurs différentielles substituées dans la formule (5), on formera celles des quinze symboles $[a, c]$, $[a, e]$, etc., et par un calcul facile, on trouvera les valeurs suivantes :

$$[a, c] = -\frac{an}{2}, \quad [a, g] = -\frac{\sqrt{a(1-e^2)}}{2a}, \quad [c, g] = \frac{ae}{\sqrt{a(1-e^2)}},$$

$$[a, \alpha] = \frac{\cos \varphi \sqrt{a(1-e^2)}}{2a}, \quad [c, \alpha] = -\frac{ae \cos \varphi}{\sqrt{a(1-e^2)}},$$

$$[\varphi, \alpha] = \sin \varphi \sqrt{a(1-e^2)}.$$

Les valeurs des neuf autres symboles $[a, c]$, $[a, \varphi]$, $[c, c]$, $[c, \alpha]$, $[c, \varphi]$, $[c, a]$, $[\alpha, g]$, $[c, g]$, $[\varphi, g]$ sont égales à zéro.

On substituera ces valeurs dans la formule générale (2), et en y faisant $R = \Omega$, on trouvera

$$\left(\frac{dR}{da}\right) dt = -\frac{an}{2} dc - \frac{\sqrt{a(1-c^2)}}{2a} dg - \frac{\cos\varphi \sqrt{a(1-c^2)}}{2a} d\alpha,$$

$$\left(\frac{dR}{de}\right) dt = \frac{ac}{\sqrt{a(1-e^2)}} dg + \frac{ac\cos\varphi}{\sqrt{a(1-e^2)}} d\alpha,$$

$$\left(\frac{dR}{dc}\right) dt = \frac{an}{2} da,$$

$$\left(\frac{dR}{dg}\right) dt = \frac{\sqrt{a(1-c^2)}}{2a} da - \frac{ac}{\sqrt{a(1-c^2)}} dc,$$

$$\left(\frac{dR}{d\alpha}\right) dt = \frac{\cos\varphi \sqrt{a(1-c^2)}}{2a} da$$
$$- \frac{ac\cos\varphi}{\sqrt{a(1-c^2)}} dc - \sin\varphi \sqrt{a(1-c^2)} d\varphi,$$

$$\left(\frac{dR}{d\varphi}\right) = \sin\varphi \sqrt{a(1-c^2)} d\alpha;$$

d'où, par une élimination facile, et en observant qu'on a $a^3 n^2 = 1$, on tire

$$da = 2a^2 ndt \left(\frac{dR}{dc}\right),$$

$$de = -\frac{an\,dt\,(1-c^2)}{c} \left(\frac{dR}{dc}\right) - \frac{an\,dt\,\sqrt{1-c^2}}{c} \left(\frac{dR}{dg}\right),$$

$$dc = -2a^2 ndt \left(\frac{dR}{da}\right) - \frac{an\,dt\,(1-c^2)}{c} \left(\frac{dR}{dc}\right),$$

$$dg = \frac{an\,dt\,\sqrt{1-c^2}}{c} \left(\frac{dR}{de}\right) - \frac{an\,dt\,\cos\varphi}{\sin\varphi \sqrt{1-c^2}} \left(\frac{dR}{d\varphi}\right),$$

$$d\alpha = \frac{an\,dt}{\sin\varphi \sqrt{1-c^2}} \left(\frac{dR}{d\varphi}\right),$$

$$d\varphi = \frac{an\,dt\,\cos\varphi}{\sin\varphi \sqrt{1-c^2}} \left(\frac{dR}{dg}\right) - \frac{an\,dt}{\sin\varphi \sqrt{1-c^2}} \left(\frac{dR}{d\alpha}\right);$$

$$\text{(6)}$$

formules qui seront identiques avec celles du n° **41**, livre II, lorsqu'on y aura introduit à la place des constantes c, g, α les constantes ε, ω et α que nous avons considérées dans ce numéro.

3. Appliquons maintenant les formules générales du n° **1** à l'intégration des équations différentielles du mouvement de rotation. La formule (3) suppose que l'on a déterminé les variables du problème en fonction du temps et des constantes arbitraires que la question comporte. Il serait difficile de les obtenir sous cette forme en employant les formules rigoureuses données par l'intégration des équations du mouvement de rotation, lorsqu'on fait abstraction des forces perturbatrices, mais elles s'y réduisent pour ainsi dire d'elles-mêmes lorsqu'on emploie pour intégrer ces équations, la méthode ordinaire des approximations successives, comme nous en avons fait un essai dans le n° **54** du livre I ; seulement, pour l'application de la formule (3), on est obligé de pousser l'approximation plus loin que nous ne l'avons fait dans le numéro cité.

Reprenons donc les équations différentielles du mouvement de rotation d'un corps qui n'est soumis à l'action d'aucune force perturbatrice. On a, n° **54**, liv. Ier,

$$\left.\begin{array}{l} A\,dp + (C - B)\,qr\,dt = 0, \\ B\,dq + (A - C)\,rp\,dt = 0, \\ C\,dr + (B - A)\,pq\,dt = 0. \end{array}\right\} \quad (7)$$

Les lettres p, q, r, A, B, C ayant ici la même signification que dans ce numéro, et dt représentant l'élément du temps.

Supposons, comme dans le numéro dont il s'agit, que l'axe de rotation s'écarte toujours très-peu du troisième axe principal, c'est-à-dire de celui auquel se rapporte le plus grand moment d'inertie C, les deux quantités p et q devront toujours demeurer très-petites, et en négligeant leurs carrés et faisant, pour simplifier les formules,

$$a = \sqrt{\frac{C - B}{A}}, \quad b = \sqrt{\frac{C - A}{B}};$$

on trouvera (n° **54**, liv. Ier) que l'on satisfait aux équations (5)

<table><tr><td>I.</td><td style="text-align:right">35</td></tr></table>

en supposant

$$p = -\, ae \sin ab\,(nt + c)$$
$$q = bc \cos ab\,(nt + c)$$
$$r = n$$

c et c étant deux constantes arbitraires, dont la première, dépendant des écarts de l'axe instantané de rotation, est toujours nécessairement une très-petite quantité, dont nous supposerons qu'il est permis de négliger les carrés et les puissances supérieures.

Cependant l'approximation précédente, comme nous l'avons dit plus haut, ne suffirait pas dans la question qui nous occupe, parce que les termes de l'ordre c^2 renfermés dans les valeurs des variables p, q, r, s'abaissant par la différentiation au premier ordre dans les formules de la variation des constantes arbitraires, il est nécessaire d'avoir égard à ces termes pour obtenir dans les formules finales tous les termes qui dépendent de la quantité c.

Nous avons vu (n° 54, liv. Ier) qu'on peut, en général, par des substitutions successives, obtenir les valeurs des trois quantités p, q, r ordonnées en séries procédant par rapport aux puissances ascendantes de la quantité très-petite e, les valeurs de p et q ne contenant que les puissances impaires de c, et la quantité r que les puissances paires.

En effet, si l'on substitue les valeurs de p et q dans la troisième des équations (7), on en tire

$$r = n - \frac{(\mathrm{B} - \mathrm{A})\,c^2}{4\,n\,\mathrm{C}} \cos 2\,ab\,(nt + c).$$

En substituant cette nouvelle valeur dans les deux premières équations (7), on en tirerait des valeurs plus approchées de p et de q, mais les termes qui résulteraient de ce calcul, étant tous multipliés par le cube de la quantité e, nous pouvons nous dispenser de l'effectuer puisque nous omettons les quantités de cet ordre.

Cela posé, pour déterminer les trois angles φ, ψ et θ, d'où dépend à chaque instant la position des trois axes principaux du corps, on a (n^o **34**, liv. **I**) les équations suivantes :

$$d\varphi = rdt + \cos\theta\, d\psi, \\ d\theta = \sin\varphi\, qdt - \cos\varphi\, pdt, \\ \sin\theta\, d\psi = \cos\varphi\, qdt + \sin\varphi\, pdt. \quad \Big\} \ (8)$$

En substituant pour p, q, r leurs valeurs et intégrant les équations résultantes, on aura par une première approximation

$$\varphi = nt + l, \quad \theta = \gamma, \quad \psi = \alpha,$$

l, γ et α étant trois constantes arbitraires.

En ayant égard, dans la seconde approximation, à la première puissance de la quantité e, on aura

$$d\theta = be\sin(nt+l)\cos ab(nt+c) \\ + ae\cos(nt+l)\sin ab(nt+c), \\ \sin\gamma\, d\psi = be\cos(nt+l)\cos ab(nt+c) \\ - ae\sin(nt+l)\sin ab(nt+c).$$

En intégrant et faisant, pour abréger,

$$\frac{\mathrm{B}b}{\mathrm{C}}\cos(nt+l)\cos ab(nt+c) - \frac{\mathrm{A}a}{\mathrm{C}}\sin(nt+l)\sin ab(nt+c) = \chi,$$

$$\frac{\mathrm{B}b}{\mathrm{C}}\sin(nt+l)\cos ab(nt+c) + \frac{\mathrm{A}a}{\mathrm{C}}\cos(nt+l)\sin ab(nt+c) = \chi',$$

on trouvera (n^o **34**, liv Ier)

$$\theta = \gamma - \frac{e\chi}{n}, \quad \psi = \alpha + \frac{e\chi'}{n\sin\gamma}.$$

Ces valeurs introduisent dans l'expression de $d\varphi$ le terme suivant :

$$\frac{e\cos\gamma}{n\sin\gamma}\, d\chi'.$$

On aura donc, en intégrant,

$$\varphi = nt + l + \frac{e\chi'\cos\gamma}{n\sin\gamma}.$$

Par une nouvelle approximation et en désignant par $\delta\varphi$, $\delta\psi$ et $\delta\theta$ les termes des trois variables φ, ψ et θ qui dépendent du carré de la très-petite quantité c, faisant de plus, pour abréger,

$$\Pi = \frac{1}{8\,C^2}\left\{ B^2 b^2 + A^2 a^2 - \left[\begin{array}{l} B^2 b^2 - A^2 a^2 \\ + (B^2 b^2 + A^2 a^2)\cos 2\,ab\,(nt+c) \end{array} \right]\cos 2\,(nt+l) \right.$$
$$+\, (B^2 b^2 - A^2 a^2)\cos 2\,ab\,(nt+c)$$
$$\left. +\, 2\,AB\,ab\,\sin 2\,(nt+l)\,\sin 2\,ab\,(nt+c) \right\},$$

$$\Pi' = \frac{1}{8\,C^2}\left\{ \left[\begin{array}{l} B^2 b^2 - A^2 a^2 \\ + (B^2 b^2 + A^2 a^2)\cos 2\,ab\,(nt+c) \end{array} \right]\sin 2\,(nt+l) \right.$$
$$\left. +\, 2\,AB\,ab\,\cos 2\,(nt+l)\,\sin 2\,ab\,(nt+c) \right\},$$

on a trouvé

$$\delta\theta = \frac{\Pi\,e^2 \cos\gamma}{n^2 \sin\gamma}; \quad \delta\psi = \frac{2\,\Pi'\,e^2 \cos\gamma}{n^2 \sin^2\gamma},$$

$$\delta\varphi = \frac{(2\,C - A - B)\,e^2 t}{4\,n\,C} + \frac{\Pi'\,e^2\,(1 + \cos^2\gamma)}{n^2 \sin^2\gamma}.$$

En continuant ainsi, il est clair qu'on développerait les variables φ, ψ, θ en séries ordonnées par rapport aux puissances ascendantes de c, mais nous nous contenterons, comme dans ce qui précède, d'avoir égard au carré de cette quantité.

Pour comprendre dans un seul terme tous ceux qui multiplient t en dehors du signe sinus ou cosinus, on substituera $n - \dfrac{(2\,C - A - B)\,e^2}{4\,n\,C}$ à la place de n dans les formules précédentes, ce qui altérera les valeurs des variables r et φ sans changer celles de p, q, ψ et θ. En réunissant ensuite les valeurs précédentes, on aura

$$\left. \begin{array}{l} p = - ae\sin ab\,(nt+c), \\[2ex] q = be\cos ab\,(nt+c), \\[2ex] r = n - \dfrac{(2\,C - A - B)\,e^2}{4\,n\,C} - \dfrac{(B-A)\,e^2}{4\,n\,C}\cos 2\,ab\,(nt+c), \\[3ex] \theta = \gamma - \dfrac{\chi e}{n} + \dfrac{\Pi\,e^2 \cos\gamma}{n^2 \sin\gamma}, \\[3ex] \psi = \alpha + \dfrac{\chi' e}{n\sin\gamma} + \dfrac{2\,\Pi'\,e^2 \cos\gamma}{n^2 \sin^2\gamma}, \\[3ex] \varphi = nt + l + \dfrac{\chi' e\cos\gamma}{n\sin\gamma} + \dfrac{\Pi'\,e^2\,(1 + \cos^2\gamma)}{n^2 \sin^2\gamma}. \end{array} \right\} \quad (9)$$

Ces formules contiennent six constantes arbitraires, $n, e, c, l, \alpha, \gamma$, elles représentent donc les intégrales complètes des six équations (7) et (8).

Il s'agit maintenant d'étendre ces six intégrales au cas où l'on a égard aux forces perturbatrices, en faisant varier les constantes arbitraires qu'elles renferment et en déterminant leurs variations au moyen de la formule (4), n° **1**.

Si l'on désigne par **V** la fonction perturbatrice ou la quantité qui représente l'intégrale de la somme de tous les éléments du sphéroïde divisés respectivement par leur distance au centre de l'astre L et multipliés par la masse de cet astre, qu'on nomme T la demi-somme des forces vives de tous les points du corps, et que, pour abréger, on fasse,

$$\frac{d\varphi}{dt} = \varphi', \quad \frac{d\psi}{dt} = \psi', \quad \frac{d\theta}{dt} = \theta',$$

il faudra d'abord, conformément à ce qu'on a vu n° **15**, liv. **I**, former les valeurs des trois quantités

$$s = \frac{dT}{d\varphi'}, \quad u = \frac{dT}{d\psi'}, \quad v = \frac{dT}{d\theta'}.$$

Or, on a, n° **33**, liv. **I**,

$$T = \frac{A p^2 + B q^2 + C r^2}{2},$$

et les équations (8) donnent

$$p = \psi' \sin\theta \sin\varphi - \theta' \cos\varphi,$$
$$q = \psi' \sin\theta \cos\varphi + \theta' \sin\varphi,$$
$$r = \varphi' - \psi' \cos\theta.$$

En substituant ces valeurs dans T et en différentiant ensuite, on aura (n° **4**, liv. **IV**)

$$s = C r,$$
$$u = A p \sin\theta \sin\varphi + B q \sin\theta \cos\varphi - C r \cos\theta,$$
$$v = B q \sin\varphi - A p \cos\varphi.$$

En remplaçant dans ces formules φ, θ, p, q, r par leurs valeurs précédentes, on aura celles des trois quantités s, u, v exprimées en fonction du temps t et des six constantes $n, e, c, l, \alpha, \gamma$.

En négligeant toujours les puissances de e supérieures à la seconde, on a trouvé ainsi :

$$s = \mathrm{C}\,n - \frac{(2\,\mathrm{C} - \mathrm{A} - \mathrm{B})\,e^2}{4\,n} - \left(\frac{\mathrm{B} - \mathrm{A}}{4\,n}\right)\,e^2 \cos 2\,ab\,(nt + c),$$

$$u = -\,\mathrm{C}\,n \cos \gamma + \frac{(\mathrm{C} - \mathrm{A})\,(\mathrm{C} - \mathrm{B})\,e^2 \cos \gamma}{2\,n\,\mathrm{C}},$$

$$v = \mathrm{C}\,e\,\chi' + \frac{2\,\mathrm{C}\,\Pi'\,e^2 \cos \gamma}{n \sin \gamma}.$$

On peut remarquer que la quantité u est elle-même une constante indépendante du temps t, ce qui tient à ce que u représente, comme on le verra n° 5, liv. IV, le double de la somme des aires tracées sur le plan perpendiculaire à l'axe des z, par les projections des rayons vecteurs de tous les éléments du sphéroïde et multipliées respectivement par leurs masses, quantité qui doit être constante d'après le principe de la conservation des aires (n° 23, liv. Ier).

Il ne s'agit plus maintenant que de substituer dans la formule générale (3) à la place des six quantités φ, ψ, θ, s, u, v leurs valeurs précédentes pour former celles des différents symboles $(n, \alpha)\,(n, l)$ etc. La différentiation relative à la constante e devant abaisser dans les expressions de φ, ψ, θ, s, u, v d'une unité l'ordre des termes qui la renferment, il en résulte que les valeurs des symboles (n, c), (l, e), etc., ne seront exactes qu'aux quantités près du second ordre par rapport à e, quoique l'on ait poussé l'approximation jusqu'aux termes de l'ordre e^2 dans les expressions de ces variables. On pourra donc négliger également les termes de l'ordre du carré et des puissances supérieures de e dans le calcul de toutes les quantités symboliques (n, g), (n, l), etc, ce qui en facilitera la détermination.

Cela posé, calculons d'abord les dix symboles (n, c), (n, l), (n, α), (n, γ), (l, c), (l, α), (l, γ), (c, α), (c, γ) et (γ, α) qui ne renferment pas la constante c.

Il suffira de supposer, d'après l'observation précédente,

$$\varphi = nt + l + \frac{e\,\chi'\cos\gamma}{n \sin\gamma}, \quad \psi = \alpha + \frac{e\,\chi'}{n\sin\gamma}, \quad \theta = \gamma - \frac{e\,\chi}{n},$$

$$s = \mathrm{C}\,n, \quad u = -\,\mathrm{C}\,n\cos\gamma, \quad v = \mathrm{C}\,e\,\chi'.$$

En différentiant ces valeurs et faisant abstraction dans les résultats obtenus des termes qui contiennent le temps t, puisqu'on est
assuré d'avance que ces termes doivent disparaître d'eux-mêmes
dans les quantités (n, c), (n, l), etc., qu'il s'agit de calculer, on
trouvera

$$\frac{d\varphi}{dn}=0, \quad \frac{d\psi}{dn}=0, \quad \frac{d\theta}{dn}=0, \quad \frac{d\varphi}{dc}=0, \quad \frac{d\psi}{dc}=0, \quad \frac{d\theta}{dc}=0,$$

$$\frac{d\varphi}{dl}=1, \quad \frac{d\psi}{dl}=0, \quad \frac{d\theta}{dl}=0, \quad \frac{d\varphi}{d\gamma}=0, \quad \frac{d\psi}{d\gamma}=0, \quad \frac{d\theta}{d\gamma}=1,$$

$$\frac{d\varphi}{d\alpha}=0, \quad \frac{d\psi}{d\alpha}=1, \quad \frac{d\theta}{d\alpha}=0.$$

$$\frac{ds}{dn}=C, \quad \frac{du}{dn}=-C\cos\gamma, \quad \frac{dv}{dn}=0, \quad \frac{ds}{dc}=0, \quad \frac{du}{dc}=0, \quad \frac{dv}{dc}=0,$$

$$\frac{ds}{dl}=0, \quad \frac{du}{dl}=0, \quad \frac{dv}{dl}=0, \quad \frac{ds}{d\gamma}=0, \quad \frac{du}{d\gamma}=Cn\sin\gamma, \quad \frac{dv}{d\gamma}=0,$$

$$\frac{ds}{d\alpha}=0, \quad \frac{du}{d\alpha}=0, \quad \frac{dv}{d\alpha}=0.$$

La substitution de ces quantités dans la formule (3) a donné

$$(n, c)=0, \quad (n, \gamma)=0, \quad (n, l)=-C, \quad (n, \alpha)=C\cos\gamma,$$
$$(l, c)=0, \quad (l, \alpha)=0, \quad (l, \gamma)=0,$$
$$(c, \alpha)=0, \quad (c, \gamma)=0, \quad (\alpha, \gamma)=Cn\sin\gamma.$$

Calculons maintenant les cinq symboles (e, l), (e, c), (l, e), (γ, c)
et (α, e) où entre la lettre e. Considérons d'abord le symbole (c, l).
En différentiant par rapport à e les valeurs des quantités $\varphi, \psi, \theta, s, u, v$
et faisant abstraction des termes qui ne produiraient que des quan-
tités périodiques ou de l'ordre du carré de e que nous négligeons,
on aura

$$\frac{d\varphi}{dl}=1, \quad \frac{d\theta}{de}=-\frac{\chi}{n}, \quad \frac{d\theta}{dl}=-\frac{ed\chi}{ndl};$$

$$\frac{ds}{de}=-\frac{(2C-A-B)e}{2n}, \quad \frac{dv}{dl}=\frac{Ced\chi'}{dl}, \quad \frac{dv}{de}=C\chi'.$$

En substituant ces valeurs dans la formule

$$(c, l)=-\frac{d\varphi}{dl}\frac{ds}{dc}+\frac{d\theta}{dc}\frac{dv}{dl}-\frac{d\theta}{dl}\frac{dv}{dc},$$

on trouve

$$(c, l) = \frac{(2C - A - B) c}{2n} + \frac{Ce}{n} \left(\frac{\chi' d\chi - \chi d\chi'}{dl} \right),$$

ou bien, en substituant pour χ, χ', $d\chi$ et $d\chi'$ leurs valeurs et omettant les termes périodiques,

$$(c, l) = \frac{(2C - A - B\ c}{2n} - \frac{(A^2 a^2 + B^2 b^2) c}{2Cn},$$

expression qui, en vertu des valeurs de a et b, donne

$$(c, l) = \frac{(C - A)(C - B) c}{Cn}.$$

La quantité (c, c) se calcule par la formule

$$(c, c) = \frac{d\theta}{dc} \frac{dv}{dc} - \frac{d\theta}{dc} \frac{dv}{de};$$

or, on a

$$\frac{dv}{dc} = Ce \frac{d\chi'}{dc}, \quad \frac{d\theta}{dc} = -c \frac{d\chi}{ndc},$$

et, par suite,

$$(c, c) = \frac{Ce}{n} \left(\frac{\chi' d\chi - \chi d\chi'}{dc} \right).$$

En substituant pour χ, χ' et leurs différentielles leurs valeurs, on trouve

$$\frac{\chi' d\chi - \chi d\chi'}{dc} = - \frac{AB\, a^2 b^2}{C^2},$$

et par conséquent

$$(c, c) = - \frac{AB\, a^2 b^2}{Cn} e,$$

ou bien, en remplaçant a^2 et b^2 par leurs valeurs,

$$(c, c) = - \frac{(C - A)(C - B) c}{Cn}.$$

Le symbole (e, α) est donné par la formule

$$(e, \alpha) = - \frac{d\psi}{d\alpha} \frac{du}{de},$$

dans laquelle il faut substituer pour $\frac{d\psi}{d\alpha}$ et $\frac{du}{de}$ leurs valeurs

$$\frac{d\psi}{d\alpha} = 1, \quad \frac{du}{de} = \frac{(C - A)(C - B)\,e \cos\gamma}{Cn};$$

on aura ainsi

$$(e, \alpha) = - \frac{(C - A)(C - B)\,e \cos\gamma}{Cn}.$$

En calculant, de la même manière, les deux symboles (n, c) et (γ, c), on a trouvé

$$(n, e) = 0, \quad (e, \gamma) = 0.$$

En réunissant les valeurs que nous venons de calculer, on trouvera les neuf quantités symboliques suivantes égales à zéro, savoir :

$$(n, c) = 0, \; (n, e) = 0, \; (n, \gamma) = 0, \; (c, l) = 0, \; (c, \alpha) = 0,$$

$$(c, \gamma) = 0, \; (l, \alpha) = 0, \; (l, \gamma) = 0, \; (e, \gamma) = 0,$$

et les six autres seront déterminées par les formules suivantes :

$$(n, l) = -C, \quad (n, \alpha) = C \cos\gamma, \quad (c, e) = \frac{(C - A)(C - B)\,e}{Cn},$$

$$(e, l) = \frac{(C - A)(C - B)\,e}{Cn}, \quad (\alpha, e) = \frac{(C - A)(C - B)\,e \cos\gamma}{Cn},$$

$$(\alpha, \gamma) = Cn \sin\gamma.$$

Au moyen de ces valeurs la formule générale (4), n° **1**, en supposant $V = \Omega$, donnera

$$\left(\frac{dV}{dn}\right) dt = -\,C\,dl + C\cos\gamma\,d\alpha,$$

$$\left(\frac{dV}{de}\right) dt = -\,\frac{(C-A)(C-B)\,e}{Cn}\,dc - \frac{(C-A)(C-B)\,e\cos\gamma}{Cn}\,d\alpha$$
$$+\,\frac{(C-A)(C-B)}{Cn}\,edl,$$

$$\left(\frac{dV}{dc}\right) dt = \frac{(C-A)(C-B)}{Cn}\,cdc,$$

$$\left(\frac{dV}{dl}\right) dt = C\,dn - \frac{(C-A)(C-B)}{Cn}\,cdc,$$

$$\left(\frac{dV}{d\alpha}\right) dt = -\,C\cos\gamma\,dn + \frac{(C-A)(C-B)\cos\gamma}{Cn}\,cdc$$
$$+\,Cn\sin\gamma\,d\gamma,$$

$$\left(\frac{dV}{d\gamma}\right) dt = -\,Cn\sin\gamma\,d\alpha;$$

d'où l'on tire, par l'élimination,

$$\left.\begin{aligned}
dn &= \frac{dt}{C}\left(\frac{dV}{dl} + \frac{dV}{dc}\right),\\[4pt]
cdc &= -\,\frac{edt}{C}\left(\frac{dV}{dn}\right) - \frac{Cn\,dt}{(C-A)(C-B)}\left(\frac{dV}{dc}\right),\\[4pt]
cdc &= \frac{Cn\,dt}{(C-A)(C-B)}\left(\frac{dV}{dc}\right),\\[4pt]
dl &= -\,\frac{dt}{C}\left(\frac{dV}{dn}\right) - \frac{\cos\gamma\,dt}{Cn\sin\gamma}\left(\frac{dV}{d\gamma}\right),\\[4pt]
d\alpha &= -\,\frac{dt}{Cn\sin\gamma}\left(\frac{dV}{d\gamma}\right),\\[4pt]
d\gamma &= \frac{\cos\gamma\,dt}{Cn\sin\gamma}\left(\frac{dV}{dl}\right) + \frac{dt}{Cn\sin\gamma}\left(\frac{dV}{d\alpha}\right).
\end{aligned}\right\} \quad (10)$$

On peut donner à ces équations différentes formes d'après la signification des constantes que l'on aura considérées. Si à la place des constantes n, c, c, l, α, γ on voulait introduire, dans les formules précédentes, les constantes h, k, etc., qui entrent dans les intégrales finies du mouvement de rotation (n° 35, livre I), on observerait d'abord que si dans les expressions des constantes h et k (numéro cité) on substitue pour p, q et r leurs valeurs précédentes, en négligeant les puissances de c supérieures à la seconde, on trouve

$$h = C n^2, \quad k^2 = C^2 n^2 - (C - A)(C - B) c^2,$$

d'où l'on tire, en différentiant,

$$dh = 2 C n \, dn, \quad dk = C dn - \frac{(C - A)(C - B)}{C n} e de. \quad (11)$$

On a d'ailleurs, en désignant par l et g les deux constantes qui doivent compléter les intégrales des formules (3) et (4) (n° 35, livre I), et en comparant leurs valeurs à celles des constantes c et l,

$$nl = c, \quad nl + g = l,$$

et, par suite,

$$ndl = dc, \quad dg = dl - dc. \quad (12)$$

En regardant successivement V comme une fonction des constantes h, k, l, g et comme une fonction des constantes n, c, c, l, on trouve ensuite

$$\frac{dV}{e de} = \frac{(C - A)(C - B)}{C n} \frac{dV}{dk}, \quad \frac{dV}{dc} = \frac{dV}{ndl} - \frac{dV}{dg},$$

$$\frac{dV}{dl} = \frac{dV}{dg}, \quad \frac{dV}{dn} = 2 C n \frac{dV}{dh} + C \frac{dV}{dk}.$$

Si l'on substitue ces valeurs dans les quatre premières formules (10) et qu'on remplace ensuite dn, cde, dl et dc par leurs valeurs dans les équations (11) et (12), on trouvera

$$dh = 2 \, dt \left(\frac{dV}{dl} \right), \quad dk = dt \left(\frac{dV}{dg} \right), \quad dl = - 2 \, dt \left(\frac{dV}{dh} \right),$$

$$dg = - dt \left(\frac{dV}{dk} \right) - \frac{\cos \gamma \, dt}{C n \sin \gamma} \left(\frac{dV}{d\gamma} \right).$$

Ces formules coïncident complétement avec les quatre premières formules (P), qu'on trouvera n° **7**, livre IV, en supposant dans celles-ci $k = \mathbf{C}n$. Quant à la cinquième et à la sixième, elles coïncident avec les deux dernières formules (10), parce que les constantes α et γ ont la même signification dans les deux cas.

Il faut observer, toutefois, que les formules précédentes ne sont qu'approchées, tandis que les formules (P) du n° **7**, livre V, sont générales et s'étendent à toutes les puissances de la quantité e dont nous avons ici négligé le carré et les puissances supérieures à la seconde. Mais lorsqu'il s'agit du mouvement de la Terre, cette approximation est suffisante, parce qu'on peut alors regarder la constante e qui dépend des oscillations de l'axe de rotation autour du troisième axe principal, comme une quantité très-petite de l'ordre des forces perturbatrices (n° **13**, livre V). On pourrait donc déduire des formules précédentes toutes les lois des phénomènes qui dépendent du mouvement de rotation de la Terre, tels que celui de la *précession des équinoxes* et de la *nutation de l'axe terrestre*, mais nous renvoyons au livre V le développement de ces importants résultats : nous avons voulu seulement montrer ici comment on pouvait déduire des formules de Lagrange les expressions différentielles des variations des *constantes arbitraires* qui entrent dans les formules du mouvement de rotation. Ce grand géomètre avait indiqué lui-même cette application dans le beau Mémoire où il jeta les premiers fondements de *la nouvelle théorie de la variation des constantes arbitraires* (*), mais il ne l'avait pas développée, le temps lui ayant manqué sans doute pour terminer son travail.

(*) *Mémoires de l'Institut* pour les années 1808 et 1809.

Tableau des éléments elliptiques des orbites planétaires.

PLANÈTES	MOYENS mouvements sidéraux pour une année julienne de 365 j. $\frac{1}{4}$, ou valeurs de n, n', etc.	DISTANCES moyennes ou demi-grands axes des orbites a, a', etc.	RAPPORTS des excentricités aux moyennes distances ou valeurs de e, e', etc.	LONGITUDES moyennes des planètes au 1ᵉʳ janvier 1801 à minuit, ou valeurs de ε, ε', etc.	LONGITUDES des périhélies à la même époque, ou valeurs de ω, ω', etc.	LONGITUDES des nœuds ascendants sur l'écliptique, au commencement de 1801, ou valeurs de α, α', etc.	INCLINAISONS des orbites à l'écliptique en 1801, ou valeurs de φ, φ', etc.
Mercure...	5381034,99	0,3870981	0,20551494	163.56.26,9	74.21.46,8	45.57.30,9	7. 0. 9,1
Vénus. ...	2106644,82	0,7233316	0,00686074	10.44.21,6	128.43.53,0	74.54.12,9	3.23.28,5
La Terre..	1295977,74	1,0000000	0,01685318	100. 9.12,9	99.30. 4,8	....	....
Mars......	689051,63	1,5236923	0,09330700	64. 6.59,9	332.23.56,4	48. 0. 3,5	1.51. 6,2
Vesta.....	355681,17	2,3678700	0,08913000	278.30. 0,4	249.33.24,2	103.13.18,2	7. 8. 9,0
Junon....	297216,21	2,6690090	0,25784800	200.16.19,1	53.33.46,0	171. 7.40,4	13. 4. 9,7
Cérès.....	281531,00	2,7672450	0,07843900	123.16.11,9	147. 7.31,1	80.41.24,0	10.37.26,2
Pallas. ...	280672,32	2,7728860	0,24164800	108.24.57,9	121. 7. 4,3	172.39.26,8	34.34.55,0
Jupiter...	109256,78	5,2011524	0,04816210	112.12.51,3	11. 8.34,4	98.26.18,9	1.18.51,3
Saturne...	43996,13	9,5379564	0,05615050	135.19. 5,5	89. 9.29,5	111.56.37.3	2.29.35,7
Uranus...	15425,64	19,1823927	0,04661080	177.48. 1,1	167.30.23,7	72.59.35,4	0.46.28,4

(Accolades pour les lignes Vesta à Pallas : colonne des excentricités « 1820 » ; colonne des longitudes moyennes « 1ᵉʳ janvier 1820 à midi » ; colonnes des longitudes des périhélies, des nœuds ascendants et des inclinaisons « 1820 ».)

Les valeurs de n, n', etc., contenues dans ce tableau, supposent que le temps t est exprimé en années et fractions d'années juliennes. Les moyennes distances en ont été conclues par la loi de Képler, en prenant pour unité la distance moyenne du Soleil à la Terre. Enfin, toutes les longitudes sont comptées de l'équinoxe moyen du printemps, à l'époque du 1er janvier 1801, et l'on doit se rappeler que l'on entend, dans les Tables astronomiques, par *longitude du périhélie*, la distance angulaire du périhélie au nœud ascendant, augmentée de la longitude du nœud.

———

Masses des planètes, celle du Soleil étant prise pour unité, ou valeurs de m, m', etc.

Mercure........................	$\dfrac{1}{1909706}$
Vénus..........................	$\dfrac{1}{401839}$
La Terre.......................	$\dfrac{1}{356354}$
Mars...........................	$\dfrac{1}{2680137}$
Jupiter........................	$\dfrac{1}{1048,69}$
Saturne........................	$\dfrac{1}{3500,2}$
Uranus.........................	$\dfrac{1}{17918}$

FIN DU PREMIER VOLUME.

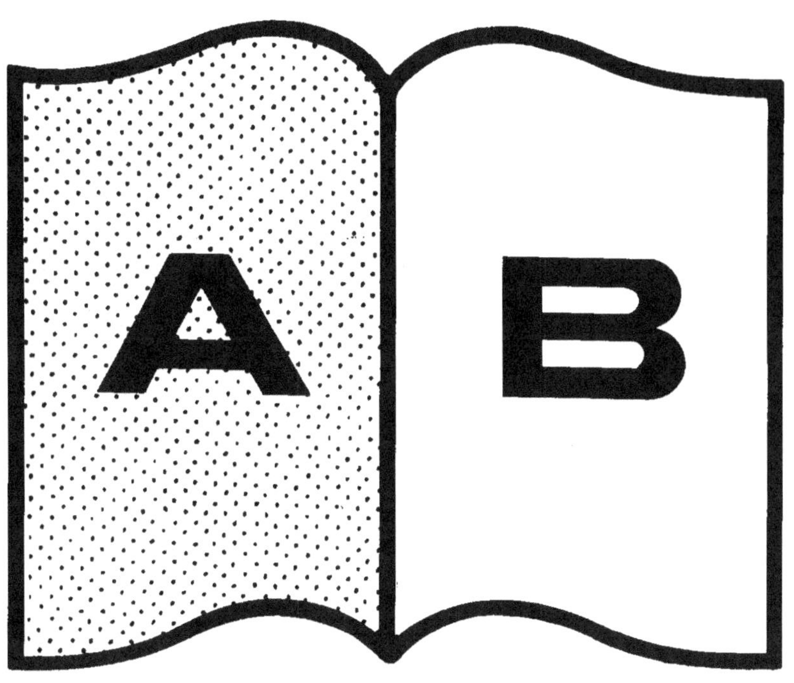

Contraste insuffisant

NF Z 43-120-14

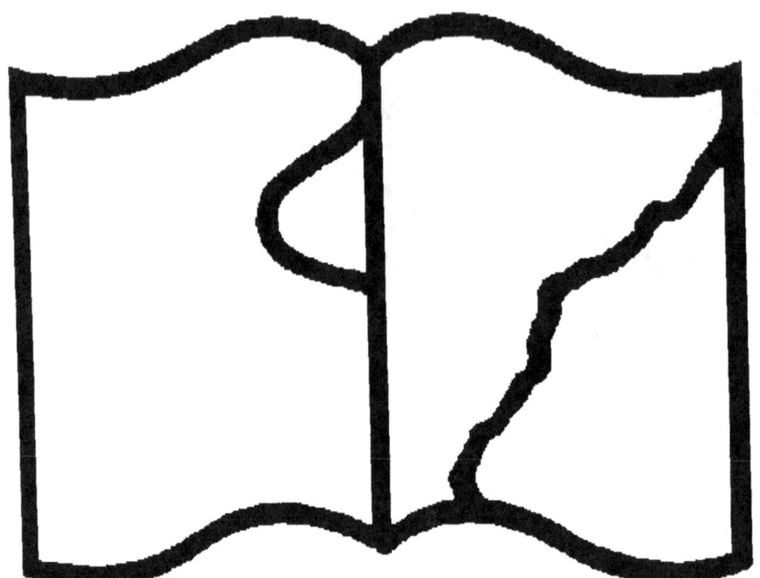

Texte détérioré - reliure défectueuse

NF Z 43-120-11